补天系列丛书

安全通论

刷新网络空间安全观

杨义先　钮心忻 ◎ 著

电子工业出版社

Publishing House of Electronics Industry

北京 · BEIJING

内 容 简 介

本书构建了一套网络空间安全的统一基础理论体系，在理工科范围内（不含心理学、社会学、经济学、管理学等），几乎没有任何限制（如设备、环境和人员等）的前提下，揭示了黑客攻防和安全演化的若干基本规律。这些规律可以适用于网络空间安全的各主要分支。特别是本书介绍了系统安全经络的普遍存在性、黑客的离散随机变量本质、红客维护安全熵的目标核心、在各种情况下（单挑、一对多、多对一、多对多等）红客与黑客对抗的可达极限、安全攻防的宏观和中观动态行为数学特征、红客与黑客的直接与间接对抗的演化规律、网络空间安全的生态发展量化规律等。读者不要被书中大量的数学公式吓倒，如果忽略书中的具体数学证明（即假定证明的正确性），那么安全界的所有人员都能读懂此书，并从中受益。

图书在版编目（CIP）数据

安全通论：刷新网络空间安全观/杨义先，钮心忻著. —北京：电子工业出版社，2018.1
（补天系列丛书）

ISBN 978-7-121-33412-2

Ⅰ. ①安… Ⅱ. ①杨… ②钮… Ⅲ. ①计算机网络－网络安全－研究 Ⅳ. ①TP393.08

中国版本图书馆 CIP 数据核字（2017）第 328862 号

策划编辑：李树林
责任编辑：李树林
印　　刷：三河市鑫金马印装有限公司
装　　订：三河市鑫金马印装有限公司
出版发行：电子工业出版社
　　　　　北京市海淀区万寿路 173 信箱　邮编　100036
开　　本：720×1000　1/16　印张：24.5　字数：412 千字
版　　次：2018 年 1 月第 1 版
印　　次：2018 年 1 月第 1 次印刷
定　　价：79.00 元

凡所购买电子工业出版社图书有缺损问题，请向购买书店调换。若书店售缺，请与本社发行部联系，联系及邮购电话：（010）88254888，88258888。

质量投诉请发邮件至 zlts@phei.com.cn，盗版侵权举报请发邮件至 dbqq@phei.com.cn。

本书咨询联系方式：（010）88254463；lisl@phei.com.cn。

前 言

开天辟地生易经,合纵连横信息论;安全世界诸侯乱,谁成一统谁成神。

所谓"安全通论",顾名思义,就是在一定的范围内建立统一的安全基础理论。此书的范围,指理工科范围,即不含心理学、社会学、经济学、管理学等领域。此书的安全含义,就是指信息安全或网络空间安全。

你肯定会怀疑,这样的理论存在吗?答案当然是存在,不但存在,而且已经存在了数千年;不但存在了数千年,而且还在不断具体化,不断突破新领域,不断涌现新版本。不信你看,早在人类还没有文字的时候,伏羲就用几根小棍子摆出了八卦图,这可以说是人类历史的第一部,也是涉及面最广的一部"安全通论"了。后来,约在3200年前,周文王(公元前1152年—公元前1056年)又对伏羲的"安全通论"进行了"改版",写成了64卦的《易经》,于是完成了指导宇宙万事万物的

安全通论

"安全通论"。再后来，又过了约 1000 年，孔子对《易经》进行了精心注解，并将其作为群经之首。如果将"吉"看作安全，将"凶"看作不安全的话，那么《易经》这部"安全通论"的"核心定理"便可以总结为"吉中有凶，凶中含吉；凶极吉来，吉极有凶"。对该"核心定理"，周文王虽未给出精确的数学证明，但是数千年来的事实已多次反复证明了其正确性！它甚至已经演化成了辩证法的精髓：物极必反！特别需要指出的是，《易经》还是中华文化之源。可见，安全通论对我们是多么的重要！

在医学领域，第一部"安全通论"叫《黄帝内经》，大约成书于先秦至西汉年间（公元前 21 世纪至公元 8 年）。虽然该书作者不详，但它的"核心定理"却是很明确的，即阴阳五行说——"水生木，木生火，火生土，土生金，金生水"或"水克火，火克金，金克木，木克土，土克水"。当然，也可以形象地总结为"通则不痛，痛则不通"，只不过此处将"不生病"看作安全，将"生病"看作不安全而已。

在军事领域，第一部"安全通论"叫《孙子兵法》，它成书于 2500 多年前。如果将"胜"看作安全，将"败"看作不安全，那么孙武的"安全通论"本身就已非常精练，区区 6000 余字含有 13 篇基本法则：始计篇、作战篇、谋攻篇、军形篇、兵势篇、虚实篇、军争篇、九变篇、行军篇、地形篇、九地篇、火攻篇、用间篇。当然，现在孙武"安全通论"的应用已经不仅仅限于军事领域了，甚至成为当代商家的必读经典，因为商场如战场嘛。

古人在不同领域，从不同层次和深度创立了各种版本的"安全通论"，推动着人类文明不断向前发展。其实，即使到了近代和现代，人类也还在继续着这方面的探索。

约 250 年前，经济学鼻祖亚当·斯密也撰写了一部非常著名、一直畅销至今的"安全通论"，简称《国富论》。在激烈的自由市场竞争中，如果将"竞争成功"看作安全，而将"竞争失败"看作不安全，那么亚当·斯密的"安全通论"便可形象地概括为一句话：看不见的手。更详细地说，就是"人人都试图用其资本来使其生产品获得最大价值。一般来说，他并不企图增进公共福利，也不清楚增进的公共福利有多少，他所追求的仅仅是个人安乐和个人利益，但当他这样做的时候，就会有一双看不见的手，引导他去达到另一个目标，而这个目标绝不是他所追求的东西。由于追逐他个人的利益，却经常促进了社会利益，其效果比他真正想促进社会效益时所得到的效果为大"。亚当·斯密"安全通论"中的各种改进和充实层出不穷，甚至已经发展成多门学科，如数量经济学、经济数学、一般均衡理论等。

约 150 年前，达尔文创立的"进化论"其实就是生物界的"安全通论"。如果将生物种群的"灭绝"看作不安全，"生存"看作安全，那么达尔文"安全通论"的"核心定理"便可以总结为"物竞天择，适者生存"或"自然选择是生物进化的动力"。当然，达尔文"安全通论"的影响力已经不仅仅限于生物界了，甚至跨越了自然科学和社会科学，极大地改变了人类的世界观。

前面介绍的所有"安全通论"案例，大多出自人文或社科领域。但是，别误会，其实"安全通论"在自然科学界也比比皆是。

完全由抽象数学公式写成的"安全通论"，名叫"博弈论"，它由计算机之父冯·诺依曼等科学家于 1944 年最终创立，它已成为现代数学的一个新分支，也是运筹学的重要内容。如果将斗争（或竞争）中的"获胜"当作安全，"失败"当作不安全（当然，这里的"安全"或"不安全"不再有明显的界限，而是由具体的数字量化描述，行话叫"收益函数"或"权重"），那么冯·诺依曼"安全通论"就主要研究公式化的激励结构间的相互作用，研究具有斗争（或竞争）现象的数学理论和方法，研究对抗游戏中个体的预测行为和实际行为及其优化策略等。该理论的核心定理便是著名的"纳什均衡定理"。如今，冯·诺依曼"安全通论"已被生物学家用来理解和预测进化论的某些结果；被经济学家用作标准分析工具之一，并在金融学、证券学等领域扮演着重要角色；被社会科学家用于处理国际关系、政治学、军事战略等学科的重要问题。

在现代通信中，如果将"1 比特信息被无误差地传输到收信端，比如 1 传成 1 或 0 传成 0"看作安全，而将"信息被传错，即 1 传成 0 或 0 传成 1"看作不安全，那么此种情形下的"安全通论"便是众所周知的"信息论"，它于 1948 年由天才科学家克劳德·艾尔伍德·香农创立。该理论的核心只有两个定理，其一是"信道编码定理"，其二是"信源编码定理"。如今，香农"安全通论"已经成为 IT 领域的"指路明灯"，其重要性怎么描述也不过分。如果没有它，人类可能就无法进入所谓的信息时代、数字时代或网络时代。

如果将系统（准确地说是系统中的信息）的"失控"看作不安全，将"受控"看作安全，那么与之相应的"安全通论"便是如雷贯耳的"控制论"（其实应该叫"赛博学"），它由诺伯特·维纳等于 1948 年创立。虽然维纳版的"安全通论"没有明确的"核心定理"，但是它却再一次彻底刷新了人类的世界观，揭示了系统的信息变换和控制过程。虽然一般系统具有物质、能量和信息三要素，但是维纳却只把物质和能量看作系统工作的必要前提，并不追究系统到底由什么物质构造或能量如何转换等，而是着眼于信息方面，研究系统行为方式的一般规律，特别是动态系统在变化的环境中如何保持平衡或稳定状态，即"受控"中有"失控"、"失控"中含"受控"的《易经》思想。与其他只研究特定物态系统，只揭示某一领域具体规律的专门科学相比较，维纳版"安全通论"是一门带有普遍性的横断科学，其思想和方法已渗透到了几乎所有自然科学和社会科学领域。

其实，在不同领域，为了不同目的，人们还创立了多种其他版本的"安全通论"，包括但不限于：1968 年贝塔朗菲等创立的"一般系统论"，1969 年普里戈金等创立的"耗散结构理论"；20 世纪 70 年代哈肯等创立的"协同学理论"，艾肯等创立的"超循环理论"，塞曼等创立的"突变论"；此外，还有诸如"混沌理论""分形理论"等都可以在某种程度上纳入"安全通论"的范畴。

与上面创立不同版本"安全通论"的所有伟人相比，本书作者可能比较渺小。但是，"位卑未敢忘忧国"，毕竟在赛博时代，在人们一刻也不能离开的网络空间中，以黑客为代表的破坏者们已经把全世界的用户搞得焦头烂额，以至于全球安全专家（红客）随时都在忙于"救火"：黑客造病毒，红客就得杀病毒；黑客破密码，红客就得忙着加密；黑客非法进入系统，红客就得研制防火墙；

黑客兵来，红客就得将挡；黑客水来，红客就得土掩。总之，网络空间安全已经被分裂成至少十余个"几乎互不搭界"的分支，网络安全专家也被逼成了"高级工匠"，以至于谁也没精力考虑网络空间安全是否存在统一的基础理论，以及如何建立这样的统一基础理论等核心问题。作者不才，甘愿冒此风险，第一个吃螃蟹，来认真探索构建"网络空间安全基础理论"或"信息安全基础理论"的课题。

因此，本书所指的"安全通论"，实际上是"信息安全通论"或"网络空间安全通论"。但是，一方面为了使书名简洁，另一方面也由于书中的许多思路和方法来自于其他学科的"安全通论"，而且许多结果也能推广到其他学科的"安全通论"，所以采用了"安全通论"作为书名。

虽然本书篇幅已经不小（数百页之多），但我们仍然觉得"安全通论"没有最终完成，因为理想的"安全通论"应该是：

（1）要么像香农的《信息论》那样，仅仅由 1 篇文章和少数几个（2 个）定理搞定。

（2）要么像冯·诺依曼的《博弈论》那样，虽然篇幅巨大（1000 多页），但核心定理只有一个（纳什均衡定理）。

那为什么在"安全通论"没有最终成熟之前，我们就决定出版此书呢？原因有四：

（1）到目前为止，本书的某些结果已经足以刷新过去的许多安全观念，有利于网络空间安全的攻防双方改进各自的思路和方法。这也是本书为什么要增加一个副标题"刷新网络空间安全观"的原因。

（2）从纯学术角度看，本书的内容已经画出了一个完整的闭环。虽然这个闭环还不是很完美（主要是不够精练），但却已能自圆其说，一个网络空间安全基础理论体系已经清晰可见。第 1 章，从理、工、哲、经、管等角度，论述了安全的本质，特别再次剖析了信息安全，为后续各章指明了方向。第 2 章，利用数学方法，从"我"的角度，在锁定时间和对象的情况下，将主观问题客观化，抽象地描述了安全本质和逻辑结构，即安全经络图。第3章，揭示了网络空间安全的第一主角（黑客）的本质及其最佳攻击战略、战术和生态演变规律。第4章，揭示了另一主角（红客）的量化实质（安全熵的维护者），用图灵机给出了安全问题的主观和客观描述，并给出了红客是否最佳的判别标准。网络空间安全的核心是"对抗"，接下来的第5~13章，是本书的主体，在第1~4章的基础上，对网络空间中的安全对抗进行了全面而系统的量化论述，包括各种攻防的可达极限、最佳攻防策略算法、宏观态势、中观态势、对抗的演化规律，以及由红客、黑客和用户三者形成的安全生态演变规律。特别地，发现了"信息论"和"博弈论"的异常密切联系，实现了"三论"融合，还顺便给出了困扰人们数十年的所谓"多用户信息论的信息容量极限计算"的博弈论解。另外，还对维纳提出的"对话问题"首次给出了数学模型和博弈论解答。第14~16章，分别就三种特殊的安全攻防进行了单独研究，其实相应的研究方法也可以扩展到其他安全领域。

（3）单凭作者自身的能力（甚至是全球安全界的努力，因为他们根本无暇"抬头看路"，只顾"埋头拉车"，正努力成为"合格的网络建筑师"），几乎不可能将如此厚厚一本专著浓缩成一篇短文，甚至一个定理（当然，这并不意味着我们将放弃这方面的努力）。与其自己关门苦想，还不如公开所有秘密，吸引全球特殊兴趣者共同奋斗，为网络空间创建"安全通论"。毕竟，像香农、维纳或冯·诺依曼这样的英雄人物，全世界几百年才可能出几位，而且即便这些天才，也是在前人成果的基础上才最终成功的。我们甘愿做无名的铺路石，为"安全通论"的最终成熟做出应有的奉献。

（4）还有一个不用回避的原因（虽然不那么高尚），那就是本书的副产品——科普书籍《安全简史》，刚一出版就引起了轰动，热销程度完全出人意料。因此，我们便想趁机推出《安全通论》，希望某位现在还是安全外行的潜在的"香农"（如博弈论专家、经济学家、系统论专家、数学家，甚至某位中学生等）能够偶然读到此书，并最终奇迹般地完成"安全通论"。

此外，世界观对方法论的影响在本书中也表现得淋漓尽致。因此，即使你不关心网络空间安全，本书也许仍然对你的科研工作有所启发。比如：全书其实通篇都充满了"控制论"思想，虽然并没有在定理上体现出来（因为"控制论"本身就没有定理）；第3章、第5~7章压根儿就是"信息论"的巧妙应用；第2章和第4章完全可以看成"系统论"的一部分；第7~9章显然来自"博弈论"；第10章及以后各章无处不见"耗散结构理论""协同学理论"和"突变论"的影子。总之，本书完成后，我们才发现，"安全通论"几乎等价于"控制论"的一种具体应用！这虽然确实出乎我们的意料，但这真的是自然形成的，并非作者刻意为之，更不是想拉"控制论"的大旗作虎皮。其实在国内，现在"控制论"都快被大家遗忘了。

本书是作者"闭关"五年，潜心研究的结果，但是由于作者能力有限，书中难免有不足之处，诚心欢迎大家批评指正，真心希望"安全通论"健康成长！

作者　杨义先　钮心忻

2017 年 10 月 19 日于花溪

目　录

第 1 章

信息安全再认识

如今，一提起信息安全保障，业界同行马上想到的便是所谓的"信息安全六性"，即真实性、保密性、完整性、可用性、不可抵赖性、可控制性，而且全球信息安全专家都正将主要精力聚焦于如何实现该"六性"。必须承认，专家们没错，而且在当前情况下，这可能还是唯一正确的选择。但是，坦率地说，这只是低层次的工程思维！实际上，如果"网络空间安全学科"永远都被这"六性"牵着鼻子走的话，那么今天的"六性"明天可能就会扩展成"七性"，再后来便是"八性""九性"等。相应地，解决这些"性"的方法也会越来越多，越来越专，越来越散。于是，网络空间安全学科将被撕成越来越细的"碎片"，以至于最终大家都迷失方向，像无头苍蝇一样乱撞，不断消耗着全社会的人力、物力和财力，导致攻防双方共输的局面。因此，若想建立网络空间安全学科的"统一基础理论"，就必须站在更高的角度重新来认识信息安全。

早在两千多年前，老祖宗的《黄帝内经》就指出"上医治未病，中医治欲病，下医治已病"。可是，直到如今，全世界的信息安全专家都只想到"治已病"，偶尔也有几人在考虑"治欲病"，但几乎没人考虑"治未病"！本书想在"治未病"方面做一点尝试，希望对后来者有用。为了表述方便，本书交替使用"信息安全""网络安全"或"网络空间安全"等词汇，虽然它们略有区别，但是从建立统一安全基础理论角度来看，就没必要再做细分了。

本章对信息安全界来说是非常重要的，而且还比较新鲜，估计许多信息安全专家过去都没有认真思考，甚至没见过本章的部分内容。这也许正是信息安全界摆脱纯工程思维所缺少的关键，因为若想研究信息安全，就必须首先舍得花精力，努力搞清楚到底什么是安全。然而至今，包括作者在内的所谓信息安全专家，严格说来都好像名不副实！准确地说，我们不是"安全"专家，而是"不安全"专家。因为，我们几乎没研究过"安全"，而是在全力以赴研究"不安全"，甚至被"不安全"牵着鼻子走。今天，黑客在东边制造了"不安全"，于是呼啦一下，大家都奔东边；明天西边"不安全"，轰隆，西边又枪炮齐鸣；可就是没人理睬"安全"，甚至根本不关心"安全"到底是什么！

当然，对以人身安全保障等为目标的"安全工程学科"来说，本章内容简直就是入门知识，甚至是该专业本科生的必修基础课[1, 2]。可见，不同学科之间真的需要深入交流、相互学习。

第1节　安全的基本概念及特征

根据马斯洛需求层次理论，人类的需求可以像阶梯一样，从低到高按层次分为五种，分别是生理需求、安全需求、社交需求、尊重需求和自我实现需求。而安全需求又主要包括人身安全、健康保障、资源所有性、财产所有性、道德保障、工作职位保障、家庭安全等。马斯洛还认为，整个有机体其实就是一个追求安全的机制，人的感受器官、效应器官、智能和其他能量等都主要是用来寻求安全的工具，甚至还可以把科学和人生观都看成满足安全需要的一部分。

《新华字典》对安全的解释是：安全，指没危险、不出事故。其中："安"字是指不受威胁、没有危险，即所谓无危则安；"全"字是指完满、完整、齐备或指没有伤害、无残缺、无损坏、无损失等，可谓无损则全。因此，"安全"通常是指人员免受伤害、财产没有损失、设备未被破坏等状态。

《韦氏大词典》对安全的定义是：没有伤害、损伤或危险，不遭受危害或损害的威胁，免除了危害、伤害或损失的威胁。

如果只看权威字典，那么，"安全"的概念就相当清楚了。可是，如果再要以理工科的标准来追问什么才算"安",什么才是"全",那么就很难办了。因为,无论是"安"也好,"全"也罢,它们都是形容词,而理工科领域中,很少有(甚至几乎没有)以形容词为研究对象的学科。若不信,你掰指头算算,数学、物理、化学、计算机、光学、电子学等,哪一门学问的研究对象不是名词或动词?一旦遇到形容词,理工科就没法量化了,当然就更难深入研究了。这也许就是过去信息安全界刻意回避"安全"的某些模糊内涵的原因吧。但是,如果从入门处就把"安全"割裂成多个概念,那就根本不可能有统一的安全基础理论了。所以,下面就来认真分析"安全"的理工科本质。

其实,安全是一个动态过程或状态,其目标是使人和物不受伤害;安全也是一种理念,即人和物不受伤害的理想状态;安全还是一种特定的技术状态,即满足一定指标要求的物态,这也是过去信息安全界关注的重点。

安全与人密切相关,因此安全性与人性也不可分离。而人性包括自然属性和社会属性,因此安全也有其相应的自然属性和社会属性。

安全的自然属性包括:

(1)安全是人的生理与心理需要,或者说,是由生存欲望决定的自我保护意识,这是安全存在的主动因素。

(2)对各种灾难的无奈促使人类不得不随时关注安全,这虽然是被动因素,但它与前面的主动因素相结合,就决定了"安全是人类的永恒主题"。

安全的社会属性也包括两方面:

(1)社会安定、有序、进步始终是全人类追求的目标,而实现这一目标的前提就是安全,这是社会促进安全的正向作用。

(2)人类的某些社会活动(如政治、军事、文化、社交等)可能会直接或间接地破坏安全,这便是社会对安全的逆向作用。特别是信息安全中的所有破坏力量,几乎都来自于人类自己,更准确地说,来自于各种黑客行为。

所以说,网络空间安全,其实是人(红客)与人(黑客)的对抗。严格来讲,安全的社会属性就是在安全要素中,"人与人相互关联"的演化规律和过程。

当然，安全的自然属性与社会属性是不可分割的，只有用系统的观点来研究安全各要素间动态的、有机的联系，才能正确把握安全的发展动态及其规律（这句看似平常的话很关键，它甚至决定了本书的走向；而过去信息安全界的系统论观念却非常淡薄）。因此，安全的系统属性正是其自然属性和社会属性的耦合点，并且这种耦合过程始终会受到一定时期、一定条件的约束，即人们所能接受的安全标准也是在不断变化和调整的。

安全主要有以下七个基本特征：

（1）安全的必要性和普遍性。安全是人类生存的必要前提，而不安全的因素却又是客观存在的，并且还十分普遍。包括网络空间在内，在人类活动的一切领域中，都必须努力减少失误、降低风险，尽量使物趋向于本质安全化，使人能控制和减少灾害，维护人与物、人与人、物与物相互间的协调运转。

（2）安全的随机性。安全描述的是一种状态，带有很大的模糊性、不确定性。所以，安全状态具有动态特征，它是随时间而变化的。安全状态的存在和维持时间、地点及其动态平衡的方式都带有随机性。如果安全条件发生变化，人与环境间的关系失调，那么安全问题就会随时发生。

（3）安全的相对性。安全与不安全的界限并不是绝对的，或者说，绝对安全的状态根本不存在。任何事物都包含着不安全的因素，安全只是一个相对概念。在实践中，人们客观上会自觉或不自觉地认可某种安全水平。当实际状况达到该水平时，就认为是安全的，否则就认为不安全。安全的程度和标准取决于多种因素，包括但不限于相关人员的生理和心理承受度、科技水平和政治经济状况、伦理道德和安全法学观念、物质和精神文明程度等。

（4）安全的局部稳定性。虽然不存在无条件的绝对安全，但有条件的局部安全还是可以达到的。网络空间安全的各种保障措施就是想要实现并维持这种局部安全。

（5）安全的经济性。安全是可以产生经济效益的。一方面，安全可以直接减少损失；另一方面，安全还可以保障系统正常运行，从而间接创造价值。

（6）安全的复杂性。安全与否，取决于人与环境间相互关系的协调。人是安全的主体，因此，人的复杂性自然就导致了安全问题的极大复杂性。此处，人的复杂性至少体现在生物性和社会性两方面，如思维、行为、心理和生理等个体复杂性，以及人与人之间的社会复杂性等。

（7）安全的社会性。安全与社会的稳定直接相关。一方面，安全问题，特别是严重的安全问题会成为影响社会安定的重要因素；另一方面，如果不出现安全问题，那么社会各方都会受益。

从根源上看，任何安全问题都可归因于人与物（技术、环境）的综合或部分欠缺。从另一角度看，安全活动所追求的目标，也正是要保护人和物（技术、环境），修补相关欠缺。从安全的实现手段看，除了技术措施，还需要人的合作和环境的协同等，因此，安全系统其实是由人、物、人与物构成的复杂系统。这里，"人"是安全的主体和核心，是研究一切安全问题的出发点和归宿。人既是保护对象，又是危害因素，没有人的存在就不存在安全问题。比如，若没有黑客也就没有网络空间安全问题。

"物"是安全的保障条件，当然，也可能是危害的根源。

"人与物"包括人与人、人与物的安全关系。这里的关系既包括空间和时间的关系，又包括物质、能量与信息间的关系等。

第 2 节　从哲学角度看安全

看到本节的标题，信息安全界的某些学者可能会不屑一顾。但是，看过本节后，你就会对后面各章有更深刻的理解。实际上，本书处处都是"世界观决定方法论"的案例，因为，从不同的角度看安全就会有不同的研究方法，而信息论、博弈论、控制论、系统论、耗散结构理论、协同学、超循环理论、突变论、混沌理论、分形理论、集合论、均衡理论、图灵机理论、概率论等都只不过是工具而已。过去信息安全界的主要问题之一可能就是：大部分人并没有认真考虑过到底什么是"安全"。相关教材也基本忽略了这方面的知识，而是一入门就鼓励大家冲到计算机旁去敲键盘。如此一来，当然就容易迷路了。

现在请暂时忘掉所有技术细节，从哲学的高度重新审视一下"安全"。

1. "安全"与"不安全"的统一性和矛盾性

"安全"确实很难研究，甚至有时都不知道该如何下手，因为"安全"经常是说不清、道不明的；但是，如果能够把"不安全"搞清楚，那么"安全"也就搞清楚了。因为，"安全"与"不安全"是一对矛盾，它们相伴相存。安全是相对的，不安全是绝对的。

安全的相对性表现在三方面：

首先，绝对安全的状态是不存在的，安全是相对于不安全的。

其次，安全标准是因人、因事、因时、因物等而变化的，抛开环境谈安全是不现实的。

最后，安全对人的认识而言，也具有相对性。

不安全的绝对性表现在：任何事物一诞生，就存在不安全的可能性；在事物发展过程中，不安全度也许变大或变小，但绝不会消失。不安全存在于一切系统的任何时间和空间中，无论技术多先进、设施多完善，人与环境综合功能的残缺都始终存在，不安全因素也始终存在。

安全与不安全是一对矛盾：一方面，双方互相反对、互相排斥、互相否定，安全度越高不安全度就越低，反之亦然；另一方面，安全与不安全又互相依存，共同处于一个统一体中，存在着向对方转化的趋势。

2. 安全的系统观

在人与环境（如赛博网等）构成的系统中，影响安全（或不安全）的因素很多，因果关系错综复杂。若要搞清安全（或不安全）的内在规律，就必须全面地分析各要素，对相关的开放、复杂大系统进行分析和综合。在多种安全（不安全）原因中，要区分主因和次因、内因和外因、直接原因和间接原因、客观原因和主观原因等。要集中力量抓住内部的主要矛盾，用系统的观点进行分析，充分考虑系统的整体性、有机性、层次性。

特别需要注意的是，系统整体的功能不等于各组成要素的性质和功能的简单叠加，而是大于部分之和，它具有其要素所不具有的性质和功能。尤其对不安全而言，一个不安全漏洞与另一不安全漏洞相加，并不等于（而是远远大于）两个不安全漏洞。

系统的整体性产生于系统内部各要素相互作用、相互联系的某种协同效应。系统整体性的强弱由要素间协同作用的大小决定。因此，多种安全和不安全要素叠加在一起时，整体影响力会大大增加。所以，为使系统总体功能向安全方向发展，就必须统筹各要素，增加安全因素的整体功能，削弱不安全因素的整体功能。

在安全（或不安全）这个复杂的大系统中，有些要素处于主导地位和支配地位，有些要素处于从属地位和被支配地位，因此需要充分考虑各要素之间的关系，以利于实现系统的整体安全。在本书中，安全的系统观扮演着十分重要的角色，甚至可以说，若没有安全的系统观，就不可能有"安全通论"。

3. 安全中的质变与量变

从哲学角度看，变化分为两种：量变与质变。现借用安全工程学科的术语，将安全的量变称为流变，而将质变称为突变。在安全领域，流变与突变是普遍存在的，只不过人们对流变的感觉不明显，而突变则会产生严重的不安全事件。

流变是一种缓慢的变化过程，突变则是流变过程的中断，是质的飞跃。流变和突变也是相互统一的，这主要表现在以下三个方面：

一是流变与突变既是相对的，又是相互依存的。从安全角度看，没有绝对的流变与突变。离开了流变，就无所谓突变；离开了突变，流变也无从谈起。事实上，要想明确区分流变和突变也是很困难的，因为安全过程始终保持着一定的连续性，总是存在中间的过渡环节。总之，在空间、时间、结构、形态、物质、能量、信息等的变化方面，流变和突变都只有相对意义。

二是流变和突变的层次性。针对具体的对象，安全的流变和突变总是联系着某个具体的物质、能量、信息层次。在同一层次上，流变和突变有其具体的表现形式，可以进行严格的界定，因此不同层次的流变和突变有其不同的表现形式。针对某种具体的安全变化过程，在低层次可能是突变，而在高层次则只属于流变。比如，某人隐私信息泄露后，对当事者来说，就是突变；而对整个网络空间来说，则只是流变而已。

三是流变和突变的相互转化。在一定条件下，流变可以转化为突变，突变也可以转变为流变。比如，网络舆情的发展过程，起初只是流变，一旦发酵到某种程度就会突变，甚至引起社会动荡。另外，成功的网络安全应急处置其实就是将突变转化成流变。流变表现为微小而缓慢的量变，突变表现为显著而迅速的质变；在流变中往往也有部分质变，在质变中也伴随着量变。质变后，总会出现流变和突变的新周期，如此循环往复，以至无穷。看似安全的东西，由于某种随机因素的影响，猛然间可能会发生雪崩式的变化。突变向流变的转化往往是在突变后，在新的场景下出现平稳的变化状态，开始新的变化周期。这时微小的扰动和涨落对安全没有明显的影响。

4. 安全事件的必然性和偶然性

在对待安全问题时，必须处理好必然性与偶然性之间的关系。对于有利的偶然因素，应创造条件促其发生，不能守株待兔；对于有害的偶然因素，应尽可能避免，并做好应急准备，做到有备无患，不能怀有侥幸心理。

5. 安全问题的简单性和复杂性、精确性和模糊性

网络空间安全既复杂又简单，是复杂和简单的统一体。一方面，网络系统充满了多层次的安全和不安全矛盾，相互间形成了极为复杂的结构和功能，同时又与外界有诸多联系和相互作用；另一方面，网络系统又是可分解的，甚至分为简单要素、元素、单元。网络可看成许多单元的集合，网络间的联系和所遵循的基本规律，又是简单而机械的。

安全的精确性和模糊性，主要体现在：安全与不安全之间，没有精确的界限，只有一片模糊，但是这种模糊又可用精确的数字来解释。相对模糊的定性描述有利于制定和落实安全措施；但是，在技术装备方面，就不宜太模糊，否则就会降低安全度。安全需求不能精确描述，将会导致预想和实际状态之间的安全界限模糊。因此，在观察同一实际情况时，有人认为是安全的，有人却认

为不安全。总之，在具体情况下，必须处理好安全的精确性和模糊性关系。

6. 安全的哲学观

本书不打算讨论哲学本身，而是直接罗列安全的以下哲学观：

（1）对待每一次安全事件，必须客观地分析其前因后果，达到主观与客观的统一，努力搞清事件从发生、发展到结束的全部过程，以便为今后积累经验和教训。

（2）必须全面了解和具体分析目标网络的复杂联系，在众多联系中找出与安全相关的直接的、内部的、本质的、必然的联系，从而有利于把握网络安全的规律。

（3）在动态中把握安全规律，即在考虑安全问题时必须加入时间概念。在动态中抓住安全发展的趋势，不断研究新情况和新问题；通过对未来安全的分析，加深对安全现状的认识。

（4）网络安全的核心，就是黑客的"攻"与红客的"守"这对矛盾的运动变化和发展规律。

因此，区分主要矛盾和次要矛盾、矛盾的主要方面和次要方面就显得十分必要。矛盾在不同时期有不同的特性，这就使安全的发展显示出过程性和阶段性。矛盾的质，若发生变化，则安全状态也要发生根本变化。

第 3 节　安全面面观

为了更深刻地理解安全实质，本节将不断变换角度，反反复复地从不同侧面给安全"画像"。虽然它们只是宏观定性的介绍，但是对于理解以后各章的定量研究将会很有帮助。对本节相关细节有兴趣的读者，可阅读《安全简史》[3]的第 13 章 "安全管理学"、第 14 章 "安全心理学"、第 15 章 "安全经济学"、第 17 章 "信息与安全" 和第 18 章 "系统与安全"。虽然《安全简史》看起来像科普书，但其实它的后半部分主要是给信息安全界补课，让大家向安全工程专业界学习,在研究信息安全之前,先努力搞清楚什么是安全。

1. 从系统科学角度看安全

从该角度看见的安全称为"安全系统"或"安全系统论"。为避免深奥的系统论知识,我们先看一个故事。

有位国王特别擅长逻辑学,为彰显其缜密的思维,他制定了一条奇怪的法律:每个死囚在被处死前都要说一句话,如果这句话是真话,那他将被砍头;如果这句话是假话,那他将被绞死。

国王对这条法律很得意,因为按照逻辑,一句话要么是真话,要么是假话,不可能有第三种可能性。因此,死囚要么被砍头,要么被绞死。

可是有一次,聪明的系统安全学家被押赴刑场后,他却说:"我将要被绞死!"这下逻辑学国王傻眼了。因为,如果国王将系统安全学家绞死,那么"我将要被绞死"便是真话,但根据法律,"说真话将被砍头";如果国王将系统安全学家砍头,那么"我将要被绞死"便是假话,但根据法律,"说假话将被绞死"。总之,无论国王如何行刑,他都会破坏自己的法律,从而陷入不能自拔的矛盾之中。

那么,这个矛盾是从哪里冒出来的呢?答案就是:从系统中冒出来的!在缺乏系统思维的情况下,如果最严谨的"逻辑学"都会出现漏洞的话,那就更别说安全等其他科学了。实际上,许多东西,从局部上看虽是天衣无缝,但从整体上重新考虑时便会漏洞百出,当然也就会引发相应的安全问题,用行话说,这便是安全系统的整体性。

同样,从孤立角度看是天衣无缝的东西,若从关联角度来看,就可能出现矛盾,用行话说,这便是安全系统的关联性。从低等级结构角度看是天衣无缝的东西,若从高等级结构角度来看就可能出现矛盾,用行话说,这便是安全系统的等级结构性。从静态角度看是天衣无缝的东西,若从动态角度去看就可能出现矛盾,用行话说,这便是安全系统的动态平衡性。从正时序看是天衣无缝的东西,若从逆时序去看就可能出现矛盾,用行话说,这便是安全系统的时序性。分散开来看是天衣无缝的东西,若从统一角度看就可能出现矛盾,用行话说，这便是安全系统的统一性。

总之，安全系统论的认识基础，就是所谓的"系统思维"，即对系统的整体性、关联性、等级结构性、动态平衡性、时序性、统一性等本质属性进行最优化，至少避免出现漏洞和矛盾，从而避免相应的安全问题。

安全系统论主要研究系统的安全分析、安全评价和安全控制。下面进行具体分析。

（1）系统安全分析。要提高系统的安全性，减少甚至杜绝安全事件，其前提条件之一，就是预先发现系统可能存在的安全威胁，全面掌握其特点，明确其对安全性的影响程度。于是，便可针对主要威胁，采取有效的防护措施，改善系统的安全状况。此处的"预先"意指：无论系统生命过程处于哪个阶段，都要在该阶段之前，进行系统的安全分析，发现并掌握系统的威胁因素。这便是系统安全分析的目标，即使用系统论方法辨别、分析系统存在的安全威胁，并根据实际需要对其进行定性、定量研究。

（2）系统安全评价。系统安全评价要以系统安全分析为基础，通过分析和了解来掌握系统存在的安全威胁。系统安全评价不必对所有威胁采取措施，而是通过评价掌握系统安全风险的大小，以此与预定的系统安全指标相比较，如果超出指标，则应对系统的主要风险因素采取控制措施，使其降低至标准范围之内。

（3）系统安全控制。只有通过强有力的安全控制和管理手段，才能使安全分析和评价产生作用。当然，这里的"控制"需要从系统的完整性、相关性、有序性出发，对系统实施全面、全过程的风险控制，以实现系统的安全目标。

用系统论方法去研究安全时，需要重点关注以下五个方面。

第一，要从系统整体性观点出发，从系统的整体考虑，解决安全威胁的方法、过程和要达到的目标。比如，对每个子系统安全性的要求，要与实现整个系统的安全功能和其他功能的要求相符合。在系统研究过程中，子系统和系统之间的矛盾以及子系统与子系统之间的矛盾，都要采用系统优化方法，寻求各方面均可接受的满意解。同时，要把系统论的优化思路贯穿到系统的规划、设计、研制、建设、使用、报废等各个阶段中。

第二，突出本质安全，这是安全保障追求的目标，也是系统安全的核心。由于安全系统论中将人、网、环境等看成一个"系统"，因此，不管是从研究内容还是从系统目标来考虑，核心问题都是本质安全，即研究实现系统本质安全的方法和途径。

第三，人网匹配。在影响系统安全的各种因素中，最重要的是人网匹配。

第四，经济因素。基于安全的相对性，安全投入与安全状况是彼此相关的，即安全系统的"优化"受制于经济。但是，基于安全经济的特殊性（安全投入与业务投入的渗透性、安全投入的超前性与安全效益的滞后性、安全效益评价的多目标性、安全经济投入与效用的有效性等），就要求在考虑系统目标时要有超前的意识和方法，要有指标（目标）的多元化的表示方法和测算方法。

第五，安全管理。系统安全离不开管理，而且管理方法必须贯穿于安全的规划、设计、检查与控制的全过程。

总之，"安全系统论"就是要用系统论的方法，从系统内容出发，研究各构成部分存在的安全联系，检查可能发生的安全事件的危险性及其发生途径，通过重新设计或变更操作来减少或消除危险性，把安全事件发生的可能性降到最低。

2. 从控制论角度看安全

从该角度看见的安全，称为"安全控制"或"安全控制论"（其实，"控制论"本该叫"赛博学"，但为了避免读者分心，我们仍然沿袭传统；对此有兴趣的读者，可阅读《安全简史》[3]的第16章"正本清源话赛博"）。

安全控制的一般步骤为：

首先，建立安全的判断标准。

其次，衡量安全的实际情况与预定目标之间的偏差，确定如何纠正该偏差。

最后，采取相应的安全管理、安全教育和安全工程技术等措施，消除隐患。

安全控制的基本原则包括：

第一，闭环控制原则。从输入到输出，通过信息反馈进行决策，并控制输入，由此形成一个完整的控制过程，称为闭环控制。闭环控制要讲究目的性和效果性，要有评价、反馈和决策。

第二，动态控制原则。只有正确、适时地进行安全控制，才能收到预期效果。动态控制原则要求无论从技术上还是从管理上，都要有自组织、自适应的功能。

第三，分级控制原则。对系统的各组成部分（子系统）要采用分级控制，分主次进行管理。各子系统可以自我调整和控制。

第四，分层控制原则。安全事件的控制有六个层次：根本的预防性控制、补充性控制、防止危害扩大的预防性控制、维护性能的控制、经常性控制和紧急性控制。该原则要求安全控制、管理和技术的实现要有阶梯性和协调性，要采取多层控制，以增加可靠度。

安全控制的方法，主要有四种：

第一，信息方法。该方法完全撇开研究对象的具体结构和运动形态，把系统的有目的性运动过程（如安全保障过程）抽象为信息传递和转换过程。通过对信息流程的分析和处理，来揭示某一复杂系统运动过程（如安全保障过程）的规律，获得事物整体的知识，特别是其中信息接收、传递、处理、存储和使用的变换过程。与传统的经验方法不同，信息方法并不对事物进行剖析，而是仅仅综合考察信息流程。信息的普遍存在性和高度抽象性决定了信息方法应用范围的广泛性。

第二，黑箱方法。所谓黑箱方法，就是在客体结构未知（或假定未知）的前提下，给黑箱以输入，从而得到相应的输出；并通过分析输入和输出的关系来研究客体的方法。比如，把网络系统看成"黑箱"，将"攻"看成输入，系统反应为输出；再将"防"作为另一输入，达到所需的安全输出，并以此来探讨它们的对应关系。此时，不对箱子的性质和内容做任何假定，而只是确定某些作用于它的手段，并以此对箱子进行作用，使人与箱子形成一个耦合系统，并通过输入/输出数据来建立相应的数学模型,推导出内部联系。黑箱方法研究的不是箱子本身,而是人与箱子形成的耦合系统。

第三,反馈方法。这是一种"以原因和结果的相互作用来进行整体把握"的方法,其特点是:根据过去操作的情况去调整未来行为。所谓"反馈",就是将系统的输出结果再返回到系统中去,并和输入一起调节和控制系统的再输出的过程。如果前一行为结果加强了后来行为,就称为正反馈;如果前一行为结果削弱了后来行为,就称为负反馈。反馈在输入、输出间建立起了动态的双向联系。

反馈方法就是"用反馈概念去分析和处理问题"的方法。它成立的客观依据在于原因和结果的相互作用,原因引起结果,结果也反作用于原因。因而,对因果的科学把握必须把结果的反作用考虑在内。比如,计算机病毒的查杀过程,就是一个典型的基于反馈法的安全保障措施。首先,及时获取网上的病毒反馈;其次,"对症下药"研制相应的杀毒软件;最后,继续监视网络情况等。

第四,功能模拟法。它暂时撇开系统的结构、要素、属性,而只是单独研究行为,并通过"行为功能"来把握系统的结构和性质。该方法的依据是维纳的如下重要发现:"从结构上看,技术系统与生物系统都具有反馈回路,表现在功能上则都具有自动调节和控制功能。这就是这两种看似截然不同的系统之间所具有的相似性、统一性。确切地说,一切有目的的行为都可以看作需要负反馈的行为。"

功能模拟法具有以下三个特点。

一是以行为相似为基础。该方法认为,系统最根本的内容就是行为,即在与外部环境的相互作用中所表现出的系统整体应答。因此,两个系统间最重要的相似就是行为上的相似。在建立模型的过程中,可以撇开结构而只抓取行为上的等效,从而达到功能模拟的目的。比如,在网络空间安全保障过程中,许多未知攻击的防御就依赖于分析各种大数据异常行为。

二是模型本身成为目的,而非手段,甚至将模型看成"具有生物目的性"的机器。而在传统模拟中,模型只是把握原型的手段,对模型的研究目标是获取原型的信息；但在功能模拟中，模拟却基于行为，以功能为目的。又比如，在安全对抗中，建立相应的攻防模型非常关键。

三是从功能到结构的技术路线。它首先把握的是整体行为和功能，而不要求结构的先行知识。但它并不否认结构决定功能，同时也不满足于行为和功能，它总是进而要求从行为和功能过渡到结构研究，获得结构知识。比如，在序列密码分析时，用线性移位寄存器去模拟未知的非线性密钥生成器的过程，便是从功能到结构的过程。

此外，还可从管理学、经济学、风险学、人机学、法学、心理学、行为学和文化、教育等角度，来重新审视"安全"，并将获得完全不同的"剖面图景"。有兴趣的读者，可阅读参考文献[1，2]。

第4节　安全系统的耗散结构演化

虽然本书后面的相关章节中将量化地分析网络空间安全的耗散演化规律，但本节将不涉及具体的公式推导，而是重点归纳安全系统的耗散结构特征（即开放的、动态的、非线性的、远离原始状态的等）、耗散结构的形成与演化等。对耗散结构理论不熟悉的读者，可阅读参考文献[4]。为了不分散读者的注意力，在此就不介绍相关入门知识了。

安全系统为什么是开放的？

因为安全系统是由人、设备和环境三大部分组成的系统。其中，人的因素作为安全系统的主体因素，必须与外界发生物质、能量和信息的交换，而安全需求又是人的本性。因此，人类在与外界进行物质、能量和信息交换时，必然就会将安全因素放在重要位置来考虑，这就决定了安全系统的开放性，即安全系统将与外界同时进行物质、能量和信息交换（当然，如果考虑的是网络空间安全，那么赛博网络本身的开放性更决定了网络安全系统的开放性）。

安全系统为什么是动态的？

一方面，人类对安全的需求本身就是动态的、不断提高的，所以安全系统也是动态的；另一方面，任何系统都具有动态特性，当然也就导致了安全系统的动态性。

安全系统为什么是非线性的？

其实，安全系统的非线性特征，表现在以下两个方面：

第一，如果安全系统是单纯的线性系统，那么就不会出现突变，没有突变就不会有突发灾难，这便从反面论证了安全系统是非线性的。

第二，当构成安全系统的各种因素变化时，并不会与系统运行结果进行线性对应。

安全系统为什么是远离原始状态的？

此处，安全系统的原始状态是指其中的安全因素处于熵、自由度、无序度最大的无组织、无结构的状态。具体表现为人、设备、环境三部分的混乱状态，即人的安全意识淡薄、安全教育落后、安全管理很差，人的行为不安全，物的状态不安全或人与物的相互作用有潜在危险、缺乏安全防护等。在这种原始状态下，安全风险很大，发生安全事件的概率最大，处于事故频发状态。但是，由于对安全的天然需求，人类自然会不断改善自己的不安全行为，调整物的不安全状态，加强安全管理和教育，重视自身的防护等。这些自发的、零碎的安全措施会减少安全问题的发生，减少人类受到的伤害，即人类会被动地摆脱高危状态，相应地，安全系统会被动地摆脱原始状态。其实，安全系统之所以会远离原始态，主要是由安全系统本身的属性所决定的，因为事物的内因是推动事物发展的动力，而安全属性就是安全系统的内因。

根据安全系统的上述开放性、动态性、非线性、远离原始状态性等，可知安全系统具备了形成耗散结构的必要条件，但是它们并非充分条件，所以下面分三个方面来论证安全系统为什么能够形成耗散结构。

（1）安全系统剩余熵的增减。安全系统的开放性确保了它能够与外界进行物质、能量和信息的交换，因此，安全系统有机会输入负熵流或输出正熵流，使得安全系统剩余熵增加或减少。对于安全系统来说，熵增大就意味着安全系统的混乱度增大，这时就隐含着不安全因素，当条件成熟时，隐患便会转变成安全事故。安全系统与外界进行物质、能量、信息交换，如果这些交换合适（即安全保障措施适当），那么安全系统就可从外界吸收有序的、功能结构完整的物质流、能量流和信息流，这些流的加入将使安全系统的熵减少。另外，安全系统不仅能从外界吸收负熵流，而且也能向外界排放出自身的多余物，即无序的、功能结构散失的多余物，也就是正熵流。无论是吸收负熵流还是排出正熵流，都会使安全系统的熵减少，从而安全度提高；反之，如果熵被增加了，那么系统的安全度就会降低。当然，剩余熵的增减，只是安全系统的量变积累，不能达到质的飞跃，即不能仅仅通过剩余熵的增减来实现安全系统结构的转化，这里还需要另一个条件，就是突变，它来自于安全系统的非线性。

（2）安全系统的扰动。此处的扰动是指安全系统的各个影响因素在其稳定态的微小波动，即以稳定态为中心，上下左右做微小的偏离（即变化）。安全系统的扰动可归因于人类行为的随机性、设备安全状态的随机性、环境变化的随机性，以及人与设备、人与环境、设备与环境相互作用的随机性，还有人、设备和环境三者间相互作用的随机性等。如果安全系统的剩余熵被极大地减少，那么安全系统将处于远离原始状态。这时，如果被某个微小的扰动激发，而且该激发处于远离原始状态的非线性区，并使得该非线性的相互作用在各安全要素之间产生协同作用和相干效应，就有可能使安全系统从杂乱无章变为井然有序。在正常情况下，安全系统中的扰动不会造成重大影响。但是在远离原始状态，且扰动又出现在非线性区时，微小的扰动就有可能造成系统质的变化，即质的飞跃、层次结构的更换，这便是所谓的"蝴蝶效应"。总之，安全系统中的扰动和远离原始状态的非线性相互作用，是安全系统从远离原始状态向耗散结构转变的决定性作用。

（3）安全系统的耗散结构形成。从前面的论述，我们可以将安全系统的耗散结构形成过程归纳为：从安全系统的原始状态出发，由于人类自身的安全需求，人们将千方百计改善安全状况，脱离原始安全状态，从而不断减少安全系统的剩余熵，甚至使得该剩余熵达到很低的程度，以至于安全事件的频率大幅度减少，但并未从根本上改变高危状态，只能称为"远离原始状态的安全系统"。对于处于脱离但并未完全脱离原始状态的安全系统，这时系统中的各种因素都在非线性区内进行扰动，并最终在某个诱因的激发下，安全系统突变到另一种全新的安全状态。这时的安全状态便是自组织的、功能性的、结构性的，相应地就形成了安全系统的耗散结构。总之，非线性是安全系统产生自组织行为的内因，若无这个内因，扰动将不可能形成安全系统的耗散结构，从无序到有序的过程也将不会发生。安全系统通过自身的扰动、非线性、原始状态，在没有外界的特定干预下，形成空间、时间或功能上有序的耗散结构。该行为称为自组织行为，该结构称为自组织结构。

接下来，看看安全系统耗散结构是如何演化的，即如何走向新的、更高级、更有序的安全系统，或者如何走向更低级的、无序的、结构混乱的安全系统，或者安全系统耗散结构被破坏。下面从四个方面进行论述。

1. 安全系统耗散结构如何维持

安全系统具有系统性、协调性、整体性和组织性。耗散结构的最本质特征就是消耗外界有序的物质、能量和信息，若没有消耗，耗散结构将不存在。这便决定了安全耗散结构维持的条件：由于安全系统本身的开放性和动态性，系统自身会产生熵增，即系统将变得越来越不安全，会自动向无序方向发展，会自动地变得越来越混乱，出现安全事故的危险度越来越高。由于安全系统的非线性，一旦出现危险涨落，将会激发安全灾难发生，从而反过来破坏安全系统的耗散结构。耗散结构若被破坏，则安全系统将回到原来的原始状态或近原始状态。因此，若要维持安全系统的耗散结构，首先必须保证开放性，然后让负熵流进入，同时排出正熵流。更进一步，定量地说，如果安全系统的剩余熵为正，那么安全系统的混乱度将增加；剩余熵若为负，则安全系统的有序度将增加；若剩余熵为零，则安全系统将处于稳定状态。换句话说，若要维持安全系统的耗散结构，则剩余熵不能为正。此处，剩余熵＝安全系统的自然熵增－输入的负熵流－输出的正熵流。

2. 安全系统耗散结构如何向高一级转化

在维持原有耗散结构，即剩余熵非正的情况下，如果进一步增加输入的负熵流，那么剩余熵将进一步降低，安全系统的有序度将进一步增加，此时的安全系统正在远离旧的耗散结构的稳定态。

随着负熵流的进一步输入，剩余熵进一步降低，安全系统的旧有耗散结构已经不能满足系统的安全需求，甚至可能阻碍和破坏局部新形成的更高一级的有序结构。这时的安全系统，可看作已经远离旧耗散结构这一稳定状态。

由于安全系统本身的非线性，再加上安全系统的安全涨落，假若该涨落发生在远离旧耗散结构的非线性区，那么安全系统将从旧的耗散结构，自组织突变为具有新结构、新功能、新特点的、更高级的耗散结构，从而实现安全系统耗散结构向高一级的转化。

在负熵流大量输入时，"不安全涨落"对于急于向更高级转变的安全系统是不起作用的，只有与安全系统状态相对应的"安全涨落"，才会发挥根本作用。这便是"历史潮流，顺之则昌，逆之则亡"的耗散结构解释吧。

那么，安全系统的上述转化动力是什么呢？其实，安全系统在从旧耗散结构向新耗散结构转化的过程中，会经历不稳定阶段。而该不稳定的原因是：在原有的、旧的耗散结构基础上，由于人们想进一步提高安全需求，而旧的耗散结构已经不能满足人们的安全需求，因此就出现了矛盾，该矛盾贯穿于整个转化过程之中。正是这种矛盾，推动了安全系统的上述转化。

由于人类的安全需求在不断提高，并且是永无止境的，所以安全系统向高级耗散结构转化的过程也是永无止境的。这就再一次证明了绝对安全是不存在的，或者说绝对安全作为一种极限的安全状态，各阶段的相对安全只能无限接近，但永远达不到。

3. 安全系统耗散结构如何向低一级转化

安全系统耗散结构向低级的耗散结构转化的机制，其实类似于前述的向高一级的转化。当然，有一些本质的差别。

安全系统耗散结构的维持需要开放性来保证。当其开放性得不到保障时，就可能使安全系统远离耗散结构，并向低级转化。促使安全系统远离耗散结构稳定态的方式很多，但其核心只有一个，即剩余熵的变化。当安全系统与外界进行物质、能量、信息交换时，吸收负熵流和排出正熵流，都只是安全系统改变剩余熵的实现方式。安全系统的混乱度、有序度都以安全系统的剩余熵为基准：当剩余熵增大时，意味着安全系统的混乱度增大，安全系统处于比较无序的状态，各个安全因素将不会像以前那样有序地执行自己的安全职能。如果这种状况不及时制止，安全系统的剩余熵将会越来越大，甚至使得系统严重偏离原来的有序结构，即耗散结构。

处于远离耗散结构稳定态的安全系统，只要存在安全系统涨落（主要是指"不安全"涨落），而且该涨落出现在远离耗散结构的非线性区，那么安全系统就会由原来的耗散结构突变为更低级的耗散结构，即完成了安全系统耗散结构向低级的耗散结构的转化。

安全系统耗散结构也是一种用来约束安全系统各个因素的无形结构，以使各个安全因素执行各自的安全职能，从而保障安全性。当然，不同等级的耗散结构约束各个因素的能力也是不同的，所能达到的安全性也是不一样的。高级耗散结构所能达到的安全目标自然高于低级的耗散结构。

安全系统耗散结构约束各自安全因素的能力，不能根据安全系统各自因素的混乱程度来判断，而是要从各自完成安全任务的角度来考虑：安全任务完成得好的，约束力就强；反之，约束力就弱。当安全系统的剩余熵增大时，混乱度就跟着增大，各个安全因素的混乱度也增大，此时安全系统耗散结构约束各个安全因素的能力，相对来说就下降了，这些安全因素执行安全任务时，就不会那么到位，这时就会埋下安全事故隐患。在这种安全系统耗散结构下，这种隐患是本不该存在的，因为不同等级的耗散结构各有其相应的安全隐患。由于没有绝对安全的系统，所以事故隐患是永远存在的，只是随着耗散结构等级的提高事故隐患相应地减少，但绝不会完全消失。

对远离耗散结构的安全系统来说，这种偏向低级的耗散结构中孕育着大量的、本不该属于该等级耗散结构的安全隐患。如果安全系统按照原来的耗散结构运行，而没有考虑这种安全隐患，那么引发安全事故的可能性就更大。

当安全系统的涨落（主要是"不安全"涨落，如人的微小失误、设备意外小故障等），出现在远离耗散结构的非线性区内时，由于安全系统的非线性，会将"不安全"涨落进行放大，即激发事故隐患，促使事故发生。这便是安全系统耗散结构向低级转化时，伴随安全事故发生的过程。

从发生事故的速度来看，有两种事故：急性事故、慢性事故。前者会导致物质、能量或信息的突然失控，从而造成灾难；后者很难及时发现，只有积累到一定程度时，才会显示出其危害性。

从安全系统耗散结构的演化角度来看，安全事故的严重程度由耗散结构的演化程度而定：当安全系统在两个等级相差很大的耗散结构之间转化时，对应的安全事故也较大；转化规模较大时，对应事故也较大；转化的激烈程度决定了事故是急性的还是慢性的。

安全系统的剩余熵，本质上是安全系统各安全因素的混乱度。安全系统的剩余熵降低，主要是系统的"能量"增大。如果没有足够的、相应的"能量"来约束安全系统各个安全因素的混乱度，那么安全系统的混乱度就不会降低。这种"能量"来自哪里呢？主要来源于外界物质流、能量流和信息流。当安全系统从外界吸入负熵时，它就把有序的物质、能量、信息转化为无序的多余物，而这种转化也说明安全系统正是吸入了那种能制约无序的"能量"。因此，当安全系统的剩余熵变小时，系统获取"能量"，即安全系统的"能量"增大。换句话说，随着安全系统耗散结构向高级耗散结构转化，剩余熵将减少，安全系统的"能量"会增大。

反过来，当安全系统耗散结构向低级的耗散结构转化时，安全系统的"能量"就减少，并且这些"被减少的能量"将伴随着安全事故的发生而释放出来。因为当发生安全事故时，安全系统总是要释放大量的"能量"。换句话说，当安全系统耗散结构向低级转化时，安全系统的"能量"是降低的。

4. 安全系统耗散结构的破坏

当安全系统耗散结构降低到安全系统的原始状态时，该转化就称为安全系统耗散结构的破坏。此时对安全系统耗散结构的破坏程度远大于耗散结构向低级转化的破坏程度，从而产生更加厉害的非线性灾难。

安全系统耗散结构的破坏机制与前面的向低级转化的机制类似，只是此时的直接后果就是安全系统回到原始状态。

当安全系统剩余熵急剧增大，处于远离耗散结构的安全系统，由于"不安全"涨落在远离耗散结构的稳定态非线性区起作用，激发安全系统内在的非线性，使得涨落被放大，导致耗散结构被破坏。如果局部破坏耗散结构有能力阻止这种破坏的进一步进行，那么安全系统的耗散结构就还可以保留，只是等级降低了而已；如果这种破坏得不到及时阻止，就可能导致非线性放大作用的进一步破坏；破损更严重的耗散结构就更没能力阻止更加放大的非线性破坏，于是进入恶性循环，最终使安全系统的耗散结构完全瘫痪。当然，虽然此时安全系统总体上处于原始状态，但是安全系统的各因素本身也还具备原有耗散结构的特性，因此，只要再次吸入足够的"能量"，安全系统仍然可以回归到耗散结构状态，只是速度不如破坏速度快而已。

安全系统耗散结构破坏的原因是什么呢？

从熵的角度看，安全系统耗散结构破坏的本质原因，就是安全系统剩余熵的增大导致安全系统的混乱度增大，只要出现"不安全"涨落，就完全有可能使整个安全系统耗散结构瘫痪。因为，正常的安全系统，即不混乱的安全系统，允许各个因素出现波动，此时的安全系统完全是有能力克服这种"不安全"涨落的。只有处于混乱状态的安全系统才会丧失这种修复能力。

由于安全系统耗散结构是自组织的，即不需要外界的干预，就可在时间、空间或功能上自组织成为有序的结构。另外，因为安全系统的耗散结构的产生来自于自组织行为，所以它的维持和运行也需要这种自组织结构。一旦安全系统的自组织结构被打破（即成为被组织的），则会导致安全系统耗散结构被破坏，这是安全系统耗散结构被破坏的外部原因。

如果被组织的行为符合安全系统自组织的行为规律，那么这种被组织的行为就不会破坏安全系统的耗散结构，反而有利于安全系统耗散结构的稳定。

由于信息是确定的、有序的，信息还是负熵，所以对于安全系统来说，如果与外界进行信息交流，即有信息熵输入，那么安全系统的剩余熵会减少，安全系统的有序结构会增加。

信息具有使安全系统有序的功能，然而，错误的、消极的信息熵输入也可能导致安全系统耗散结构的破坏，因为，按错误信息组建起来的耗散结构最终会造成安全系统的混乱。这主要取决于安全系统的识别能力、反馈能力和控制能力。

总之，安全系统剩余熵的增加，是耗散结构被破坏的本质原因；不符合自组织规律的被组织行为，是耗散结构被破坏的外部原因；错误的信息流，是导致安全系统耗散结构被破坏的"外在转化为内在"的原因。

关于信息的安全作用，本节点到为止，下一节将专门从信息的角度来看"安全"。

第5节 信息安全回头看

广泛地说，由于信息原因导致的人身安全、健康保障、资源所有性、财产所有性、道德保障、工作职位保障、家庭安全等问题，都是信息安全问题。一旦出现了这些问题中的任何一个，便都可以断言"不安全"。

但是，要想深入理解信息安全，首先回忆一下信息的定义。维纳说："信息就是信息，不是物质也不是能量。不承认这点的唯物论，在今天就不能存在下去。"该定义揭示了信息的重要地位。信息、物质和能量是客观世界的三大构成要素，所以，信息安全其实是与物质安全和能量安全并列的三大安全之一。信息安全就是要"确保信息原形及其所有可能化身都没有危险、不受威胁、不出事故"。

前面各节讨论的安全，当然对信息安全也有效。但是，它们主要局限于物质安全或能量安全。所以，本节的"信息安全"就不能完全照搬前面各节的一般安全，而必须结合信息的特点，这样才能真正搞清楚到底什么是信息安全（当然，也等价地指网络安全、网络空间安全等）。

首先，以人身事故或自然灾害等为代表的物质安全或能量安全，其实是"由于物质或能量失控对人的身心造成的损害"。这里的"失控"，既包括过度，也包括不足。比如：洪水算是失控，是由水量过度引起的失控；干旱也算失控，是由水量不足引起的失控。相比之下，信息安全就比较抽象了。从字面上看，信息安全也可以解释为"信息失控后对人的身心造成的损害"。当然，信息既不是物质，也不是能量，所以信息失控只会直接损害人的"心"，而不可能像物质和能量那样，直接损害人的"身"。当然，"心"的直接损害一般也都会对"身"造成间接损害，但这已不是信息安全的研究范畴了，至少不是重点。

物质和能量失控的主要原因基本上都是自然的或无意的，如地震或火灾（极个别杀人、放火等犯罪行为除外）；而与此相反，信息失控基本上都是人为因素造成的（极个别设备老化等事故除外）。信息失控，既包括"过度型信息失控"，如黑客的 DDoS 攻击，又包括"不足型信息失控"，如由勒索软件引起的"用户无法阅读自己的信息"等。

除了直接伤害的对象（是"心"而非"身"）不同之外，由于信息的其他特性，也使得信息安全大别于物质安全和能量安全。比如，信息的快速传播特性造成了谣言失控等信息安全问题，信息的共享特性造成了失密等信息安全问题。

信息安全还有一个特点，那就是其安全问题出现的场景不同，主要出现在网络系统中，因此又叫网络安全或网络空间安全。当然，这里的网络系统所指的内容也很多。比如：①人员子系统，又可细分为黑客子系统、红客子系统、用户子系统或它们的可能组合的人员子系统等；②网络系统，又可分为局域网子系统、城域网子系统、互联网子系统或它们的可能组合网络系统等；③人网融合系统，包括各类人员和网络的可能融合系统等。

信息的不同特征也会导致不同的信息安全问题，例如以下方面。

（1）信息的普遍性（当然就导致信息安全的普遍性）。如今，有事物的地方就必然存在信息，所以信息在自然界和人类社会是广泛存在的。信息存在于尚未确定的，即有变数的事物之中，已确定的事物则不含信息。这里"已确定的事物"意指事物没有意外变化，其存在是确定的，并且也是预先知道的。因此，重复的叙述不会提供任何信息；"尚未确定的事情"意指存在着某种变数，有多种可能状态，而且预先不知道（或不全知道）究竟会出现哪种状态。事物存在的可能状态越多就越不确定，对其变化就越难掌握。于是，事物一旦从不确定变为确定，我们就可获得越多的信息；相反，某事物如果基本确定，甚至已经确定，那么它包含的信息就很少，甚至没有信息。

（2）信息的客观性（这是信息的第一特性）。信息是对客观事物的反映。由于事物的存在和变化不以人们的意志为转移，所以反映这种存在和变化的信息同样也是客观的，不随人们的主观意志而改变。如果人为篡改信息，那么信息就会失去其价值，甚至不再是信息了。对信息的最基本要求就是要符合客观实际，即准确性。由信息的客观性而引起的信息安全问题，非常复杂，因为安全具有浓厚的主观特色，从而使得信息安全在主观和客观之间摇摆不定，很难分析。

（3）信息的动态性（当然也导致信息安全的动态性）。信息会随着事物的变化而变化。信息的内容、形式、容量也会随时改变。这是因为客观事物是不断运动变化的，存在着多种可能状态，因而作为标志事物运动形式的信息也就会随之不断产生和流通，并按新陈代谢的规律涌现新信息，淘汰老信息。

（4）信息的时效性（当然也导致信息安全的时效性）。信息的这一特性来源于客观事物的动态性。事前的预测、事中的及时反馈都能对决策产生直接影响，从而改变事物的发展方向。信息的使用价值会随时间的流逝而衰减，信息越及时，其价值就越大；反之，过时的信息就没什么价值了。这是因为，信息作为一种宝贵资源为决策提供依据。获取信息是为了利用信息，而只有及时的信息，才能被利用。信息的价值在于及时传递给更多需求者，所以，信息必须具有新内容、新知识。"新"和"快"是信息的重要特征。事物发展变化的速度决定了相关信息的有效期和价值衰减速度。事物发展变化越快，相应信息的有效期就越短，价值衰减得也越厉害。

（5）信息的可识别性（绝大部分信息安全技术都是基于该特性才能发挥作用的）。信息是可识别的，识别又可分为直接识别和间接识别。直接识别，指通过人的感官的识别；间接识别，指通过各种测试手段的识别。不同的信息源有不同的识别方法。信息识别包括对信息的获取、整理、认知等。要想利用信息，就必须先识别信息。

（6）信息的可传递性（绝大部分信息安全问题都发生在信息的传递过程中）。通过各种媒介，信息可在人与人、人与物、物与物之间传递。可传递性是信息的要素，也是信息的明显特征；没有传递就没有信息，就失去了信息的有效性。同样，传递的快慢对信息的效用影响极大。

（7）信息的可共享性（该特性是众多信息安全问题的祸根）。该特性是指，同一信息可在同一时间被多个主体共有，而且还能够无限复制、传递。可共享性，是信息最重要的本质特征，因为物质和能量都不具有该特性。此外，信息的可传递性也为共享搭建了桥梁。信息共享的结果就是人们能收到的信息越来越多，甚至出现"信息爆炸"。于是，如何准确、快速地获取信息，如何高效存储信息，如何适当处理信息等都将成为未来的重要课题。

（8）信息的知识性（实际上信息安全中所谓的信息泄露就是由其知识性引起的）。借助信息便能获得相关知识，消除认知缺陷，由不知转化为知，由知之甚少转化为知之较多。因此，我们可以独立于具体事物来获取和利用信息。这样，如果获得了信息，也就获得了关于事物的知识。虽然信息不等于知识，但信息中却包含着知识。

（9）信息的可开发性（信息安全中的所谓大数据安全问题便源于此特性）。信息作为一种资源，取之不尽，用之不竭，因而可不断探索和挖掘。由于客观事物的复杂性和事物之间的相关性，反映事物本质和非本质的信息常常交织在一起，再加上它们会受到历史的和认识能力的局限，因而需要不断开发，不断利用。

此外，信息的可存储性引来了信息安全存储问题；信息的可匿名性激发了网络上的诸多犯罪行为等。

总之，信息的以上特性，既给人类带来了许多好处，但同时又引发了相应的安全问题。

似乎信息的可度量性是没有引起信息安全问题的唯一特性！

第 2 章

安全经络图

本章所指的"安全",不局限于信息安全,而是第 1 章中所指的更广义的"安全"。由于安全的主观性等原因,我们虽无法给出安全的普适且严格的定义,但这并不意味着不能对它进行深入研究。

与"安全"相比,研究具体的"不安全"更容易入手。如果把所有可能的"不安全"都搞清楚了,那么"安全"也就清楚了。这便是本章的逻辑。本章假定读者已经熟悉集合论。

第 1 节　不安全事件的素分解

首先从第 1 章凝炼出"安全"的几个更具体的概念,以便本章直接使用。

安全是一个很主观的概念,与角度密切相关。同一个事件,对不同的人、从不同的角度来说可能会得出完全相反的安全结论。比如,"政府监听嫌犯通信"这件事,从政府角度来看,"能监听"就是安全;而对嫌犯来说,"能监听"就是不安全。所以,下文研究安全,只锁定一个角度,如"我"的角度,即某个行为结果到底是安全还是不安全,完全由"我"说了算,别人无权干涉。当然,这里的"我",可能是一个人,也可能是一个机构,还可能是一群人,但是，要求他们在所处理事件上的观点是一致的（当然，在其他不相关的事件上，他们的态度完全可以各不相同）。

安全是一个与时间密切相关的概念。同一个系统，昨天安全绝不等于今天也安全（比如，若用现代计算机去破译古代密码，简直是易如反掌）。同样，今天安全也绝不等于明天就安全。当然，一个"昨天不安全"的系统，今天也不会自动变为安全。因此，本章研究安全时，只考虑时间正序流动的情况，更严格地说，只考虑当前时刻的安全情况。

安全是一个与对象密切相关的概念。假设 A 和 B 是两个相互独立的系统，若只考虑 A 系统的安全，那么 B 系统是否安全就应该完全忽略。比如，若只考虑"我的手机是否安全"，那么"远方登山者是否安全"就可以完全忽略。因此，本章研究安全时，就只锁定一个有限系统，即该系统由有限个"元件"组成。由于本书的研究对象（人类的网络空间系统）无论多么巨大，永远都只是有限系统，所以网络空间中的任何部分就更是有限系统了。

考虑系统 A，如果直接研究其安全，那么根本就无处下手！不过，幸好有"安全"=不"不安全"，所以，若能够把"不安全"研究清楚了，那么"安全"也就明白了。从理论上来说，有限系统的不安全事件也是有限的。为了便于理解，建议读者将本章研究的系统想象为计算机网络。

下面就以概率论为工具，从"我"的角度，沿着时间的正序方向（但只考虑当前状态）来研究系统 A 的"不安全"。特别说明：本书概率一般用 P 表示，有的地方为了与变量 P 和 p 区别，用 P_r 表示了概率。

假定 A 系统中发生了某个事件，如果它是一个对"我"来说的不安全事件，那么"我"就能够精确且权威地判断这是一个不安全的事件，因为该事件的后果是"我"不愿意接受的。（注意：除"我"之外，别人的判断是没有参考价值的，因为此处只从一个角度来研究安全。）如果将该不安全事件记为 D，那么该事件导致系统 A 不安全的概率就记为 $P(D)$。为了简化计，我们只考虑 $0<P(D)<1$ 的情况，因为如果 $P(D)=0$，那么这个不安全事件 D 就几乎不会发生，故可以忽略，因为无论是否对造成事件 D 的环境进行安全加固，都不影响系统 A 的安全性；如果 $P(D)=1$，那么 D 就是不安全的确定原因（几乎没有随机性），这时

只需要针对事件 D 单独进行安全加固（如采用现在所有可能的已知安全技术手段。实际上，当前全球信息安全界都擅长于这种"头痛医头，足痛医足"的方法），就可以提升系统 A 的安全性。

从理论上看，给定系统 A 之后，如果 A 是有限系统，那么总可以通过各种手段发现或测试出当前的全部有限个不安全事件，如 $D_1, D_2, \cdots, D_n$。下面在不引起混淆的情况下，用 D_i 同时表示不安全事件和造成该事件 D_i 的原因。于是，系统 A 的"不安全"概率就等于 $P(D_1 \cup D_2 \cup \cdots \cup D_n)$，或者说，系统 A 的"安全"概率等于 $1-P(D_1 \cup D_2 \cup \cdots \cup D_n)$。

换句话说，本来无处下手的安全研究，就转化为下面的数学问题：在概率 $0 < P(D_1 \cup D_2 \cup \cdots \cup D_n) < 1$ 的情况下，使 $P(D_1 \cup D_2 \cup \cdots \cup D_n)$（即不安全的概率）最小化的问题，或者使 $1-P(D_1 \cup D_2 \cup \cdots \cup D_n)$（即安全的概率）最大化的问题。

设 D 和 B 是系统 A 的两个不安全事件，那么$(D \cup B)$也是一个不安全事件，但是$(D \cap B)$或$(D \backslash B)$等就不一定再是不安全事件了。（特别提醒：这里的"事件"是集合论中的术语，所以，集合 $D \cap B$ 意指集合 D 和 B 相交的那部分子集，当然它也就不一定再是不安全事件了；与此类似，$D \backslash B$ 也不一定再是不安全事件了。）若事件 D 是 B 的真子集，并且 D 的发生会促使 B 也发生（即条件概率 $P(B|D) > P(B)$），则称事件 D 是事件 B 的子事件。

在时间正序流动的条件下，设系统 A 过去全部的不安全事件集合为 D，若当前又发现一个新的不安全事件 B，那么系统 A 的当前不安全概率$= P(D \cup B) \geqslant P(D) =$系统 A 的过去不安全概率。于是，便有不安全性遵从热力学第二定律：系统 A 的不安全概率将越来越大，而不会越来越小（除非有外力，如采取了相应的安全加固措施等），所以"不安全"是熵，或者说"安全"是负熵。

热力学第二定律说：热量可以自发地从高温物体传递到低温物体，但不可能自发地从低温物体传递到高温物体；热量将最终稳定在温度一致的状态。那么，有限系统 A 的不安全状态将最终稳定在什么地方呢？下面就来回答这个问题。

设 Z 是一个不安全事件，如果存在另外两个不安全事件 X 和 Y（它们都是 Z 的真子集），同时满足以下两个条件：

（1）$X \cap Y = \varnothing$（空集）

（2）$Z = X \cup Y$

那么，就说不安全事件 Z 是可分解的。此时 X 和 Y 都是 Z 的子事件。如果某个不安全事件是不可分解的（即它的所有真子集都不再是不安全事件），那么就称该事件为不安全的素事件。

定理 2.1（不安全事件分解定理）：对任意给定的不安全事件 D，都可以判断出 D 是否是可分解的，并且，如果 D 是可分解的，那么也可以找到它的某种分解。

证明：由于有限系统 A 的全部不安全事件只有有限个 $D_1, D_2, \cdots, D_n$，所以至少可以通过穷举法对每个 $D_i(i=1, 2, \cdots, n)$ 测试一下 $D \backslash D_i$，看它是否也是不安全事件。如果至少能够找到一个这样的 i，那么 D 就是可分解的，而且，D_i 与 $(D \backslash D_i)$ 就是它的一个分解；否则，如果这样的 i 不存在，那么 D 就是不可分解的不安全素事件。这是因为 $D_1, D_2, \cdots, D_n$ 是全部不安全事件。证毕。

定理 2.2（不安全事件素分解定理）：若反复使用上述的不安全事件分解定理（定理 2.1）来处理不安全事件 $(D_1 \cup D_2 \cup \cdots \cup D_n)$ 及其被分解后的不安全子事件，那么就可以最终得到分解

$$D_1 \cup D_2 \cup \cdots \cup D_n = B_1 \cup B_2 \cup \cdots \cup B_m$$

这里，对任意 i 和 j（$i, j=1, 2, \cdots, m$）都有 B_i 是不安全素事件，并且当 $i \neq j$ 时，$B_i \cap B_j = \varnothing$。

证明：若 $D = D_1 \cup D_2 \cup \cdots \cup D_n$ 已经是不可分解的，那么 $m=1$，并且 $D_1 \cup D_2 \cup \cdots \cup D_n = B_1$。

若 D 是可以分解的，并且 X 是 D 分解后的一个不安全子事件，如果 X 已经不可分解，那么可以取 $B_1 = X$；如果 X 还可以再分解，那么再对 X 的某个不

安全子事件进行分解。如此反复，直到最终找到一个不能再被分解的不安全子事件，将该事件记为 B_1。

仿照上面分解 D 的过程来分解 $D \backslash B_1$，便可以找出不能再被分解的不安全子事件 B_2。

再根据 $D \backslash (B_1 \cup B_2)$ 的分解，便可得到 B_3。

最终，当这个分解过程结束后，全部 B_i 就已经构造出来了。证毕。

于是，根据定理 2.2，当 $i \neq j$ 时，便有 $B_i \cap B_j = \varnothing$，并且有

$$P(D_1 \cup D_2 \cup \cdots \cup D_n) = P(B_1 \cup B_2 \cup \cdots \cup B_m) = P(B_1) + P(B_2) + \cdots + P(B_m)$$

因此，可以将引发有限系统 A 的不安全事件 $D_1, D_2, \cdots, D_n$ 分解为另一批彼此互不相容的不安全素事件 $B_1, B_2, \cdots, B_m$，并且还将有限系统 A 的不安全概率转化为 $P(B_1) + P(B_2) + \cdots + P(B_m)$。所以，有限系统 A 的不安全概率 $P(D_1 \cup D_2 \cup \cdots \cup D_n)$ 的最小化问题，也就转化成了每个彼此互不相容的不安全素事件的概率 $P(B_i)(i=1, 2, \cdots, m)$ 的最小化问题。换句话说，我们有如下结果。

定理 2.3（分而治之定理）：任何有限系统 A 的不安全事件集合都可以分解成若干个彼此互不相容的不安全素事件 $B_1, B_2, \cdots, B_m$，使得只需要对每个 $B_i(i=1, 2, \cdots, m)$ 进行独立加固，即减小事件 B_i 发生的概率 $P(B_i)$，就可以整体上提高系统 A 的安全强度，或者说整体上减小系统 A 的不安全概率。

定理 2.3 回答了前面的"热平衡"问题，即有限系统 A 的不安全状态将最终稳定成一些彼此互不相容的不安全素事件之并集。该定理对网络空间安全界的启发意义在于：过去那种"头痛医头，足痛医足"的做法虽然值得改进，但也不能盲目地"头痛医足"或"足痛医头"，而应该科学地将所有安全威胁因素分解成互不相容的一些"专科"（$B_1, B_2, \cdots, B_m$），然后再开设若干"专科医院"来集中精力"医治"相应的病症，即减小 $P(B_i)$。

专科医院也是要细分科室的，同样，针对上述的每个不安全素事件 B_i

也可以再进一步进行分解，并最终得到系统 A 的完整"经络图"，于是便找到了某些"头痛医足"的依据，甚至给出"头痛医足"的办法。

第 2 节　经络图的逻辑分解

设 X 是 B 的一个真子集，并且，事件 X 发生将促使 B 也发生（即 $P(B|X)-P(B)>0$），就称 X 为 B 的一个诱因。

针对任何具体给定的有限系统 A，因为 B 是有限集，所以从理论上看，总可以通过各种手段发现或测试出当前 B 的全部有限个诱因，如 $X_1, X_2, \cdots, X_n$，即

$$B=X_1 \cup X_2 \cup \cdots \cup X_n$$

设 X 和 Y 是 B 的两个诱因，而且同时满足：

（1）$X \cap Y=\varnothing$

（2）$B=X \cup Y$

那么，就说 B 是可分解的，并且 $X \cup Y$ 就是它的一种分解。如果某个 B 是不可分解的（即它的所有真子集都不再是其诱因，或者说对 B 的所有真子集 Z，都有条件概率 $P(B|Z)=P(B)$），那么就称该事件为素事件。

若 Y、Y_1、Y_2 都是 B 的诱因，并且：

（1）$Y_1 \cap Y_2=\varnothing$

（2）$Y=Y_1 \cup Y_2$

那么，就说 B 的诱因 Y 是可分解的，并且 $Y_1 \cup Y_2$ 就是它的一种分解。如果诱因 Y 是不可分解的（即它的所有真子集都不再是 B 的诱因），那么就称该诱因 Y 为 B 的素诱因；如果诱因 Y 的所有子集 Z 都不再是 Y 自己的诱因，那么就称 Y 为元诱因，或形象地称为"穴位"。

定理 2.4（**事件分解定理**）：对任意给定的事件 B，都可以判断出 B 是否

是可分解的，并且，如果 B 是可分解的，那么可以找到它的某种分解。

证明：由于系统 B 的全部诱因只有有限个 $X_1, X_2, \cdots, X_n$，所以至少可以通过穷举法，对每个 $X_i(i=1, 2, \cdots, n)$ 都测试 $B \backslash X_i$，看它是否也是 B 的一个诱因。如果至少能够找到一个这样的 i，那么 B 就是可分解的，而且 X_i 与（$B \backslash X_i$）就是它的一个分解；否则，如果这样的 i 不存在，那么 B 就是不可分解的，这是因为 $X_1, X_2, \cdots, X_n$ 是 B 的全部诱因。证毕。

定理 2.5（事件素分解定理）：若反复使用定理 2.4 来处理事件 B，就可以最终得到分解

$$B=Y_1 \cup Y_2 \cup \cdots \cup Y_m$$

这里，对任意的 i 和 $j(i, j=1, 2, \cdots, m$，且 $i \neq j)$ 都有 $Y_i \cap Y_j=\varnothing$，并且每个 Y_i 都是 B 的素诱因。

证明：若 B 已经是不可分解的了，则 $m=1$，并且 $B=Y_1$。

假设 B 是可以分解的，并且 Y 是 B 分解后的一个诱因。如果 Y 已经是 B 的素诱因了，那么可以取 $Y_1=Y$；如果 Y 还可以再分解，那么再对 Y 的某个诱因进行分解。如此反复，直到最终找到一个不能再被分解的素诱因，将它记为 Y_1。

仿照上面分解 B 的过程分解 $B \backslash Y_1$，便可以找出 B 的不能再被分解的素诱因 Y_2。再根据 $B \backslash (Y_1 \cup Y_2)$ 的分解，便可得到 Y_3。最终，当这个分解过程结束后，全部 Y_i 就构造出来了。证毕。

有了上面各定理的准备后，就可以给出有限系统 A 的安全经络图算法步骤了。

第 0 步：针对系统 A 的不安全事件 D。

第 1 步：利用定理 2.2，将 D 分解成一些互不相容的不安全素事件 $B_1 \cup B_2 \cup \cdots \cup B_m$，这里对任意 i 和 $j(i, j=1, 2, \cdots, m, i \neq j)$ 都有 B_i 是不安全素事件，并且 $B_i \cap B_j=\varnothing$。（为了清晰，在绘制经络图时，可以从左至右，按照 $P(B_i)$ 的递

减顺序排列。)

第 2.i 步（$i=1, 2, \cdots, m$）：利用定理 2.5，把第 1 步中所得到的 B_i 分解成若干 B_i 的素诱因。（为了清晰，在绘制经络图时，可以从左至右，对 B_i 的素诱因按照其发生概率大小值的递减顺序排列。）为避免混淆，我们将所有第 2 步获得的素诱因，称为第 2 步素诱因。这些素诱因中，有些可能已经是元诱因（穴位）了。

第 3.i 步（$i=1, 2, \cdots$）：针对第 2 步所获得的每个不是元诱因（穴位）的素诱因，利用定理 2.5 进行分解，由此得到的素诱因称为第 3 步素诱因（这些诱因的从左到右的排列顺序也与前几步相似）。这些素诱因中，有些可能已经是元诱因（穴位）了。

……

第 $k.i$ 步（$i=1, 2, \cdots$）：针对第 $k-1$ 步所获得的每个不是元诱因（穴位）的素诱因，利用定理 2.5 进行分解，由此得到的素诱因称为第 k 步素诱因（这些诱因的从左到右的排列顺序也与前几步相似）。这些素诱因中，有些可能已经是元诱因（穴位）了。

……

由于上面各步骤的每次分解都是针对真子集进行的，所以这种分解的步骤不会无穷进行下去，即一定存在某个正整数，如 N，使得

第 $N.i$ 步（$i=1, 2, \cdots$）：针对第 $N-1$ 步所获得的每个不是元诱因的素诱因，利用定理 2.5 进行分解，由此得到的素诱因已经全部都是元诱因（穴位）了（每个素诱因下面的元诱因排列顺序也是采用概率从大到小进行）。

将上面的分解步骤结果用图形表述出来，便得到了有限系统 A 的不安全事件经络图（由于它的外形很像一棵倒立的树，所以也称经络树），如图 2-1 所示。

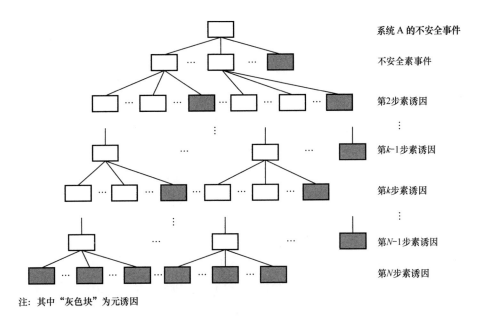

系统 A 的不安全事件

不安全素事件

第2步素诱因

第k-1步素诱因

第k步素诱因

第N-1步素诱因

第N步素诱因

注：其中"灰色块"为元诱因

图 2.1 系统 A 的安全经络树

根据经络树的绘制过程可以知道：

（1）如果系统 A 不安全了，那么至少有某个不安全素事件（甚至可能是元诱因）发生了（见经络树的第 2 层）。

（2）如果某个不安全素事件发生了，那么该事件的至少某个素诱因（甚至可能是元诱因）就发生了（见经络树的第 3 层）。

......

（k）如果第 k-1 步素诱因发生了，那么至少第 k 步素诱因（甚至可能是元诱因）就发生了。

现在就清楚该如何"头痛医足"了。实际上，只要系统 A"病"了（即不安全了），就一定能够从系统 A 的完整经络图中找出某个"生病的子经络图"M，使得：

（1）M 的每层素诱因或元诱因（穴位）都是"病"的。

（2）除了 M 之外，系统 A 的经络图的其他部分都没病（即安全的）。于是，为了治好该"病"，只需要将 M 中的所有元诱因（穴位）的"病"治好就行了，或形象地说，只需要对这些元诱因（穴位）扎针灸就行了。注意：这里第 k 步诱因"病"了，意指至少有一个第 $k+1$ 步诱因发生了。如果第 k 步诱因的全部第 $k+1$ 步诱因都没有发生，那么这个第 k 步诱因就没"病"。可见，除了元诱因（穴位）之外，M 中的其他非元诱因是可以"自愈"的。

更具体地说，"头痛医足"的过程是：首先将最底层，如第 N 层的元诱因（穴位）"治"好，于是第 $N-1$ 层的素诱因就"自愈"了；然后扎针灸"治"好第 $N-1$ 层的元诱因（穴位），于是第 $N-2$ 层的素诱因就"自愈"了；再扎针灸治好第 $N-3$ 层的元诱因（穴位），……如此继续，最终到达顶层，就行了。

第 3 节　几点说明

经络图的用途显然不仅仅是用来"头痛医足"的，它还有许多其他重要应用，比如：

（1）对于信息网络对抗中的防守方（红客）来说，只要守住所有相关的元诱因（穴位），那么系统 A 就安然无恙。

（2）同理，对于信息网络对抗中的攻击方（黑客）来说，只要将所有炮火瞄准相关元诱因（穴位），那么就能够稳准狠地打击对手。

（3）除了元诱因（穴位）之外，经络图中平均概率值大的经络是更脆弱的（即安全"木桶原理"中的短板），也是在系统安全保障中需要重点保护的部分，同时也是攻击过程中重点打击的部分。

（4）针对具体的网络系统，攻防双方平时就可绘制和补充经络图，这样在关键的对抗时刻就可以派上用场了！

注意，本章虽然证明了有限系统的安全经络图是存在的，但并未给出如何针对具体的系统来绘制其安全经络图，估计未来学者们将不得不花费巨大的精力来针对具体系统绘制具体的经络图。

必须指出，绘制经络图绝非易事，想想看，为了绘制人体经络图，中医界的先驱们奋斗了数千年！因此，读者也别指望能在短期内就绘制出"网络空间安全经络图"，虽然这个经络图肯定存在。

本章虽然借用了中医的"人体经络"理论来解释我们的结果，但人体本身也是一个系统，而且如果只考虑有限目标（即以足够粗的粒度来看待人体），那么人体也可看成一个有限系统。因此，根据本章的结果，对有限人体系统的健康来说，也应该存在一张像图 2.1 那样的经络图。我们大胆猜测，过去中医发现的人体经络图就是这张经络图（类似图2.1）的一部分！

安全工程学专业的读者也许会发现，本章的安全经络图与其熟知的"故障树"或事件树很相似。确实如此！但是，首先，必须指出，本章的经络图更加抽象，它与任何具体的结构（如并联、串联等）完全无关，其适用范围远远超过，同时也包含故障树和事件树；其次，还必须强调，由于在网络空间安全对抗中几乎没有诸如并联、串联等具体的结构，所以故障树和事件树等就无法发挥作用，当然就更不能照搬了；最后，经络图与故障树的逻辑顺序刚好相反。

由于其高度抽象性，在实际网络中很难找出与诸如元诱因、素诱因等概念相对应的网络部件（无论是软件还是硬件）。下面结合网络空间安全的情况，仅给出近似的内容。

（1）漏洞库中的某些最基本的漏洞，也许能算是元诱因（穴位）了，堵住这些漏洞就是对相关元诱因（穴位）的加固。

（2）在一定意义上，口令也可算是一种元诱因（穴位）。如果今后能够完全消除口令，代之以综合的个体生理特征，那么这个元诱因（穴位）就会被充分加固了。

（3）某些信息封堵手段（如删帖等），虽然可以加固某个素诱因，但也许不能加固元诱因（穴位），所以有时会费力不讨好。

（4）被穿透和被封堵显然是互不相容的安全事件，而被窃密和口令暴露却是彼此相容的不安全事件。

最后，借助中医思想，可以将本章内容形象地归纳为：任何有限系统都有一套完整的经络树，使得系统的任何"病痛"都可以按以下思路进行有效"医治"。首先，梳理出经络树中"受感染"的带病树枝体系。然后，对该树枝末梢上的"病叶"（穴位或元诱因）进行针灸。医治好病叶后，与这些病叶相连的树枝就治好了；医治好所有病枝后，与这些病枝相连的树干就治好了；医治好所有树干后，整棵经络树就医治好了，从而系统的"病痛"就治好了。

此处所指的有限系统，既可以是儿童玩具这样的微系统，也可以是芯片、计算机、电信网、互联网、物联网，甚至整个赛博空间等复杂巨型有限系统，当然也可以是消防、抗灾、防病、治安、环保等各类常见的其他社会领域系统。因此，经络图可以看作事故树的某种扩展。

到目前为止，我们考虑的安全都是广义安全。从第 3 章开始，我们将仅限于讨论网络空间安全（当然，实际上是其中的信息安全）。由于网络中的安全问题都来自于人为破坏，即黑客的攻击，而网络安全的保障工作也是由人来完成的，即红客防守，所以网络空间安全的核心就是黑客和红客之间的攻防！

因此，本书后面的逻辑结构便是：首先，研究攻方主角（黑客），即研究黑客是什么，他能干什么，他的最佳攻击战术、最佳攻击战略是什么，他的生态环境怎样等；其次，研究守方主角（红客），揭示红客的本质；最后，便是黑客和红客之间的各种精彩攻防对抗等。

第 3 章

黑 客

本章专门研究黑客，即假设其对手（红客）不存在或者红客不行动。同理，在第 4 章单独研究红客时，也假设其对手（黑客）不存在或者黑客不行动。本章只从纯理论角度来描述黑客，若对黑客的科普描述有兴趣，读者可阅读参考文献[3]的第 4 章。

黑客的任务就是攻击网络，以获取自身利益最大化，那么仅仅从战术角度来考虑时，黑客的攻击极限是什么呢？如果要综合考虑战略配合，那么黑客的攻击极限又是什么呢？为了提升自身的整体实力，黑客就必须努力改善其生态环境，而他的生态环境又是什么呢？本章将一一回答这些问题。

第 1 节　黑客的最佳攻击战术

如果说网络安全的核心是对抗，那么在对抗的两个主角（攻方与守方）中，攻方（黑客）又是第一主角，因为红客（守方）是因黑客（攻方）而诞生的。所以，很有必要对黑客，特别是他的攻击策略进行更深入的研究。

广义地说，系统（或组织）的破坏者统称为黑客。他们以扰乱既有秩序为目的。因此，癌细胞、病菌、敌对势力、灾难、间谍等都是黑客。但是，为了聚焦，本章以常说的"网络黑客"为主要研究对象，虽然这里的结果和研究方法其实适用于所有黑客。

黑客的攻击肯定是有代价的，这种代价可能是经济代价、政治代价或时间代价。同样，黑客想要达到的目标也可能是经济目标、政治目标或时间目标。因此，至少可以粗略地将黑客分为经济黑客、政治黑客和时间黑客。

（1）经济黑客：只关注自己能否获利，并不在乎是否伤及对方。有时，自己可以承受适当的经济代价，但整体上要盈利，赔本的买卖是不做的。因此，经济黑客的目标就是：以最小的开销来攻击系统并获得最大的收益。只要准备就绪，经济黑客随时可发动进攻。

（2）政治黑客：不计代价，一定要伤及对方要害，甚至有时还有更明确的攻击目标，不达目的不罢休。他们随时精确瞄准目标，但只在关键时刻才"扣动扳机"，最终成败取决于若干偶然因素。比如，目标突然移动（红客突然出新招）、准备不充分（对红客的防御情况了解不够）或突然刮来一阵风（系统无意中的变化）等。

（3）时间黑客：希望在最短的时间内攻破红客的防线，而且使被攻击系统的恢复时间尽可能长。

从纯理论角度来看，其实没必要去区分上述三种黑客。下面出于形象和量化的考虑，重点介绍经济黑客，即黑客想以最小的经济开销来获取最大的经济利益。阅读本节，需要一些信息论知识，必要时读者可阅读参考文献[5]或本书第7章中的第3节。

首先，给出黑客的静态描述，即非攻击期间黑客的样子。

为通俗易懂，先讲一个故事：我是一个"臭手"，面向墙壁射击。虽然，我命中墙上任一特定点的概率都为零，但是只要扳机一响，我一定会命中墙上的某点，而这本来是一个"概率为零"的事件。因此，"我总会命中墙上某一点"这个概率为1的事件就可以由许多"概率为零的事件（命中墙上某一指定点）"的集合构成。

接下来，再将上述故事改编成"有限和"的情况。我先在墙上画满（有限个）马赛克格子，那么，"我总会命中某一格子"这个概率为 1 的事件便可以由有限个"我命中任何指定格子"这些"概率很小，几乎为零的事件"的集合构成。或者更准确地说，假设墙上共有 n 个马赛克格子，那么我的枪法就可以用随机变量 X 来完整地描述为：如果我击中第 i（$1 \leqslant i \leqslant n$）个格子的事件（记为 $X=i$）的概率为 p_i，那么

$$p_1+p_2+\cdots+p_n=1$$

现在，让黑客代替"我"，让被攻击的（有限）网络系统代替那面墙。

安全界有一句老话，也许是重复率最高的话——"安全是相对的，不安全才是绝对的"。在第 1 章中论述安全的特性时，也多次强调过这句话。可是，过去许多人仅将这句话当成口头禅，而没有意识到它其实是一个很重要的公理。

安全公理：对任何（有限）系统来说，安全都是相对的，不安全才是绝对的。因此"系统不安全，总可被黑客攻破"这个事件的概率为 1。

根据该安全公理可知，黑客命中某一点（如攻破系统的指定部分或用某种指定的办法攻破系统等）的概率虽然几乎为零，但击中墙（最终攻破系统）是肯定的，其概率为 1。

黑客可以有至少以下两种方法在墙上画马赛克格子。

第一种办法：锁定目标，黑客从自己的安全角度出发，画出系统的安全经络图（见第 2 章），然后以每个元诱因（或"穴位"）为一个马赛克格子。假如系统的安全经络图中共有 n 个元诱因，那么黑客的（静态）攻击能力就可以用随机变量 X 来完整地描述为：如果黑客摧毁第 i（$1 \leqslant i \leqslant n$）个元诱因（记为 $X=i$）的概率为 p_i，那么

$$p_1+p_2+\cdots+p_n=1$$

这种元诱因马赛克画法的根据是：在第 2 章中已经介绍系统出现不安全问题的充分必要条件是：某个（或某些）元诱因不安全。

元诱因马赛克的缺点是参数体系较复杂，但是它的优点很多。比如，可以

同时适用于多目标攻击，安全经络可以长期积累、永远传承等。根据安全经络图，可以形象地说，安全同时具有"波"和"粒子"的双重性质，或者说，具有确定性和概率性两种性质。更具体地说，任何不安全事件的元诱因的确定性更浓，而素诱因和素事件的概率性更浓。充分认识安全的"波粒二象性"将有助于深刻理解安全的实质，有助于理解本书的研究方法和思路。

第二种办法：经过长期准备和反复测试，黑客共掌握了全部 n 种可能攻破系统的方法，于是黑客的攻击能力可以用随机变量 X 完整地描述为：如果黑客用第 i 种方法攻破系统（记为 $X=i$，$1 \leq i \leq n$）的概率为 p_i，那么

$$p_1+p_2+\cdots+p_n=1, \quad 0<p_i<1 \ (1 \leq i \leq n)$$

说明：能够画出这"第二种马赛克格子"的黑客，肯定是存在的，如长期以"安全检测人员"这种红客身份为掩护的卧底，就是这类黑客的代表。虽然，必须承认，要想建立完整的武器库，即掌握攻破系统的全部攻击方法，或完整地描述上述随机变量 X 确实是非常困难的，但从理论上是可行的。

当然，也许还有其他方法来画马赛克格子，不过它们的实质都是一样的，即黑客可以静态地用一个离散随机变量 X 来描述，这里 X 的可能取值为 $\{1, 2, \cdots, n\}$，概率 $P_r(X=i)=p_i$，并且

$$p_1+p_2+\cdots+p_n=1$$

其次，我们再看看黑客的动态描述，即黑客发动攻击后的样子。

前面用离散随机变量来表示的黑客的静态描述，显然适合于包括经济黑客、政治黑客、时间黑客等各种黑客。由于政治黑客的业绩很难量化，比如，黑客获取了元首的私人存款金额，这样的业绩对美国来说一钱不值，而对某些国家来说就是无价的国家机密。因此，此处的量化分析主要针对经济黑客。

黑客的动态行为千变万化，必须先清理场景，否则根本无法下手。

为使相关解释更形象，我们采用前述第一种马赛克格子画法，即黑客是一个离散随机变量，他攻破第 i 个元诱因（记为 $X=i$，$1 \leq i \leq n$）的概率为 p_i，这里

$$p_1+p_2+\cdots+p_n=1, \quad 0<p_i<1 \ (1 \leq i \leq n)$$

特别强调，其实下面的内容适用于包括第二种方法在内的所有马赛克格子画法。

任何攻击都是有代价的，并且，如果黑客的技术是最牛的，那么整体上来说是"投入越多，收益越多"。

设黑客攻破第 i 个元诱因的投入产出比为 d_i $(1{\leqslant}i{\leqslant}n)$，即若为攻击第 i 个元诱因，黑客投入了 1 元钱，那么一旦攻击成功（其概率为 p_i）后，黑客将获得 d_i 元的收入；当然，如果攻击失败，那么黑客的这 1 元钱就全赔了。

由第 2 章介绍的安全经络图可知，任何元诱因被攻破后，系统也就被攻破了，不再安全了。因此，为了尽量避免被红客发现，尽量少留"作案痕迹"，我们假定：在攻击过程中，黑客只要发现有一个元诱因被攻破了，他就立即停止本次攻击，哪怕继续攻破其他元诱因还可以获得额外的收入，哪怕对其他元诱因的攻击投资被浪费。

设黑客共有 M 元钱用于攻击的"种子"资金，如果他把这些资金全部投入到攻击他认为最有可能成功的某个元诱因（如最大的那个 p_i），那么假如黑客最终成功地攻破了第 i 个元诱因（其概率为 p_i），则此时黑客的资金总数就变成 Md_i；但是，假如黑客的攻击失败（其概率为 $1-p_i$），则他的资金总数就瞬间变成了零。可见，从经济上来说，黑客的这种"孤注一掷"战术的风险太大，不宜采用。

为增加抗风险能力，黑客改变战术，将他的全部资金分成 n 部分，即 b_1, $b_2,\cdots,b_n$，其中 b_i 是用于攻击第 i 个元诱因的资金在总资金中所占的比例数，于是

$$\sum_{i=1}^{n} b_i = 1，\ 0{\leqslant}b_i{\leqslant}1$$

如果在本次攻击中，第 i 个元诱因首先被攻破（其概率为 p_i），那么本次攻击马上停止，此时黑客的总资产变为 Mb_id_i，同时，投入到攻击其他元诱因的资金都白费了。由于

$$\sum_{i=1}^{n} p_i = 1$$

即肯定有某个元诱因会被首先攻破，所以只要每个 $b_i > 0$，本次攻击结束后，黑客的总资产就肯定不会变成零，因此，其抗风险能力确实增强了。

我们还假定：为了躲开红客的对抗，黑客选择红客不在场时才发起攻击，如每天晚上对目标系统进行（一次）攻击。当然，这里还有一个暗含的假设，即黑客每天晚上都能够成功地把系统攻破一次。其实这个假设也是合理的，因为如果要经过 k 个晚上的艰苦攻击才能攻破系统，那么把这 k 天压缩成"一晚"就行了。如果红客在场，那么黑客将与红客进行精彩的攻防对抗，这将是本书的主体内容，详见第 5 章及以后的各章。

单看某一天的情况很难对黑客的攻击战术提出任何建议。不过，如果假定黑客连续 m 天晚上对目标系统进行"每日一次"的攻击，那么确实存在某种攻击战术，能使得黑客的盈利情况在某种意义上达到最佳。

为简化下角标，本节对 b_i 和 $b(i)$ 交替使用，不加区别。

如果黑客每天晚上都对他的全部资金按相同的分配比例 $\boldsymbol{b}=(b_1, b_2, \cdots, b_n)$ 来对系统的各元诱因进行攻击，那么 m 个晚上之后，黑客的资产就变为

$$S_m = M\prod_{i=1}^{m} S(X_i) = M\prod_{i=1}^{m} [b(X_i)d(X_i)]$$

这里，$S(X)=b(X)d(X)$；X_i 是 $1 \sim n$ 之间的某个正整数，表示在第 i 天晚上被（首先）攻破的那个元诱因的编号。所以，$X_1, X_2, \cdots, X_m$ 是独立同分布的随机变量。设该分布是 $p(x)$，于是有如下定理。

定理 3.1：若每天晚上黑客都将其全部资金按比例 $\boldsymbol{b}=(b_1, b_2, \cdots, b_n)$ 分配，来对系统的各元诱因进行攻击，那么 m 天之后，黑客的资产就变为

$$S_m = 2^{mW(\boldsymbol{b}, \boldsymbol{p})} M$$

这里 $W(\boldsymbol{b}, \boldsymbol{p})=E[\log S(X)]=\sum_{k=1}^{m} p_k \log(b_k d_k)$ 称为双倍率。

特别说明，本书中对数未写底数的将默认底数是 2。

证明：由于独立随机变量的函数也是独立的，所以 $\log S(X_1)$，$\log S(X_2)$，$\cdots$，$\log S(X_m)$ 也是独立同分布的，由弱大数定律可得

$$\log \frac{S_m}{m} = \frac{1}{m} \sum_{i=1}^{m} \log S(X_i) \xrightarrow{\text{依概率}} E[\log S(X)]$$

于是，$S_m = 2^{mW(\boldsymbol{b}, \boldsymbol{p})} M$。证毕。

由于黑客的资产按照 $2^{mW(\boldsymbol{b}, \boldsymbol{p})}$ 方式增长（这也是把 $W(\boldsymbol{b}, \boldsymbol{p})$ 称为双倍率的根据），因此只需要寻找某种资金分配战术

$$\boldsymbol{b} = (b_1, b_2, \cdots, b_n)$$

使得双倍率 $W(\boldsymbol{b}, \boldsymbol{p})$ 能够最大化就行了。

定义 3.1：如果某种战术分配 $\boldsymbol{b}$ 使得双倍率 $W(\boldsymbol{b}, \boldsymbol{p})$ 达到最大值 $W^*(\boldsymbol{p})$，那么就称该值为最优双倍率，即

$$W^*(\boldsymbol{p}) = \max_{\boldsymbol{b}} W(\boldsymbol{b}, \boldsymbol{p}) = \max_{\boldsymbol{b}} \sum_{k=1}^{m} p_k \log(b_k d_k)$$

这里的最大值（max）是针对所有可能满足 $\sum_{i=1}^{n} b_i = 1$、$0 \leqslant b_i \leqslant 1$ 的 $\boldsymbol{b} = (b_1, b_2, \cdots, b_n)$ 而取的。

双倍率 $W(\boldsymbol{b}, \boldsymbol{p})$ 作为 $\boldsymbol{b}$ 的函数，在约束条件 $\sum_{i=1}^{n} b_i = 1$ 之下求其最大值，可以写出如下拉格朗日乘子函数并且改变对数的基底（这不影响最大化 $\boldsymbol{b}$）：

$$J(\boldsymbol{b}) = \sum_{k=1}^{n} p_k \ln(b_k d_k) + \lambda \sum_{i=1}^{n} b_i$$

关于 b_i 求偏导，得

$$\frac{\partial J}{\partial b_i} = \frac{p_i}{b_i} + \lambda, \quad i = 1, 2, \cdots, n$$

为了求得最大值，令偏导数为 0，从而得出

$$b_i = -\frac{p_i}{\lambda}$$

将它们代入约束条件

$$\sum_{i=1}^{n} b_i = 1$$

可得到 $\lambda = -1$ 和 $b_i = p_i$。从而可知，$\boldsymbol{b} = \boldsymbol{p}$ 为函数 $J(\boldsymbol{b})$ 的驻点。

定理 3.2：最优化双倍率满足

$$W^*(\boldsymbol{p}) = \sum_{i=1}^{n} p_i \log d_i - H(\boldsymbol{p})$$

并且按比例 $\boldsymbol{b}^* = \boldsymbol{p} = (p_1, p_2, \cdots, p_n)$ 分配攻击资金的战术进行攻击时，便可以达到该最大值。

这里，$H(\boldsymbol{p})$ 是描述静态黑客的那个随机变量的熵，即

$$H(\boldsymbol{p}) = -\sum_{i=1}^{n} p_i \log p_i$$

证明：将双倍率 $W(\boldsymbol{b}, \boldsymbol{p})$ 重新改写，使得容易看出何时取最大值

$$
\begin{aligned}
W(\boldsymbol{b}, \boldsymbol{p}) &= \sum_{k=1}^{n} p_k \log(b_k d_k) \\
&= \sum_{k=1}^{n} p_k \log\left(\frac{b_k}{p_k} p_k \, d_k\right) \\
&= \sum_{k=1}^{n} p_k \log d_k - H(\boldsymbol{p}) - D(\boldsymbol{p} \mid \boldsymbol{b}) \\
&\leqslant \sum_{k=1}^{n} p_k \log d_k - H(\boldsymbol{p})
\end{aligned}
$$

这里，$D(\boldsymbol{p}|\boldsymbol{b})$ 是随机变量 $\boldsymbol{p}$ 和 $\boldsymbol{b}$ 的相对熵（见参考文献[5]或本书第 7 章第 3 节）。而当 $\boldsymbol{b} = \boldsymbol{p}$ 时，可直接验证上述等式成立。证毕。

从定理 3.2 可知，对于一个可用离散随机变量 X 来静态描述的黑客（这里，$p_r(X = i) = p_i$，并且 $p_1 + p_2 + \cdots + p_n = 1$），他的动态最佳攻击战术也是 $(p_1, p_2, \cdots, p_n)$，

即他将其攻击资金按比例 $(p_1, p_2, \cdots, p_n)$ 分配后，可得到最多的"黑产收入"。

下面再对定理 3.2 进行一些更细致的讨论。

定理 3.3：如果攻破每个元诱因的投入产出比是相同的，即各个 d_i 彼此相等，都等于 a，那么此时的最优化双倍率

$$W^*(\boldsymbol{p}) = \log a - H(\boldsymbol{p})$$

即最佳双倍率与熵之和为常数。并且，若按比例 $\boldsymbol{b}^* = \boldsymbol{p}$ 分配攻击资金，那么此种战术的攻击业绩便可达到该最大值。

此时，第 m 天之后，黑客的财富变成

$$S_m = 2^{m[\log a - H(p)]} M$$

而且，黑客的熵若减少 1 比特，那么他的财富就会翻一番！

如果并不知道每个 d_i 的具体值，而只知道 $\sum \dfrac{1}{d_i} = 1$，此时记为 $r_i = \dfrac{1}{d_i}$，则双倍率可以重新写为

$$
\begin{aligned}
W(\boldsymbol{b}, \boldsymbol{p}) &= \sum_{k=1}^{n} p_k \log(b_k d_k) \\
&= \sum_{k=1}^{n} p_k \log\left(\frac{b_k}{p_k} p_k \, d_k\right) \\
&= D(\boldsymbol{p} \| \boldsymbol{r}) - D(\boldsymbol{p} \| \boldsymbol{b})
\end{aligned}
$$

由此可见双倍率与相对熵之间存在着非常密切的关系。

由于黑客每天晚上都要攻击系统，他一定会总结经验来提高他的攻击效果。更准确地说，可以假设黑客知道了攻破系统的某种边信息 Y，这也是一个随机变量。

设 $X \in \{1, 2, \cdots, n\}$ 为第 X 个元诱因，攻破它的概率为 $p(x)$，而攻击它的投入产出比为 $d(x)$。设 (X, Y) 的联合概率密度函数为 $p(x, y)$。用 $b(x|y) \geqslant 0$，$\sum_{x=1}^{n} b(x|y) = 1$ 记为已知边信息 Y 的条件下，黑客对攻击资金的分配比例。此处的 $b(x|y)$ 理解为：在得知信息 y 的条件下，用来攻击第 x 个元诱因的资金比例。对照前面的

记号，将 $b(x) \geq 0$，$\sum_{x=1}^{n} b(x) = 1$ 表示为无条件下黑客对攻击资金的分配比例。

设无条件双倍率和条件双倍率分别为

$$W(X) = \max_{b(x)} \sum_{x} p(x) \log[b(x)d(x)]$$

$$W(X|Y) = \max_{b(x|y)} \sum_{x,y} p(x,y) \log[b(x|y)d(x)]$$

再设 $\Delta W = W(X|Y) - W(X)$，对于独立同分布的攻击元诱因序列 (X_i, Y_i)，可以看到，当具有边信息 Y 时，黑客的相对收益增长率为 $2^{mW(X|Y)}$；当黑客无边信息时，他的相对收益增长率为 $2^{mW(X)}$。

定理 3.4： 由于获得攻击元诱因 X 的边信息 Y 而引起的双倍率增量 ΔW 满足

$$\Delta W = I(X; Y)$$

这里，$I(X;Y)$ 是随机变量 X 和 Y 的互信息。

证明： 在有边信息的条件下，按照条件比例分配攻击资金，即

$$b^*(x|y) = p(x|y)$$

那么关于边信息 Y 的条件双倍率 $W(X|Y)$ 可以达到最大值。于是

$$W(X|Y) = \max_{b(x|y)} E[\log S]$$

$$= \max_{b(x|y)} \sum p(x,y) \log[d(x)b(x|y)]$$

$$= \sum p(x,y) \log[d(x)p(x|y)]$$

$$= \sum p(x) \log d(x) - H(X|Y)$$

当无边信息时，最优双倍率为

$$W(X) = \sum p(x) \log d(x) - H(X)$$

于是，由于边信息 Y 的存在，而导致的双倍率的增量为

$$\Delta W = W(X \mid Y) - W(X) = H(X) - H(X \mid Y) = I(X; Y)$$

证毕。

此处双倍率的增量正好是边信息 Y 与元诱因 X 之间的互信息。因此，如果边信息 Y 与元诱因 X 相独立，那么双倍率的增量就为 0。

设 X_k 是黑客第 k 天攻破的元诱因的序号，假设各 $\{X_k\}$ 之间不是独立的，且每个 d_k 彼此相同，都等于 a，于是黑客根据随机过程 $\{X_k\}$ 来决定第 $k+1$ 天的最佳攻击资金分配方案（即最佳双倍率）为

$$W(X_k \mid X_{k-1}, X_{k-2}, \cdots, X_1) = E\{\max E[\log S(X_k) \mid X_{k-1}, X_{k-2}, \cdots, X_1]\}$$
$$= \log a - H(X_k \mid X_{k-1}, X_{k-2}, \cdots, X_1)$$

这里的最大值（max）是针对所有满足以下条件的边信息攻击资金分配方案而取的，即满足

$$b(x \mid X_{k-1}, X_{k-2}, \cdots, X_1) \geqslant 0, \quad \sum_x b(x \mid X_{k-1}, X_{k-2}, \cdots, X_1) = 1$$

而且，该最优双倍率可以在

$$b(x_k \mid x_{k-1}, x_{k-2}, \cdots, x_1) = p(x_k \mid x_{k-1}, x_{k-2}, \cdots, x_1)$$

时达到。

第 m 天晚上的攻击结束后，黑客的总资产变成

$$S_m = M \prod_{i=1}^{m} S(X_i)$$

并且，其增长率的指数为

$$\frac{1}{m} E \log S_m = \frac{1}{m} \sum E \log S(X_i)$$
$$= \frac{1}{m} \sum [\log a - H(X_i \mid X_{i-1}, X_{i-2}, \cdots, X_1)]$$
$$= \frac{n}{m} \log a - \frac{1}{m} H(X_1, X_2, \cdots, X_m)$$

这里，$\dfrac{1}{m}H(X_1, X_2, \cdots, X_m)$ 是黑客 m 天攻击的平均熵。对于熵率为 $H(x)$ 的平衡随机过程，对上述增长率指数公式的两边取极限，可得

$$\lim_{m \to \infty} \frac{1}{m} E \log S_m + H(x) = \log a$$

这再一次说明，熵率与双倍率之和为常数。

本节虽然彻底解决了黑客的静态描述问题，即黑客其实就是一个随机变量 X，他的破坏力由 X 的概率分布函数 $F(x)$ 或概率密度函数 $p(x)$ 来决定，但关于黑客的动态描述问题还远未解决。此处只是在若干假定之下，给出了黑客攻击的最佳战术，欢迎大家继续研究黑客的其他攻击行为的最佳战术。

第2节　黑客的最佳攻击战略

由于政治黑客后台很硬，不计成本，不择手段，耐得住寂寞，因此，从纯技术角度看，政治黑客是最牛的黑客，他们的攻击力远远超过经济黑客等普通黑客。

为了量化分析（因为政治问题无法量化），上一节不得不用"宰牛刀"来"杀鸡"（即用政治黑客的技术来为经济黑客的利益服务），给出了最牛黑客的完整静态描述，并且还给出了他们的最佳组合攻击战术。但是，并不是所有黑客都能够达到如此高的技术极限，甚至这样的黑客也许只存在于理论中，可望而不可即。

幸好，经济黑客的主要目标是获取最大的黑产收入，而不是要伤害被攻击系统（政治黑客刚好相反，他的目标是伤害对方，而非获得经济利益，虽然最根本的目标还是经济），当然，经济黑客也不会有意去保护对手。所以，经济黑客的技术水平虽然有限，但他们可以依据已有的技术水平，像田忌赛马那样，通过巧妙的组合攻击来尽可能实现收益最大化。

黑客攻击和炒股其实很相像。实际上，政治黑客的攻击就像庄家炒股，虽然他对被攻击系统（待炒的股票）的内部情况了如指掌，但他的期望值也很高，不出手则已，一出手就要摧毁目标（赚大钱）。因此，一旦行动起来，其战术就

非常重要,不能有任何细节上的失误,否则前功尽弃。事实证明,庄家炒股也有赔钱的时候,同样,政治黑客的攻击也有失手的时候。其主要失败原因基本上都是输在战术细节上。

经济黑客的攻击就像散户炒股,虽然整体上处于被动地位,资金实力也很差,但自身的期望值并不很高,只要有钱赚,哪怕刚够喝稀饭。经济黑客的攻击(散户的炒股)当然不能靠硬拼,必须讲究战略。比如:①正确选择被攻击系统(待炒的股票),目标选错了当然要赔本;②合理分配精力去攻击所选系统(炒作所选股票),既不要"在一棵树上吊死"也不能"小猫钓鱼"(既不要把资金全部投到某一只股票,也不要到处"撒胡椒粉")。事实证明,散户炒股也有赢钱的时候,只要他很好地运用了相关战略(即选股选对了,在每只股票上的投资额度分配对了)。同样,经济黑客也有可能获利,如果他正确地把握了相关战略。本节将给出一些确保黑客获利的对数最优战略,这只需要普通的信息论知识(见参考文献[5]或本书第7章中的第3节)就能读懂。

过去若干年,人们已经在投资策略(包括炒股)方面进行了大量研究,并由此丰富了博弈论的内容。本节的许多思想、方法和结果也是来源于这些理论。

首先,来看黑客的一种对数最优攻击组合。

设黑客想通过攻击某 m 个系统来获取其经济利益,并且根据过去的经验,他攻击第 i 个系统的投入产出比是随机变量 X_i($X_i \geqslant 0$, $i=1, 2, \cdots, m$),即攻击第 i 个系统时,若投入1元钱,则其收益是 X_i 元钱。记收益列向量 $X=(X_1, X_2, \cdots, X_m)^T$ 服从联合分布 $F(x)$,即 $X \sim F(x)$。

从经济角度看,所谓黑客的一个攻击组合,就是这样一个列向量

$$b=(b_1, b_2, \cdots, b_m)^T, \quad b_i \geqslant 0, \quad \sum b_i = 1$$

它意指该黑客将其用于攻击的资金总额的 b_i 部分花费在攻击第 i 个系统上($i=1, 2, \cdots, m$)。于是,在此组合攻击下,黑客的收益便等于

$$S = b^T X = \sum_{i=1}^{m} b_i X_i$$

这个 S 显然也是一个随机变量。

当本轮组合攻击完成后，黑客还可以发动第 2 轮、第 3 轮等组合攻击，即黑客将其上一轮结束时所得到的全部收益按相同比例 b 分配，形成新一轮的攻击组合 b。下面，我们将努力寻找最佳的攻击组合 b，使得经过 n 轮组合攻击后，黑客的收益 S 在某种意义上达到最大值。

定义 3.2：攻击组合 b 关于收益分布 $F(x)$ 的增长率，定义为：

$$W(\boldsymbol{b}, F) = \int \log(\boldsymbol{b}^{\mathrm{T}} \boldsymbol{X}) \mathrm{d}F(x) = E[\log(\boldsymbol{b}^{\mathrm{T}} \boldsymbol{X})]$$

如果该对数的底数是 2，那么该增长率 $W(\boldsymbol{b}, F)$ 就是上一节中的双倍率（见定义 3.1）。攻击组合 b 的最优增长率 $W^*(F)$ 定义为

$$W^*(F) = \max_{\boldsymbol{b}} W(\boldsymbol{b}, F)$$

这里的最大值取遍所有可能的攻击组合

$$\boldsymbol{b} = (b_1, b_2, \cdots, b_m)^{\mathrm{T}}, \quad b_i \geqslant 0, \quad \sum_{i=1}^{m} b_i = 1$$

如果某个攻击组合 $\boldsymbol{b}^*$ 使得增长率 $W(\boldsymbol{b}, F)$ 达到最大值，那么这个攻击组合就称为对数最优攻击组合。

为了简化上角标，本节对 $\boldsymbol{b}^*$ 和 $\boldsymbol{b}(*)$、W^* 和 $W(*)$ 交替使用，不加区别。

定理 3.5：设 $X_1, X_2, \cdots, X_n$ 是服从同一分布 $F(x)$ 的独立同分布随机序列。令

$$S_n^* = \prod_{i=1}^{n} \boldsymbol{b}^{*\mathrm{T}} \boldsymbol{X}_i$$

是在同一攻击组合 $\boldsymbol{b}^*$ 之下，n 轮攻击之后黑客的收益，那么

$$\frac{1}{n} \log S_n^* \xrightarrow{\text{依概率 1}} W^*$$

证明：由强大数定律可知

$$\frac{1}{n}\log S_n^* = \frac{1}{n}\sum_{i=1}^{m}\log(\boldsymbol{b}^{*\mathrm{T}}\boldsymbol{X}_i) \xrightarrow{\text{依概率 1}} W^*$$

所以，$S_n^* = 2^{nW(*)}$。证毕。

引理 3.1：$W(\boldsymbol{b},F)$关于 $\boldsymbol{b}$ 是凹函数，关于 F 是线性的，而 $W^*(F)$关于 F 是凸函数。

证明：增长率公式为

$$W(\boldsymbol{b},F)=\int\log(\boldsymbol{b}^{\mathrm{T}}\boldsymbol{X})\mathrm{d}F(\boldsymbol{X})$$

由于积分关于 F 是线性的，所以 $W(\boldsymbol{b},F)$关于 F 是线性的。又由于对数函数的凸性，可知

$$\log[\lambda\boldsymbol{b}_1+(1-\lambda)\boldsymbol{b}_2]^{\mathrm{T}}\boldsymbol{X}\geqslant\lambda\log(\boldsymbol{b}_1^{\mathrm{T}}\boldsymbol{X})+(1-\lambda)\log(\boldsymbol{b}_2^{\mathrm{T}}\boldsymbol{X})$$

对该公式两边同取数学期望，便推出 $W(\boldsymbol{b},F)$关于 $\boldsymbol{b}$ 是凹函数。最后，为证明 $W^*(F)$关于 F 是凸函数，我们假设 F_1 和 F_2 是收益列向量的两个分布，并令 $\boldsymbol{b}^*(F_1)$ 和 $\boldsymbol{b}^*(F_2)$分别是对应于两个分布的最优攻击组合。令 $\boldsymbol{b}^*[\lambda F_1+(1-\lambda)F_2]$为对应于 $\lambda F_1+(1-\lambda)F_2$ 的对数最优攻击组合，那么利用 $W(\boldsymbol{b},F)$关于 F 的线性，有

$$W^*[\lambda F_1+(1-\lambda)F_2]$$
$$=W^*\{\boldsymbol{b}^*[\lambda F_1+(1-\lambda)F_2],\lambda F_1+(1-\lambda)F_2\}$$
$$=\lambda W^*\{\boldsymbol{b}^*[\lambda F_1+(1-\lambda)F_2],F_1\}+(1-\lambda)W^*\{\boldsymbol{b}^*[\lambda F_1+(1-\lambda)F_2],F_2\}$$
$$\leqslant\lambda W^*[\boldsymbol{b}^*(F_1),F_1]+(1-\lambda)W^*[\boldsymbol{b}^*(F_2),F_2]$$

因为 $\boldsymbol{b}^*(F_1)$和 $\boldsymbol{b}^*(F_2)$分别使得 $W(\boldsymbol{b},F_1)$和 $W(\boldsymbol{b},F_2)$达到最大值。证毕。

引理 3.2：关于某个分布的全体对数最优攻击组合构成的集合是凸集。

证明：令 $\boldsymbol{b}_1^*$ 和 $\boldsymbol{b}_2^*$ 是两个对数最优攻击组合，即

$$W(\boldsymbol{b}_1,F)=W(\boldsymbol{b}_2,F)=W^*(F)$$

由 $W(\boldsymbol{b},F)$的凹性，可以推出

$$W[\lambda \boldsymbol{b}_1+(1-\lambda)\boldsymbol{b}_2, F] \geqslant \lambda W(\boldsymbol{b}_1, F)+(1-\lambda)W(\boldsymbol{b}_2, F)=W^*(F)$$

也就是说，$\lambda \boldsymbol{b}_1+(1-\lambda)\boldsymbol{b}_2$ 还是一个对数最优的攻击组合。证毕。

令 $\boldsymbol{B}=\{\boldsymbol{b} \in \mathbf{R}^m: b_i \geqslant 0, \sum_{i=1}^{m} b_i =1\}$ 表示所有允许的攻击组合。

定理 3.6： 设黑客欲攻击的 m 个系统的收益列向量 $\boldsymbol{X}=(X_1, X_2, \cdots, X_m)^{\mathrm{T}}$ 服从联合分布 $F(x)$，即 $\boldsymbol{X} \sim F(x)$。那么，该黑客的攻击组合 $\boldsymbol{b}^*$ 是对数最优（即使得增长率 $W(\boldsymbol{b}, F)$ 达到最大值的攻击组合）的充分必要条件是

$$\text{当 } b_i^*>0 \text{ 时，} \quad E\left[\frac{X_i}{\boldsymbol{b}^{*\mathrm{T}}\boldsymbol{X}}\right]=1$$

$$\text{当 } b_i^*=0 \text{ 时，} \quad E\left[\frac{X_i}{\boldsymbol{b}^{*\mathrm{T}}\boldsymbol{X}}\right]\leqslant 1$$

证明： 由于增长率 $W(\boldsymbol{b})=E[\log(\boldsymbol{b}^{\mathrm{T}}\boldsymbol{X})]$ 是 $\boldsymbol{b}$ 的凹函数，其中 $\boldsymbol{b}$ 的取值范围为所有攻击组合形成的单纯形。于是，$\boldsymbol{b}^*$ 是对数最优的当且仅当 $W(\cdot)$ 沿着从 $\boldsymbol{b}^*$ 到任意其他攻击组合 $\boldsymbol{b}$ 方向上的方向导数是非正的。于是，对于

$$0\leqslant\lambda\leqslant1, \text{ 令 } \boldsymbol{b}_\lambda=(1-\lambda)\boldsymbol{b}^*+\lambda\boldsymbol{b}$$

可得

$$\left.\frac{\mathrm{d}W(\boldsymbol{b}_\lambda)}{\mathrm{d}\lambda}\right|_{\lambda=0+} \leqslant 0, \boldsymbol{b}\in \boldsymbol{B}$$

由于 $W(\boldsymbol{b}_\lambda)$ 在 $\lambda=0+$ 处的单边导数为

$$\begin{aligned}
&\left.\frac{\mathrm{d}E\log(\boldsymbol{b}_\lambda^{\mathrm{T}}\boldsymbol{X})}{\mathrm{d}\lambda}\right|_{\lambda=0+} \\
&=\lim_{\lambda\to0}\frac{1}{\lambda}E\log\frac{(1-\lambda)\boldsymbol{b}^{*\mathrm{T}}\boldsymbol{X}+\lambda\boldsymbol{b}^{\mathrm{T}}\boldsymbol{X}}{\boldsymbol{b}^{*\mathrm{T}}\boldsymbol{X}} \\
&=E\left\{\lim_{\lambda\to0}\frac{1}{\lambda}\log\left[1+\lambda\left(\frac{\boldsymbol{b}^{\mathrm{T}}\boldsymbol{X}}{\boldsymbol{b}^{*\mathrm{T}}\boldsymbol{X}}-1\right)\right]\right\} \\
&=E\left[\frac{\boldsymbol{b}^{\mathrm{T}}\boldsymbol{X}}{\boldsymbol{b}^{*\mathrm{T}}\boldsymbol{X}}\right]-1
\end{aligned}$$

这里，$\lambda \to 0$ 表示从正数方向，越来越趋于 0。于是，对所有 $\boldsymbol{b} \in \boldsymbol{B}$，都有

$$E\left[\frac{\boldsymbol{b}^{\mathrm{T}}\boldsymbol{X}}{\boldsymbol{b}^{*\mathrm{T}}\boldsymbol{X}}\right] - 1 \leqslant 0。$$

如果从 $\boldsymbol{b}$ 到 $\boldsymbol{b}^*$ 的线段可以朝着 $\boldsymbol{b}^*$ 在单纯形 $\boldsymbol{B}$ 中延伸，那么 $W(\boldsymbol{b}_\lambda)$ 在 $\lambda=0$ 点具有双边导数且导数为 0，于是 $E\left[\dfrac{\boldsymbol{b}^{\mathrm{T}}\boldsymbol{X}}{\boldsymbol{b}^{*\mathrm{T}}\boldsymbol{X}}\right]=1$；否则，$E\left[\dfrac{\boldsymbol{b}^{\mathrm{T}}\boldsymbol{X}}{\boldsymbol{b}^{*\mathrm{T}}\boldsymbol{X}}\right]<1$。（注：此定理的更详细证明可见参考文献[5]中定理 16.2.1 的证明过程。）证毕。

由定理 3.6，可以得出如下定理。

定理 3.7：设 $S^*=\boldsymbol{b}^{*\mathrm{T}}\boldsymbol{X}$ 是对应于对数最优攻击组合 $\boldsymbol{b}^*$ 的黑客收益，令 $S=\boldsymbol{b}^{\mathrm{T}}\boldsymbol{X}$ 是对应于任意攻击组合 $\boldsymbol{b}$ 的随机收益，那么，对所有 S 有 $E[\log \dfrac{S}{S^*}] \leqslant 0$，当且仅当对所有的 S 有 $E\dfrac{S}{S^*} \leqslant 1$。

证明：对于对数最优的攻击组合 $\boldsymbol{b}^*$，由定理 3.6 可知，对任意 i 有

$$E\left[\frac{X_i}{\boldsymbol{b}^{*\mathrm{T}}\boldsymbol{X}}\right] \leqslant 1。$$

对此式两边同乘 b_i，并且关于 i 求和，可得到

$$\sum_{i=1}^{m}\left\{b_i E\left[\frac{X_i}{\boldsymbol{b}^{*\mathrm{T}}\boldsymbol{X}}\right]\right\} \leqslant \sum_{i=1}^{m}\boldsymbol{b}_i = 1$$

这等价于

$$E\left[\frac{\boldsymbol{b}^{\mathrm{T}}\boldsymbol{X}}{\boldsymbol{b}^{*\mathrm{T}}\boldsymbol{X}}\right] = E\left[\frac{S}{S^*}\right] \leqslant 1$$

其逆运算可由 Jensen 不等式得出，因为

$$E\left[\log \frac{S}{S^*}\right] \leqslant \log\left[E\frac{S}{S^*}\right] \leqslant \log 1 = 0$$

证毕。

定理 3.7 表明，对数最优攻击组合不但能够使得增长率最大化，而且也能使得每轮攻击的收益比值 $E\dfrac{S}{S^*}$ 最大化。

另外，定理 3.7 还揭示了一个事实：如果采用对数最优的攻击组合策略，那么对于每个系统的攻击投入，所获得的收益比例的期望值不会在此轮攻击结束后而变化。具体地说，假如初始的攻击资金分配比例为 $\boldsymbol{b}^*$，那么第一轮攻击后，第 i 个系统的收益与整合攻击组合的收益的比例为 $\dfrac{\boldsymbol{b}_i^* X_i}{\boldsymbol{b}^{*\mathrm{T}}\boldsymbol{X}}$，其期望为

$$E\left[\frac{\boldsymbol{b}_i^* X_i}{\boldsymbol{b}^{*\mathrm{T}}\boldsymbol{X}}\right] = \boldsymbol{b}_i^* E\left[\frac{X_i}{\boldsymbol{b}^{*\mathrm{T}}\boldsymbol{X}}\right] = b_i^*$$

因此，第 i 个系统在本轮攻击结束后的收益，占整个攻击组合收益的比例的数学期望值，与本轮攻击开始时第 i 个系统的攻击投入比例相同。因此，一旦选定按比例进行攻击组合，那么在随后的各轮攻击中，在期望值的意义下，该攻击组合比例将保持不变。

现在深入分析定理 3.5 中 n 轮攻击后黑客的收益情况。令

$$W^* = \max_{\boldsymbol{b}} W(\boldsymbol{b}, F) = \max_{\boldsymbol{b}} E[\log(\boldsymbol{b}^{\mathrm{T}}\boldsymbol{X})]$$

为最大增长率，并用 $\boldsymbol{b}^*$ 表示达到最大增长率的攻击组合。

定义 3.3：一个因果的攻击组合策略定义为一列映射 $\boldsymbol{b}_i: \mathbf{R}^{m(i-1)} \to \boldsymbol{B}$，其中 $\boldsymbol{b}_i(x_1, x_2, \cdots, x_{i-1})$ 解释为第 i 轮攻击的攻击组合策略。

由 W^* 的定义可以直接得出：对数最优攻击组合使得最终收益的数学期望值达到最大。

引理 3.3：设 S_n^* 为定理 3.5 所述，在对数最优攻击组合 $\boldsymbol{b}^*$ 之下，n 轮攻击后黑客的收益。又设 S_n 为采用定义 3.3 中的因果攻击组合策略 $\boldsymbol{b}_i$，n 轮攻击后黑

客的收益。那么 $E(\log S_n^*) = n\,W^* \geqslant E(\log S_n)$。

证明：$\max E(\log S_n) = \max\left[E\sum_{i=1}^{n}\log(\boldsymbol{b}_i^{\mathrm{T}}\boldsymbol{X}_i)\right]$

$$= \sum_{i=1}^{n}\left\{\max E\left\{\log\left[\boldsymbol{b}_i^{\mathrm{T}}(X_1, X_2, \cdots, X_{i-1})\boldsymbol{X}_i\right]\right\}\right\}$$

$$= \sum_{i=1}^{n}\left\{E\left[\log(\boldsymbol{b}^{*\mathrm{T}}\boldsymbol{X}_i)\right]\right\} = nW^*$$

此处，第一项和第二项中的最大值（max）是对 $\boldsymbol{b}_1, \boldsymbol{b}_2, \cdots, \boldsymbol{b}_n$ 而取的；第三项中的最大值（max）是对 $\boldsymbol{b}_i(X_1, X_2, \cdots, X_{i-1})$ 而取的。可见，最大值恰好是在恒定的攻击组合 $\boldsymbol{b}^*$ 之下达到的。证毕。

到此，我们就知道：由定理 3.6 中的 $\boldsymbol{b}^*$ 给出的攻击组合能够使得黑客收益的期望值达到最大值，而且所得的收益 S_n^* 以高概率在一阶指数下等于 $2^{nW(*)}$。其实，我们还可以得到如下更强的结论。

定理 3.8：设 S_n^* 和 S_n 如引理 3.3 所述，那么依概率 1 有

$$\lim_{n\to\infty}\sup\left(\frac{1}{n}\log\frac{S_n}{S_n^*}\right)\leqslant 0$$

证明：由定理 3.6 可推出 $E\dfrac{S_n}{S_n^*}\leqslant 1$，从而由马尔可夫不等式得到

$$P_r(S_n > t_n S_n^*) = P_r\left(\frac{S_n}{S_n^*} > t_n\right) < \frac{1}{t_n}$$

因此，$P_r\left(\dfrac{1}{n}\log\dfrac{S_n}{S_n^*} > \dfrac{1}{n}\log t_n\right) \leqslant \dfrac{1}{t_n}$

取 $t_n = n^2$，并对所有 n 求和，得到

$$\sum_{n=1}^{\infty}P_r\left(\frac{1}{n}\log\frac{S_n}{S_n^*} > \frac{2}{n}\log n\right) \leqslant \sum_{n=1}^{\infty}\frac{1}{n^2} = \frac{\pi^2}{6}$$

利用 Borel-Cantelli 引理，我们有

$$P_r\left(\frac{1}{n}\log\frac{S_n}{S_n^*}>\frac{2}{n}\log n \ , \ \text{无穷多个成立}\right)=0$$

这意味着，对于被攻击的每个系统向量序列都存在 N，使得当 $n>N$ 时，$\frac{1}{n}\log\frac{S_n}{S_n^*}<\frac{2}{n}\log n$ 均成立。于是，依概率 1 有

$$\lim_{n\to\infty}\sup\left(\frac{1}{n}\log\frac{S_n}{S_n^*}\right)\leqslant 0$$

证毕。

该定理表明，在一阶指数意义下，对数最优攻击组合的表现相当好。

散户炒股都有这样的经验：如果能够搞到某些内部消息（学术上称为"边信息"），那么炒股赚钱的可能性就会大增。但是，到底能够增加多少呢？下面就来回答这个问题。当然，我们将其叙述为：边信息对黑客收益的可能影响。

定理 3.9：设 X 服从分布 $f(x)$，而 $\boldsymbol{b}_f$ 为对应于 $f(x)$ 的对数最优攻击组合。设 $\boldsymbol{b}_g$ 为对应于另一个密度函数 $g(x)$ 的对数最优攻击组合。那么，采用 $\boldsymbol{b}_f$ 替代 $\boldsymbol{b}_g$ 所带来的增长率的增量满足不等式

$$\Delta W=W(\boldsymbol{b}_f,F)-W(\boldsymbol{b}_g,F)\leqslant D(f\|g)$$

这里，$D(f\|g)$ 表示相对熵（见参考文献[5]或本书第 7 章中的第 3 节）。

证明：$\Delta W=\int f(x)\log(\boldsymbol{b}_f^{\mathrm{T}}x)\mathrm{d}x-\int f(x)\log(\boldsymbol{b}_g^{\mathrm{T}}x)\mathrm{d}x$

$$=\int f(x)\log\left[\frac{\boldsymbol{b}_f^{\mathrm{T}}\boldsymbol{x}}{\boldsymbol{b}_g^{\mathrm{T}}\boldsymbol{x}}\right]\mathrm{d}x$$

$$=\int f(x)\left\{\log\left[\frac{\boldsymbol{b}_f^{\mathrm{T}}\boldsymbol{x}}{\boldsymbol{b}_g^{\mathrm{T}}\boldsymbol{x}}\right]\left[\frac{g(\boldsymbol{x})}{f(\boldsymbol{x})}\right]\left[\frac{f(\boldsymbol{x})}{g(\boldsymbol{x})}\right]\right\}\mathrm{d}x$$

$$= \int f(x) \left\{ \log \left[\frac{\boldsymbol{b}_f^{\mathrm{T}} \boldsymbol{x}}{\boldsymbol{b}_g^{\mathrm{T}} \boldsymbol{x}} \right] \left[\frac{g(\boldsymbol{x})}{f(\boldsymbol{x})} \right] \right\} \mathrm{d}x + D(f|g)$$

$$\leqslant \log \left\{ \int f(x) \left[\frac{\left(\boldsymbol{b}_f^{\mathrm{T}} \boldsymbol{x} \right) g(\boldsymbol{x})}{\left(\boldsymbol{b}_g^{\mathrm{T}} \boldsymbol{x} \right) f(\boldsymbol{x})} \right] \mathrm{d}x \right\} + D(f|g)$$

$$= \log \left[\int g(x) \frac{\boldsymbol{b}_f^{\mathrm{T}} \boldsymbol{x}}{\boldsymbol{b}_g^{\mathrm{T}} \boldsymbol{x}} \mathrm{d}x \right] + D(f|g)$$

$$\leqslant \log 1 + D(f|g) = D(f|g)。$$

证毕。

定理 3.10： 由边信息 Y 所带来的增长率的增量 ΔW 满足不等式

$$\Delta W \leqslant I(X; Y)$$

这里，$I(X; Y)$ 表示随机变量 X 与 Y 之间的互信息。

证明： 设 (X, Y) 服从分布 $f(x, y)$，其中 X 是被攻击系统的投入产出比向量，而 Y 是相应的边信息。当已知边信息 $Y=y$ 时，黑客采用关于条件分布 $f(x|Y=y)$ 的对数最优攻击组合，从而在给定条件 $Y=y$ 下，利用定理 3.9，可得

$$\Delta W_{Y=y} \leqslant D[f(x|Y=y)|f(x)] = \int_x f(x|Y=y) \log \frac{f(x|Y=y)}{f(x)} \mathrm{d}x$$

对 Y 的所有可能取值进行平均，得到

$$\Delta W \leqslant \int_y f(y) \left\{ \int_x f(x|Y=y) \log \frac{f(x|Y=y)}{f(x)} \mathrm{d}x \right\} \mathrm{d}y$$

$$= \int_y \int_x f(y) f(x|Y=y) \log \frac{f(x|Y=y)}{f(x)} \frac{f(y)}{f(y)} \mathrm{d}x \mathrm{d}y$$

$$= \int_y \int_x f(x, y) \log \frac{f(x, y)}{f(x) f(y)} \mathrm{d}x \mathrm{d}y$$

$$= I(X; Y)$$

从而，边信息 Y 与被攻击的系统向量序列 X 之间的互信息 $I(X; Y)$ 是增长率的增

量的上界。证毕。

定理 3.10 形象地告诉我们，内部消息能够使黑客的黑产收益增长率的精确上限不会超过 $I(X; Y)$。

下面再考虑被攻击系统依时间而变化的情况。

设 $X_1, X_2, \cdots, X_n$ 为向量值随机过程，即 X_i 为第 i 时刻被攻击系统向量，或者说

$$X_i = (X_{1i}, X_{2i}, \cdots, X_{mi}), i = 1, 2, 3, \cdots$$

其中，$X_{ji} \geq 0$ 是第 i 时刻攻击第 j 个系统时的投入产出比。下面的攻击策略是以因果方式依赖于过去的历史数据，即 b_i 可以依赖于 $X_1, X_2, \cdots, X_{i-1}$。

令

$$S_n = \prod_{i=1}^{n} b_i^{\mathrm{T}} (X_1, X_2, \cdots, X_{i-1}) X_i$$

黑客的目标显然就是要使整体黑产收入达到最大化，即让 $E \log S_n$ 在所有因果组合攻击策略集 $\{b_i(\cdot)\}$ 上达到最大值。而此时有

$$\max(E \log S_n) = \sum_{i=1}^{n} \max \{E(\log b_i^{\mathrm{T}} X_i)\} = \sum_{i=1}^{n} E[\log(b_i^{*\mathrm{T}} X_i)]$$

其中，b_i^* 是在已知过去黑产收入的历史数据下，X_i 的条件分布的对数最优攻击组合，换言之，如果记条件最大值为

$$\max_{b} \{E[\log b^{\mathrm{T}} X_i | (X_1, X_2, \cdots, X_{i-1}) = (x_1, x_2, \cdots, x_{i-1})]\} = W^*(X_i | x_1, x_2, \cdots, x_{i-1})$$

则 $b_i^*(x_1, x_2, \cdots, x_{i-1})$ 就是达到上述条件最大值的攻击组合。关于过去期望值，我们记

$$W^*(X_i | X_1, X_2, \cdots, X_{i-1}) = E \max_{b} E[\log b^{\mathrm{T}} X_i | X_1, X_2, \cdots, X_{i-1}]$$

并称之为条件增长率。这里的最大值函数是取遍所有定义在 $X_1, X_2, \cdots, X_{i-1}$ 上的攻击组合 b 的攻击组合价值函数。于是，如果在每一阶段中，均采取条件对数最优的攻击组合策略，那么黑客的最高期望对数回报率（投入产出率）是可以实现的。

令

$$W^*(X_1, X_2, \cdots, X_n) = \max_{b} E \log S_n$$

其中，最大值取自所有因果攻击组合策略。此时，由

$$\log S_n^* = \sum_{i=1}^n \log \boldsymbol{b}_i^{*\mathrm{T}} \boldsymbol{X}_i$$

可以得到以下关于 W^* 的链式法则：

$$W^*(\boldsymbol{X}_1, \boldsymbol{X}_2, \cdots, \boldsymbol{X}_n) = \sum_{i=1}^n W^*(\boldsymbol{X}_i | \boldsymbol{X}_1, \boldsymbol{X}_2, \cdots, \boldsymbol{X}_{i-1})$$

该链式法则在形式上与熵函数 H 的链式法则完全一样（见参考文献[5]或本书第 7 章第 3 节）。确实，在某些方面 W 与 H 互为对偶，特别地，条件作用使 H 减小，而使 W 增长。换句话说，熵 H 越小的黑客攻击策略，所获得的黑产收入越大！

定义 3.4（随机过程的熵率）：如果存在以下极限

$$W_\infty^* = \lim_{n \to \infty} \frac{1}{n} W^*(\boldsymbol{X}_1, \boldsymbol{X}_2, \cdots, \boldsymbol{X}_n)$$

那么，就称该极限 W_∞^* 为增长率。

定理 3.11：如果黑客"投入产出比"形成的随机过程 $\boldsymbol{X}_1, \boldsymbol{X}_2, \cdots, \boldsymbol{X}_n$ 为平稳随机过程，那么黑客的最优攻击增长率存在，并且等于

$$W_\infty^* = \lim_{n \to \infty} W^*(\boldsymbol{X}_n | \boldsymbol{X}_1, \boldsymbol{X}_2, \cdots, \boldsymbol{X}_{n-1})$$

证明：由随机过程的平稳性可知，$W^*(\boldsymbol{X}_n | \boldsymbol{X}_1, \boldsymbol{X}_2, \cdots, \boldsymbol{X}_{n-1})$ 关于 n 是非减函数，从而其极限是必然存在的，但有可能是无穷大。由于

$$\frac{1}{n} W^*(\boldsymbol{X}_1, \boldsymbol{X}_2, \cdots, \boldsymbol{X}_n) = \frac{1}{n} \sum_{i=1}^n W^*(\boldsymbol{X}_i | \boldsymbol{X}_1, \boldsymbol{X}_2, \cdots, \boldsymbol{X}_{i-1})$$

故根据 Cesaro 均值定理（见参考文献[5]中的定理 4.2.3），可以推出上式左边的极限值等于右边通项的极限值。因此，W_∞^* 存在，并且

$$W_\infty^* = \lim_{n \to \infty} \frac{1}{n} W^*(\boldsymbol{X}_1, \boldsymbol{X}_2, \cdots, \boldsymbol{X}_n) = \lim_{n \to \infty} W^*(\boldsymbol{X}_n | \boldsymbol{X}_1, \boldsymbol{X}_2, \cdots, \boldsymbol{X}_{n-1})$$

证毕。

在平稳随机过程的情况下，还有如下的渐近最优特性。

定理 3.12：对任意随机过程 $\{X_i\}$，$X_i \in \mathbf{R}_+^m$，$b_i^*(X^{i-1})$ 为条件对数最优的攻击组合，而 S_n^* 为对应的相对黑产收益。令 S_n 为对应某个因果攻击组合策略 $b_t(X^{i-1})$ 的相对收益，那么关于由过去的 $X_1, X_2, \cdots, X_n$ 生成的 σ 代数序列，比值 $\dfrac{S_n}{S_n^*}$ 是一个正上鞅。从而，存在一个随机变量 V 使得

$$\frac{S_n}{S_n^*} \xrightarrow{\text{依概率 1}} V$$

$$E(V) \leqslant 1, \ \text{且} \ P_r\left\{\sup_n\left[\frac{S_n}{S_n^*}\right] \geqslant t\right\} \leqslant \frac{1}{t}$$

证明： $\dfrac{S_n}{S_n^*}$ 为正上鞅是因为使用关于条件对数最优攻击组合（定理 3.6），可得

$$E\left[\frac{S_{n+1}(X^{n+1})}{S_{n+1}^*(X^{n+1})}\bigg|X^n\right]$$

$$=E\left[\frac{\left(b_{n+1}^{\mathrm{T}}X_{n+1}\right)S_n(X^n)}{\left(b_{n+1}^{*\mathrm{T}}X_{n+1}\right)S_n^*(X^n)}\bigg|X^n\right]$$

$$=\frac{S_n(X^n)}{S_n^*(X^n)}E\left[\frac{b_{n+1}^{\mathrm{T}}X_{n+1}}{b_{n+1}^{*\mathrm{T}}X_{n+1}}\bigg|X^n\right]$$

$$\leqslant\frac{S_n(X^n)}{S_n^*(X^n)}$$

于是，利用鞅收敛定理（见参考文献[5]），得知 $\dfrac{S_n}{S_n^*}$ 的极限存在，记为 V，那么

$$E(V)\leqslant E\frac{S_0}{S_0^*}=1$$

最后，利用关于正鞅的科尔莫戈罗夫不等式，便得到关于 $\sup_n\dfrac{S_n}{S_n^*}$ 的结果。证毕。

第 3 节　黑客生态的演变规律

关于黑客，外行看热闹，看到的是一个个绝顶聪明、行为怪诞的稀有年轻奇才；内行看门道，看到的是完全不同的景象。比如，本章前两节，将静止不动的黑客看作纯粹数学中的离散随机变量，并分析了其战略和战术的最佳攻击策略。本节中，我们换一个角度，将黑客更加形象地看成一个个冷冰冰的黑客工具，因为离开了工具，黑客就什么也不是了。所以，下文只关心黑客工具，当然，我们把工具也当作生物来描述，在不引起混淆的情况下，也用"黑客"之名来称呼（本节的生物数学知识来自参考文献[6]）。

现实社会中，除极个别顶级黑客会自己开发工具之外，绝大部分黑客都只会使用现成的黑客工具（其实主要就是一些特殊软件）。而且，顶级黑客的杀手锏工具是决不外传的，所以它不在本节的研究范围之内，让法律和红客去单挑这种顶级黑客吧。本节不研究的黑客工具还包括预装类和广告类。某些免费手机中已经悄悄预装了偷钱软件，这便是预装类的例子；某些靠广告支撑的畅销软件中的漏洞（有意或无意）便是广告类的例子。更严谨地说，本节只研究那些依靠口口相传、在网上广泛流行，并被普通黑客经常（购买或出售）使用的黑客工具。这是因为，一方面，它们才是破坏力量的主体，虽然其媒体出镜率并不高；另一方面，这类黑客工具的传播具有明显的生物特性，从而可以借用现成的生物动力学成果。为了简便，除非特别说明，本节所说的黑客工具都指这种依靠口口相传的黑客软件。

在现实中，一个黑客所拥有并随时使用的，肯定不止一种黑客工具，但是为了研究方便，本节假定所有黑客都只用同一种黑客工具。当然，这里所说的一种工具，也并非仅仅是一个工具，而至少是一类工具。比如，若以黑客目标来分类的话，那么所有试图获得正常用户的密码口令的工具都可以当作一种工具。另外，我们说只有顶级黑客才会开发自己的工具，并不意味着普通黑客不对其工具做个性化的处理，但是这种大同小异的修改我们忽略不计。

首先来研究单工具黑客动力学。

当某种黑客工具，即一种软件被开发出来并被放在网上后，还不能算作黑客就诞生了（最多只能算作黑客的首枚卵产出了），因为没人用的软件等于不存在。只有当某人下载并使用该软件去攻击别人时，才说一个黑客诞生了。这个黑客也许又会将该款软件推荐给他的一批朋友（相当于他又产了一批卵），这批朋友中的某些人又去下载该软件并攻击别人，就又诞生了若干儿子代黑客。这些新黑客又再向他们的朋友推荐，如此循环往复，于是成为孙子代，黑客就源源不断地诞生了。你看，黑客的诞生模式其实与鸡、鸭、猪、狗等的诞生模式并无二异，都可用一个树图来表示，树图中的点就代表相应的黑客（或生物）。而且，最终的黑客总数会非常庞大，黑客代际之间的重叠会非常严重，以至于 t 时刻的黑客数目或密度 $N(t)$ 可以用 t 的连续函数来表示。

再强调一次，本节只考虑同一种黑客软件的情形，相当于单种群的生物动力学。这样做的原因，一是因为单工具黑客的研究相对容易，可以得到一些比较深入的结果；二是因为单工具黑客是多工具情形（相当于多种群生物）的基础；三是如果被攻击的目标互不相关（比如，有的黑客是想获得隐私信息，有的黑客是想篡改别人的网页等），那么就可以将这些黑客看作并列的几批使用单工具的黑客，从而，本节的所有成果对每批黑客都有效。

Malthus 模型是生物动力学中常见且非常有用的模型，它对我们研究单工具黑客也非常关键，所以现在结合黑客情况重新介绍如下。

记 $N(t)$ 表示 t 时刻的黑客数目或密度，即正在用该工具攻击别人的黑客数量或密度（由于密度等于黑客数与总用户数的比值，所以在总数不变的情况下，密度和黑客数是等价的，不必刻意区分）。如果黑客的增长率是常数，或单位时间内黑客增长量与当时的黑客数量成正比，那么就可用 b 和 d 分别表示黑客的出生率和死亡率（这里的所谓"死亡"，包括两大部分：其一，某人卸载了此软件，从而黑客数减少一个；其二，某人虽拥有该工具，但此时此刻并未使用它去攻击别人，相当于生物的迁出，效果上也等于黑客数减少了一个。所谓"出生"，也包括两大部分：其一，就是某个新人下载并正使用该软件攻击别人，从而黑客数增加一个；其二，前一时刻未出手的黑客此刻发力了，相当于生物的迁入，效果上也等于黑客数增加了一个。）于是，在任意小的时间区间 Δt 内，

$N(t)$的变化量满足等式

$$N(t+\Delta t)-N(t)=bN(t)\Delta t-dN(t)\Delta t$$

上式两边同时除以 Δt，并令 $\Delta t \rightarrow 0$ 取极限，就得到了著名的 Malthus 微分方程

$$\frac{\mathrm{d}N(t)}{\mathrm{d}t}=rN(t)$$

其中，$r=b-d$ 称为内禀增长率。

该微分方程的解析解为

$$N(t)=N(0)\mathrm{e}^{rt}$$

于是，根据 b 和 d 的大小，在 Malthus 模型下，黑客的最终数量将为

$$\lim_{t\to\infty}N(t)=\begin{cases} 0 & \text{当}r<0\text{（即死亡率大于出生率）}\\ N(0) & \text{当}r=0\text{（即死亡率等于出生率）}\\ \infty & \text{当}r>0\text{（即出生率大于死亡率）}\end{cases}$$

由此可见，无论 r 多么小，只要 $r>0$（即出生率大于死亡率），那么活跃黑客的最终数量将为无穷大，但实际情况显然不是这样的，因为当黑客数量或密度大到某个程度后，合法用户的安全防护措施一定会加强，从而使得该黑客工具失灵，导致黑客们不得不放弃该工具（转而寻求其他攻击手段），这相当于该黑客死亡，于是死亡率会迅速超过出生率，黑客总数又会减少。

更准确地说，Malthus 模型仅仅适用于黑客工具刚刚出现的早期阶段，那时的黑客数量相对较少（或密度相对较小），红客的防护措施还比较薄弱，黑客攻击的成功率和利润都较高，从而会刺激更多的黑客诞生或迁入，即出生率增加、死亡率减少。但是，随着黑客数量和密度的增大，觉醒并采取防卫措施的合法用户会增多，黑客的可攻击对象会减少，黑客彼此之间的竞争会加剧……总之，死亡率增加、出生率减少，即内禀增长率减少。由此可见，不能永远假设 r 为常数。于是，便引出了下面的另一种模型——Logistic 增长模型，也是生

物数学中的常见经典模型。

在单工具情形下，还需要引入另一个重要参数，称为黑客的最小生存数量（或密度），记为 K_0，它意指如果黑客数 $N(t)$ 永远小于 K_0，那么黑客数将逐步减少，并最终灭亡，即趋于 0。参数 K_0 的存在性可以这样来推理：由于黑客软件是（经朋友介绍后）自愿获取的，如果利用此工具去发动攻击会得不偿失，他就会放弃该工具（即死掉一个黑客）并且不再向其朋友推荐；当越来越多的黑客死亡时，该种黑客工具便被淘汰了。相反，如果事实证明该工具有利可图，黑客就会继续拥有并使用该工具，并有可能向其朋友推荐，从而黑客数将超过 K_0。

在"不亏本"的前提下，人类本来就有相互合作的天性，特别是当 $N(t)$ 较小时，更会互相帮助（这便是"老乡见老乡，两眼泪汪汪"的人性依据），因为帮助的结果对自己并无害（至少是害处很小），最终便导致提升黑客数量的增长率，甚至达到标准 Malthus 模型的指数增长速度。当然，当 $N(t)$ 较大时，情况就相反了，黑客便会互相竞争（这便是"文人相轻"的人性依据），最终结果便是抑制黑客数量的增长率，这便是下面 Logistic 模型将要考虑的问题。

设 A 为黑客数的最大平均改变率，当 $N(t)$ 较小且 $N(t)>K_0$ 时，生物学的经验已经告诉我们，黑客的内禀增长率 r 可以直观地替代为

$$r=A\left[1-\frac{K_0}{N(t)}\right]$$

于是，标准 Malthus 模型就变形为如下微分方程

$$\frac{\mathrm{d}N(t)}{\mathrm{d}t}=AN(t)\left[1-\frac{K_0}{N(t)}\right]$$

当 A 为正时，该微分方程存在零平衡态和正平衡态 K_0，而且零平衡态是局部稳定的，即当 $N(t)<K_0$ 后，黑客数 $N(t)$ 会不断减少，并最终趋于 0，于是该黑客工具被淘汰。但是，正平衡态 K_0 却是不稳定的，即当 $N(t)>K_0$ 时，黑客数呈增加态势。

上述分析对安全防护的红客们，有以下启发：

（1）消灭黑客宜早不宜迟，即在黑客数还没有达到最小生存量 K_0 时就动手，效果最好。

（2）如果成本较高，那么不必对黑客斩尽杀绝，只需要将其数目控制在 K_0 之内，黑客便会自动灭亡。

（3）如果错过了最佳时机（即黑客数已经超过 K_0），那么黑客数将在随后的短时间内呈指数级的爆炸性增长，此时不必与黑客硬拼，而应该充分运用黑客之间的竞争机制，让他们互相制约（见下文的 Logistic 模型）。

（4）控制黑客的关键是控制内禀增长率 r，这又有两种思路：其一是减少出生率 b；其二是增加死亡率 d。如果能够使 $r<0$，就胜券在握；如果能够使 $r=0$，就要考虑"任由 $N(0)$ 个黑客为非作歹"和"将黑客数量控制在 K_0 之内"的成本谁高谁低，取成本低者而行动；如果没办法控制内禀增长率而出现了 $r>0$，那么红客的第一道防线就崩溃了，只能转战由 Logistic 模型构建的下一道防线。

现在我们就来研究 Logistic 增长模型及其变形。

每款黑客工具都不可能永远通吃所有合法用户。换句话说，每个网络能够承受的活跃黑客数都是有限的，该数称为环境容纳量，记为 K（正数），即当 $N(t)=K$ 时，黑客数将出现零增长（不难看出，一定有 $K_0<K$）。其实，在实践中，往往不是黑客工具有多么厉害，而是合法用户太懒或太大意，比如，他们懒于安装相关的漏洞补丁或缺乏安全意识等。但是，一旦活跃黑客数量或密度过大，以致在某合法用户身边出现了受害者时，他就会积极加强防护，从而扼制了黑客的生存环境。

黑客数的内禀增长率当然不会突然减为 0，合理的假定是：随着活跃黑客数逐渐靠近环境容量 K，r 逐渐变小并最终靠近 0。最简单的情况是：每增加一个黑客，就均匀地对内禀增长率产生 $\frac{1}{K}$ 抑制影响，于是 $N(t)$ 个黑客就产生 $\frac{N(t)}{K}$ 的抑制影响，从而未被影响的部分就剩下 $1-\frac{N(t)}{K}$，换句话说，内禀增长率就

由 r 减少为 $r\left[1-\dfrac{N(t)}{K}\right]$，于是，内禀增长率为常数的 Malthus 模型，便被改进

为内禀增长率为变数 $r\left[1-\dfrac{N(t)}{K}\right]$ 的以下微分方程所表示的标准 Logistic 模型：

$$\frac{\mathrm{d}N(t)}{\mathrm{d}t}=rN(t)\left[1-\frac{N(t)}{K}\right]$$

其中，r 是内禀增长率，K 为环境容纳量。

该微分方程的解析解为

$$N(t)=\frac{KN(0)}{N(0)-\left[N(0)-K\right]\mathrm{e}^{-rt}}$$

它完全由 r、K 和黑客数量的初值 $N(0)$ 确定。根据此解析解得知，若 $N(0)>0$，当 $t\to\infty$ 时，黑客数 $N(t)$ 将最终趋于容纳量 K。

而且，当初值 $N(0)$ 满足 $0<N(0)<\dfrac{K}{2}$（即黑客初值数不超过容纳量的一半）时，黑客数量的曲线 $N(t)$ 将呈 S 形。并且在 $\dfrac{K}{2}$ 点处，出现唯一的拐点：当 $N(t)$ 很小时，在一定的时间范围内，黑客数将呈指数增长模式；然后，抑制影响开始发挥作用，并在容纳量 K 处，黑客数量将最终达到饱和。更详细地说，此处的 S 曲线可以划分为以下五个阶段：

（1）开始期，也称为潜伏期，黑客数量很少，数量和密度的增长缓慢。

（2）加速期，随着黑客数的增加，密度也迅速增加。

（3）转折期，当黑客数达到饱和密度的一半 $\dfrac{K}{2}$ 时，密度增长最快。

（4）减速期，当黑客数超过 $\dfrac{K}{2}$ 以后，密度增长逐渐变慢。

（5）饱和期，黑客数量达到 K 值而饱和，这意味着 K 是稳定的。

上述标准 Logistic 模型更适合于黑客数量和密度 $N(t)$ 较大时的情况，它已

经考虑到了黑客彼此之间的竞争，以及由此导致的对内讧增长率的抑制情况。而当 $N(t)$ 较小时，黑客之间又是相互帮助的，并将导致内讧增长率变大，所以若同时考虑"人少时的合作"和"人多时的竞争"，那么标准 Logistic 模型便可改进为以下具有 Allee 效应的 Logistic 模型：

$$\frac{\mathrm{d}N(t)}{\mathrm{d}t}=rN(t)\left[\frac{N(t)}{K_0}-1\right]\left[1-\frac{N(t)}{K}\right]$$

此时，便存在着三个非负平衡态：0、K_0 和 K。具体地说：

（1）当 $0<N(t)<K_0$ 时，$\frac{\mathrm{d}N(t)}{\mathrm{d}t}<0$，即黑客数量不断减少。

（2）当 $K_0<N(t)<K$ 时，$\frac{\mathrm{d}N(t)}{\mathrm{d}t}>0$，即黑客数量不断增加。

（3）当 $N(t)>K$ 时，$\frac{\mathrm{d}N(t)}{\mathrm{d}t}<0$，即黑客数量又不断减少。

因此，0 和 K（最大容纳量）是局部稳定的平衡状态。黑客的最小生存数量 K_0 是不稳定的平衡态，并且它有两个稳定平衡态的分界点，即当黑客数量的初值 $N(0)>K_0$ 时，黑客数量将最终趋于 K；而当 $N(0)<K_0$ 时，黑客数将最终趋于零，该黑客工具被淘汰。

除了考虑黑客合作时的改进型 Logistic 模型（即具有 Allee 效应的 Logistic 模型）之外，还可以考虑正常用户合作时的改进 Logistic 模型。此时，当某个用户被攻击后，他不但会自身加强保护措施，还会将其经验和教训传播给身边人员，提醒他们注意，于是黑客可能攻击的对象数就会减少，形象地说，黑客的"食物"就减少了。极端情形是：如果所有用户都觉悟并采取防护措施后，那么该黑客工具就失灵了，从而黑客就无目标可攻击，当然也就只好灭亡了。

记 S 为黑客数达到饱和时正常用户的觉悟率（即他们采取了安全措施，使得该款黑客工具失效），记 $F(t)$ 为 t 时刻（黑客数为 $N(t)$ 时）的用户觉悟率，将标准 Logistic 方程等价地重新写为

$$\frac{1}{N(t)}\frac{\mathrm{d}N(t)}{\mathrm{d}t}=r\frac{K-N(t)}{K}$$

保持上式的左边不变，但将其右边的饱和量 K 替换为饱和时的用户觉悟率 S，将右边的黑客数 $N(t)$ 替换为用户觉悟率，便得到标准 Logistic 模型的另一种改进用户合作时的 Logistic 模型

$$\frac{1}{N(t)} \frac{\mathrm{d}N(t)}{\mathrm{d}t} = r \frac{S - F(t)}{S}$$

上式的左边表示 t 时刻黑客的平均增长率；右边则表示 t 时刻用户的未觉悟率。该式的直观解释便是：黑客增长率与用户未觉悟率成正比。这种解释显然是有道理的，因为未觉悟的用户越多，黑客的利润就越大，就越能刺激更多的黑客发动进攻；反之亦然。

再注意到 $F(t)$，当然应该与黑客数 $N(t)$ 和黑客的变化数 $\frac{\mathrm{d}N(t)}{\mathrm{d}t}$ 有关，为简便计，假定这种关系是线性关系，即

$$F(t) = c_1 N(t) + c_2 \frac{\mathrm{d}N(t)}{\mathrm{d}t}$$

这里 c_1、$c_2 > 0$，即黑客越多，黑客增长越快，那么觉悟的用户也会更快地增长。由于在饱和状态时，同时成立

$$\frac{\mathrm{d}N(t)}{\mathrm{d}t} = 0, \quad N(t) = K, \quad F(t) = S$$

所以，在 $F(t) = c_1 N(t) + c_2 \frac{\mathrm{d}N(t)}{\mathrm{d}t}$ 中，时间趋于无穷大后，便有 $S = c_1 K$。于是，用户合作时的 Logistic 模型便可以更具体地表述为

$$\frac{\mathrm{d}N(t)}{\mathrm{d}t} = rN(t) \frac{K - N(t)}{K + rcN(t)}$$

这里 $c = \dfrac{c_2}{c_1}$。该微分方程的解析解为

$$N(t) = Ae^{rt}[\,|K - N(t)|^{1+rc}]$$

其中，A 是由初始条件确定的常数。注意到，当时间趋于无穷时，上式左边为有限值；而右边的 e^{rt} 为无穷大，所以要使整个右边有限的话，就必须有

$|K-N(t)|^{1+rc}$ 趋于 0，即 $N(t)$ 趋于 K。

该微分方程还可看出，当黑客数 $N(t)$ 较小时，黑客数的增加，反而会使得黑客的增长率 $\dfrac{\mathrm{d}N(t)}{\mathrm{d}t}$ 减小；当黑客较大时，黑客数的增加才会同时促进黑客增长率也增加。这再一次印证了消灭黑客宜早不宜迟。

上述分析可以给安全防护的红客以下启发：

（1）如果治理黑客的成本高于"任由 K（容纳量）个黑客肆虐"的成本，那么就不必治理了，否则就是费力不讨好。

（2）如果未能在开始期消灭黑客（即设置在 K_0 处的第一道防线被突破），那么第二道最佳防线就应该设置在 $N(t)=\dfrac{K}{2}$ 处的转折期。

（3）如果第二道防线也被突破了，就应该重点保护关键用户，不必再设置第三道防线了，除非有特殊的非经济因素。

（4）"用户彼此合作，提升觉悟率"也是对付黑客的有效手段。

接下来，我们再考虑一种非自治单工具模型。

标准 Logistic 模型的一个重要假设就是：内禀增长率 r 和容纳量 K 均为常数。这种假设的优点是直观简洁且逼近实际。当然，严格地说，r 和 K 不会永远都是常数，也会变化。比如，当黑客的期望值变大时，更多的黑客将因无利可图而放弃攻击（当然也就放弃了工具），那么容纳量将变小；当合法用户变得更麻木时，黑客能够获得的利润将更多，从而将有能力滋养更多的黑客，即容纳量会增大。不过，每种模型都有不够精确的地方，我们必须在取舍之间寻找折中，毕竟当模型过于精细后，相应的微分方程就无法求解了，更不能为了精细而精细。

若将 r 和 K 分别用分段连续的时间函数 $r(t)$ 和 $K(t)$ 来替代，那么标准 Logistic 模型就变成了以下非自治的 Logistic 模型：

$$\frac{\mathrm{d}N(t)}{\mathrm{d}t}=r(t)N(t)\left[1-\frac{N(t)}{K(t)}\right]$$

该微分方程的解析解为

$$N(t)=\frac{N(0)\exp\left[\int_0^t r(s)\mathrm{d}s\right]}{1+N(0)\int_0^t\left\{\exp\left[\int_0^s r(f)\,\mathrm{d}f\right]\dfrac{r(s)}{K(s)}\right\}\mathrm{d}s}$$

如果

$$0<\inf_{t>0} r(t)\leqslant r(t)\leqslant\sup_{t>0} r(t)<\infty$$

并且

$$0<\inf_{t>0} K(t)\leqslant K(t)\leqslant\sup_{t>0} K(t)<\infty$$

那么，非自治的 Logistic 模型就有一个全局稳定的解

$$N^*(t)=\frac{1}{\int_0^\infty\left\{\exp\left[-\int_0^s r(t-f)\mathrm{d}f\right]\dfrac{r(t-s)}{K(t-s)}\right\}\mathrm{d}s}$$

并且，当 $r(t)$ 和 $K(t)$ 是周期函数时，$N^*(t)$ 也是周期函数。下面进一步地分成一些特殊情况来讨论非自治 Logistic 模型。

情况一：环境退化

所谓环境退化，就是指黑客的生存条件越来越差，即黑客的容纳量 $K(t)$ 虽非负，但随着时间的推进 $K(t)$ 越来越小，甚至 $\lim\limits_{t\to\infty} K(t)=0$。此时生物数学中已经证明，如果内禀增长率满足

$$\int_0^\infty r(s)\mathrm{d}s=\infty$$

则

$$\lim_{t\to\infty} N(t)=0$$

该结果的直观解释是：即使内禀增长率较大，在退化环境下，随着时间的推移，该黑客工具也将最终被淘汰，黑客被消灭。

如果内禀增长率满足

$$\int_0^\infty r(s)\mathrm{d}s<\infty$$

则
$$\lim_{t\to\infty} N(t) = N_\infty < \infty$$

是一个正常数。对比上面那个直观解释，我们就得到一个有趣结果：即使内禀增长率较小，黑客数也会长期维持在正常数 N_∞ 附近，与初始值无关。内禀增长率是在无外界影响的条件下黑客数量的自然增长率（这便是"内禀"的含义所在），由此（再结合标准 Logistic 模型的结果）可知：如果某种黑客工具的内禀增长率很低，那么它在非常有利的环境下可能也很难生存，但是在退化的环境下，它却可能长期生存甚至繁荣！

情况二：周期性的考虑

黑客世界中也有一些有趣的周期现象。比如，在无外界干扰时，从宏观上看，当内禀增长率 $r(t)$ 越来越大时，黑客的数量会增多，因此，每个黑客的利润会越来越少，这就会反过来促进越来越多的黑客放弃攻击，从而使 $r(t)$ 开始变小。换句话说，$r(t)$ 会不断地周期性振荡。同样，容纳量 $K(t)$ 也具有这种周期特性。为数学上处理方便，我们假设 $r(t)$ 和 $K(t)$ 就是周期为 T 的连续函数，并且做出以下三个合理的假设。

假设一：黑客数越来越多时，他们会彼此竞争，从而会越来越严重地抑制黑客数量的增长。

假设二：当黑客数超过一定的值后，平均到每个黑客的利润会越来越低，因此，黑客数目将不会再增加。

假设三：在一个周期里，内禀增长率是受控的，即 $0 < \int_0^T r(t)\mathrm{d}t < \infty$。

于是，此时非自治的 Logistic 模型微分方程
$$\frac{\mathrm{d}N(t)}{\mathrm{d}t} = r(t)N(t)\left[1 - \frac{N(t)}{K(t)}\right]$$

存在着周期解析解
$$N(t+T) = N(t)$$

$N(0)=N(T)$为黑客的初始值，并且当 $0<t<T$ 时，有

$$N(t)=\frac{\exp\left[\int_0^T r(f)\mathrm{d}f\right]-1}{\int_t^{t+T}\frac{r(s)}{K(s)}\exp\left[-\int_s^t r(f)\mathrm{d}f\right]\mathrm{d}s}$$

情况三：时滞因素的考虑

在标准 Logistic 模型中，t 时刻黑客数的平均变化率 $\frac{1}{N(t)}\frac{\mathrm{d}N(t)}{\mathrm{d}t}$ 只与该时刻的黑客数有关，即等于 $r\left[1-\frac{N(t)}{K}\right]$。但是，如果考虑得更精细一点，将会发现，其实存在着某种时滞现象，即 t 时刻黑客数的平均变化率，应该与 $t-\tau$ 时刻的黑客数有关，于是，便有标准 Logistic 模型可以改进为

$$\frac{1}{N(t)}\frac{\mathrm{d}N(t)}{\mathrm{d}t}=r\left[1-\frac{N(t-\tau)}{K}\right]$$

或者等价地，有带时滞的 Logistic 模型

$$\frac{\mathrm{d}N(t)}{\mathrm{d}t}=rN(t)\left[1-\frac{N(t-\tau)}{K}\right]$$

它存在着零平衡态，并且当 $r>0$ 时，零平衡态是不稳定的。此外，它还有一个正平衡态 $N=K$，其稳定性为：当 $0\le r$, $\tau<\frac{\pi}{2}$ 时，平衡态 $N=K$ 是渐近稳定的；当 $r,\tau>\frac{\pi}{2}$ 时，平衡态 $N=K$ 不稳定，此时，黑客 $N(t)$ 存在一个周期解，即黑客数的变化呈周期性起伏。

上述分析可以给安全防护的红客以如下启发：

（1）如果能够控制黑客的生存环境，那么增长态势越猛的黑客工具可能越短命，而增长缓慢的黑客工具可能会更命长。不过，如果他们的危害不高于治理成本的话，就可以不予理睬。

（2）黑客的增长率、网络对黑客数量的容量值、黑客数等都可能呈现周期

起伏的现象，因此，如果红客要想稳准狠地消灭黑客，就最好在这些周期的低潮时下手！

本节研究黑客动力学时，到此都忽略了所有随机因素，但在实际情况下，随机因素显然是存在的。因此，现在就来重点考虑随机性，即研究单工具随机模型情况下，黑客的生态演变规律。

为减轻阅读负担，前文几乎省略了所有复杂的数学推导。这样做的原因有两个：一方面，这些推导在生物数学中都是常见的，如参考文献[6]；另一方面，虽然微分方程的求解很难，但是给出解析解后，验证其正确性却很容易。所以本节前面的省略不会影响本书的严谨性和正确性，只是把大量的推导工作隐没在了后台而已。接下来的有些数学推导就无法省略了，希望这些必不可少的公式不会给读者增添过多的困难。

首先，我们结合黑客情况来重新论述生物数学中所谓的"纯生过程"。

这里的所谓"纯生"，就是假定没有死亡（含迁出，下同），即黑客只增不减。记 t 时刻黑客数为 $N(t)$，并假设：

（1）每个黑客的诞生（含迁入，下同）是互相独立的。

（2）在任意小的时间段 Δt 内，每个黑客诞生一个新黑客的概率为 $\lambda\Delta t + o(\Delta t)$，没有新黑客诞生的概率为 $1 - \lambda\Delta t + o(\Delta t)$，多于一个新黑客诞生的概率为 $o(\Delta t)$。

如果已知 $N(t)=n$，那么在区间 $(t, t+\Delta t]$ 内诞生的新黑客个数服从参数 n 和 $\lambda\Delta t$ 的二项分布的随机变量。当 Δt 非常小时，可以忽略 $o(\Delta t)$ 的影响。于是，当 $k=0$, $1,\cdots,n$ 时，有

$$P\{k \text{ 个新黑客在区间}(t, t+\Delta t]\text{诞生} \mid N(t)=n\} = \mathrm{C}_n^k (\lambda\Delta t)^k (1-\lambda\Delta t)^{n-k}$$

记该概率为 $P(k)$，这里和下文的 C_n^k 都表示组合数公式，即

$$\mathrm{C}_n^k = \frac{n!}{k!(n-k)!}$$

于是有

$$P(0)=(1-\lambda\Delta t)^n=1-\lambda n\Delta t+o(\Delta t)$$

$$P(1)=\lambda n\Delta t(1-\lambda\Delta t)^{n-1}=\lambda n\Delta t+o(\Delta t)$$

并且，当 $k\geqslant2$ 时，$P(k)=o(\Delta t)$。

换句话说,这意味着随机过程 $N=\{N(t),t\geqslant0\}$ 是一个连续时间 Markov 过程。记 $N(0)=a>0$，现在考虑黑客数的转移概率

$$p_n(t)=P[N(t)=n\,|\,N(0)=a],\ a>0,\ t>0$$

它显然只依赖于时间差，从而是一个平稳随机过程。

现在考虑 $p_n(t)$ 和 $p_n(t+\Delta t)$ 的关系。如果 $N(t+\Delta t)=n>a$，且当 $\Delta t\to0$ 时，忽略多于一个新黑客诞生的可能性，那么在 t 时刻，若在$(t,t+\Delta t]$时间段内没有新黑客诞生，则 $N(t)=n$；若在$(t,t+\Delta t]$时间段内有一个新黑客诞生，则 $N(t)=n-1$。应用全概率公式，便有

$$p_n(t+\Delta t)=(1-\lambda n\Delta t)p_n(t)+\lambda(n-1)\Delta t p_{n-1}(t)+o(\Delta t),\ n>a$$

将该公式等价地变形为

$$\frac{p_n(t+\Delta t)-p_n(t)}{\Delta t}=\lambda\left[(n-1)p_{n-1}(t)-np_n(t)\right]+\frac{o(\Delta t)}{\Delta t}$$

上式中，令 $\Delta t\to0$，便有

$$\frac{\mathrm{d}p_n(t)}{\mathrm{d}t}=\lambda[(n-1)p_{n-1}(t)-np_n(t)],\ n=a+1,\ a+2,\cdots$$

当 $n=a$ 时，由于此前黑客数为 $a-1$ 的概率为 0（因为纯生），所以由全概率公式就有

$$P[N(t+\Delta t)=a]=P[N(t+\Delta t)=a\,|\,N(t)=a]P[N(t)=a]$$

所以
$$\frac{\mathrm{d}p_a(t)}{\mathrm{d}t}=-\lambda ap_a(t)$$

求解此微分方程，有

$$p_a(t)=\mathrm{e}^{-\lambda at}$$

据上式和前面已有的公式可得

$$\frac{\mathrm{d}p_n(t)}{\mathrm{d}t}=\lambda[(n-1)p_{n-1}(t)-np_n(t)]$$

可以得到，在 t 时刻有 k 个新黑客诞生的概率为

$$p_{a+k}(t)=\mathrm{C}_{a+k-1}^{a-1}\,\mathrm{e}^{-\lambda at}(1-\mathrm{e}^{-\lambda t})^k$$

这里，$k=0, 1, 2,\cdots$，并且 C_m^n 为组合数公式。提醒：这个公式实际上就给出了在 0 时刻黑客数为 a 的条件下，t 时刻的黑客数达到 $a+k$ 的概率 $p_{a+k}(t)$。因此，在该时刻黑客数的均值 $\mu(t)$ 就为

$$\mu(t)=E[N(t)\,|\,N(0)=a]=\sum_{n=a}^{\infty}np_n(t)=a\mathrm{e}^{\lambda t}$$

此处，中间两个等式来源于均值的定义和 $p_{a+k}(t)$ 的表达式，最后一个等式中略去了详细的计算过程（见参考文献[6]的 5.3.1 节）。这个公式告诉我们一个有趣的结果：在纯生过程中，t 时刻黑客的平均个数为 $a\mathrm{e}^{\lambda t}$，它与出生率为 $b=\lambda$ 的 Malthus 模型的解析式完全一样！仔细想来也是有道理的，因为 Malthus 模型更适用于黑客数（密度）较小的初期，此时死亡（放弃工具）和迁出（有工具却不用）的黑客几乎不存在，这当然可以看作一个纯生过程了。

接下来，我们再看看与纯生过程完全相反的纯灭过程。

与纯生相反，此时只有死亡（放弃或不用黑客工具）。假定某黑客在 t 时刻还存活，但在时间区间 $(t, t+\Delta t)$ 内死亡的概率为 $\mu\Delta t+o(\Delta t)$，考虑条件转移概率

$$p_n(t)=P[N(t)=n\,|\,N(0)=a],\quad n=a, a-1,\cdots, 2, 1, 0$$

先看一个特殊情况：$a=1$，此时，$p_1(t)$ 就是单个黑客在 t 时刻仍然存活的概率，并且有

$$p_1(t+\Delta t)=p_1(t)(1-\mu\Delta t)+o(\Delta t)$$

其中，$1-\mu\Delta t$ 是单个黑客在时间区间 $(t, t+\Delta t)$ 内没有死亡的概率。令 $\Delta t\to 0$，便

有微分方程

$$\frac{\mathrm{d}p_1(t)}{\mathrm{d}t} = -\mu p_1(t), \quad t > 0$$

它对初值 $p_1(0)=1$ 的解为

$$p_1(t) = \mathrm{e}^{-\mu t}$$

如果初始时刻的黑客数 $a > 1$，则在 t 时刻仍然存活的黑客数是一个服从参数 a 和 $p_1(t)$ 的二项分布的随机变量，所以有

$$p_n(t) = \mathrm{C}_a^n \, \mathrm{e}^{-\mu n t} (1 - \mathrm{e}^{-\mu t})^{a-n}, \quad n = a, a-1, \cdots, 2, 1, 0$$

其相应的数学期望值和方差分别是

$$E[N(t)] = a\mathrm{e}^{-\mu t} \text{ 和 } \mathrm{Var}[N(t)] = a\mathrm{e}^{-\mu t}[1 - \mathrm{e}^{-\mu t}]$$

可见，此时黑客数量的变化规律与 Malthus 增长模型中 $d=\mu$, $b=0$（有死无生）的情形相似。

在纯灭过程中，黑客数要么保持常数，要么递减，最终有可能变为 0（即灭绝）。精确地说，这种黑客工具灭绝的概率为

$$p_0(t) = P[N(t)=0 \,|\, N(0)=a] = (1 - \mathrm{e}^{-\mu t})^a \to 1, \quad t \to \infty$$

换句话说，此时黑客灭绝的概率为 1，一定灭亡。

再接下来，考虑线性出生和死亡的生灭过程。

现在考虑同时有生也有死的情况，为简单计，假设生死速度均为线性。

设初始黑客数为 a，且在时刻 t 黑客个数为 $N(t)$，在时间区间 $(t, t+\Delta t]$ 内有一个新黑客诞生的概率为 $\lambda \Delta t + o(\Delta t)$，有一个黑客死亡的概率为 $\mu \Delta t + o(\Delta t)$。于是，在 $N(t)=n$ 的条件下，在区间 $(t, t+\Delta t]$ 内出生一个黑客的概率为 $\lambda n \Delta t + o(\Delta t)$，死亡一个黑客的概率为 $\mu n \Delta t + o(\Delta t)$；黑客数不变的概率为 $1 - (\lambda+\mu)n\Delta t + o(\Delta t)$。所以，仿照前面，记为

$$p_n(t) = P[N(t)=n \,|\, N(0)=a]$$

那么，利用全概率公式，便有

$$p_n(t+\Delta t)=p_{n-1}(t)\lambda(n-1)\Delta t+p_n(t)[1-(\lambda+\mu)n\Delta t]+p_{n+1}(t)\mu(n+1)\Delta t+o(\Delta t)$$

上式两边同除以 Δt，并令 $\Delta t \to 0$，于是在 $n \geqslant 1$ 时，便得微分方程

$$\frac{\mathrm{d}p_n(t)}{\mathrm{d}t}=\lambda(n-1)p_{n-1}(t)-(\lambda+\mu)np_n(t)+\mu(n+1)p_{n+1}(t)$$

若 $n=0$，则有

$$\frac{\mathrm{d}p_0(t)}{\mathrm{d}t}=\mu p_1(t)$$

相应的初始条件为：若 $n=a$，则 $p_n(0)=1$；若 $n \neq a$，则 $p_n(0)=0$。

至此，得到了有生有死情况下，黑客个数的随机过程 $p_n(t)$ 所应该满足的微分方程。由于求解此方程很复杂，我们只给出最终结果如下：

记

$$\Phi(s,t)=\sum_{n=0}^{\infty} p_n(t)s^n$$

于是 $p_n(t)$ 就是函数 $\Phi(s,t)$ 关于参量 s 的多项式展开式中 s^n 的系数。根据参考文献[6]中第 5.3 节的结果，我们知道，当 $\lambda \neq \mu$ 时，有

$$\Phi(s,t)=\left[\frac{\mu-\psi(s)\mathrm{e}^{-(\lambda-\mu)t}}{\lambda-\psi(s)\mathrm{e}^{-(\lambda-\mu)t}}\right]^a$$

其中，

$$\psi(s)=\frac{\lambda s-\mu}{s-1}$$

当 $\lambda=\mu$ 时，有

$$\Phi(s,t)=\left[\frac{1-(\lambda t-1)(s-1)}{1-\lambda t(s-1)}\right]^a$$

现在来分析黑客被灭绝的概率，即

$$p_0(t)=P[N(t)=0\,|\,N(0)=a]$$

它其实就是 $\Phi(0,t)$，所以当 $\lambda \neq \mu$ 时

$$p_0(t)=\Phi(0, t)=\left[\frac{\mu(1-\mathrm{e}^{-(\lambda-\mu)t})}{\lambda-\mu\mathrm{e}^{-(\lambda-\mu)t}}\right]^a$$

更进一步分析，当 $\lambda<\mu$ 时，在上式中令 $t\to\infty$，那么就有 $p_0(t)\to1$，即该种黑客工具以概率 1 被灭绝（这是可以理解的，因为新黑客出生的概率小于死亡概率时，当然最终会灭绝）；当 $\lambda>\mu$ 时，在上式中令 $t\to\infty$，那么就有 $p_0(t)\to\left(\dfrac{\mu}{\lambda}\right)^a$，即该种黑客数量将最终稳定在 $\left(\dfrac{\mu}{\lambda}\right)^a$。

当 $\lambda=\mu$ 时，$p_0(t)=\Phi(0, t)=\left(\dfrac{\lambda t}{\lambda t+1}\right)^a$。而且，当 $t\to\infty$ 时，也有 $p_0(t)\to1$，即该种黑客以概率 1 被灭绝。

初看起来，当出生概率等于死亡概率时，好像很难理解为什么它一定会灭绝。其实仔细分析后，就知道：0（灭绝）是一个吸引状态，且与 $N(t)$ 的距离是有限的，又由于黑客数量的轨迹的随机性，因此掉进吸引子（灭绝）就成为必然。

经认真计算后，还知道在有生有死的情况下，在黑客数初值为 $N(0)=a$ 时，$N(t)$ 的条件数学期望值（即平均黑客数）为

$$E[N(t)|N(0)=a]=a\mathrm{e}^{(\lambda-\mu)t}$$

这与确定性的 Malthus 模型的增长情况一样。

在黑客数初值为 $N(0)=a$ 的条件下，$N(t)$ 的条件方差值为：

当 $\lambda\neq\mu$ 时，$\mathrm{Var}[N(t)|N(0)=a]=a(\lambda+\mu)\mathrm{e}^{(\lambda-\mu)t}\left(\dfrac{\mathrm{e}^{(\lambda-\mu)t}-1}{\lambda-\mu}\right)$；

当 $\lambda=\mu$ 时，$\mathrm{Var}[N(t)|N(0)=a]=2a\lambda t$。

再接下来，考虑非自治线性生灭过程。

在刚才研究的线性出生和死亡的生灭过程中，在考虑出生概率和死亡概率时，我们故意忽略了时间和黑客数，其实黑客数越多时，其出生和死亡的概率也就越大，因此更精细地假设，在 t 时刻，当黑客数为 n 时，相应的出生概率

为 $\lambda_n=\lambda(t)n$ 和死亡概率为 $\mu_n=\mu(t)n$，于是类似地，可知条件概率

$$p_n(t)=P[N(t)=n\,|\,N(0)=a]$$

满足如下微分方程：

$$\frac{\mathrm{d}p_n(t)}{\mathrm{d}t}=-n[\lambda(t)+\mu(t)]p_n(t)+(n-1)\lambda(t)p_{n-1}(t)+\mu(t)(n+1)p_{n+1}(t),\ n=1,2,\cdots$$

和
$$\frac{\mathrm{d}p_0(t)}{\mathrm{d}t}=\mu(t)p_1(t),\ \ p_a(0)=1，且当 n\neq a 时 p_n(0)=0$$

并最终求出（详见参考文献[6]的 5.3.5 节）在初始黑客数为 a 的条件下，t 时刻黑客数 $N(t)$ 的数学期望值为

$$E[N(t)\,|\,N(0)=a]=a\exp\left\{\int_0^t\left[\lambda(s)-\mu(s)\right]\mathrm{d}s\right\}$$

最后，考虑增长率只与黑客有关的情况。

假如黑客的出生率和死亡率都只与黑客个数有关，而与时间无关，不妨记：当有 n 个黑客时，出生率和死亡率分别为 λ_n 和 μ_n；$N(t)\in\{0,1,2,\cdots,K\}$ 为 t 时刻的黑客个数，那么与前面类似，在 t 时刻，$N(t)$ 满足如下 Markov 方案：

$$P\{N(t+\Delta t)=n+1\,|\,N(t)=n\}=\lambda_n\Delta t+o(\Delta t)$$

$$P\{N(t+\Delta t)=n-1\,|\,N(t)=n\}=\mu_n\Delta t+o(\Delta t)$$

$$P\{N(t+\Delta t)=n\,|\,N(t)=n\}=1-(\lambda_n+\mu_n)\Delta t+o(\Delta t)$$

令 $\Delta t\to0$，便得到黑客数的条件转移概率所满足的以下两个微分方程：

$$\frac{\mathrm{d}p_0(t)}{\mathrm{d}t}=\mu_1p_1(t)$$

$$\frac{\mathrm{d}p_n(t)}{\mathrm{d}t}=\lambda_{n-1}p_{n-1}(t)-(\lambda_n+\mu_n)p_n(t)+\mu_{n+1}p_{n+1}(t)$$

求解这个微分方程很难，不过幸好我们需要的有关黑客何时会灭绝的结果可以描述如下（见参考文献[6]的 5.4 节）：

所谓灭绝时间，就是指当黑客数首次为 0 的时间，也可以理解为此种黑客

在被最终淘汰前的持续时间。记 T_n 为初始黑客数为 n 的情况下，黑客被灭绝的时间，它显然是一个随机变量，不过该随机变量的均值为

$$E[T_n] = \sum_{i=1}^{n} \sum_{j=i}^{K} \left(\frac{1}{\mu_j} \right) \prod_{h=i}^{j-1} \frac{\lambda_h}{\mu_h}$$

形象地说，对 $E[T_n]$ 越小的黑客工具，其寿命就越短。

第4节　小结与畅想

在网络空间中，没有黑客就没有安全问题，也就更不需要"安全通论"。可惜，黑客不但有，而且越来越多，他们的外在表现形式还越来越千奇百怪，因此有必要专门对黑客进行系统深入的研究。反过来，若想建立统一的信息安全基础理论（"安全通论"），如果没有研究黑客，那也是不可思议的。因此，本章花费较大篇幅对黑客进行了多方位的研究。

首先，在第1节中精确描述了黑客的静态形象，即黑客可用一个离散随机变量 X 来描述，这里 X 的可能取值为 $\{1, 2, \cdots, n\}$，概率为 $P_r(X=i)= p_i$，并且 $p_1+p_2+\cdots+p_n=1$。

此外，还给出了在一定假设下黑客的最佳动态攻击战术，即当黑客的资源投入比例为其静态概率分布值时，其黑产收入达到最大值。特别是，在投入产出比均匀的前提下，黑客 X 的熵若减少 1 比特，那么他的黑产收入就会翻一番。换句话说，若黑客 X 的熵 $H(X)$ 越小，那么他就越厉害，他能够通过攻击行为获得的黑产收入就越高！

其次，在第2节中研究了黑客的最佳战略，即对技术水平有限的（经济）黑客，他如何通过"田忌赛马"式的组合攻击策略来实现黑产收入最大化，并具体给出了这种最优的攻击组合。该节借助股票投资领域中的相关思路和方法，得到了一些有趣的结果。比如，给出了黑客同时攻击 m 个系统的对数最优攻击组合策略（见定理 3.6），它不但能使黑客的整体收益最大化，而且还能够使每轮攻击的收益最大化（见定理 3.7）；发现了如果采用对数最优的攻击组合策略，那么黑客攻击每个系统的投入产出比不会在本轮攻击结束后发生变化（见定理

3.8);如果黑客还能够通过其他渠道获得一些"内部消息",那么他因此多获得的黑产收入的增长率不超过被攻击系统的"投入产出比"与"内部消息"之间的互信息(见定理 3.10);如果随时间变化的被攻击系统是平稳随机过程,那么黑客的最优攻击增长率是存在的(见定理 3.11)。总之,熵越小的黑客攻击策略,所获得的黑产收入越大!

最后,在第 3 节中借用生物数学工具和成果,研究了黑客的生态演变规律。该节的逻辑是:影响网络空间安全的主角是黑客,控制住黑客就掌握了安全;而控制黑客的最有效手段,就是控制黑客的生态环境。为此,需要首先设法了解这个生态环境。该节在最简单的情况下(即单种黑客工具),揭示黑客群体的诞生、发展、合作、竞争、迁移、死亡等生态环节的动力学特性,如黑客数目或密度的解析公式、平衡态的局部或全局稳定性、周期系统的周期解的存在性和稳定性、持续生存性等。同时,还给出了控制黑客生态环境的一些建议,如何时动手、何时放手、第一道防线设在哪儿、第二道防线设在哪儿等。该节多次强调"单工具",是想避免陷入不必要的细节纠纷。其实,假如有多种黑客工具,那么由于每种工具的传播都具有生物繁殖特性,所以粗略地说,各位黑客会聚在一起时,也可以看作一类"单种群生物",从而该节的所有思路和结果都仍然有效。当然,如果把黑客、正常用户和红客放到一起,就不能再把他们看成同一个"物种"了,毕竟他们彼此之间的对抗多于协作;关于这种更复杂的黑客、正常用户与红客相互作用的情形,将在后文相关章节中单独研究。

本章第 1 节和第 2 节是从信息论专家那里学来的;第 3 节是从生物数学家那里学来的。读者还将发现,几乎本书的所有内容都是向其他相关领域的专家学来的,而且,这些从外部学来的东西在相关领域内基本上都是众所周知的。但是,信息安全专家却几乎从来没有涉及过这些知识,至少没有深入了解过它们!因此,我想在这里做两点呼吁:

呼吁 1:诚心欢迎信息论、生物、数学等领域的专家进入信息安全领域,或许你们能够帮助我们轻松解决困扰多年的难题。

呼吁 2:再次提醒信息安全专家,他山之石可以攻玉,我们尽可能地学习其他领域的思路,甚至还可以借用他们的成果。

比如，在对付病虫害的长期过程中，人类已经知道，直接灭虫只是治标，控制害虫的生态环境才是治本。对付网络黑客其实也是这个道理，但是由于黑客们来无踪去无影，所以黑客的生态更复杂，要想完全搞清其生态链，绝非易事。当然，也不应该太悲观，因为我们可以站在巨人肩上，借鉴生物数学家们过去100多年来积累的众多成果。坦率地承认，目前生物学家的这些成果对网络安全专家来说，还有点像天书。幸好安全专家都是善于攻坚克难的跨界精英，相信在不远的将来，一定会把天书破译。随着黑客生态学研究的逐步深入，必有更多的秘密被发现。假如有幸能把某些生物学家吸引到网络安全领域来，那么跨学科的合作将让信息安全的研究与发展如虎添翼。

另外，还想申明一点，虽然我们在一些（比较合理的）人为假设下揭示了黑客的部分生态特性，但是大家别太乐观，因为万里长征才迈出第一步，有待解决的问题还很多。比如：如何用实测数据来验证相关模型的逼真程度？（这需要大型，甚至国家级的安全监测机构的数据支持，普通用户无能为力。）各种模型中的相关参数如何来确定？现有的参数回归方法是否有效？模型是否能够进一步优化？如何利用已知的黑客生态学结果，去完成某款黑客工具的实际控制？等等。

"安全通论"的最终目标是为网络空间安全学科的各分支建立统一的基础理论。因此，在每章中我们都尽可能站得更高，以便更宏观地研究那些更普遍的共性问题，哪怕是忽略掉某些细枝末节。

其实，我们的不少方法和思路都可用于解决一些更具体的问题。读者若意识到这点，也许会有助于在自己的安全分支中获得意外的丰收。比如，本章第3节中的成果几乎可以完全照搬地应用于电信诈骗、非法传销、网络欺诈等具体安全问题的治理。而且，在解决电信诈骗等问题时，描述其安全生态的检测数据更容易获得，相关模型更容易验证，相关参数也更容易确定。甚至，这些局部成果可能会反过来帮助建立通用的黑客生态学。不过，为了保持"安全通论"结构的整洁性，我们就不纠缠这些细节了。欢迎有兴趣的读者将"安全通论"应用于解决任何具体的安全问题。

另外，包括本章在内的"安全通论"内容中，我们特别注意尽量不越界，即始终以安全为对象。其实，我们的许多思路和结果也可以在安全之外的领域发挥作用。比如，除了普通的黑客软件之外，包括微信、高德地图等在内的几乎所有 App 和其他非预装类软件，都具有本章第 3 节揭示的共同生物繁殖特性，所以关于它们的生态学特性，完全可以借用这里的结果。这显然对这些软件经营的商业模式、用户分布、升级维护和产品推广等方面都是很有帮助的。

最后，再说几段重要的闲话！

我们已经提醒过信息安全界的理工科专家：别轻视第 1 章的内容，它们其实非常重要，甚至为本书指明了方向。比如，第 1 章中的"安全是负熵"的概念等。这个概念在第 2 章中又更进一步明确了。在本章中，熵甚至就已成为了判断黑客攻击力的重要指标了。在接下来的第 4 章研究红客时，我们还将发现，安全熵在其中基本上扮演了不可替代的作用，以至于红客的主要任务就是要控制网络系统的熵增。

也许你会觉得很奇怪，为什么熵像一个幽灵，在"安全通论"中始终挥之不去。其实，我们并未刻意依赖（或回避）熵，而是这个熵主动跳出来的。那么，这到底是为什么呢？是必然还是偶然呢？

下面，我们试图来回答这个问题，特别是把熵和老子的道放在一起进行比较。由于安全熵的特殊重要性，我们在《安全简史》（见参考文献[3]的第 12 章）中专门对安全熵进行了全面而形象的科普介绍。

熵是什么？在化学及热力学中，熵是在动力学方面不能做功的能量；最形象的熵定义为热能除以温度，它标志热量转化为功的程度。在自然科学中，熵表示系统的不确定（或失序）程度。在社会科学中，熵用来借喻人类社会某些混乱状态的程度。在传播学中，熵表示情境的不确定性和无组织性。在第 1 章中，我们已经知道，安全也是一种负熵，或不安全是一种熵。在信息论中，熵表示不确定性的量度，即信息是一种负熵，是用来消除不确定性的东西。总之，熵存在于一切系统之中，而且在不同的系统中，其表现形式也各不相同。其实，老子的道也是这样的，即：天地初之道，称为无；万物母之道，称为有；有与无相生。道体虚空，功用无穷；道深如渊，万物之源；道先于一切有形。道体如幽悠无形之神，是最根本的母体，也是天地之本原。道隐隐约约，绵延不绝，用之不竭。道具无形之形，无象之象，恍恍惚惚；迎面不见其首，随之不见其后。幽幽冥冥，道中有核，其核真切，核中充实。对道而言，尝之无味，视之无影，听之无声，但是，却用之无穷。天得道，则清静；地得道，则安宁；神得道，则显灵；虚谷得道，则流水充盈；万物得道，则生长；侯王得道，则天下正。道很大，大得无外；道很小，小得无内。

熵都有哪些特点呢？在热力学中，熵的特征由热量表现，即热量不可能自发地从低温物体传到高温物体；在绝热过程中，系统的熵总是越来越大，直到熵值达到最大值，此时系统达到平衡状态。从概率论的角度来看，系统的熵值直接反映了它所处状态的均匀程度，即系统的熵值越小，它所处的状态就越有序，越不均匀；系统的熵值越大，它所处的状态就越无序，越均匀。系统总是力图自发地从熵值较小的状态向熵值较大（即从有序走向无序）的状态转变，这就是封闭系统熵值增大原理。从宇宙论角度看，熵值增大的表现形式是：在整个宇宙当中，当一种物质转化成另外一种物质之后，不仅不可逆转物质形态，而且会有越来越多的能量变得不可利用，宇宙本身在物质的增殖中走向热寂，走向一种缓慢的熵值不断增加的死亡。

若将物质看成"道体"，将能量看成"道用"，将熵看成"道动"，那么老子在2500多年前撰写的《道德经》就已活灵活现地描绘了宇宙大爆炸学说。因此，我们再结合宇宙爆炸学说，对比一下老子的道：道是一种混沌物，它先天地而生，无声无形，却独立而不改变；周而复始不停息。它可作天地之母，道在飞速膨胀，膨胀至无际遥远；远至无限后，又再折返。道生宇宙之混沌元气，元气生天地，天地生阳气、阴气、阴阳合气，合气生万物。

综上所述，熵在哲学中，就变为道；道在科学中，就变成熵。由于"道生一，一生二，二生三，三生万物"，即道能生万物，那么道生"安全通论"也就名正言顺了。这也许就是熵的身影在"安全通论"中始终挥之不去的本质原因吧。

红客是被黑客逼出来的，没有黑客就不需要红客。但遗憾的是，黑客不但没有绝迹，而且还越来越多，越来越凶！

在某种意义上，黑客代表"邪恶"，因此，黑客的行动都是在隐蔽环境下进行的，不敢对外公开。从而，黑客获胜的主要法宝就是其精湛的技术（所以黑客有时又被称为"极客"）和其他不光彩的手段。

在某种意义上，红客代表正义，因此，红客的行动都是公开的，他们可以光明正大地运用包括法律、法规、标准、管理、技术、教育等一切手段来捍卫系统的安全。

黑客的目标非常明确，那就是争取最大的黑产收入（当然，这里的收入既包含经济，也包含政治等）。相比之下，红客的目标就不那么明确了。你也许会反驳：红客的目标不就是对付黑客嘛，非常明确呀！这种反驳，其实只对了一半，因为黑客始终躲在暗处，他何时攻、从哪里攻、怎么攻、攻击谁等基本问题，对红客来说都是迷，红客凭什么去对付黑客？如果仅仅把红客的任务锁定在"对付黑客"上，那么黑客与红客的攻防，就无异于"老鼠戏瞎猫"！

那么，红客的本质到底是什么呢？

从表面上看，红客对付黑客的行动包括（但不限于）安装防火墙，杀病毒，抓黑客，加解密，漏洞扫描，制定标准，颁布（或协助颁布）相关法律、法规等。但是，这些都是错觉，如果仅仅是要单一地考虑红客的这些防卫措施的话，那么"安全通论"将无立足之地，而且系统的安全防守工作将越来越乱。过去，也许正是因为没有搞清红客的本质任务，所以红客才做了许多事倍功半的事情，甚至还做了不少负功，既没有能挡住黑客的攻击，又把自己的阵营搞得一团糟，甚至逼反了自己的友军。虽然从纯技术角度来看，黑客的所有技术都可被红客使用，也许红客的水平还高于黑客；但由于在攻防对抗中，红客始终处于被动地位，比如，红客不能毫无根据地袭击别人（哪怕此人是黑客嫌疑人），而黑客却完全不受此类道德的限制，想攻谁就攻谁，想何时攻就何时攻，只要他自己愿意，只要没被红客打败。

其实，红客的本质任务只有一件事，那就是：维护系统的安全熵（或秩序）！或更准确地说，最好能够减少系统的不安全熵，次之是要阻止系统的不安全熵被增大，至少要确保系统的不安全熵不要过快地增大。因此能够维护好安全熵的红客，才是合格的红客，否则就是不合格的红客，甚至是帮倒忙的红客。关于此点，本书第 1 章已经从哲学角度论述过了，本章将再借用贝塔朗菲的"一般系统论"方法（见参考文献[7]）更加深入地论述。并且，还将给出最佳红客的判定标准（包括两种情况：情况 1，红客只全力以赴地保护安全价值观完全相同的一类用户时，如何成为最佳红客；情况 2，红客需要保护安全价值观互不相同的多类用户时，如何成为最佳红客）。不过，本章第 1 节中，我们先借用图灵机模型来客观地描述网络空间系统的安全漏洞，因为红客的最重要任务之一就是堵漏洞。

第 1 节　漏洞的主观和客观描述

笼统地说，黑客之所以能够成功地对系统实施攻击，主要是他发现并利用了系统的漏洞。而这里的系统，既可以是单纯的计算机网络系统，也可以是网络用户与计算机网络合成的系统，还可以是用户、红客和网络组成的系统等。总之，这里的系统可以是除了黑客之外的所有人、设备、环境等组成的十分广泛的系统或该系统的任何子系统。这里为什么要将黑客排除在系统之外呢？因为我们假定黑客是在系统建设完成之后才开始试图发动攻击的。当然,这只是一种严谨的理想化场景,便于后续的客观研究。毕竟在现实中,常有人同时扮演着红客、黑客和用户的多重角色。

现在的攻防场景就可以初步清理为:有一个系统和系统外的一个黑客。

在此初步场景下,按常规,黑客对系统的攻击,可以分为以下两大类。

第一类:主动攻击。此时,黑客对系统做了一些改变,包括但不限于改写或添加数据流、改变系统资源或影响系统操作,甚至改变了网络的结构等。主动攻击的常用方法有拒绝服务攻击(DoS)、分布式拒绝服务攻击(DDoS)、信息篡改、资源使用、欺骗、伪装、重放等。主动攻击的类型至少有探测型攻击、肢解型攻击、病毒型攻击、内置型攻击、欺骗型攻击、阻塞型攻击等。我们之所以罗列这么多主动攻击的内容,并不是希望读者了解它们,而是刚好相反,希望读者忘掉任何特定类型的主动攻击,因为沿着该列举的思路,将永远无休无止,这不是"安全通论"要做的事情。

第二类:被动攻击。此时,黑客只收集信息,而不对系统做任何改变,因此隐蔽性很强。比如,黑客只远程窃听、观察和分析协议数据单元,而不干扰信息资源等。被动攻击包括嗅探、信息收集等方法。此类攻击的威力其实比想象的要大得多,包括密码破译、大数据隐私分析等都属于此类攻击。

正是由于第二类(被动攻击)的存在,使得系统漏洞的客观描述几乎不可能。为此,还需要对上述已经被初步清理的攻防场景进行再清理,目的是将被动攻击也转化为主动攻击。于是,在网络空间安全中,攻防场景最终清理为:除黑客自身以外,所有其他部分(包括赛博网络和人员)组成的系统都看成是黑客的攻击目标系统。

下面对这最终攻防场景,做两点说明。

(1)此时不再有被动攻击了,因为即使是黑客窃听到某些敏感信息,如果他只是把这些信息烂在肚子里,而不采取任何行动,那么这显然相当于黑客没发动攻击;如果黑客对其收集或分析到的信息做了任何动作,哪怕是最轻微的动作(如将这些信息扩散给身边的朋友等),那么其实此时被攻击的系统就被改变了（因为这位朋友属于黑客自身之外，所以也就属于被攻击系统的一部分了），所以相应的攻击便是主动攻击了，无论这个攻击最终是否成功。

（2）为什么要将被攻击系统的内涵做如此扩展呢？如果某些读者还不适应这种扩展，那么也可以这样来看待主动攻击和被动攻击：主动攻击涉及的系统部分可称为直接攻击系统，被动攻击涉及的系统部分可称为间接攻击系统。而扩展的被攻击系统，其实就是直接攻击系统和间接攻击系统的合成。

为了明确起见，我们将上述内容归纳成以下定律。

攻防定律：黑客若要动用任何主动攻击或被动攻击方法去攻击系统 A，那么一定可以对 A 做某种扩展，将其扩展成 B，使得对 A 的主动攻击和被动攻击，都能够转化成仅对 B 的主动攻击（此时，不再有被动攻击了）。

需要指出的是，无论是系统 A 还是 B，从功能上看，它们都可以等价为某个赛博网络（或计算机网络），因为即使涉及自然人（黑客、红客或用户），他们的任何行动也最终得通过计算机网络来落实，所以这时的人（准确地说是人的行为）也可等价为某种计算机行为，从而这些人也就被纳入了网络。特别强调一下，这并不意味着计算机可以代替人了，因为，"人能干，而计算机不能干"的行为根本就不在网络空间安全攻防的范围之内。

现在可以请出本节的关键角色了，它就是众所周知的图灵机。这里只给出它的一个最简单数学描述。

图灵机的数学定义（见参考文献[8]）：设 $q_1, q_2, \cdots, q_m$ 为 m 个互异的数（也称图灵机的 m 个状态），称映射 M，有

$$M: \{q_1, q_2, \cdots, q_m\} \times \{0, 1\} \rightarrow \{0, 1, \text{L}, \text{R}, \downarrow\} \times \{q_1, q_2, \cdots, q_m\}$$

为一台 m 态的四重组单带图灵机，简称图灵机。更详细地说，一台图灵机是一个定义域和值域都是有限集的映射，因此，它又可以用以下 $2m$ 个 4 元数列串来唯一确定：

$$\{q_1, 0, v_1, d_1\}$$
$$\{q_1, 1, v_2, d_2\}$$

$$\{q_2, 0, v_3, d_3\}$$

$$\{q_2, 1, v_4, d_4\}$$

$$\cdots$$

$$\{q_m, 0, v_{2m-1}, d_{2m-1}\}$$

$$\{q_m, 1, v_{2m}, d_{2m}\}$$

其中，$v_1, v_2, \cdots, v_{2m} \in \{0, 1, L, R, \downarrow\}$，$d_1, d_2, \cdots, d_{2m} \in \{q_1, q_2, \cdots, q_m\}$，称 $q_1, q_2, \cdots, q_m$ 为状态符号，q_1 为初始状态；称 0 与 1 为磁带符号；称 L 为左移符号，R 为右移符号；$\downarrow$ 为停机符号。称上述 $2m$ 个 4 元数列串所形成的表格为图灵机指令表，并说该图灵机被该指令表唯一确定，把该指令表中的每一行 $\{q_i, \varepsilon, v_j, d_j\}$（其中 $\varepsilon \in \{0, 1\}$）称为该图灵机的一条指令。它的直观意义是：若图灵机当前处于内部状态 q_i，读/写磁头的方格内有符号 ε 时，机器进行由 v_j 决定的工作，然后转到新状态 d_j。其中，当 $v_j = 0$ 时，读/写磁头在所扫描的方格内，写上符号 0；当 $v_j = 1$ 时，读/写磁头在所扫描的方格内，写上符号 1；当 $v_j = L$ 时，磁带向左移动一格；当 $v_j = R$ 时，磁带向右移动一格；当 $v_j = \downarrow$ 时，机器停机。

引理 4.1： 两个图灵机 M 和 N 是相同的，当且仅当它们对应的指令表在数学上是等价的，即能够找到某个一对一的可逆映射，使其能将图灵机 M 的指令表变换成图灵机 N 的指令表。显然，状态个数不相等的图灵机肯定是不相同的。

下面回到本节的主题。

任何一个赛博网（注意：人的行为已经被转化为网络行为了），整体上都可以看成一台计算机；而每台计算机都可以看成一种图灵机，而且还是比较简单的图灵机，即满足邱奇-图灵论题的图灵机。或者说，此时没有所谓的停机问题，因为赛博网上可计算的函数，都可用该图灵机计算（提示：网上的所有行为，包括黑客行为，其实都是一种计算行为）。所以，黑客攻击网络的行为便可以描述为以下模型。

网络攻击的黑客行为图灵机模型： 某用户有一个图灵机 M，某黑客欲对该图灵机进行主动攻击（注意：被动攻击已被化解为更大系统的主动攻击了，不妨设该系统就是这个 M）。换句话说，黑客将图灵机 M 变成了图灵机 N。于是，便有以下几种可能的情况。

情况 1：图灵机 M 与 N 相同，那么黑客的攻击显然就失败了，因为等价地说，他什么也没干。

情况 2：图灵机 N 与 M 不再相同了，那么严格且客观地说，黑客就发现并成功利用了某个漏洞。这便是漏洞的客观描述，但是，由于安全是主观的，所以情况 2 又可以再细化。

情况 2.1：黑客图灵机 N 是有限图灵机，它的计算结果（即停机状态，也即攻击结果）也当然是有限的（因为其指令表是有限的），如果所有这些计算结果对合法用户（即图灵机 M 的主人）来说，都没有造成不安全事件（注意：是否不安全，应该完全是该用户的主观意见，别人无权评判），那么这其实就是黑客虽然发现并利用了某个客观漏洞，但是并不能给用户造成损害，相当于用户未受到攻击（现实例子便是，如果黑客发现了某乞丐的隐私照片，显然不太可能给他造成严重损害。但是，如果这些隐私照片的主人正在竞选总统，那么情况就完全相反了）。

情况 2.2：黑客图灵机 N 的至少某个计算结果对该用户造成了伤害，那么黑客的攻击就成功了。或者说，黑客发现并利用的这个漏洞，就成了图灵机 M 的一个不安全因素；又或者说，这个漏洞是有害漏洞（当然是针对该用户，也许对其他用户来说是无害的）。

综上可知，如果针对某个黑客，用户图灵机 M 的有害漏洞很少且很难发现和利用，那么原因可能是该黑客太笨；但是，如果针对绝大部分黑客，M 都很难找到有害漏洞的话，那么 M 就很可能是安全度很高的图灵机了。

同一个现实网络中有许多合法用户。从每个合法用户的角度去看该网络时，都可以等价出一个图灵机（安全度可能不相同），而且这些众多的图灵机还是彼此不同的（虽然大同小异）；如果合法用户的所有这些图灵机的安全度都很高，那么该现实网络的安全度就很高。

在维护网络空间安全方面，合法用户当然有义务担负相应的责任（如严格按规范操作等），但是主要的安全保障任务应该属于红客。那么，红客到底应该怎么办呢？

为了更加形象地描述，从第 2 节开始，我们又回归到普通的网络空间，即不再用图灵机模型了，同时，相应的攻击也包括所有主动攻击和被动攻击了。

第 2 节　安全熵及其时变性

考虑由红客、黑客、用户、网络、服务和环境等组成的系统，它显然是一个有限系统，即漏洞个数有限、不安全因素有限、不安全的元诱因有限等。在本书的第 1 章和第 2 章中已经说过，由热力学第二定律可知，该系统的不安全熵一定会随着时间的流逝而不断地自动增大。这意味着系统的不安全性也在不断地增大。特别是黑客的存在，使得这种不安全熵增大的趋势更明显，因为黑客的实质就是搞破坏，就是要搞乱系统的既定秩序；而与之相反，红客的目的就是要有效阻止这种系统崩析（耗散）趋势，确保用户能够按既定的秩序在系统中提供或获得服务。当然，用户的误操作或红客的乱操作，也会在实际上搞乱系统，增大系统的不安全熵。为了清晰起见，本节不考虑诸如用户误操作、红客和黑客失误等无意行为所造成的乱序问题。

由于有红客、黑客等外在人为因素的影响，所以网络系统显然不是封闭系统（如果只考虑设备，那么系统可看成是封闭系统，实际上，它还是一个有限系统）。又因红客和黑客连续不断的攻防对抗，使得系统不安全熵（秩序的度量）不断地被增大和缩小，即系统的不安全熵始终是时变的。

设系统的全部不安全因素为 $q_1, q_2, \cdots, q_n$（提醒：此处的不安全因素彼此可能是相互关联、相互影响的。关于不安全因素是彼此独立的情况，将在下一节中考虑），记 t 时刻系统的不安全熵为 $Q(t, q_1, q_2, \cdots, q_n)$，或者简记为 $Q(t)$（相应地，将 $-Q(t)$ 称为安全熵。因为，在第 1 章和第 2 章我们已知，安全是负熵，或者说不安全是熵）。当 $Q(t)=0$ 时，系统的不安全熵达到最大值，此时系统的安全性就达到最小值。当然，一般情况下，安全熵总是正数，不安全熵总是负值。若 $Q(t)$ 随时间而增长，即微分 $\dfrac{\mathrm{d}Q(t)}{\mathrm{d}t}>0$，那么系统将变得越来越不安全；

反之，若 $Q(t)$ 随时间而减少，即微分 $\dfrac{\mathrm{d}Q(t)}{\mathrm{d}t}<0$，那么系统将变得越来越安全。

红客的目标就是要努力使得不安全熵越来越小，黑客则想使自己的黑产收入最大化，当然也连带地使不安全熵越来越大。

对每个 $i(i=1, 2, \cdots, n)$，记 $Q(t, q_i)$（更简单地，记为 $Q_i(t)$ 或 Q_i）为在只存在不安全因素 q_i 的条件下，在 t 时刻系统的不安全熵。那么，各个 $Q_i(t)$ 的时变情况便可以用以下 n 个方程（称为方程组 1）来描述：

$$\begin{cases} \dfrac{\mathrm{d}Q_1}{\mathrm{d}t}=f_1(Q_1, Q_2, \cdots, Q_n) \\[2mm] \dfrac{\mathrm{d}Q_2}{\mathrm{d}t}=f_2(Q_1, Q_2, \cdots, Q_n) \\[2mm] \qquad\qquad \cdots \\[2mm] \dfrac{\mathrm{d}Q_n}{\mathrm{d}t}=f_n(Q_1, Q_2, \cdots, Q_n) \end{cases} \tag{1}$$

这里，任一 Q_i 的变化都是所有其他各 $Q_j(j\neq i)$ 的函数；反过来，任一 Q_i 的变化也承担着所有其他量和整个方程组 1 的变化。

下面针对一些特殊情况仔细讨论方程组 1。

如果各个 Q_i 不随时间而变化，即

$$\dfrac{\mathrm{d}Q_j}{\mathrm{d}t}=0, \quad i=1, 2, \cdots, n$$

或者说　　$f_1(Q_1, Q_2, \cdots, Q_n)=f_2(Q_1, Q_2, \cdots, Q_n)=\cdots=f_n(Q_1, Q_2, \cdots, Q_n)=0$

那么此时系统的安全熵就处于静止状态，即系统的整体安全性既不变坏，也没有变得更好。如果从系统刚刚投入运行（即 $t=0$）开始，红客就能够维护系统，使其不安全熵永远处于静止状态，那么这样的红客就是成功的红客！

设 $Q_1^*, Q_2^*, \cdots, Q_n^*$ 是在静止状态下方程组 1 的一组解。对每个 $i=1, 2, \cdots, n$，引入新的变量 $Q_i'=Q_i^*-Q_i$，那么方程组 1 就转变成以下的方程组 2：

$$\begin{cases} \dfrac{\mathrm{d}Q'_1}{\mathrm{d}t}=f'_1(Q'_1, Q'_2, \cdots, Q'_n) \\ \dfrac{\mathrm{d}Q'_2}{\mathrm{d}t}=f'_2(Q'_1, Q'_2, \cdots, Q'_n) \\ \qquad\qquad \cdots \\ \dfrac{\mathrm{d}Q'_n}{\mathrm{d}t}=f'_n(Q'_1, Q'_2, \cdots, Q'_n) \end{cases} \tag{2}$$

如果这个方程组可以展开为泰勒级数，即得到以下方程组 3：

$$\begin{cases} \dfrac{\mathrm{d}Q'_1}{\mathrm{d}t}=a_{11}Q'_1+a_{12}Q'_2+\cdots+a_{1n}Q'_n+a_{111}Q'^2_1+a_{112}Q'_1Q'_2+a_{122}Q'^2_2+\cdots \\ \dfrac{\mathrm{d}Q'_2}{\mathrm{d}t}=a_{21}Q'_1+a_{22}Q'_2+\cdots+a_{2n}Q'_n+a_{211}Q'^2_1+a_{212}Q'_1Q'_2+a_{222}Q'^2_2+\cdots \\ \qquad\qquad\qquad\qquad \cdots \\ \dfrac{\mathrm{d}Q'_n}{\mathrm{d}t}=a_{n1}Q'_1+a_{n2}Q'_2+\cdots+a_{nn}Q'_n+a_{n11}Q'^2_1+a_{n12}Q'_1Q'_2+a_{n22}Q'^2_2+\cdots \end{cases} \tag{3}$$

那么，该方程组的通解是

$$\begin{cases} Q'_1=G_{11}\mathrm{e}^{\lambda(1)t}+G_{12}\mathrm{e}^{\lambda(2)t}+\cdots+G_{1n}\mathrm{e}^{\lambda(\mathrm{n})t}+G_{111}\mathrm{e}^{2\lambda(1)t}+\cdots \\ Q'_2=G_{21}\mathrm{e}^{\lambda(1)t}+G_{22}\mathrm{e}^{\lambda(2)t}+\cdots+G_{2n}\mathrm{e}^{\lambda(\mathrm{n})t}+G_{211}\mathrm{e}^{2\lambda(1)t}+\cdots \\ \qquad\qquad\qquad\qquad \cdots \\ Q'_n=G_{n1}\mathrm{e}^{\lambda(1)t}+G_{n2}\mathrm{e}^{\lambda(2)t}+\cdots+G_{nn}\mathrm{e}^{\lambda(\mathrm{n})t}+G_{n11}\mathrm{e}^{2\lambda(1)t}+\cdots \end{cases}$$

此处，各个 G 都是常数，$\lambda(i), i=1, 2, \cdots, n$，则是以下 $n \times n$ 阶矩阵 $\boldsymbol{B}=(b_{ij})$ 的行列式关于 λ 的特征方程的根，即方程 $\det(\boldsymbol{B})=0$ 的根。这里 $\boldsymbol{B}=(b_{ij})$，$b_{ii}=a_{ii}-\lambda$，$i, j=1,$ $2, \cdots, n$；$b_{ij}=a_{ij}$，$i \neq j$ 时，上述特征方程的根 $\lambda(i)$ 既可能是实数，也可能是虚数。下面考虑几种特别的情况。

情况 1，如果所有的特征根 $\lambda(i)$ 都是实数且是负数，那么根据通解式可知，各 Q'_i 将随着时间的增加而趋近于 0（因为 $\mathrm{e}^{-\infty}=0$），这说明红客正在节节胜利。因为，不安全熵变化率趋于 0 意味着各个不安全因素正被逐步控制，系统的秩序也正在恢复之中！

情况 2，同理，如果所有的特征根 $\lambda(i)$ 都是复数且负数在其实数部分，那么根据通解式可知，各 Q_i' 也随着时间的增加而趋近于 0。这时，红客也正在节节胜利中！

由于

$$Q_i = Q_i^* - Q_i', \ i=1, 2, \cdots, n$$

所以，根据方程组 2 可知，在情况 1 和情况 2 中，Q_i 逼近静态值 Q_i^*。此时，系统所处的安全平衡状态是稳定的，因为，在足够长的时间内，系统越来越逼近静态，系统的不安全熵变化率始终逼近于 0，即系统的秩序是长期稳定的。

情况 3，如果有一个特征根 $\lambda(i)$ 是正数或 0，那么系统的平衡就不稳定了，即系统的安全性也不稳定了，红客就有可能失控。

情况 4，如果有一些特征根 $\lambda(i)$ 是正数和复数，那么系统中就包含着周期项，因为指数为复数的指数函数具有以下形式：

$$e^{(a-ib)t} = e^{at}[\cos(bt) - i\sin(bt)]$$

这里 i 为虚数单位。此时，系统的安全状态会出现周期性的振动，即会出现红客与黑客之间反复的拉锯战，虽然双方会各有胜负，但总体趋势是向着对红客不利的混乱和不安全方向发展。

为了使上面的讨论更加形象，现在考虑 $n=2$ 这个简单情况，即系统的不安全因素主要有两个（比如，黑客攻击和用户操作失误这两个宏观的因素，或者是人的不安全因素和物的不安全因素），那么，方程组 1 就简化为

$$\begin{cases} \dfrac{dQ_1}{dt} = f_1(Q_1, Q_2) \\ \dfrac{dQ_2}{dt} = f_2(Q_1, Q_2) \end{cases}$$

在可以展开为泰勒级数的假设下，它的解为

$$\begin{cases} Q_1 = Q_1^* - G_{11}e^{\lambda(1)t} - G_{12}e^{\lambda(2)t} - G_{111}e^{2\lambda(1)t} - \cdots \\ Q_2 = Q_2^* - G_{21}e^{\lambda(1)t} - G_{22}e^{\lambda(2)t} - G_{211}e^{2\lambda(1)t} - \cdots \end{cases}$$

其中，Q_1^* 和 Q_2^* 是使 $f_1=f_2=0$ 而得到的 Q_1 和 Q_2 的静态解，G 是积分常数；而 $\lambda(1)$ 和 $\lambda(2)$ 是特征方程 $(a_{11}-\lambda)(a_{22}-\lambda)-a_{12}a_{21}=0$ 的根，而此二次方程的根为

$$\lambda = \frac{C}{2} \pm \sqrt{-D + \frac{C^2}{4}}$$

其中，$C=a_{11}+a_{22}$，$D=a_{11}a_{22}-a_{12}a_{21}$。

于是，可知：

（1）若 $C<0$，$D>0$，$E=C^2-4D>0$，那么特征方程的两个根都是负的，系统就会随着时间的伸展，趋向于稳定在静止状态（Q_1^*，Q_2^*），这时，红客将居于主动地位，系统的安全尽在掌控中。

（2）若 $C<D$，$D>0$，$E=C^2-4D<0$，那么特征方程的两个根都是带有负实数部分的复数解。此时，随着时间的发展，系统的不安全熵（Q_1，Q_2）就将会沿一个螺旋状的曲线轨迹而逼近静止状态（Q_1^*，Q_2^*），这对红客来说，也是有利的。

（3）若 $C=0$，$D>0$，$E<0$，那么特征方程的两个解都是虚数，方程组的解中就包含有周期项，就会出现围绕静止态的摆动或旋转，即代表不安全熵的点（Q_1，Q_2）会围绕静止态（Q_1^*，Q_2^*）画出一条封闭的曲线，这时，红客与黑客难分胜负，双方不断地进行着拉锯战。

（4）若 $C>0$，$D>0$，$E>0$，那么特征方程的两个解都是正数，此时完全不存在静态。或者说，此时系统更混乱，红客完全失控，只能眼睁睁地看着系统最终崩溃！

更进一步，下面再来考虑 $n=1$ 这种最简单的情况。此时，系统的不安全因素只有一个（如黑客的破坏）。于是，方程组 1 就简化为

$$\frac{\mathrm{d}Q}{\mathrm{d}t}=f(Q)$$

若将 $f(Q)$ 展开为泰勒级数，就得到如下方程：

$$\frac{\mathrm{d}Q}{\mathrm{d}t}=a_1Q+a_{11}Q^2+\cdots$$

此式中未包含常数项，因为我们可以假定不安全因素不会自然发生，即系统刚刚被使用（$t=0$）的那一刻，系统不会出现安全问题。

如果只粗略地保留该泰勒级数中的第一项，那就有

$$\frac{\mathrm{d}Q}{\mathrm{d}t}=a_1Q$$

这说明系统的安全态势将完全取决于常数 a_1 是正还是负。如果 a_1 为负，那么不安全熵整体向减少的方向发展，即系统的安全性会越来越好，对红客有利；如果 a_1 为正，那么不安全熵整体向增加的方向发展，即系统的安全性会越来越差，对红客不利。而且，系统的这种越来越安全（或越来越不安全）的态势遵从指数定律

$$Q=Q_0\mathrm{e}^{a(1)t}$$

其中，Q_0 表示初始时刻（$t=0$）系统的不安全熵；$a(1)$ 是 a_1 的等价表达式，这主要是为了简化公式中下角标体系的复杂度（因为 $Q=Q_0\mathrm{e}^{a(1)t}$ 是方程 $\frac{\mathrm{d}Q}{\mathrm{d}t}=a_1Q$ 的解）。该指数定律表明，如果系统的安全态势在向好的方面发展，那么变好的速度会越来越快；反之，如果系统的安全态势在向坏的方面发展，那么变坏的速度会越来越快，甚至瞬间崩溃！

如果再精细一点，即保留上述泰勒级数的前两项，于是有

$$\frac{\mathrm{d}Q}{\mathrm{d}t}=a_1Q+a_{11}Q^2$$

该方程的解为

$$Q=\frac{a_1c\mathrm{e}^{a(1)t}}{1-a_{11}c\mathrm{e}^{a(1)t}}$$

注意，随着时间的延伸，该解所画出的曲线就是所谓的对数曲线，是一条

趋向于某极限的 S 形曲线。也就是说，此时从安全性角度来看，系统的变好和变坏还是有底线的。

下面我们再换一个角度来看系统安全，即跳出系统，完全以旁观的第三方身份来看红客与黑客之间如何搏斗。

此时，影响系统安全性的因素只有两个（即红客努力使系统变得更安全，使不安全熵不增加；而黑客却努力要使系统不安全，增加不安全熵），而且假如这两个因素之间还是相互独立的，即各方都埋头于自己的攻或守（实际情况也基本是这样，因为短兵相接时，双方根本顾不得考虑其他事情），或者说，红客（黑客）的不安全熵随时间变化的情况与黑客（红客）的不安全熵无关，而且还只考虑主要矛盾，即此时在方程组 3 中，每个方程只保留第 1 项，其他系数都全部为 0。于是，方程组 3 被简化为

$$\frac{dQ_1}{dt} = a_1 Q_1 \text{ 和 } \frac{dQ_2}{dt} = a_2 Q_2$$

解此方程组得其解为

$$Q_1 = c_1 e^{a(1)t} \text{ 和 } Q_2 = c_2 e^{a(2)t}$$

从中再解出时间 t，可得

$$t = \frac{\ln Q_1 - \ln c_1}{a_1} = \frac{\ln Q_2 - \ln c_2}{a_2}$$

设 $a = \frac{a_1}{a_2}$, $b = \frac{c_1}{(c_2)^a}$，那么就得到一个重要的公式，即

$$Q_1 = b(Q_2)^a$$

它说明红客与黑客的不安全熵（Q_1 和 Q_2）彼此之间是幂函数关系。比如，红客维护系统安全所贡献的不安全熵是黑客破坏系统安全所增大不安全熵的幂函数。为更清楚起见，我们将上面的公式组 $\frac{dQ_1}{dt} = a_1 Q_1$ 和 $\frac{dQ_2}{dt} = a_2 Q_2$

再重新写一次，即

$$\left\{\frac{dQ_1}{dt}\frac{1}{Q_1}\right\}:\left\{\frac{dQ_2}{dt}\frac{1}{Q_2}\right\}=a$$

或

$$\frac{dQ_1}{dt}=a\frac{Q_1}{Q_2}\frac{dQ_2}{dt}$$

这里，第一个等式说明，在只考虑红客和黑客的不安全熵（Q_1 和 Q_2）的前提下，红客不安全熵 Q_1 的相对增长率 $\left(\frac{dQ_1}{dt}\frac{1}{Q_1}\right)$ 与黑客的不安全熵 Q_2 的相对增长率 $\left(\frac{dQ_2}{dt}\frac{1}{Q_2}\right)$ 的比值竟然是常数！而第二个等式，更出人意料地表示，红客不安全熵的时变率 $\frac{dQ_1}{dt}$ 与黑客不安全熵的时变率 $\frac{dQ_2}{dt}$ 之间的关系竟然如此简洁！

若 $a_1>a_2$，即红客不安全熵 Q_1 的增长率大于黑客不安全熵 Q_2 的增长率，那么 $a=\frac{a_1}{a_2}>1$，这表明红客对系统整体安全性走势的掌控力更强；反过来，若 $a_1<a_2$，即红客不安全熵 Q_1 的增长率小于黑客不安全熵 Q_2 的增长率，那么 $a=\frac{a_1}{a_2}<1$，它表明红客对系统安全性走势的掌控力不如黑客。

再考虑泰勒级数方程组 3 的另一种情况——各个不安全因素之间相互独立（比如，由本书第 2 章可知，当这些不安全因素就是系统安全经络图中的全体元诱因时，这些不安全因素就是相互独立的），此时方程组 3 就简化为，对 $i=1, 2, \cdots, n$，有

$$\frac{dQ_i}{dt}=a_{i1}Q_i+a_{i11}(Q_i)^2+a_{i111}(Q_i)^3+\cdots$$

此时，不安全因素对系统不安全熵的整体影响就等于每个不安全因素对系统不安全熵各自影响的累加，即此时有"整体等于部分和"。

方程组 3 还有一种特殊情况值得单独说明，即假如有某个不安全因素 q_s 的泰勒展开式系数在各个方程中都很大，而其他不安全因素的泰勒系数却很小甚至为 0，那么不安全因素 q_s 就是不安全因素的主导部分，系统的不安全性可能主要是由它而引发，这样的不安全因素 q_s 就应该是红客关注的重点，要尽力避免它成为系统崩溃的导火索。

第 3 节　最佳红客

到现在为止，我们从不同的角度提到了安全熵（或不安全熵）。比如，第 1
章从哲学层次讨论了安全熵；第 2 章借助热力学第二定律，从不安全性自动增
大的角度讨论了安全熵；第 3 章从香农信息论中的信息熵角度讨论安全熵，并
且还试图用老子的"道"来阐述安全熵；本章第 2 节更是借用系统论的思路和
方法，认真分析了网络空间中不安全熵的时变趋势；本书后面各章节，仍然会
从不同的角度来讨论安全熵。

但是，我们始终回避了一件重要的事情，那就是安全熵（或不安全熵）的
数学表达式。这是因为安全的主观性太强，我们不希望读者被具体的数学形式
所干扰。不过现在条件成熟了，下面就此进行详细介绍。本节的研究思路和方
法来自于协同学创始人哈肯教授的名著（见参考文献[9]）。

从数学形式来看，安全熵、信息熵、热熵等其实都很类似，都可表示为

$$H(p_1, p_2, \cdots, p_n) = -\sum_{i=1}^{n} p_i \log p_i$$

只不过在讨论安全熵时，相关参数的含义各不相同而已。比如，n 为系统中全
部彼此独立的不安全因素的个数；p_i 为第 i 个不安全因素引发不安全事件的概
率。此处，不安全因素彼此独立意指一种因素的变化完全与另一种因素的变化
无关。由于已经包含了全部的不安全因素，所以有概率归一化条件

$$\sum_{i=1}^{n} p_i = 1$$

提醒：本节与上一节的区别在于：

（1）此处不再考虑时间因素 t。

（2）此处的不安全因素是彼此独立的，而上一节中则基本上无独立性限制。

但是，由于安全的主观性，使得这些参数也有很强的主观性。

先看参数 n，它虽然是系统的不安全因素个数，但根据考虑层次的不同，n

值也千差万别，包括但不限于：n 可以为 2，比如可像本书第 1 章那样，把系统考虑成人与物的融合体，则 p_1 和 p_2 就分别是人引发不安全事件的概率和物引发不安全事件的概率；n 可以为 3，比如可像本书第 1 章那样，把系统考虑成人、设备与环境的融合系统，则 p_1、p_2 和 p_3 就分别是人引发不安全事件的概率、设备引发不安全事件的概率和环境引发不安全事件的概率；n 也可以取本书第 2 章中安全经络图的元诱因个数；此外，n 还可以是本书第 3 章中马赛克格子的个数；等等。

再看参数 p_i，它虽然表示第 i 个不安全因素引发的不安全事件概率，但是，不同的人有不同的安全标准，因此相应的 p_i 值也各不相同。甚至在同一网络中，不同用户的安全要求各不相同，从他们的角度看，相应的 p_i 值也不同，甚至 n 值也可能不同（因为对某些人是特别重要的不安全因素，而对另一些人来说，甚至可以忽略不计）。

那么，以上各参数的主观性是否会影响安全熵的量化价值呢？答案是：不会！请回忆本书第 2 章，只要锁定一个角度（即"我"的角度），锁定一个有限系统目标，锁定一个时刻（当前），安全（或不安全）的经络就是相当清晰的，其量化结果也是相当稳定的。

下面我们先来回答这样一个问题：什么样的红客才是最佳红客？

由于红客必须与其保护对象具有完全相同的安全价值观（即相同的概率 p_i），所以红客的实质是要在归一化条件

$$\sum_{i=1}^{n} p_i = 1 \ (p_i > 0) \tag{4.1}$$

之下，使网络的安全熵

$$H \equiv H(p_1, p_2, \cdots, p_n) = -\sum_{i=1}^{n} p_i \log p_i \tag{4.2}$$

达到极大值（实际上也是最大值，因为熵函数 $H(p_1, p_2, \cdots, p_n)$ 是凸的）。

利用经典的拉格朗日乘子法，来求解式（4.1）和式（4.2）。具体做法是，将待定的 λ 乘以式（4.1），并与式（4.2）的右边相加，然后要求总的表达式仍为极大值，这时允许所有的参量 p_i 是相互独立的，不再受归一化条件约束。对

等式

$$-\sum_{i=1}^{n} p_i \log p_i + \lambda \sum_{i=1}^{n} p_i = \text{极大值} \qquad (4.3)$$

左边求变分，相当于对 p_i 求偏导，得出

$$-\log p_i - 1 + \lambda = 0 \qquad (4.4)$$

由此得出解

$$p_i = \exp(\lambda-1) \qquad (4.5)$$

即 p_i 与下角标无关，或 p_i 是常数。将它代回式（4.1），便有

$$n\exp(\lambda-1) = 1$$

或

$$p_i = \exp(\lambda-1) = \frac{1}{n} \qquad (4.6)$$

于是可知，最佳红客的标准是：他能够保护网络系统，使得各个 $p_i = \frac{1}{n}$ 都相同，此时系统的安全熵达到最大值 $\log n$。该结果也是很直观的，它便是安全界熟知的所谓木桶原理，即如果系统没有明显的软肋，那么其安全性最高；或者说，系统的安全性取决于它的最薄弱处的安全强度。因为各个 $p_i = \frac{1}{n}$ 都相同意味着这个安全木桶没有短板。

请注意，满足式（4.6）的最佳红客其实只全力以赴地保护了一个用户，或者说一类安全价值观完全相同的用户。此类用户的安全价值观由概率分布

$$\left\{ p_i, i=1, 2, \cdots, n, p_i > 0, \sum_{i=1}^{n} p_i = 1 \right\}$$

所决定，即针对每个不安全因素，他们的敏感程度无异。为避免混淆，我们称该类用户为第 0 类用户。

但是，在现实中，网上用户的安全价值观肯定是不完全相同的。比如，另

一类用户，他们的安全价值观由概率分布

$$\left\{ q_i, i=1, 2, \cdots, n, q_i>0, \sum_{i=1}^{n} q_i = 1 \right\}$$

所决定。那么，该类用户（下面称为第 1 类用户）与第 0 类用户在安全价值观方面的差别，便可用 n 维空间中的两个点 $\{p_i, i=1, 2, \cdots, n\}$ 和 $\{q_i, i=1, 2, \cdots, n\}$ 之间的距离来描述。由于距离有许多种，为简便计，我们选用经典的汉明距离，即这两类用户的安全价值观之差为

$$\Delta = \sum_{i=1}^{n} \left| p_i - q_i \right| \tag{4.7}$$

该差距显然为非负数值，而且这两类用户的安全价值观之间无差距（即 $\Delta=0$）的充分必要条件是：对所有 i，都有 $p_i=q_i$。

从第 0 类用户的角度来说，由于第 i 个不安全因素引发不安全事件的概率为 p_i，所以从他眼里看，他与第 1 类用户之间的安全价值观差距的加权平均值为

$$E_1 = \sum_{i=1}^{n} p_i \left| p_i - q_i \right| = \sum_{i=1}^{n} p_i f_{1i} \tag{4.8}$$

一般地，如果网络中共有 $M+1$ 类安全价值观互不相同的用户，而且第 0 类用户与第 k 类用户之间的安全价值观差距的加权平均值为 E_k，即

$$E_k = \sum_{i=1}^{n} p_i f_{ki} \equiv \langle f_{ki} \rangle, \quad k=1, 2, \cdots, M \tag{4.9}$$

如果红客以第 0 类用户为主要保护对象，但同时又必须适当兼顾其他 M 类用户的安全需求，即红客必须在约束条件式（4.9）和式（4.1）之下，使安全熵式（4.2）达到极大值（其实是最大值），那红客又该怎么办呢？下面就来回答这个问题。

仍然采用拉格朗日乘子法，取 M 个参数 $\lambda_k, k=1, 2, \cdots, M$，将式（4.9）右边乘以 λ_k，式（4.1）左边乘以 $(\lambda-1)$，将所得二式相加，然后从式（4.2）的 H 中减去此和数，对 p_i 求总和并作变分，便得到

$$\delta\left[H-(\lambda-1)\sum_{i=1}^{n}p_i-\sum_{k=1}^{M}\lambda_k\sum_{i=1}^{n}p_i f_{ki}\right]=0 \qquad (4.10)$$

上式对 p_i 微分，并令所得到的表达式为零，于是

$$-\log p_i-1-(\lambda-1)-\sum_{k=1}^{M}\lambda_k f_{ki}=0 \qquad (4.11)$$

由此立即解出 p_i 为

$$p_i=\exp\left\{-\lambda-\sum_{k=1}^{M}\lambda_k f_{ki}\right\} \qquad (4.12)$$

将式（4.12）代入式（4.1），得到

$$\exp(-\lambda)\sum_{i=1}^{n}\exp\left\{-\sum_{k=1}^{M}\lambda_k f_{ki}\right\}=1 \qquad (4.13)$$

为方便计，把式（4.13）中对 p_i 的求和 $\sum_{i=1}^{n}\exp$ 缩记为

$$\sum_{i=1}^{n}\exp\left\{-\sum_{k=1}^{M}\lambda_k f_{ki}\right\}\equiv Z(\lambda_1,\lambda_2,\cdots,\lambda_M) \qquad (4.14)$$

并称 Z 为配分函数。把式（4.14）代入式（4.13），则有

$$\exp(\lambda)=Z \text{ 或 } \lambda=\log Z \qquad (4.15)$$

因此，只要确定了所有 λ_k 的值，λ 的值便可确定。

为了求 λ_k 所满足的方程，把式（4.12）代入约束方程式（4.9），即

$$\langle f_{kj}\rangle=\sum_{i=1}^{n}p_i f_{kj}=\exp(-\lambda)\sum_{i=1}^{n}\exp\left\{-\sum_{t=1}^{M}\lambda_t f_{ti}\right\}f_{kj} \qquad (4.16)$$

式（4.16）与式（4.14）有类似的结构。而两者的差异来源于式（4.16）中要以 f_{kj} 乘各指数函数。然而，把式（4.14）对 λ_k 求微分，则很容易导出式（4.16）中的求和。根据式（4.15），可用配分函数来表示式（4.16）中等式右边的第一个因子，从而有

$$\langle f_{ki}\rangle = \frac{1}{Z}\frac{-\partial Z}{\partial(\lambda_k)} = \frac{1}{Z}\frac{-\partial\left\{\sum_{i=1}^{n}\exp\left[-\sum_{t=1}^{M}\lambda_t f_{ti}\right]\right\}}{\partial(\lambda_k)} \qquad (4.17)$$

此式也可写为更简洁的形式：

$$E_k \equiv \langle f_{ki}\rangle = \frac{-\partial\log Z}{\partial\lambda_k} \qquad (4.18)$$

上式左边的量为已知[见式（4.9）]且式（4.14）又给出以 λ_k（k=1, 2,…, M）为自变量的函数 Z 的特殊形式，因此式（4.18）是关于 λ_k（k=1, 2,…, M）的一组方程，它们具有简洁的形式。

把式（4.12）代入式（4.2），得到

$$H_{\max} = \lambda\sum_{i=1}^{n}p_i + \sum_{k=1}^{M}\lambda_k\sum_{i=1}^{n}p_i f_{ki} \qquad (4.19)$$

利用式（4.1）和式（4.9），上式可重写为

$$H_{\max} = \lambda + \sum_{k=1}^{M}\lambda_k E_k \qquad (4.20)$$

于是，最大安全熵 $H_{\max}$ 便可用 E_k（从第 0 类用户的角度看过去，他们与第 k 类用户的安全观差别的加权平均值）和拉格朗日参数 λ_k 表示出来。

至此，以保护第 0 类用户为主，同时兼顾其他 M 类用户的安全利益的最佳红客的标准就很清楚了，即他必须努力保护第 0 类用户，使其安全观 $\{p_i\}$ 满足式（4.12），而此时安全熵达到的极大值（其实是最大值）由式（4.20）确定。

下面再继续探讨当函数 f_{ki}（第 0 类用户与第 k 类用户，针对第 i 个不安全因素引发的不安全事件的概率之差的绝对值）和函数 E_k（从第 0 类用户的角度看过去，他们与第 k 类用户的安全观之差别的加权平均值）发生变化时，最佳红客需要维持的最大安全熵 $H_{\max}$ 是如何随之变化的。根据式（4.9）和式（4.20），安全熵 H 不但依赖于 E_k（k=1, 2,…, M），而且还依赖于 λ 和 λ_k，而它们又是 E_k 的函数，因此，对 E_k 求偏导时，需要特别小心。首先，由式（4.15）计算 λ 的变化

$$\delta\lambda = \delta\log Z = \frac{1}{Z}\delta Z$$

将 Z 用式（4.14）来表示，得到

$$\delta\lambda = \exp(-\lambda)\sum_{i=1}^{n}\sum_{k=1}^{M}\{-\delta\lambda_k f_{ki} - \lambda_k \delta f_{ki}\}\exp\left\{-\sum_{t=1}^{M}\lambda_t f_{tj}\right\}$$

又利用式（4.12）中关于 p_i 的定义，则上式变为

$$\delta\lambda = -\sum_{k=1}^{M}\left\{\delta\lambda_k\sum_{i=1}^{n}p_i f_{ki} + \lambda_k\sum_{i=1}^{n}p_i \delta f_{ki}\right\}$$

利用式(4.16)和对 $<\delta f_{ki}>$ 类似的定义，上式可写成

$$\delta\lambda = -\sum_{k=1}^{M}\{\delta\lambda_k<f_{ki}> + \lambda_k<\delta f_{ki}>\} \tag{4.21}$$

将式（4.21）代入式（4.20）（即关于 $\delta H_{\max}$ 的公式），这时有关 λ_k 的变分 $\delta\lambda_k$ 就已消去，得到

$$\delta H_{\max} = \sum_{k=1}^{M}\lambda_k\,[\delta<f_{ki}> - <\delta f_{ki}>] \tag{4.22}$$

将它写成如下形式：

$$\delta H_{\max} = \sum_{k=1}^{M}\lambda_k\,\delta Q_k \tag{4.23}$$

其中，

$$\delta Q_k = \delta<f_{ki}> - <\delta f_{ki}> \tag{4.24}$$

与式（4.18）类似，可以导出 f_{ki} 的均方差的简单表达式

$$<(f_{ki})^2> - <f_{ki}>^2 = \frac{\partial^2\log Z}{\partial(\lambda_k)^2} \tag{4.25}$$

　　我们已经多次看到，公式（4.15）中的量 Z 或其对数是非常有用的[如式（4.18）和式（4.25）等]。下面将指出，式（4.15），即 $\log Z \equiv \lambda$ 可以直接用变分

原理确定。容易看出，式（4.10）可用如下方法解释。求下式的极大值：

$$H - \sum_{k=1}^{M} \lambda_k \sum_{i=1}^{n} p_i f_{ki} \qquad (4.26)$$

满足仅有的约束条件（4.1）式（即 $\sum_{i=1}^{n} p_i =1$）。于是，利用式（4.9）、式（4.20）和式（4.15）便可以得到式（4.26）的极大值就等于 $\log Z$。

注意，对于 $\log Z$ 的变分与对 H 的变分不同。在前一种情况下，必须求出在式（4.1）和式（4.9）的约束下 H 的极大值，这时 E_k 固定，而 λ_k 未知。而这里，只有式（4.1）一个约束条件，同时假定 λ_k 是给定的。

第4节　小结

包括互联网、通信网和物联网等在内的计算机网络本身就已经够复杂了，如果再加进人为的社会因素等难以量化的部分，那么网络空间确实已经成为一个复杂的巨系统。无论是黑客攻击此系统，还是红客保护此系统，他们首先要做的第一件事情，都是发现系统的漏洞。只不过，黑客发现漏洞后，就要想办法充分利用它；而红客发现漏洞后，就要努力修补它。

发现漏洞的前提就是要尽可能清晰地描述它。本章第 1 节中，首先，将难以琢磨的黑客被动攻击，转化为更大系统内的黑客主动攻击，从而使漏洞的客观描述成为现实。其次，将网络空间（包括人为社会因素）从功能行为上等价为仅仅由 $2m$ 个 4 元组构成的简单映射表图灵机。最后，利用图灵机的等价性来判定客观漏洞；利用锁定安全角度、目标、时间等因素后安全的确定性，来区分有害漏洞和无害漏洞等。这些工作，为本章第 2 节研究不安全熵的时变特性奠定了基础。

从细节上看，如果说黑客的攻击手段杂乱无章；那么红客的防护手段更是一团乱麻，甚至还会"好心办坏事"，即做一些本该黑客搞的破坏。如何能找到一根线索，来把这团乱麻理清呢，这真是一个严峻的挑战。幸好在第 1～3 章中，我们发现，总有一个"幽灵"很活跃。这个幽灵便是熵（无论是安全熵，还是不安全熵），而且，运气更好的是，经过分析，熵竟然与红客的本质密不可分，而且还是解开"乱麻"的重要线索。由于贝塔朗菲的名著《一般系统论》（见参考文献[7]）对系统熵进行了恰到好处的研究，因此被本章第 2 节深度参考。其中的许多思路和方法都依赖于"系统论"，只不过贝塔朗菲用它们去研究生物的新陈代谢系统，而我们用它们来研究包含人为因素的网络系统；贝塔朗菲研究的是生物熵，我们研究的是安全熵而已。

本章第 2 节详细分析了系统安全熵在多种情况下的时变特性，揭示了红客的实质其实就是维护系统的安全熵值，避免其突变，当然，如果能够使不安全熵减少或不增就最理想。特别是通过对不安全熵的时变微分方程讨论，分析了各种情况下系统的安全态势以及红客的业绩评价等。当然，该节的时变分析还有许多问题有待深入。比如，其实开放系统的安全熵永远不会处于平衡状态，而是会维持在所谓的稳态上，这与有机体的新陈代谢相同，而且，同样具有异因同果性，即由不同的原因导致相同的结果。比如，或者是因为黑客太弱，或者是因为红客太强，而使得系统的安全无恙；反过来，或者是因为黑客太强，或者是因为红客做了负功，而使得系统崩溃。系统一旦达到稳态，就必定表现出异因同果性。此外，及时反馈也是红客维护安全熵并在必要时对其进行微调的重要办法，因此，维纳的"控制论"（其实应叫"赛博学"）在"安全通论"中也会有特殊的地位。

在第 1 章中，我们已经知道，安全系统可以是耗散结构，所以在网络空间安全对抗中，当红客和黑客的竞争足够充分后，协同作用就一定会扮演关键角色，而这种协同的重要表现便是安全熵，或者说是安全协同熵，也可以说是基于协同信息的安全熵等。那么，红客到底该怎样做，才能够有效阻止不安全熵变大的趋势呢？或者说红客应该怎么做，才能成为最佳红客呢？

本章第 3 节就努力回答这个问题，并给出了很形象的结果。当红客只是全力以赴地保护一个用户（其实是一类用户，即他们的安全价值观 $\{p_i\}$ 相同）时，最佳红客只需要补长安全系统的那根最短木板，并将这些木板补得长度相同就行了。具体地说，红客将对较大 p_i 对应的不安全因素实施安全加固，使其相应的不安全事件概率降低，并最终使得各个 p_i 都相等，即使每个不安全因素引发不安全事件的概率都相等就行了。

当红客需要同时保护多类安全价值观不尽相同的用户（当然是以保护某类用户为主，兼顾保护其他各类用户，即当安全价值观出现矛盾时，以重点保护对象的价值观为准）时，也给出了具体的最佳红客需要实现的 p_i 分布的具体公式。

至此，本书已经说清楚了网络空间安全的两个主角：黑客（第 3 章）和红客（本章），接下来就该考察他们如何搏斗的了，因为网络空间安全的主体其实就是红客和黑客的对抗。

第 5 章

红客与黑客的单挑对抗极限

从本章开始，到第 9 章，我们都将深入讨论红客和黑客之间的安全对抗极限。由此可见，安全对抗极限是多么重要，它们甚至是"安全通论"的主体。

为什么要分多章论述呢？因为，不同对抗场景将使用不同的研究工具，也需要不同的基础知识；另外，分章论述也显得全书结构更加清晰。

为什么要研究极限呢？首先，出人意料的是，这些极限竟然真的存在，而且还都是可达极限；其次，极限对攻防双方都具有灯塔指引的作用，正如香农的信道容量极限指引了现代通信理论和技术的发展方向。也许有人会怀疑这些极限的现实价值，但是，正如香农信道容量极限也只是在数据通信普及后，才越来越显示其威力一样，红客与黑客之间的各种对抗极限将会在攻防节奏加快（如红客机器人和黑客机器人普及）后，显示出相应的不可替代性。

本章讨论最简单的一种攻防场景，即一个红客与一个黑客的对抗。

第 1 节　单挑盲对抗的极限

攻防是网络空间安全的核心，甚至几乎就是安全的全部。所以，在"安全通论"中，我们将花费大量篇幅来研究攻防问题。但是，长期以来，人们并未对攻防场景进行过清晰的整理，再加上"攻防"一词经常被滥用，从而导致攻防几乎成了一个只能意会不能言传的名词，当然就更无法对攻防进行系统的理论量化研究了。本书中将交替使用"攻防"和"对抗"这两个名词，并不刻意区分它们。

因此，为了开始我们的研究，必须首先理清攻防场景。更准确地说，下面我们只考虑"无裁判"的攻防，因为，像日常看到的诸如拳击比赛等"有裁判"攻防的体育项目，并不是真正的攻防。其实，攻防系统中，只有攻方和守方这两个直接利益方（虽然有时这种利益方可能超过两个），但绝没有无关的第三方，所以对攻防结果来说，吹哨的裁判员其实是干扰，是噪声，而且还是主观的噪声，必须去除。

"无裁判"攻防又可以进一步分为两大类：盲攻防、非盲攻防。所谓"盲攻防"，意指每次攻防后，双方都只知道自己的损益情况，而对另一方却一无所知，比如，大国博弈、网络攻防、实际战场、间谍战、两人互骂等都是盲攻防的例子。所谓"非盲攻防"，意指每次攻防后，双方都知道本次攻防的结果，而且还一致认同这个结果，比如，石头剪刀布游戏、下棋、炒股等都是非盲攻防的例子。一般来说，盲对抗更血腥和残酷，而非盲对抗的娱乐味更浓。本节只考虑盲攻防，有关非盲攻防的研究将在本章的后几节中给出。

为形象计，下面我们借用拳击术语来介绍盲攻防系统，当然，这时裁判已经被赶走，代替裁判的是无所不知的上帝。

假设攻方（黑客）是个神仙拳击手，永远不知累，他可用随机变量 X 来表示。他每次出击后，都会对自己的本次出击给出一个"真心盲自评"（比如，自认为本次出击成功或失败。当自认为本次出击成功时，记为 $X=1$；当自认为出击失败时，记为 $X=0$），但是，这个真心盲自评他绝不告诉任何人，只有他自己才知道（当然，上帝也知道）！此处，之所以假定攻方（黑客）的盲自评要对外保密，是因为我们可以因此认定他的盲自评是真心的，不会也没有必要弄虚作假。

再假设守方（红客）也是个神仙拳击手，他也永远不知累，可用随机变量 Y 来表示他。红客每次守卫后，也都会对自己的这次守卫给出一个真心盲自评

（比如，自认为本次守卫是成功或失败。当自认为守卫成功时，记为 $Y=1$；当自认为守卫失败时，记为 $Y=0$）。这个评价也仍然绝不告诉任何人，只有红客自己才知道！（当然，上帝本来就知道）同样，之所以要假定红客的盲自评要对外保密，是因为我们可以因此认定他的自评是真心的，不会也没有必要弄虚作假。

这里，盲评价的"盲"主要意指双方都不知道对方的评价，而只知道自己的评价，但这个评价却是任何第三方都不能评价的。比如，针对"黑客一拳打掉红客义齿"这个事实，也许吹哨的那个裁判员会认定黑客成功。但是，当事双方的评价可能会完全不一样。比如，也许黑客的盲自评是"成功，$X=1$"（如果他原本以为打不着对方的），也许黑客的盲自评是"失败，$X=0$"（如果他原本以为会打瞎对方眼睛的）；也许红客的防卫盲自评是"成功，$Y=1$"（如果他原本以为会因此次攻击毙命的），也许红客的防卫盲自评是"失败，$Y=0$"（如果他原本以为对方会扑空的）。总之，到底攻守双方对本次"打掉义齿"如何评价，只有他们自己心里才明白！可见，我们把那个吹哨的裁判员赶走是正确的吧，谁敢说他不会"吹黑哨"呢？

裁判员虽然被赶走了，但是，我们却把上帝请来了。不过，上帝只是远远地看热闹，他知道攻守双方心里的真实想法，因此，也知道双方对每次攻防的真心盲自评，于是，他可将攻守双方过去 N 次对抗的盲自评结果记录下来，得到一个二维随机变量

$$(X, Y)=(X_1, Y_1), (X_2, Y_2), \cdots, (X_N, Y_N)$$

由于当 N 趋于无穷大时，频率趋于概率 P_r，所以只要攻守双方足够长时间对抗之后，上帝便可以得到随机变量 X、Y 的概率分布和 (X, Y) 的联合概率分布如下：

P_r(攻方盲自评为成功)=$P_r(X=1)=p$

P_r(攻方盲自评为失败)=$P_r(X=0)=1-p$, $0<p<1$

P_r(守方盲自评为成功)= $P_r(Y=1)=q$

P_r(守方盲自评为失败)=$P_r(Y=0)=1-q$, $0<q<1$

P_r(攻方盲自评为成功, 守方盲自评为成功)=$P_r(X=1, Y=1)=a$, $0<a<1$

P_r(攻方盲自评为成功，守方盲自评为失败)$=P_r(X=1, Y=0)=b, 0<b<1$

P_r(攻方盲自评为失败，守方盲自评为成功)$=P_r(X=0, Y=1)=c, 0<c<1$

P_r(攻方盲自评为失败，守方盲自评为失败)$=P_r(X=0, Y=0)=d, 0<d<1$

这里，a、b、c、d、p、q 之间还满足以下三个线性关系等式：

$$a+b+c+d=1$$

$$p=P_r(X=1)=P_r(X=1, Y=0)+P_r(X=1, Y=1)=a+b$$

$$q=P_r(Y=1)=P_r(X=1, Y=1)+P_r(X=0, Y=1)=a+c$$

所以，6 个变量 a、b、c、d、p、q 中，其实只有 3 个是独立的。

足够长的时间之后，上帝看够了，便叫停攻守双方，让他们分别对擂台进行有利于自己的秘密调整，当然某方（或双方）也可以放弃本次调整的机会，如果他认为当前擂台对自己更有利的话。这里，所谓的秘密调整，即指双方都不知道对方做了些什么调整。比如，针对网络空间安全对抗，也许红客安装了一个防火墙，也许黑客植入了一种新的恶意代码等；针对阵地战的情况，也许攻方调来了一支增援部队，也许守方又埋了一批地雷等。

总之，攻守双方调整完成后，又在新擂台上开始下一轮的对抗。

不过，本书不研究攻守双方的"下一轮"对抗，只考虑"当前轮"，即由上面的 X、Y、(X, Y) 等随机变量组成的攻防系统。

至此，盲攻防场景的精确描述就完成了。可见，网络战、间谍战、两人互骂等对抗性很惨烈的攻防，都是典型的盲对抗。

下面就开始计算在此盲对抗的场景下，黑客攻击能力的极限。

根据前面的随机变量 X 和 Y，上帝再新造一个随机变量

$$Z=(X+Y)\bmod 2$$

由于任何两个随机变量都可以组成一个通信信道（见参考文献[5]或本书第 7 章第 3 节），所以把 X 作为输入、Z 作为输出，上帝便可构造出一个通信信道 F，称为攻击信道。

由于攻方（黑客）的目的是要打败守方（红客），所以黑客是否真正成功，不能由自己的盲自评来定（虽然这个盲自评是真心的），而应该是由红客的真心盲自评说了算，所以就应该有如下事件等式成立：

{攻方的某次攻击真正成功}

={攻方本次盲自评为成功∩守方本次盲自评为失败}∪{攻方本次盲自评为失败∩守方本次盲自评为失败}

={X=1, Y=0}∪{X=0, Y=0}

={X=1, Z=1}∪{X=0, Z=0}

={1 比特信息被成功地从通信系统 F 的发端（X）传输到了收端（Z）}

反过来，如果有 1 比特信息被成功地从发端（X）传到了收端（Z），那么，要么是 X=0, Z=0；要么是 X=1, Z=1。

由于 Y=(X+Z)mod 2，所以，由 X=0, Z=0 推知 X=0, Y=0；由 X=1, Z=1 推知 X=1, Y=0。

而 X=0, Y=0 意味着"攻方本次盲自评为失败∩守方本次盲自评为失败"，X=1, Y=0 意味着"攻方本次盲自评为成功∩守方本次盲自评为失败"，综合起来就意味着"攻方获得某次攻击的真正成功"。

简而言之，我们知道：（1）如果黑客的某次攻击真正成功，那么攻击信道 F 就成功地传输 1 比特到收端；（2）反之，如果有 1 比特被成功地从攻击信道 F 的发端，传送到了收端，那么黑客 X 就获得了一次真正成功攻击。因此，我们有：

引理 5.1：黑客获得一次真正成功的攻击，其实就等于说攻击信道 F 成功地传输了 1 比特。

根据香农信息论的著名"信道编码定理"（见参考文献[5]或本书第 7 章第 3 节）：如果信道 F 的容量为 C，那么对于任意传输率 $\frac{k}{n} \leqslant C$，都可以在译码错误概率任意小的情况下，通过某个 n 比特长的码字，成功地把 k 比特传输到收端；反过来，如果信道 F 能够用 n 长码字把 S 比特无误差地传输到收端，那么

一定有 $S \leqslant nC$。

利用引理 5.1，就可把这段话整理成以下重要定理。

定理 5.1（单挑盲对抗时黑客攻击能力极限定理）：设由随机变量（X; Z）组成的攻击信道 F 的信道容量为 C，（1）如果黑客想真正成功地把红客打败 k 次，那么一定有某种技巧（对应于香农编码），使得他能够在 k/C 次攻击中，以任意接近 1 的概率达到目的；（2）反过来，如果黑客经过 n 次攻击，获得了 S 次真正成功的攻击，那么一定有 $S \leqslant nC$。

由定理 5.1 可知，只要求出攻击信道 F 的信道容量 C，那么黑客的攻击能力极限就确定了。

下面来计算 F 的信道容量 C。

首先，由于随机变量 $Z=(X+Y) \bmod 2$，所以可以由 X 和 Y 的概率分布，得到 Z 的概率分布

$$P_r(Z=0)$$
$$=P_r(X=Y)$$
$$=P_r(攻守双方的盲自评结果一致)$$
$$=P_r(X=0, Y=0)+P_r(X=1, Y=1)$$
$$=a+d$$

$$P_r(Z=1)$$
$$=P_r(X \neq Y)$$
$$=P_r(攻守双方的盲自评结果相反)$$
$$=P_r(X=0, Y=1)+P_r(X=1, Y=0)$$
$$=b+c$$
$$=1-(a+d)$$

考虑通信系统 F，它由随机变量 X 和 Z 构成，即它以 X 为输入、Z 为输出。它的 2×2 阶转移概率矩阵为

$$A=[A(x,z)]=[P_r(z\,|\,x)]$$

这里，x、z=0 或 1，于是有

$$A(0,0)$$

$$=P_r(Z=0\,|\,X=0)$$

$$=\frac{P_r(Z=0,X=0)}{P_r(X=0)}$$

$$=\frac{P_r(Y=0,X=0)}{1-p}$$

$$=\frac{d}{1-p}$$

$$A(0,1)$$

$$=P_r(Z=1\,|\,X=0)$$

$$=\frac{P_r(Z=1,X=0)}{P_r(X=0)}$$

$$=\frac{P_r(Y=1,X=0)}{1-p}$$

$$=\frac{c}{1-p}$$

$$=1-\frac{d}{1-p}$$

$$A(1,0)$$

$$=P_r(Z=0\,|\,X=1)$$

$$=\frac{P_r(Z=0,X=1)}{P_r(X=1)}$$

$$=\frac{P_r(Y=1,X=1)}{p}$$

$$=\frac{a}{p};$$

$$A(1, 1)$$

$$=P_r(Z{=}1 \mid X{=}1)$$

$$=\frac{P_r(Z{=}1, X{=}1)}{P_r(X{=}1)}$$

$$=\frac{P_r(Y{=}0, X{=}1)}{p}$$

$$=\frac{b}{p}$$

$$=1-\frac{a}{p}$$

因此，由 X 和 Z 构成的通信系统 F 的转移矩阵为

$$A = \begin{bmatrix} A(0,0) & A(0,1) \\ A(1,0) & A(1,1) \end{bmatrix} = \begin{bmatrix} \dfrac{d}{1-p} & 1-\dfrac{d}{1-p} \\ \dfrac{a}{p} & 1-\dfrac{a}{p} \end{bmatrix}$$

由于随机变量（X, Z）的联合概率分布为

$$P_r(X{=}0, Z{=}0)=P_r(X{=}0, Y{=}0)=d$$

$$P_r(X{=}0, Z{=}1)=P_r(X{=}0, Y{=}1)=c$$

$$P_r(X{=}1, Z{=}0)=P_r(X{=}1, Y{=}1)=a$$

$$P_r(X{=}1, Z{=}1)=P_r(X{=}1, Y{=}0)=b$$

所以，随机变量 X 与 Z 之间的互信息为

$$I(X, Z)$$

$$=\sum_x \sum_z p(x,z)\log\frac{p(x,z)}{p(x)p(z)}$$

$$=d\log\frac{d}{(1-p)(a+d)}+c\log\frac{c}{(1-p)(b+c)}+$$

$$a\log\frac{a}{p(a+d)}+b\log\frac{b}{p(b+c)}$$

由于此处有

$$a+b+c+d=1, p=a+b, q=a+c, 0<a、b、c、d、p、q<1$$

所以，上式可以进一步转化为只与变量 a 和 p 有关的以下公式（注意：此时 q 已不再是变量，而是确定值了）：

$$
\begin{aligned}
I(X, Z) \\
=[1+a-p-q]\log\frac{1+a-p-q}{(1-p)(1+2a-p-q)}+ \\
(q-a)\log\left[q-\frac{a}{(1-p)(p+q-2a)}\right]+ \\
a\log\frac{a}{p(1+2a-p-q)}+ \\
(p-a)\log\frac{p-a}{p(p+q-2a)}
\end{aligned}
$$

于是，利用此 $I(X, Z)$ 就可知，以 X 为输入，Z 为输出的信道 F 的信道容量 C 就等于 $\max[I(X, Z)]$（这里，最大值是针对 X 为所有可能的二元离散随机变量来计算的），或者更简单地说，容量 C 等于 $\max\limits_{0<a, p<1}[I(X, Z)]$（这里的最大值是对仅仅两个变量 a 和 p 在条件 $0<a、p<1$ 下取的）。

在单挑盲对抗场景下，黑客方攻击的量化研究就到此。下面再考虑红客方防守的情况，即研究单挑盲对抗场景下红客守卫能力极限。

设随机变量 X、Y、Z 和 (X, Y) 等都与前面相同。

根据随机变量 Y（红客）和 Z，上帝再组成另一个通信信道 G，称为防御信道，即把 Y 作为输入、Z 作为输出。

由于守方（红客）的目的是要挡住攻方（黑客）的进攻，所以红客是否真正成功，不能由自己的盲评价来定，而应由黑客的真心盲自评说了算，所以就有如下事件等式成立：

{守方的某次防卫真正成功}

={守方本次盲自评为成功∩攻方本次盲自评为失败}∪{守方本次盲自评为失败∩攻方本次盲自评为失败}

={$Y=1, X=0$}∪{$Y=0, X=0$}

={$Y=1, Z=1$}∪{$Y=0, Z=0$}

={1 比特信息被成功地从防御信道 G 的发端（Y）传输到了收端（Z）}

与攻击信道的情况类似，反过来，上述事件等式也就意味着；如果在防御信道 G 中，1 比特信息被成功地从发端（Y）传到了收端（Z），那么红客就进行了一次真正成功的防卫。

与引理 5.1 类似，我们有：

引理 5.2：红客获得一次真正成功的守卫，其实就等于防御信道 G 成功地传输了 1 比特。

与定理 5.1 类似，我们也可得到如下重要定理：

定理 5.2（单挑盲对抗场景下红客守卫能力极限定理）：设由随机变量（Y; Z）组成的防御信道 G 的信道容量为 D，（1）如果红客想真正成功地把黑客挡住 R 次，那么一定有某种技巧（对应于香农编码），使得他能够在 R/D 次防御中，以任意接近 1 的概率达到目的；（2）反过来，如果红客经过 N 次守卫，获得了 R 次真正成功的守卫，那么一定有 $R \leqslant ND$。

下面再来计算防御信道 G 的信道容量 D。

考虑通信系统 G，它由随机变量 Y 和 Z 构成，即它以 Y 为输入、Z 为输出。它的 2×2 阶转移概率矩阵为

$$\boldsymbol{B}=[B(y, z)]=[P_r(z \mid y)]$$

这里 y、$z=0$ 或 1，于是有

$$B(0, 0)$$

$$=P_r(Z=0 \mid Y=0)$$

$$= \frac{P_r(Z=0, Y=0)}{P_r(Y=0)}$$

$$= \frac{P_r(X=0, Y=0)}{1-q}$$

$$= \frac{d}{1-q}$$

$B(0, 1)$

$$= P_r(Z=1 \mid Y=0)$$

$$= \frac{P_r(Z=1, Y=0)}{P_r(Y=0)}$$

$$= \frac{P_r(X=1, Y=0)}{1-q}$$

$$= \frac{b}{1-q}$$

$B(1, 0)$

$$= P_r(Z=0 \mid Y=1)$$

$$= \frac{P_r(Z=0, Y=1)}{P_r(Y=1)}$$

$$= \frac{P_r(X=1, Y=1)}{q}$$

$$= \frac{a}{q}$$

$B(1, 1)$

$$= P_r(Z=1 \mid Y=1)$$

$$= \frac{P_r(Z=1, Y=1)}{P_r(Y=1)}$$

$$= \frac{P_\mathrm{r}(X=0, Y=1)}{q}$$

$$= \frac{c}{q}$$

因此，由 Y 和 Z 构成的通信系统 G 的转移矩阵为

$$\boldsymbol{B} = \begin{bmatrix} B(0,0) & B(0,1) \\ B(1,0) & B(1,1) \end{bmatrix} = \begin{bmatrix} \dfrac{d}{1-q} & \dfrac{b}{1-q} \\ \dfrac{a}{q} & \dfrac{c}{q} \end{bmatrix}$$

由于随机变量 (Y, Z) 的联合概率分布为

$$P_\mathrm{r}(Y=0, Z=0)=P_\mathrm{r}(X=0, Y=0)=d$$

$$P_\mathrm{r}(Y=0, Z=1)=P_\mathrm{r}(X=1, Y=0)=b$$

$$P_\mathrm{r}(Y=1, Z=0)=P_\mathrm{r}(X=1, Y=1)=a$$

$$P_\mathrm{r}(Y=1, Z=1)=P_\mathrm{r}(X=0, Y=1)=c$$

所以，随机变量 Y 与 Z 之间的互信息为

$$
\begin{aligned}
&I(Y, Z) \\
&= \sum_y \sum_z p(y,z) \log \frac{p(y,z)}{p(y)p(z)} \\
&= d\log \frac{d}{(1-q)(a+d)} + b\log \frac{b}{(1-q)(b+c)} + \\
&\quad a\log \frac{a}{q(a+d)} + c\log \frac{c}{q(b+c)}
\end{aligned}
$$

由于此处有

$$a+b+c+d=1, \quad p=a+b, \quad q=a+c, \quad 0<a, b, c, d, p, q<1$$

所以，上式可以进一步转化为只与变量 a 和 q 有关的如下公式（注意：此时 p 不再是变量，而是确定值了）：

$$I(Y, Z)$$

$$= (1+a-p-q)\log\frac{1+a-p-q}{(1-q)(1+2a-p-q)} +$$

$$(p-a)\log\frac{p-a}{(1-q)(p+q-2a)} +$$

$$a\log\frac{a}{q(1+2a-p-q)} +$$

$$(q-a)\log\frac{q-a}{q(p+q-2a)}$$

于是，利用此 $I(Y, Z)$ 就可知，以 Y 为输入、Z 为输出的防御信道 G 的信道容量 D 就等于 $\max[I(Y, Z)]$（这里，最大值是针对 Y 为所有可能的二元离散随机变量来计算的），或者更简单地说，容量 D 等于 $\max\limits_{0<a,q<1}[I(Y,Z)]$（这里，最大值是对仅仅两个变量 a 和 q 在条件 $0<a$、$q<1$ 下取的）。

到此，我们也给出了在单挑盲对抗场景下，红客防卫能力的极限。

有了定理 5.1 和定理 5.2 后，还需要搞清另一个重要问题，那就是如何判断攻守双方的实力，预知他们谁胜谁负。下面就来回答。

由于信道容量是在传信率 k/n 保持不变的情况下系统所能够传输的最大信息比特数，而每成功传输 1 比特，就相当于攻方的一次攻击真正成功（或守方的一次防守真正成功），所以从宏观角度来看，就有：

定理 5.3（单挑盲对抗场景下攻守实力定理）：设 C 和 D 分别表示攻击信道 F 和防御信道 G 的信道容量，如果 $C<D$，那么整体上黑客处于弱势；如果 $C>D$，那么整体上红客处于弱势；如果 $C=D$，那么红黑双方实力相当，难分伯仲。

注意到，攻击信道的容量 C 其实是 q 的函数，所以可以记为 $C(q)$。同理，防御信道的容量 D 是 p 的函数，可以记为 $D(p)$。由此，在单挑盲对抗中，红黑双方可以通过对自己预期的调整，即改变相应的概率 q 和 p，从而改变 $C(q)$ 和 $D(p)$ 的大小，并最终提升自己在盲对抗中的胜算情况。换句话说，我们证明了一个早已熟知的社会事实，即定理 5.4（知足常乐定理）：在盲对抗中，黑客（或红客）有两种思路来提高自己的业绩，或称幸福指数：其一，增强自身的相对打击（或抵抗）力，即增加 b 和 d（或 c 和 a）；其二，降低自己的贪欲，即增加 p（或 q）。但请注意，你可能无法改变外界，即调整 b 和 d（或 c 和 a），但却可以改变自身，即调整 p（或 q）。由此可见，"知足常乐"不仅仅是一个成语，而且也是盲对抗中的一个真理。

本节的诀窍有两点，其一，巧妙地构造了一个随机变量 $Z=(X+Y) \bmod 2$，并将"一次真正成功"的攻防问题等价地转换成了攻击信道$(X; Z)$或者防守信道$(Y; Z)$的"1 比特成功传输"问题；其二，恰到好处地应用了看似风马牛不相及的香农信道编码定理。以上两点，任缺一项，都不会找到让"黑客悟空"永远也跳不出去的"如来手掌"，即红客和黑客对抗的能力极限。

第2节 单挑非盲对抗极限之"石头剪刀布"

除了沙盘演练等少数场景之外，真实的网络空间安全对抗一定是盲对抗，不会是非盲对抗。但是，由于本节（以及本章随后各节）的结果很有趣，而且也很有启发性，因此我们就当作"安全通论"的副产品介绍如下。

数千年来，全人类都在玩"石头、剪刀、布"。比如，由浙江大学、浙江工商大学、中国科学院等单位组成的跨学科团队，在 300 多名自愿者的配合下，历时 4 年，终于把"石头、剪刀、布"玩成了"高大上"，其成果被评为"麻省理工学院科技评论 2014 年度最优"，这也是我国社科成果首次入选该顶级国际科技评论。

本节利用上一节的思路，只需一张纸、一支笔，就能把"石头、剪刀、布"玩成"白富美"。所谓"白"，即思路清清楚楚、明明白白；所谓"富"，即理论内涵非常丰富；所谓"美"，即结论绝对数学美。"安全通论"的魅力也在这里得到了幽默体现。

不信？！请读下文！

首先，进行信道建模。

设甲与乙玩"石头、剪刀、布"。他们可分别用随机变量 X 和 Y 来表示：当甲出拳为剪刀、石头、布时，分别记为 $X=0$、$X=1$、$X=2$；当乙出拳为剪刀、石头、布时，分别记为 $Y=0$、$Y=1$、$Y=2$。

根据概率论中的大数定律，频率的极限趋于概率，所以甲乙双方的出拳习惯可以用随机变量 X 和 Y 的概率分布表示为

$P_\mathrm{r}(X=0)=p$，即甲出"剪刀"的概率

$P_\mathrm{r}(X=1)=q$，即甲出"石头"的概率

$P_\mathrm{r}(X=2)=1-p-q$，即甲出"布"的概率，$0<p, q, p+q<1$

$P_\mathrm{r}(Y=0)=r$，即乙出"剪刀"的概率

$P_\mathrm{r}(Y=1)=s$，即乙出"石头"的概率

$P_\mathrm{r}(Y=2)=1-r-s$，即乙出"布"的概率，$0<r, s, r+s<1$

同样，还可以统计出二维随机变量（X, Y）的联合分布概率为

$P_\mathrm{r}(X=0, Y=0)=a$，即甲出"剪刀"，乙出"剪刀"的概率

$P_\mathrm{r}(X=0, Y=1)=b$，即甲出"剪刀"，乙出"石头"的概率

$P_\mathrm{r}(X=0, Y=2)=1-a-b$，即甲出"剪刀"，乙出"布"的概率，$0<a, b, a+b<1$

$P_\mathrm{r}(X=1, Y=0)=e$，即甲出"石头"，乙出"剪刀"的概率

$P_\mathrm{r}(X=1, Y=1)=f$，即甲出"石头"，乙出"石头"的概率

$P_\mathrm{r}(X=1, Y=2)=1-e-f$，即甲出"石头"，乙出"布"的概率，$0<e, f, e+f<1$

$P_\mathrm{r}(X=2, Y=0)=g$，即甲出"布"，乙出"剪刀"的概率

$P_\mathrm{r}(X=2, Y=1)=h$，即甲出"布"，乙出"石头"的概率

$P_\mathrm{r}(X=2, Y=2)=1-g-h$，即甲出"布"，乙出"布"的概率，$0<g, h, g+h<1$

由随机变量 X 和 Y，构造另一个随机变量

$$Z=[2(1+X+Y)]\bmod 3$$

由于任意两个随机变量都可构成一个通信信道，所以以 X 为输入，以 Z 为

输出，我们就得到一个通信信道（$X; Z$），称为甲方信道。

如果在某次游戏中甲方赢，那么，就只可能有以下三种情况。

情况 1："甲出剪刀，乙出布"，即"$X=0, Y=2$"，这也等价于"$X=0, Z=0$"，即甲方信道的输入等于输出。

情况 2："甲出石头，乙出剪刀"，即"$X=1, Y=0$"，这也等价于"$X=1, Z=1$"，即甲方信道的输入等于输出。

情况 3："甲出布，乙出石头"，即"$X=2, Y=1$"，这也等价于"$X=2, Z=2$"，即甲方信道的输入等于输出。

反过来，如果甲方信道将 1 比特信息成功地从发端送到了收端，那么也只有以下三种可能的情况。

情况 1：输入和输出都等于 0，即"$X=0, Z=0$"，这也等价于"$X=0, Y=2$"，即"甲出剪刀，乙出布"，即甲赢。

情况 2：输入和输出都等于 1，即"$X=1, Z=1$"，这也等价于"$X=1, Y=0$"，即"甲出石头，乙出剪刀"，即甲赢。

情况 3：输入和输出都等于 2，即"$X=2, Z=2$"，这也等价于"$X=2, Y=1$"，即"甲出布，乙出石头"，即甲赢。

综合以上正反两方面，共六种情况，就得到一个重要引理。

引理 5.3：甲赢一次，就意味着甲方信道成功地把 1 比特信息从发端送到了收端，反之亦然。

再利用随机变量 Y 和 Z 构造一个信道（$Y; Z$），称为乙方信道，它以 Y 为输入，以 Z 为输出。那么，仿照前面的论述，我们可得如下引理：

引理 5.4：乙方赢一次，就意味着乙方信道成功地把 1 比特信息从发端送到了收端，反之亦然。

由此可见，甲乙双方玩"石头剪刀布"的输赢问题，就转化成了甲方信道和乙方信道能否成功地传输信息比特的问题。根据香农信道编码容量定理（见参考文献[5]或本书第 7 章中的第 3 节），我们知道，信道容量就等于该信道能够成功传输的信息比特数。所以，"石头剪刀布"问题就转化成信道容量问题。更准确地说，我们有以下定理。

定理 5.5（"石头剪刀布"定理）：如果剔除平局不考虑（即忽略甲乙双方都出相同手势的情况），那么：

（1）针对甲方来说，对任意 $k/n \leqslant C$，都一定有某种技巧（对应于香农信道编码），使得在 nC 次游戏中，甲方能够胜乙方 k 次；如果在某 m 次游戏中，甲方已经胜出乙方 u 次，那么一定有 $u \leqslant mC$。这里，C 是甲方信道的容量。

（2）针对乙方来说，对任意 $k/n \leqslant D$，都一定有某种技巧（对应于香农信道编码），使得在 nD 次游戏中，乙方能够胜甲方 k 次；如果在某 m 次游戏中，乙方已经胜出甲方 u 次，那么一定有 $u \leqslant mD$。这里，D 是乙方信道的容量。

（3）如果 $C<D$，那么整体上甲方会输；如果 $C>D$，那么整体上甲方会赢；如果 $C=D$，那么甲乙双方势均力敌。

下面就来分别计算甲方信道和乙方信道的信道容量。

先看甲方信道 $(X; Z)$：它的转移概率矩阵 $\boldsymbol{P}$ 为 3×3 阶，有

$$P(0, 0)=P_r(Z=0|X=0)=\frac{1-a-b}{p}$$

$$P(0, 1)=P_r(Z=1|X=0)=\frac{b}{p}$$

$$P(0, 2)=P_r(Z=2|X=0)=\frac{a}{p}$$

$$P(1, 0)=P_r(Z=0|X=1)=\frac{f}{q}$$

$$P(1, 1)=P_r(Z=1|X=1)=\frac{e}{q}$$

$$P(1, 2)=P_r(Z=2|X=1)=\frac{1-e-f}{q}$$

$$P(2,0)=P_r(Z=0|X=2)=\frac{g}{1-p-q}$$

$$P(2,1)=P_r(Z=1|X=2)=\frac{1-g-h}{1-p-q}$$

$$P(2,2)=P_r(Z=2|X=2)=\frac{h}{1-p-q}$$

只需信息论中常用的方法,使用信道转移概率矩阵来计算信道容量就行了。

再来看乙方信道($Y;Z$)。它的转移概率矩阵 $\boldsymbol{Q}$ 为 3×3 阶,即

$$Q(0,0)=P_r(Z=0|Y=0)=\frac{g}{r}$$

$$Q(0,1)=P_r(Z=1|Y=0)=\frac{e}{r}$$

$$Q(0,2)=P_r(Z=2|Y=0)=\frac{r-g-e}{r}$$

$$Q(1,0)=P_r(Z=0|Y=1)=\frac{f}{s}$$

$$Q(1,1)=P_r(Z=1|Y=1)=\frac{b}{s}$$

$$Q(1,2)=P_r(Z=2|Y=1)=\frac{s-f-b}{s}$$

$$Q(2,0)=P_r(Z=0|Y=2)=\frac{1-a-b}{1-r-s}$$

$$Q(2,1)=P_r(Z=1|Y=2)=\frac{1-g-h}{1-r-s}$$

$$Q(2,2)=P_r(Z=2|Y=2)=\frac{1-e-f}{1-r-s}$$

只需信息论中常用的方法,使用信道转移概率矩阵 $\boldsymbol{Q}$ 来计算乙方信道容量就行了。

甲乙双方在玩"石头剪刀布"时,当然都希望自己赢,但从定理 5.5 可知,游戏胜负其实早已"天定"。那么某方若想争取更多的胜利机会,除了"出

老千"之外，还有什么巧胜策略吗？下面就分几种情况来看看玩家如何改变命运。

情况 1：两个傻瓜之间的游戏。

所谓"两个傻瓜"，意指甲乙双方都固守自己的习惯，无论过去的输赢情况怎样，他们都按既定习惯"出牌"。这时，从定理 5.5 我们已经知道，如果 $C<D$，那么整体上甲方会输；如果 $C>D$，那么整体上甲方会赢；如果 $C=D$，那么甲乙双方势均力敌。

情况 2：一个傻瓜与一个智者之间的游戏。

如果甲是傻瓜，他仍然坚持其固有的习惯"出牌"，那么双方对抗足够多次后，乙方就可以计算出对应于甲方的随机变量 X 的概率分布 p 和 q，以及相关的条件概率分布，并最终计算出甲方信道的信道容量。然后，再通过调整自己的习惯（即随机变量 Y 的概率分布和相应的条件概率分布等），最终增大自己的乙方信道的信道容量，从而使得后续的游戏对自己更有利，甚至使乙方信道的信道容量大于甲方信道的信道容量，最终使得自己稳操胜券。

情况 3：两个智者之间的游戏。

如果甲乙双方随时都在总结对方的习惯，并对自己的"出牌"习惯做调整，即增大自己的信道容量，那么最终甲乙双方的信道容量值将趋于相等，即他们之间的游戏竞争将趋于平衡，达到动态稳定的状态。

非盲对抗的"石头剪刀布"游戏极限就介绍完了。但是，前文我们重点在于保持玩法的"直观形象"，并为此付出了"复杂"的代价。因此，下面我们再给出一个更抽象、更简洁的"石头剪刀布"游戏解决办法。

设甲与乙玩"石头剪刀布"，他们可分别用随机变量 X 和 Y 来表示：当甲出拳为剪刀、石头、布时，分别记为 $X=0$、$X=1$、$X=2$；当乙出拳为剪刀、石头、布时，分别记为 $Y=0$、$Y=1$、$Y=2$。

根据概率论中的大数定律，频率的极限趋于概率，所以甲乙双方的出拳习惯可以用随机变量 X 和 Y 的概率分布表示为

$$0 < P_r(X=x) = p_x < 1, \quad x=0, 1, 2, \quad p_0+p_1+p_2=1$$

$$0 < P_r(Y=y) = q_y < 1, \quad y=0, 1, 2, \quad q_0+q_1+q_2=1$$

$$0 < P_r(X=x, Y=y) = t_{xy} < 1, \quad x, y=0, 1, 2, \quad \sum_{0 \leqslant x, y \leqslant 2} t_{xy} = 1$$

$$p_x = \sum_{0 \leqslant y \leqslant 2} t_{xy}, \quad x=0, 1, 2$$

$$q_y = \sum_{0 \leqslant x \leqslant 2} t_{xy}, \quad y=0, 1, 2$$

"石头剪刀布"游戏的输赢规则是:若 $X=x$、$Y=y$,那么甲(X)赢的充分必要条件是($y-x$)mod 3=2。

现在构造另一个随机变量 $F=(Y-2)$mod 3,考虑由 X 和 F 构成的信道($X; F$),即以 X 为输入、F 为输出的信道,那么就有如下事件等式。

若在某个回合中,甲(X)赢了,那么($Y-X$)mod 3=2,从而 $F=(Y-2)$mod 3= $(Y-X+X-2)$mod 3=$(2+X-2)$mod 3=X。

也就是说,信道($X; F$)的输入(X)始终等于它的输出(F)。换句话说,1 比特就被成功地在该信道中从发端传输到了收端。

反过来,如果 1 比特被成功地在该信道中从发端传输到了收端,那么就意味着信道($X; F$)的输入(X)始终等于它的输出(F),也就是 $F=(Y-2)$mod 3=X。这刚好就是 X 赢的充分必要条件。

结合上述正反两个方面的论述,就有:甲(X)赢一次,就意味着信道($X; F$)成功地把 1 比特信息从发端送到了收端,反之亦然。因此,信道($X; F$)也可以扮演甲方信道的角色。

类似地,若记随机变量 $G=(X-2)$mod 3,那么信道($Y; G$)就可以扮演前面乙方信道的角色。

而现在信道($X; F$)和($Y; G$)的信道容量的形式会更简洁,它们分别是:

($X; F$)的信道容量=$\max_X [I(X, F)] = \max_X [I(X, (Y-2) \bmod 3)]$

$$= \max_X [I(X, Y)] = \max_X \sum t_{xy} \log \frac{t_{xy}}{p_x q_y}$$

这里的最大值，是针对所有可能的 t_{xy} 和 p_x 而取的，所以它实际上是 q_0、q_1、q_2 的函数。

同理有

$(Y; G)$ 的信道容量 $= \max_Y [I(Y, G)]$

$$= \max_Y \{I[Y, (X-2) \bmod 3]\}$$

$$= \max_Y [I(X, Y)]$$

$$= \max_Y \sum t_{xy} \log \frac{t_{xy}}{p_x q_y}$$

这里的最大值，是针对所有可能的 t_{xy} 和 q_y 而取的，所以它实际上是 p_0、p_1、p_2 的函数。

其他讨论与前面相同，不再重复。

第 3 节　非盲对抗极限之"童趣游戏"

本节继续利用"安全通论"这个"高大上"工具来玩两个家喻户晓的童趣游戏："猜正反面"游戏和"手心手背"游戏。当然，这些成果理所当然地也已成为非盲对抗的重要内容。之所以用游戏方式来表述，只不过是为了增加趣味性，让大家体会一下如何"用大炮打蚊子"而已。其实，能打中蚊子的大炮，才是好大炮！

与本章第 1 节的盲对抗相比，虽然一般来说，非盲对抗不那么血腥，但这绝不意味着非盲对抗就容易研究，相反，非盲对抗的胜败规则等更加千变万化。由于非盲对抗的外在表现形式千差万别，所以本节我们再利用信道容量法来研究两个家喻户晓的非盲对抗童趣游戏——"猜正反面"游戏和"手心手背"游戏。

先看"猜正反面"游戏输赢极限的信道容量法。

"猜正反面"游戏是这样的：庄家用手把一枚硬币掩在桌上，玩家来猜是正面还是反面。若猜中，则玩家赢；若猜错，则庄家赢。

这个游戏显然是一种非盲对抗。他们到底会谁输谁赢呢？他们怎样才能赢呢？下面就用看似毫不相关的信道容量法来回答这些问题。

由概率论中的大数定律，频率趋于概率，所以根据庄家和玩家的习惯，即过去的统计规律，就可以分别给出他们的概率分布。

用随机变量 X 代表庄家，当他把正面向上时，记为 $X=0$；否则，记为 $X=1$。所以，庄家的习惯就可以用 X 的概率分布来描述，比如：

$$P_r(X=0)=p, \quad P_r(X=1)=1-p, \quad 1<p<1$$

用随机变量 Y 代表玩家，当他猜"正面"时，记为 $Y=0$；否则，记为 $Y=1$。所以玩家的习惯就可以用 Y 的概率分布来描述，比如：

$$P_r(Y=0)=q, \quad P_r(Y=1)=1-q, \quad 1<q<1$$

同样，根据过去庄家和玩家的记录，可以知道随机变量(X, Y)的联合概率分布，比如：

$$P_r(X=0, Y=0)=a$$
$$P_r(X=0, Y=1)=b$$
$$P_r(X=1, Y=0)=c$$
$$P_r(X=1, Y=1)=d$$

这里，$0<p, q, a, b, c, d<1$ 且满足以下三个关系式：

$$a+b+c+d=1$$
$$p=P_r(X=0)=P_r(X=0, Y=0)+P_r(X=0, Y=1)=a+b$$
$$q=P_r(Y=0)=P_r(X=0, Y=0)+P_r(X=1, Y=0)=a+c$$

考虑信道$(X; Y)$，即以 X 为输入、Y 为输出的信道，称为庄家信道。

由于有事件等式{玩家猜中}={$X=0$, $Y=0$}∪{$X=1$, $Y=1$}={1 比特信息被从庄家信道的发端 X 成功地传输到了收端 Y}，所以玩家每赢一次，就相当于庄家信道成功地传输了 1 比特信息。由此，再结合香农信息论的著名"信道编码定理"（见参考文献[5]或本书第 7 章中的第 3 节），如果庄家信道的容量为 C，那么对于任意传输率 $\frac{k}{n} \le C$，都可以在译码错误概率任意小的情况下，通过某个 n 比特长的码字成功地把 k 比特传输到收端。反过来，如果庄家信道能够用 n 比特长的码字把 S 比特无误差地传输到收端，那么一定有 $S \le nC$。把这段话整理一下，便有如下定理。

定理 5.6（庄家定理）：设由随机变量$(X; Y)$组成的庄家信道的信道容量为 C。（1）如果玩家想胜 k 次，那么一定有某种技巧（对应于香农编码），使得他能够在 $\frac{k}{C}$ 次游戏中，以任意接近 1 的概率达到目的。（2）如果玩家在 n 次游戏中赢了 S 次，那么一定有 $S \le nC$。

由定理 5.6 可知，只要求出庄家信道的信道容量 C，那么玩家获胜的极限就确定了。下面来求庄家信道的转移概率矩阵 $A=[A(i,j)]$, $i,j=0, 1$：

$$A(0, 0)= P_r(Y=0|X=0)=\frac{P_r(Y=0, X=0)}{P_r(X=0)}=\frac{a}{p}$$

$$A(0, 1)= P_r(Y=1|X=0)=\frac{P_r(Y=1, X=0)}{P_r(X=0)}=\frac{b}{p}=1-\frac{a}{p}$$

$$A(1, 0)= P_r(Y=0|X=1)=\frac{P_r(Y=0, X=1)}{P_r(X=1)}=\frac{c}{1-p}=\frac{q-a}{1-p}$$

$$A(1, 1)= P_r(Y=1|X=1)=\frac{P_r(Y=1, X=1)}{P_r(X=1)}=\frac{d}{1-p}=1-\frac{q-a}{1-p}$$

于是，X 与 Y 之间的互信息 $I(X, Y)$ 为

$$I(X, Y) = \sum_x \sum_y p(x,y)\log\frac{p(x,y)}{p(x)p(y)}$$

$$= a\log\frac{a}{pq} + b\log\frac{b}{p(1-q)} +$$

$$c\log\frac{c}{(1-p)q} + d\log\frac{d}{(1-p)(1-q)}$$

$$= a\log\frac{a}{pq} + (p-a)\log\frac{p-a}{p(1-q)} +$$

$$(q-a)\log\frac{q-a}{(1-p)q} + (1+a-p-q)\log\frac{1+a-p-q}{(1-p)(1-q)}$$

所以庄家信道的信道容量 C 就等于 $\max[I(X, Y)]$（这里的最大值是对所有可能的二元随机变量 X 来取的），或者更简单地说，$C = \max\limits_{0<a,p<1}[I(X,Y)]$。这里的 $I(X, Y)$ 就是上面的互信息公式，而最大值是对满足条件 $0<a, p<1$ 而取的。注意：这时 q 是当作一个常量来对待的。

可见，庄家信道的信道容量 C 是 q 的函数，记为 $C(q)$。

针对玩家的情况也类似。此时，设随机变量 $Z=(X+1)\bmod 2$。

下面再考虑信道 $(Y; Z)$，它以 Y 为输入、Z 为输出，称该信道为玩家信道。

由于有事件等式 $\{$庄家赢$\}=\{Y=0, X=1\}\cup\{Y=1, X=0\}=\{Y=0, Z=0\}\cup\{Y=1, Z=1\}=\{1$ 比特信息被从玩家信道的发端 Y 成功地传输到了收端 $Z\}$，所以庄家每赢一次，就相当于玩家信道成功地传输了 1 比特信息。由此，再结合香农信息论的著名"信道编码定理"（见参考文献[5]或本书第 7 章中的第 3 节），如果玩家信道的容量为 D，那么对于任意传输率 $k/n\leqslant D$，都可以在译码错误概率任意小的情况下，通过某个 n 比特长的码字，成功地把 k 比特传输到收端。反过来，如果玩家信道能够用 n 比特长的码字，把 S 比特无误差地传输到收端，那么一定有 $S\leqslant nD$。把这段话整理一下，便有如下定理。

定理 5.7（**玩家定理**）：设由随机变量 $(Y; Z)$ 组成的玩家信道的信道容量为 D。（1）如果庄家想胜 k 次，那么一定有某种技巧（对应于香农编码），使得他能够在 k/D 次游戏中，以任意接近 1 的概率达到目的。（2）如果庄家在 n 次游戏中赢了 S 次，那么一定有 $S\leqslant nD$。

由定理 5.7 可知，只要求出玩家信道的信道容量 D，庄家获胜的极限就确定了。

与上面求庄家信道的步骤类似，我们可以求出玩家信道的信道容量 $D=\max\limits_{0<a,q<1}[I(Y,Z)]$，这里最大值是对满足条件 $0<a,q<1$ 的数而取的，而 $I(Y,Z)$ 如下面公式所示。注意：这时 p 是当作一个常量来对待的。

可见，玩家信道的信道容量 D 是 p 的函数，记为 $D(p)$，有

$$I(Y,Z)$$

$$=\sum_y\sum_z p(y,z)\log\frac{p(y,z)}{p(y)p(z)}$$

$$=a\log\frac{a}{pq}+(p-a)\log\frac{p-a}{p(1-q)}+$$

$$(q-a)\log\frac{q-a}{(1-p)q}+(1+a-p-q)\log\frac{1+a-p-q}{(1-p)(1-q)}$$

结合定理 5.6 和定理 5.7，我们便可以对庄家和玩家的最终输赢情况以及玩家和庄家的游戏技巧给出量化的结果。

定理 5.8（庄家与玩家对抗的实力定理）：在"猜正反面"游戏中，如果庄家信道和玩家信道的信道容量分别是 $C(q)$ 和 $D(p)$，那么有

情况 1：如果庄家和玩家都是老实人，即他们在游戏过程中不试图去调整自己的习惯，p 和 q 都恒定不变，那么 $C(q)>D(p)$ 时，总体上玩家会赢；$C(q)<D(p)$ 时，总体上庄家赢；如果 $C(q)=D(p)$ 时，总体上玩家和庄家持平。

情况 2：如果庄家和玩家中的某一方（如玩家）是老实人，但另一方（如庄家）却不老实，会悄悄调整自己的习惯，即改变随机变量 X 的概率分布 p，使得玩家信道的 $D(p)$ 变大，并最终大于庄家信道的 $C(q)$，那么庄家将整体上赢得该游戏。反之，即若只有庄家是老实人，那么玩家也可以通过调整自己的习惯，即调整 Y 的概率分布 q，使得庄家信道的 $C(q)$ 变大，并最终大于玩家信道的 $D(p)$，那么玩家将整体上赢得该游戏。

情况3：如果玩家和庄家都不是老实人，都在不断地调整自己的习惯，使 $C(q)$ 和 $D(p)$ 不断变大，出现"水涨船高"的态势，那么最终他们将在 $p=q=0.5$ 的地方达到动态平衡，此时他们都没有输赢，游戏出现"握手言和"的局面。

接下来，再看"手心手背"游戏输赢极限的信道容量法。

"手心手背"游戏是这样的：三个小朋友，同时亮出自己的手心或手背，如果其中某个小朋友的手势与别人的相反（比如，别人都出"手心"，他却出"手背"），那么他在本次游戏中就赢了。

这个游戏显然也是一种非盲对抗，只不过相互对抗的是三人而非单挑时的二人。他们到底会谁输谁赢呢？他们怎样才能赢呢？下面仍然用信道容量法来回答这些问题。（虽然此游戏已经不是单挑了，但由于本书的其他章节不再涉及非盲对抗，所以不得已将它们放在此处。不过本节的标题中去掉了"单挑"两字。毕竟盲对抗才是网络空间安全攻防的主流。）

由概率论中的大数定律，频率趋于概率，所以根据甲、乙、丙过去习惯的统计规律，就可以分别给出他们的概率分布。

用随机变量 X 代表甲，当他出"手心"时，记为 $X=0$；出"手背"时，记为 $X=1$。所以，甲的习惯就可以用 X 的概率分布来描述，比如：

$$P_r(X=0)=p, P_r(X=1)=1-p, \ 0<p<1$$

用随机变量 Y 代表乙，当他出"手心"时，记为 $Y=0$；出"手背"时，记为 $Y=1$。所以，乙的习惯就可以用 Y 的概率分布来描述，比如：

$$P_r(Y=0)=q, P_r(Y=1)=1-q, \ 0<q<1$$

用随机变量 Z 代表丙，当他出"手心"时，记为 $Z=0$；出"手背"时，记为 $Z=1$。所以，丙的习惯就可以用 Z 的概率分布来描述，比如：

$$P_r(Z=0)=r, P_r(Z=1)=1-r, \ 0<r<1$$

同样，由大数定律的频率趋于概率可知，让甲乙丙三人玩一段时间后，根据他们的游戏结果情况就可以知道随机变量(X, Y, Z)的联合概率分布，比如：

P_r(甲手心，乙手心，丙手心)$=P_r(X=0, Y=0, Z=0)=a$

P_r(甲手心，乙手心，丙手背)$=P_r(X=0, Y=0, Z=1)=b$

P_r(甲手心，乙手背，丙手心)$=P_r(X=0, Y=1, Z=0)=c$

P_r(甲手心，乙手背，丙手背)$=P_r(X=0, Y=1, Z=1)=d$

P_r(甲手背，乙手心，丙手心)$=P_r(X=1, Y=0, Z=0)=e$

P_r(甲手背，乙手心，丙手背)$=P_r(X=1, Y=0, Z=1)=f$

P_r(甲手背，乙手背，丙手心)$=P_r(X=1, Y=1, Z=0)=g$

P_r(甲手背，乙手背，丙手背)$=P_r(X=1, Y=1, Z=1)=h$

这里，$0<p$、q、r、a、b、c、d、e、f、g、$h<1$，并且还满足以下四个关系式（所以其实只有 7 个独立变量）：

$$a+b+c+d+e+f+g+h=1$$

$$p=P_r(甲手心)=P_r(X=0)=a+b+c+d$$

$$q=P_r(乙手心)=P_r(Y=0)=a+b+e+f$$

$$r=P_r(丙手心)=P_r(Z=0)=a+c+e+g$$

设有随机变量 $M=(X+Y+Z)\bmod 2$，于是 M 的概率分布为

$P_r(M=0)$

$=P_r(X=0, Y=0, Z=0)+P_r(X=0, Y=1, Z=1)+P_r(X=1, Y=1, Z=0)+P_r(X=1, Y=0, Z=1)$

$=a+d+g+f$

$P_r(M=1)$

$=P_r(X=0, Y=0, Z=1)+P_r(X=0, Y=1, Z=0)+P_r(X=1, Y=0, Z=0)+P_r(X=1, Y=1, Z=1)$

$=b+c+e+h$

再考虑信道(X, M)，即以 X 为输入、M 为输出的信道，称之为甲信道。

若剔除三人手势相同的情况，那么由于有事件等式

{甲赢}={甲手心,乙手背,丙手背}∪{甲手背,乙手心,丙手心}={X=0, Y=1, Z=1}∪{X=1, Y=0, Z=0}={X=0, M=0}∪{X=1, M=1}={1 比特信息被成功地在甲信道中,从发端(X)传输到收端(M)}

反过来,在剔除三人手势相同的情况后,若{1 比特信息被成功地在甲信道中从发端(X)传输到收端(M)},就有{X=0, M=0}∪{X=1, M=1}= {X=0, Y=1, Z=1}∪{X=1, Y=0, Z=0}={甲手心,乙手背,丙手背}∪{甲手背,乙手心,丙手心}={甲赢}。所以,甲每赢一次,就相当于甲信道成功地把 1 比特信息,从发端 X 传输到了收端 M。由此,再结合香农信息论著名的"信道编码定理"(见参考文献[5]或本书第 7 章中的第 3 节),如果甲信道的容量为 E,那么对于任意传输率 k/n≤E,都可以在译码错误概率任意小的情况下,通过某个 n 比特长的码字成功地把 k 比特传到收端;反过来,如果甲信道能够用 n 比特长的码字把 S 比特无误差地传到收端,那么一定有 S≤nE。把这段话整理一下,便有如下定理。

定理 5.9:设由随机变量(X; M)组成的甲信道的信道容量为 E,在剔除平局(即三人的手势相同)的情况下,(1)如果甲想赢 k 次,那么一定有某种技巧(对应于香农编码),使得他能够在 k/E 次游戏中,以任意接近 1 的概率达到目的;(2)如果甲在 n 次游戏中赢了 S 次,那么一定有 S≤nE。

为了计算信道(X; M)的信道容量,首先来计算随机变量(X, M)的联合概率分布

$$P_r(X=0, M=0)=P_r(X=0, Y=0, Z=0)+P_r(X=0, Y=1, Z=1)=a+d$$

$$P_r(X=0, M=1)=P_r(X=0, Y=1, Z=0)+P_r(X=0, Y=0, Z=1)=c+b$$

$$P_r(X=1, M=0)=P_r(X=1, Y=1, Z=0)+P_r(X=1, Y=0, Z=1)=g+f$$

$$P_r(X=1, M=1)=P_r(X=1, Y=0, Z=0)+P_r(X=1, Y=1, Z=1)=e+h$$

所以,随机变量 X 和 M 之间的互信息为

$$I(X, M)$$

$$=(a+d)\log\frac{a+d}{p(a+d+g+f)}+(g+f)\log\frac{g+f}{(1-p)(a+d+g+f)}+$$

$$(c+b)\log\frac{c+b}{p(b+c+e+h)}+(e+h)\log\frac{e+h}{(1-p)(b+c+e+h)}$$

$$=(a+d)\log\frac{a+d}{p(a+d+g+f)}+(g+f)\log\frac{g+f}{(1-p)(a+d+g+f)}+$$

$$(p-a-d)\log\frac{p-a-d}{p[1-(a+d+f+g)]}+$$

$$[1-(p+f+g)]\log\frac{1-(p+f+g)}{(1-p)[1-(a+d+f+g)]}$$

于是，甲信道的信道容量为 E=max[$I(X, M)$]，这里的最大值是针对 $0<a$、d、f、g、$p<1$ 来取的。这时，q 和 r 已经当作定量而非变量来处理了，所以甲信道的信道容量其实是 q 和 r 的函数，记为 $E(q, r)$。

再考虑信道(Y, M)，即以 Y 为输入、M 为输出的信道，称为乙信道。由于在"手心手背"游戏中，甲乙丙的地位是相同的，所以仿照定理 5.9，就有以下定理。

定理 5.10：设由随机变量($Y; M$)组成的乙信道的信道容量为 F，在剔除平局（即三人的手势相同）的情况下，（1）如果乙想赢 k 次，那么一定有某种技巧（对应于香农编码），使得他能够在 k/F 次游戏中以任意接近 1 的概率达到目的；（2）如果乙在 n 次游戏中赢了 S 次，那么一定有 $S \leqslant nF$。

关于信道容量 F 的值，可以完全仿照 E 值来计算，不过，乙信道的容量其实是 p 和 r 的函数，可以记为 $F(p, r)$。

同样，再考虑信道(Z, M)，即以 Z 为输入、M 为输出的信道，称为丙信道。由于在"手心手背"游戏中，甲乙丙的地位是相同的，所以仿照定理 5.9，就有以下定理。

定理 5.11：设由随机变量($Z; M$)组成的丙信道的信道容量为 G，在剔除平局（即三人的手势相同）的情况下，（1）如果丙想赢 k 次，那么一定有某种技巧（对应于香农编码），使得他能够在 k/G 次游戏中以任意接近 1 的概率达到目的；（2）如果乙在 n 次游戏中赢了 S 次，那么一定有 $S \leqslant nG$。

关于信道容量 G 的值，可以完全仿照 E 值来计算，不过，丙信道的容量其实是 p 和 q 的函数，可以记为 $G(p, q)$。

结合定理 5.9、定理 5.10、定理 5.11，我们便可以对甲乙丙三方在"手心手背"游戏中的宏观输赢情况进行描述。

定理 5.12：在"手心手背"游戏中，如果甲信道、乙信道和丙信道的信道容量分别是 E、F 和 G，那么甲乙丙的最终输赢情况整体上依赖于 E、F 和 G 的大小，谁的信道容量越大，谁就占优势。注意，这三个信道容量不能由任何一方单独调整，除非有某两方合谋，否则很难通过改变自己的习惯（即单独改变 p、q 或 r）来改变最终的输赢情况。

本节的游戏和 5.2 节的"石头剪刀布"游戏看似千差万别，却能通过巧妙地应用一种几乎相同的方法，给出意外的答案，即建立某个信道，把攻防某方的"一次胜利"转化为"1 比特信息在该信道中被成功传输"，于是利用香农编码定理，攻防双方的对抗问题就转化为信道容量的计算问题了。我们相信，"信道容量法"的威力还远不止于此！

第4节　单挑非盲对抗极限之"行酒令"

在本章第 1 节中，我们只用一招，就把盲对抗的极限搞定了。但是，与此相反，非盲对抗变化多端，很难一招制胜，只好见招拆招。不过，这倒为"安全通论"增添了不少乐趣。本节就来研究酒友们在酒桌上玩的"划拳"和"猜拳"等行酒令游戏。下面仍然采用统一的"信道容量方法"，给出"赢酒杯数"和"罚酒杯数"的理论极限，还将给出获胜的调整技巧。当然，这些内容也是非盲对抗不可或缺的组成部分。最后，本节还将针对所有输赢规则线性可分的非盲对抗，给出统一的解决方案。

首先，看看"猜拳"赢酒的理论极限。

"猜拳"游戏，又称"棒打老虎"，是酒桌上主人和客人戏酒的游戏之一。其游戏规则是：在每个回合中，主人和客人同时独立亮出以下四种手势之一：

虫子、公鸡、老虎、棒子。然后，双方共同根据如下胜负判定规则来决定该罚谁喝一杯酒："虫子"被"公鸡"吃掉；"公鸡"被"老虎"吃掉；"老虎"被"棒子"打死；"棒子"被"虫子"蛀断。除此之外，主客双方就算平局，互不罚酒。

一个回合结束后，主客双方再进行下一回合的猜拳。

将此猜拳游戏用数学方式表示便是：主人和客人分别用随机变量 X 和 Y 来表示，它们的可能取值有四个：0、1、2、3。具体为

当主人（或客人）亮出"虫子"时，记 $X=0$（或 $Y=0$）；

当主人（或客人）亮出"公鸡"时，记 $X=1$（或 $Y=1$）；

当主人（或客人）亮出"老虎"时，记 $X=2$（或 $Y=2$）；

当主人（或客人）亮出"棒子"时，记 $X=3$（或 $Y=3$）。

如果某回合中，主人亮出的是 x（即 $X=x$, $0 \leq x \leq 3$），而客人亮出的是 y（即 $Y=y$, $0 \leq y \leq 3$），那么本回合主人赢（即罚客人一杯酒）的充分必要条件是

$$(x-y) \bmod 4 = 1$$

客人赢（即罚主人一杯酒）的充分必要条件是

$$(y-x) \bmod 4 = 1$$

否则，本回合就算平局，即主客双方互不罚酒，接着进行下一回合的猜拳。

这个猜拳游戏显然是一种非盲对抗。主人和客人到底谁输谁赢呢？最多会被罚多少杯酒呢？他们怎样做才能让对方多喝而自己少喝呢？下面就继续用信道容量法来回答这些问题。

由概率论中的大数定律，频率趋于概率，所以根据主人(X)和客人(Y)的习惯，即过去他们猜拳的统计规律（如果他们是初次见面，那么不妨让他们以"热身赛"方式先猜拳一阵子，然后记下他们的习惯），就可以分别给出 X 和 Y 的概率分布以及(X, Y)的联合概率分布：

$$0 < P_{r}(X=i) = p_i < 1, i=0, 1, 2, 3; \quad p_0 + p_1 + p_2 + p_3 = 1$$

$$0 < P_r(Y=i) = q_i < 1, \quad i = 0, 1, 2, 3; \quad q_0 + q_1 + q_2 + q_3 = 1$$

$$0 < P_r(X=i, Y=j) = t_{ij} < 1, \quad i, j = 0, 1, 2, 3; \quad \sum_{0 \leqslant i, j \leqslant 3} t_{ij} = 1$$

$$p_x = \sum_{0 \leqslant y \leqslant 3} t_{xy}, \quad x = 0, 1, 2, 3$$

$$q_y = \sum_{0 \leqslant x \leqslant 3} t_{xy}, \quad y = 0, 1, 2, 3$$

为了分析主人赢酒情况，我们构造一个随机变量 $Z=(Y+1) \bmod 4$，再用随机变量 X 和 Z 构成一个信道$(X; Z)$，称它为猜拳主人信道，即该信道以 X 为输入、Z 为输出。

下面来分析几个事件等式。某回合中，主人亮出的是 x（即 $X=x$, $0 \leqslant x \leqslant 3$），而客人亮出的是 y（即 $Y=y$, $0 \leqslant y \leqslant 3$），如果主人赢，那么就有

$$(x-y) \bmod 4 = 1$$

即

$$y = (x-1) \bmod 4$$

于是

$$z = (y+1) \bmod 4 = [(x-1)+1] \bmod 4 = x \bmod 4 = x$$

换句话说，此时猜拳主人信道的输出 Z 始终等于输入 X，也就是说，1 比特信息被成功地从输入端 X 发送到输出端 Z。

反过来，如果在猜拳主人信道中，1 比特信息被成功地从输入端 X 发送到输出端 Z，那么此时有输出 z 始终等于输入 x，即 $z=x$，也就有

$$(x-y) \bmod 4 = (z-y) \bmod 4 = [(y+1)-y] \bmod 4 = 1 \bmod 4 = 1,$$

于是，根据猜拳规则，就该判主人赢，即客人罚酒一杯。

结合上述正反两种情况，我们便有以下引理。

引理 5.5：在猜拳游戏中，主人赢一次就等价于 1 比特信息被成功地从猜拳主人信道$(X; Z)$的输入端发送到输出端。

由引理 5.5，再结合香农信息论的著名"信道编码定理"（见参考文献[5]或本书第 7 章中的第 3 节），如果猜拳主人信道的容量为 C，那么对于任意传输

率 $\dfrac{k}{n} \leqslant C$，都可以在译码错误概率任意小的情况下，通过某个 n 比特长的码字成功地把 k 比特信息传输到收端；反过来，如果猜拳主人信道能够用 n 比特长的码字把 S 比特信息无误差地传输到收端，那么一定有 $S \leqslant nC$。把这段话整理一下，便有如下定理。

定理 5.13（猜拳主人赢酒定理）：设由随机变量 $(X; Z)$ 组成的猜拳主人信道的信道容量为 C，在剔除掉平局的情况后，（1）如果主人想罚客人 k 杯酒，那么他一定有某种技巧（对应于香农编码），使得他能够在 $\dfrac{k}{C}$ 个回合中，以任意接近 1 的概率达到目的；（2）如果主人在 n 回合中赢了 S 次，即罚了客人 S 杯酒，那么，一定有 $S \leqslant nC$。

由定理 5.13 可知，只要求出猜拳主人信道的信道容量 C，主人赢酒的杯数极限就确定了。下面就来求信道容量 C。

首先，(X, Z) 的联合概率分布为

$$P_r(X=i, Z=j)=P_r[X=i, (Y+1)\bmod 4=j]= P_r[X=i, Y=(j-1)\bmod 4]$$
$$=t_{i(j-1)\bmod 4}, \quad i, j=0, 1, 2, 3$$

所以，猜拳主人信道 $(X; Z)$ 的信道容量就是

$$C=\max[I(X,Z)] = \max\left\{ \sum_{0 \leqslant i, j \leqslant 3} \left\{ \frac{t_{i(j-1)\bmod 4}}{p_i q_j} \log[t_{i(j-1)\bmod 4}] \right\} \right\}$$

这里的最大值 max 是针对满足如下条件的实数而取的：

$$0 < p_i, \quad t_{ij} < 1, \quad i, j=0, 1, 2, 3; \quad p_0+p_1+p_2+p_3=1$$
$$\sum_{0 \leqslant i, j \leqslant 3} t_{ij}=1; \quad p_x = \sum_{0 \leqslant y \leqslant 3} t_{xy}$$

所以，这个 C 实际上是满足条件

$$q_0+q_1+q_2+q_3=1; \quad 0 < q_i < 1, \quad i=0, 1, 2, 3$$

的正实数变量的函数，即可以记为 $C(q_0, q_1, q_2, q_3)$，其中，$q_0+q_1+q_2+q_3=1$。

同理，可以分析客人赢酒的情况，此处不再赘述了。

可见，主人赢酒的多少 $C(q_0, q_1, q_2, q_3)$ 其实取决于客人的习惯 (q_0, q_1, q_2, q_3)。如果主客双方都固守他们的习惯，那么他们的输赢已经"天定"；如果主人或客人中有一方见机行事（即调整自己的习惯），那么当他调整到其信道容量大过对方时，他就能够整体上赢；如果主人和客人双方都在调整自己的习惯，那么他们最终将达到动态平衡。

接下来，再看看"划拳"游戏的极限。

"划拳"比"猜拳"更复杂，它是酒桌上主人和客人闹酒的另一种游戏。

该游戏是这样进行的：在每个回合中，主人(A)和客人(B)各自同时独立地在手上亮出 0~5 这六种手势之一，并吼出 0~10 这 11 个数之一。也就是说，每个回合中，主人 A 是一个二维随机变量，即 $A=(X, Y)$，其中 $0 \leqslant X \leqslant 5$ 是主人手上显示的数，而 $0 \leqslant Y \leqslant 10$ 是主人吼出的数。同样，客人 B 也是一个二维随机变量，即 $B=(F, G)$，其中 $0 \leqslant F \leqslant 5$ 是客人手上显示的数，而 $0 \leqslant G \leqslant 10$ 是客人吼出的数。

如果在某个回合中，主人和客人的二维数分别是 (x, y) 和 (f, g)，那么"划拳"游戏的罚酒规则是：如果 $x+f=y$，那么主人赢，罚客人喝一杯酒；如果 $x+f=g$，那么客人赢，罚主人喝一杯酒。

如果上述两种情况都不出现，那么就算平局，主客双方互不罚酒，接着进行下一回合。具体一点说，双方吼的数一样（即 $g=y$ 时），平局出现；虽然双方吼的数不相同，但是他们手上显示的数之和不等于任何一方吼的数时，平局也出现。

这个"划拳"游戏显然是一种非盲对抗。主人和客人到底会谁输谁赢呢？最多会被罚多少杯酒呢？他们怎样才能让对方多喝，而自己少喝呢？下面就用信道容量法来回答这些问题。

由概率论中的大数定律，频率趋于概率，所以根据主人(A)和客人(B)的习惯，即过去他们"划拳"的统计规律（如果他们是初次见面，那么不妨让他们以"热身赛"的方式先"划拳"一阵子，然后记下他们的习惯），就可以分别给出 A 和 B 及其分量 X、Y、F、G 的概率分布，以及四个随机变量 (X, Y, F, G) 的联合概率分布。

主人手上显示 x 的概率：$0<P_r(X=x)=p_x<1$，$0\leqslant x\leqslant 5$；$p_0+p_1+p_2+p_3+p_4+p_5=1$。

客人手上显示 f 的概率：$0<P_r(F=f)=q_f<1$，$0\leqslant f\leqslant 5$；$q_0+q_1+q_2+q_3+q_4+q_5=1$。

主人吼 y 的概率：$0<P_r(Y=y)=r_y<1$，$0\leqslant y\leqslant 10$；$\displaystyle\sum_{0\leqslant y\leqslant 10} r_y=1$。

客人吼 g 的概率：$0<P_r(G=g)=s_g<1$，$0\leqslant g\leqslant 10$；$\displaystyle\sum_{0\leqslant g\leqslant 10} s_g=1$。

主人手上显示 x，嘴上吼 y 的概率：

$$0<P_r[A=(x, y)]=P_r(X=x, Y=y)=b_{xy}<1,\quad 0\leqslant y\leqslant 10,\quad 0\leqslant x\leqslant 5,\quad \sum_{\substack{0\leqslant y\leqslant 10\\ 0\leqslant x\leqslant 5}} b_{xy}=1。$$

客人手上显示 f，嘴上吼 g 的概率：

$$0<P_r[B=(f, g)]=P_r(F=f, G=g)=h_{fg}<1,\quad 0\leqslant g\leqslant 10,\quad 0\leqslant f\leqslant 5,\quad \sum_{\substack{0\leqslant g\leqslant 10\\ 0\leqslant f\leqslant 5}} h_{fg}=1。$$

主人手上显示 x，嘴上吼 y；同时，客人手上显示 f，嘴上吼 g 的概率：

$$0<P_r[A=(x, y), B=(f, g)]=P_r(X=x, Y=y, F=f, G=g)=t_{xyfg}<1,\quad 0\leqslant y,\ g\leqslant 10,$$

$0\leqslant x,\ f\leqslant 5$，$\displaystyle\sum_{\substack{0\leqslant y,\, g\leqslant 10\\ 0\leqslant x,\, f\leqslant 5}} t_{xyfg}=1$。

为了分析主人赢酒的情况，我们构造一个二维随机变量

$$Z=(U, V)=[X\delta(G-Y), X+F]$$

这里，δ 函数定义为：$\delta(0)=0$；$\delta(x)=1$，如果 $x\neq 0$。于是有

$$P_r[Z=(u, v)]=\sum_{\substack{x+f=v\\ x\delta(g-y)=u}} t_{xyfg} \equiv d_{uv},\quad 0\leqslant v\leqslant 10,\quad 0\leqslant u\leqslant 5。$$

再用随机变量 A 和 Z 构成一个信道 $(A; Z)$，称为划拳主人信道，即该信道以 A 为输入、Z 为输出。

下面来分析几个事件等式。某回合中，主人手上亮出的是 x（即 $X=x$，$0\leq x\leq 5$），主人吼的是 y（即 $Y=y$，$0\leq y\leq 10$），而客人手上亮出的是 f（即 $F=f$，$0\leq f\leq 5$），客人吼的是 g（即 $G=g$，$0\leq g\leq 10$）。根据"划拳"的评判规则，如果本回合主人赢，那么 $x+f=y$，且 $y\neq g$。于是 $\delta(g-y)=1$。进一步就有：

$$Z=(u, v)=[x\delta(g-y), x+f]=(x, y)=A$$

换句话说，此时，划拳主人信道的输出 Z 始终等于输入 A。也就是说，1 比特信息被成功地从输入端 A 发送到输出端 Z。

反过来，如果在划拳主人信道中，1 比特信息被成功地从输入端 A 发送到输出端 Z，那么此时输出 $Z=(u, v)=[x\delta(g-y), x+f]$ 始终等于输入 (x, y)，也就有 $x\delta(g-y)=x$，$x+f=y$，即 $y\neq g$ 且 $x+f=y$。于是，根据"划拳"游戏规则，就该判主人赢，即客人罚酒一杯！

结合上述正反两种情况，我们便有以下引理。

引理 5.6：在"划拳"游戏中，主人赢一次就等价于 1 比特信息被成功地从划拳主人信道$(A; Z)$的输入端发送到了输出端。

由引理 5.6，再结合香农信息论著名的"信道编码定理"（见参考文献[5]或本书第 7 章中的第 3 节），如果划拳主人信道的容量为 D，那么对于任意传输率 $\dfrac{k}{n}\leq D$，都可以在译码错误概率任意小的情况下，通过某个 n 比特长的码字，成功地把 k 比特传输到收端；反过来，如果划拳主人信道能够用 n 比特长的码字把 S 比特无误差地传输到收端，那么一定有 $S\leq nD$。把这段话整理一下，便有如下定理

定理 5.14（划拳主人赢酒定理）：设由随机变量$(A; Z)$组成的划拳主人信道的信道容量为 D，在剔除掉平局的情况后，（1）如果主人想罚客人 k 杯酒，那么他一定有某种技巧（对应于香农编码），使得他能够在 $\dfrac{k}{D}$ 个回合中，以任意接近 1 的概率达到目的；（2）如果主人在 n 个回合中赢了 S 次，即罚了客人 S 杯酒，那么一定有 $S\leq nD$。

由定理 5.14 可知，只要求出划拳主人信道的信道容量 D，主人赢酒的杯数

极限就确定了。下面就来求信道容量 D。

$$D = \max[I(A, Z)]$$

$$= \max\left\{ \sum_{a, z} P_r(a, z) \log \frac{P_r(a, z)}{P_r(a) P_r(z)} \right\}$$

$$= \max\left\{ \sum_{x, y, f, g} P_r[x, y, x\delta(g-y), x+f] \log \frac{P_r[x, y, x\delta(g-y), x+f]}{P_r(x, y) P_r[x\delta(g-y), x+f]} \right\}$$

$$= \max\left\{ \sum_{x, y, f, g} t_{x, y, x\delta(g-y), x+f} \log \frac{t_{x, y, x\delta(g-y), x+f}}{b_{xy} d_{x\delta(g-y), x+f}} \right\}$$

这里的最大值 max 是针对满足如下条件的正实数而取的：

$$0 \leq y \leq 10, \quad \sum_{0 \leq y \leq 10} r_y = 1$$

$$0 \leq y \leq 10, \quad 0 \leq x \leq 5, \quad \sum_{\substack{0 \leq y \leq 10 \\ 0 \leq x \leq 5}} b_{xy} = 1$$

$$0 \leq g \leq 10, \quad 0 \leq f \leq 5, \quad \sum_{\substack{0 \leq g \leq 10 \\ 0 \leq f \leq 5}} h_{fg} = 1$$

所以实际上，划拳主人信道的容量 D 其实是满足如下条件：

$$0 \leq f \leq 5; \quad q_0 + q_1 + q_2 + q_3 + q_4 + q_5 = 1; \quad 0 \leq g \leq 10; \quad \sum_{0 \leq g \leq 10} s_g = 1$$

的 q_i、s_j 的函数，$0 \leq i \leq 5$，$0 \leq j \leq 10$。

同理，可以分析客人赢酒的情况，此处不再赘述了。

可见，划拳主人赢酒的多少 $D(g_j, f_i)$ 其实取决于客人的习惯 (g_j, f_i)。如果主客双方都固守他们的习惯，那么他们的输赢已经天定了；如果主人或客人中有一方见机行事（即调整自己的习惯），那么当他调整到其信道容量大过对方时，就能够整体上赢；如果主人和客人双方都在调整自己的习惯，那么他们最终将达到动态平衡。

最后，我们再来研究一大类更加抽象的非盲对抗，即线性可分非盲对抗的输赢极限。

设黑客（X）共有 n 招来发动攻击，即随机变量 X 的取值共有 n 个，不妨记为

$$\{x_0, x_1, \cdots, x_{n-1}\} = \{0, 1, 2, \cdots, n-1\}$$

这也是黑客的全部"武器库"。

设红客（Y）共有 m 招来抵抗攻击，即随机变量 Y 的取值共有 m 个，不妨记为

$$\{y_0, y_1, \cdots, y_{m-1}\} = \{0, 1, 2, \cdots, m-1\}$$

这也是红客的全部"武器库"。

注意：在下面推导中，我们将根据需要在"招"（x_i, y_j）和"数"（i, j）之间等价地变换，即 $x_i=i, y_j=j$，其目的在于既把问题说清楚，又在形式上简化。

在非盲对抗中，每个黑客武器 x_i($i=0, 1, \cdots, n-1$) 和每个红客武器 y_j($j=0, 1, \cdots, m-1$) 之间都存在着一个红黑双方公认的输赢规则，于是一定存在二维数集 $\{(i, j), 0 \leq i \leq n-1, 0 \leq j \leq m-1\}$ 的某个子集 H，使得当且仅当 $(i, j) \in H$ 时，x_i 胜 y_j。如果这个子集 H 的结构比较简单，我们就能够构造某个信道，使得黑客赢一次等价于 1 比特信息被成功地从该通信信道的发端传输到了收端，再利用著名的香农信道编码定理就行了。比如：

在"石头剪刀布"游戏中，$H = \{(i, j): 0 \leq i, j \leq 2, (j-i) \bmod 3 = 2\}$；

在"猜正反面"游戏中，$H = \{(i, j): 0 \leq i = j \leq 1\}$；

在"手心手背"游戏中，$H = \{(i, j, k): 0 \leq i \neq j = k \leq 1\}$；

在"猜拳"游戏中，$H = \{(i, j): 0 \leq i, j \leq 3, (i-j) \bmod 4 = 1\}$；

在"划拳"游戏中，$H = \{(x, y, f, g): 0 \leq x, f \leq 5; 0 \leq g \neq y \leq 10; x+f=y\}$。

在前几节中，我们已经针对以上各 H 构造出了相应的通信信道。但是，对一般的 H 却很难构造出这样的通信信道。不过，有一种特殊情况还是可以有所作为的，即如果该集合 H，可以分解为 $H = \{(i, j): i = f(j), 0 \leq i \leq n-1, 0 \leq j \leq m-1\}$

即 H 中第一个分量 i 是其第二个分量的某种函数，那么我们就可以构造一个随机变量 $Z=f(Y)$。考虑信道 $(X; Z)$，于是便有如下事件等式。

在某个回合中，黑客出击的招是 x_i，而红客应对的招是 y_j。如果黑客赢，那么就有 $i=f(j)$，此时信道 $(X; Z)$ 的输出便是 $Z=f(y_j)=f(j)=i=x_i$，即此时信道的输出与输入相同，也就是 1 比特信息被成功地从信道 $(X; Z)$ 的输入端发送到输出端；反过来，如果 1 比特信息被成功地从信道 $(X; Z)$ 的输入端发送到输出端，那么此时就有输入=输出，即 $i=f(j)$，这也就意味着黑客赢。

结合上述正反两个方面，我们得到如下定理。

定理 5.15（线性非盲对抗极限定理）：在非盲对抗中，设黑客 X 共有 n 种攻击法 $\{x_0, x_1, \cdots, x_{n-1}\}=\{0, 1, 2, \cdots, n-1\}$。设红客 Y 共有 m 种防御法 $\{y_0, y_1, \cdots, y_{m-1}\}=\{0, 1, 2, \cdots, m-1\}$，又设红黑双方约定的输赢规则是：当且仅当 $(i, j)\in H$ 时 x_i 胜 y_j。这里，H 是矩形集合 $\{(i, j), 0\leq i\leq n-1, 0\leq j\leq m-1\}$ 的某个子集。

如果 H 关于黑客 X 是线性的，即 H 可以表示为 $H=\{(i, j): i=f(j), 0\leq i\leq n-1, 0\leq j\leq m-1\}$ 中第一个分量 i 是其第二个分量 j 的某种函数 $f(\cdot)$，那么便可以构造一个信道 $(X; Z)$，其中 $Z=f(Y)$，使得若 C 是信道 $(X; Z)$ 的信道容量，则：

（1）如果黑客想赢 k 次，那么他一定有某种技巧（对应于香农编码），使得他能够在 $\dfrac{k}{C}$ 个回合中，以任意接近 1 的概率达到目的；

（2）如果黑客在 n 个回合中赢了 S 次，那么一定有 $S\leq nC$。

如果 H 关于红客 Y 是线性的，即 H 可以表示为 $H=\{(i, j): j=g(i), 0\leq i\leq n-1, 0\leq j\leq m-1\}$ 中第二个分量 j 是其第一个分量 i 的某种函数 $g(\cdot)$，那么便可以构造一个信道 $(Y; G)$，其中 $G=g(X)$，使得若 D 是信道 $(Y; G)$ 的信道容量，则：

（1）如果红客想赢 k 次，那么他一定有某种技巧（对应于香农编码），使得他能够在 $\dfrac{k}{D}$ 个回合中，以任意接近 1 的概率达到目的；

（2）如果红客在 n 个回合中赢了 S 次，那么一定有 $S\leq nD$。

在"石头剪刀布""手心手背""猜正反面""猜拳"和"划拳"等

游戏中，由于它们的输赢规则集 H 都是线性可分的，所以它们全是定理 5.15（线性非盲对抗极限定理）的特例。若 H 为不可分情况，相应的信道构造就无从下手了。这个问题就作为公开问题，留待今后解决吧。

第 5 节　小结与说明

关于黑客和红客之间的攻防分类，有许多种分法。比如，在本书第 4 章中，我们曾将黑客的攻击分为主动攻击和被动攻击，本章又分出了盲攻击和非盲攻击。此外，还有诸如单挑攻防、一对多的攻防、多对一的攻防、多人混战式攻防、直接攻防、间接攻防等。当然，每种分类法都有其道理，不过目的始终是不变的，即不断转换视角，以便将网络空间安全的核心（攻防）看得更清楚，理解得更深刻。

在结束本章前，为了使读者加深印象，我们对盲对抗和非盲对抗再做一些形象的描述。

所谓盲对抗，就是在每个攻防回合后，攻防双方都只知道自评结果，而对敌方的他评结果一无所知。像大国斗智、战场博杀、网络攻防、谍报战等比较惨烈的对抗，通常都属于盲对抗。这里的"盲"与是否面对面无关。比如，"两人骂架"就是典型的面对面的盲对抗，因为人的心理状态千差万别，被骂的痛点也完全不同，攻方是否骂到了守方的痛处，只有守方自己才知道，而且被骂者通常还要极力掩盖其痛处，不让攻方知道自己的弱点在哪里，所以是盲对抗。当然，"一群人互相乱骂"更是盲对抗了。

所谓非盲对抗，就是在每个攻防回合后，双方都知道本回合的一致的胜败结果。比如，"石头剪刀布"游戏中，一旦双方的手势亮出后，本回合的胜败结果就一目了然：石头胜剪刀，剪刀胜布，布胜石头。许多赌博游戏、体育竞技等项目都属于非盲对抗。"猜正反面""手心手背""猜拳""划拳"等游戏也都是非盲对抗。只不过在"手心手背"游戏中，彼此对抗的人不再是两个，而是三个。

更形象地说，虽然"骂架"是盲对抗，但是"两人打架"却是非盲对抗了。

因为人的身体结构都相似，痛处在哪儿谁都知道，而且结论也基本一致，所以，"打架"是非盲的，当然，"打群架"也是非盲对抗。

本章第 1 节聚焦于盲对抗，并精确地给出了黑客攻击能力和红客防御能力的可达理论极限。对黑客来说，如果想真正成功地把红客打败 k 次，那么一定有某种技巧，使他能够在 $\dfrac{k}{C}$ 次进攻中，以任意接近 1 的概率达到目的；如果黑客经过 n 次攻击，获得了 S 次真正成功，那么一定有 $S \leqslant nC$。对红客来说，如果想真正成功地把黑客挡住 R 次，那么一定有某种技巧，使得他能够在 $\dfrac{R}{D}$ 次防御中，以任意接近 1 的概率达到目的；反过来，如果红客经过 N 次防卫，获得了 R 次真正成功，那么一定有 $R \leqslant ND$。这里，C 和 D 分别是攻击信道和防御信道的信道容量。如果 $C < D$，那么黑客输；如果 $C > D$，那么红客输；如果 $C = D$，那么双方实力相当。

除第 1 节外，本章的其他小节都在研究不同情况下的非盲攻防可达极限。研究重点包括："石头剪刀布"游戏、"猜正反面"游戏和"手心手背"游戏、"划拳"和"猜拳"游戏等。

关于盲对抗，本章已给出了黑客（红客）攻击（防守）能力的精确可达极限（见定理 5.1）。但是，针对非盲对抗，我们却只找到了统一的研究方法（即信道容量法）。这是因为非盲对抗的模型千变万化，只能见招拆招。不过，我们还是针对非盲对抗的很大一个子类（输赢规则线性可分的情况），给出了统一的解决方案（见定理 5.15）。

盲对抗和非盲对抗之间还有一个非常重要的差别，必须在此明确指出：黑客与红客之间的非盲对抗是没有纳什均衡的，因为只要一方知道另一方的博弈策略后，他就一定能够通过调整自己的战略而获胜。但是，盲对抗则存在纳什均衡，而且，后文将看到，纳什均衡所对应的攻防双方的混合策略，刚好就是达到信道容量的极限概率分布。因此，过去一直认为，网络空间安全对抗的状态只有两个：此起、彼伏，但却忽略了另一个更重要的状态：纳什均衡！当达到该状态时，攻防双方的最佳策略就是静止不动，至少表面上是这样。关于什么是"纳什均衡"，后面几章将详细介绍。

在二十几年前，我们就看过香农的著名论文 *Communication Theory of Secrecy Systems*，后来一直从事网络安全的科教工作。由于这篇论文中有一个词"Secrecy"，所以冥冥之中总觉得香农理论与安全有关，虽然明知其中的牵强多过实际。因为，一是香农的"Secrecy"仅仅是现在信息安全中很小一部分，更与本书中研究的广义"安全"相差十万八千里；二是在本书中扮演核心角色的香农编码定理其实是在香农发表的另一篇著名论文 *Mathematical Theory of Communication* 中，根本就没有"Secrecy"。但是，也许是机缘巧合，我们在考虑安全问题时也特别关注香农，结果却真的证实了安全对抗与香农信息论的核心（信道编码定理）密不可分。

第 6 章

红客与黑客的多方对抗极限

在本书第 5 章中，为了简便，我们做了两个假定：（1）红客与黑客是一对一的单挑；（2）红客是红客，黑客是黑客，彼此界限十分明确。

但是，在网络空间安全对抗的实际场景中，上述假定都有待突破。比如，（1）多攻一的情形，几乎任何一个重要的网络系统随时都在遭受众多黑客的攻击，而且这些黑客彼此可能根本就不认识，甚至不知道相互的存在。此时，只要有任何一个黑客打败了红客，那么就算是红客输了。（2）一攻多的情形，每个重要的信息系统都一定有多个备份。假若黑客只是将该系统和其部分备份攻破了，但没能攻破所有备份，那么就不能算黑客赢。因为红客可以启动应急程序，利用未被攻破的备份系统，在瞬间内便恢复信息系统，进入正常工作状态。（3）在网络空间安全的实战中，其实攻与防是一体的，既没有纯粹的黑客（因为其他黑客攻击他时，他就由黑客变为红客，保护自己的系统），同时也没有纯粹的红客（因为红客一旦发现别的系统有漏洞可钻时，通常也会摇身一变，从红客变为黑客）。当然，为了锁定研究目标，我们不得不因时因地地做一些假定。

本章及以后各章中只考虑盲攻防，所以除非特别申明，都不再强调。

首先来看多位黑客攻击一位红客的情况。

第1节　多攻一的可达极限

为直观计，我们先考虑两个黑客攻击一个红客的情形，然后再做推广。

设黑客 X_1 和 X_2 都想攻击红客 Y，并且两个黑客互不认识，甚至可能不知道对方的存在，因此，作为随机变量，可以假设 X_1 和 X_2 是相互独立的。

与第 5 章类似，我们仍然假设：攻防各方采取回合制，并且每个回合后，各方都对本次的攻防结果给出一个真心的盲自评。由于这些自评结果是不告诉任何人的，所以有理由假设真心的盲自评是真实可信的，没有必要做假。

分别用随机变量 X_1 和 X_2 代表第一个和第二个黑客，他们按如下方式对自己每个回合的战果进行真心盲自评：

X_1 对本回合盲自评为成功，则 $X_1=1$；X_1 对本回合盲自评为失败，则 $X_1=0$。

X_2 对本回合盲自评为成功，则 $X_2=1$；X_2 对本回合盲自评为失败，则 $X_2=0$。

由于每个回合中，红客要同时对付两个黑客的攻击，所以用二维随机变量 $Y=(Y_1, Y_2)$ 代表红客，他按如下方式对自己每个回合的防御 X_1 和 X_2 成果，进行真心盲自评：

本回合 Y 自评防御 X_1 成功，自评防御 X_2 也成功时，记为 $Y_1=1, Y_2=1$；

本回合 Y 自评防御 X_1 成功，自评防御 X_2 失败时，记为 $Y_1=1, Y_2=0$；

本回合 Y 自评防御 X_1 失败，自评防御 X_2 成功时，记为 $Y_1=0, Y_2=1$；

本回合 Y 自评防御 X_1 失败，自评防御 X_2 也失败时，记为 $Y_1=0, Y_2=0$。

让黑客和红客不断地进行攻防对抗，并各自记下他们的盲自评结果。根据频率趋于概率这个大数定律，可以计算出以下概率：

$$0<P_r(X_1=1)=p<1；\quad 0<P_r(X_1=0)=1-p<1$$

$$0<P_r(X_2=1)=q<1；\quad 0<P_r(X_2=0)=1-q<1$$

$$0<P_r(Y_1=1, Y_2=1)=a_{11}<1；\quad 0<P_r(Y_1=1, Y_2=0)=a_{10}<1$$

$$0<P_r(Y_1=0, Y_2=1)=a_{01}<1；\quad 0<P_r(Y_1=0, Y_2=0)=a_{00}<1$$

这里，$a_{00}+a_{01}+a_{10}+a_{11}=1$。

再造一个二维随机变量

$$Z=(Z_1, Z_2)=((1+X_1+Y_1)\bmod 2，(1+X_2+Y_2)\bmod 2)$$

即 $\qquad Z_1=(1+X_1+Y_1)\bmod 2，Z_2=(1+X_2+Y_2)\bmod 2$

并利用随机变量 X_1、X_2 和 Z 构造一个 2-接入信道$[X_1, X_2, p(z|x_1, x_2), Z]$，称该信道为红客的防御信道 F。（注：关于多接入信道的细节，请见参考文献[5]的 15.3 节。）

下面来考虑几个事件恒等式：

{某个回合红客防御成功}={红客防御 X_1 成功}∩{红客防御 X_2 成功}

{红客防御 X_1 成功}={黑客 X_1 自评本回合攻击成功，红客自评防御 X_1 成功}∪{黑客 X_1 自评本回合攻击失败，红客自评防御 X_1 成功}={$X_1=1$, $Y_1=1$}∪{$X_1=0, Y_1=1$}= {$X_1=1, Z_1=1$}∪{$X_1=0, Z_1=0$}

同理有

{红客防御 X_2 成功}={黑客 X_2 自评本回合攻击成功，红客自评防御 X_2 成功}∪{黑客 X_2 自评本回合攻击失败，红客自评防御 X_2 成功}={$X_2=1$, $Y_2=1$}∪{$X_2=0, Y_2=1$}= {$X_2=1, Z_2=1$}∪{$X_2=0, Z_2=0$}

所以，{某个回合红客防御成功}=[{$X_1=1, Z_1=1$}∪{$X_1=0, Z_1=0$}]∩[{$X_2=1, Z_2=1$}∪{$X_2=0, Z_2=0$}] =[防御信道 F 的第一个子信道传信成功]∩[防御信道 F 的第二个子信道传信成功]= {2-输入信道 F 的传输信息成功}

于是，便有如下引理。

引理 6.1：如果红客在某个回合防御成功，那么，1 比特信息就在 2-输入信道 F（防御信道）中被成功传输。

反过来，如果 2-输入信道 F 的传输信息成功，那么在防御信道 F 的第

一个子信道传输成功的同时，防御信道 F 的第二个子信道传输成功，即

$$[\{X_1=1, Z_1=1\} \cup \{X_1=0, Z_1=0\}] \cap [\{X_2=1, Z_2=1\} \cup \{X_2=0, Z_2=0\}]$$

这等价于

$$[\{X_1=1, Y_1=1\} \cup \{X_1=0, Y_1=1\}] \cap [\{X_2=1, Y_2=1\} \cup \{X_2=0, Y_2=1\}]$$

而 $\{X_1=1, Y_1=1\} \cup \{X_1=0, Y_1=1\}$ 意味着 {黑客 X_1 自评本回合攻击成功，红客自评防御 X_1 成功} $\cup$ {黑客 X_1 自评本回合攻击失败，红客自评防御 X_1 成功}，即 {红客防御 X_1 成功}。

同理，$\{X_2=1, Y_2=1\} \cup \{X_2=0, Y_2=1\}$ 意味着 {黑客 X_2 自评本回合攻击成功，红客自评防御 X_2 成功} $\cup$ {黑客 X_2 自评本回合攻击失败，红客自评防御 X_2 成功}，即 {红客防御 X_2 成功}。

所以，$[\{X_1=1, Y_1=1\} \cup \{X_1=0, Y_1=1\}] \cap [\{X_2=1, Y_2=1\} \cup \{X_2=0, Y_2=1\}]$ 就等同于 {某个回合红客防御成功}。从而，我们就得到了如下引理（它是引理 6.1 的逆）。

引理 6.2：如果 1 比特信息在 2-输入信道 F（防御信道）中被成功传输，那么红客就在该回合中防御成功。

结合引理 6.1 和引理 6.2，我们就得到了如下定理。

定理 6.1：设随机变量 X_1、X_2 和 Z 如前所述，防御信道 F 是 2-接入信道（X_1，X_2, $p(z|x_1, x_2)$, Z），那么红客在某回合中防御成功就等价于 1 比特信息在防御信道 F 中被成功传输。

根据参考文献[5]中的定理 15.3.1 及其逆定理，我们知道，信道 F 的可达容量区域为满足下列条件的全体（R_1, R_2）所组成集合的凸闭包：

$$0 \leqslant R_1 \leqslant \max_X I(X_1; Z|X_2)$$

$$0 \leqslant R_2 \leqslant \max_X I(X_2; Z|X_1)$$

$$0 \leqslant R_1 + R_2 \leqslant \max_X I(X_1, X_2; Z)$$

这里，最大值是针对所有独立随机变量 X_1 和 X_2 的概率分布而取的；$I(A, B; C)$

表示互信息，而 $I(A; B|C)$ 表示条件互信息；$Z=(Z_1, Z_2)=[(1+X_1+Y_1)\bmod 2, (1+X_2+Y_2)\bmod 2]$。

利用定理 6.1，并将上述可达容量区域的结果整理成攻防术语后，便得到以下定理。

定理 6.2： 两个黑客 X_1 和 X_2 独立地攻击一个红客 Y。如果在 n 个攻防回合中，红客成功防御第一个黑客 r_1 次，成功防御第二个黑客 r_2 次，那么一定有

$$0 \leqslant r_1 \leqslant n[\max_X I(X_1; Z|X_2)]$$

$$0 \leqslant r_2 \leqslant n[\max_X I(X_2; Z|X_1)]$$

$$0 \leqslant r_1 + r_2 \leqslant n[\max_X I(X_1, X_2; Z)]$$

而且上述的极限是可达的，即红客一定有某种最有效的防御方法，使得在 n 次攻防回合中，红客成功防御第一个黑客 r_1 次，成功防御第二个黑客 r_2 次的成功次数 r_1 和 r_2 达到上限 $r_1 = n[\max_X I(X_1; Z|X_2)]$，同时 $r_2 = n[\max_X I(X_2; Z|X_1)]$，以及 $r_1 + r_2 = n[\max_X I(X_1, X_2; Z)]$。

再换一个角度，如果红客要想成功防御第一个黑客 r_1 次，成功防御第二个黑客 r_2 次，那么他至少得进行

$$\max\left\{ \frac{r_1}{\max\limits_X I(X_1; Z|X_2)}, \frac{r_2}{\max\limits_X I(X_2; Z|X_1)}, [\max_X I(X_1, X_2; Z)] \right\}$$

次防御。

下面将定理 6.2 推广到任意 m 个黑客 $X_1, X_2, \cdots, X_m$，独立地攻击一个红客 $Y=(Y_1, Y_2, \cdots, Y_m)$ 的情况。

仍然假设攻防各方采取回合制，且每个回合后，各方都对本次的攻防结果给出一个真心的盲自评。由于这些自评结果是不告诉任何人的，所以有理由假设真心的盲自评是真实可信的，没必要做假。

对任意 $1 \leqslant i \leqslant m$，黑客 X_i 按以下方式对自己每个回合的战果进行真心盲自

评：黑客 X_i 对本回合盲自评为成功，则 $X_i=1$；黑客 X_i 对本回合盲自评为失败，则 $X_i=0$。

每个回合中，红客按以下方式对自己防御黑客 $X_1, X_2, \cdots, X_m$ 的成果进行真心盲自评：任取整数集合 $\{1, 2, \cdots, m\}$ 的一个子集 S，记 S^c 为 S 的补集，即 $S^c=\{1, 2, \cdots, m\}-S$。再记 $X(S)$ 为 $\{X_i : i \in S\}$，$X(S^c)$ 为 $\{X_i : i \in S^c\}$，如果红客成功地防御了 $X(S)$ 中的黑客，但却自评被 $X(S^c)$ 中的黑客打败，那么红客的盲自评估就为 $\{Y_i=1 : i \in S\}$，$\{Y_i=0 : i \in S^c\}$。

再造一个 m 维随机变量

$$Z=(Z_1, Z_2, \cdots Z_m)=[(1+X_1+Y_1)\bmod 2, (1+X_2+Y_2)\bmod 2, \cdots, (1+X_m+Y_m)\bmod 2]$$

即
$$Z_i=(1+X_i+Y_i)\bmod 2, \quad 1 \leqslant i \leqslant m$$

并利用随机变量 $X_1, X_2, \cdots, X_m$ 和 Z 构造一个 m-接入信道，并称该信道为红客的防御信道 G。

仿照上面 $m=2$ 的证明方法，利用参考文献[5]中的定理 15.3.6 及其逆定理，我们知道，信道 G 的可达容量区域为满足下列条件的所有码率向量所成集合的凸闭包：

$$R(S) \leqslant I(X(S) ; Z | X(S^c)), \quad 对 \{1, 2, \cdots, m\} 的所有子集 S$$

这里，$R(S)$ 定义为 $R(S)=\sum\limits_{i \in S} R_i = \sum\limits_{i \in S} \dfrac{r_i}{n}$，$\dfrac{r_i}{n}$ 是第 i 个输入的码率。

仿照前面，将该可达容量区域的结果翻译成攻防术语后，便得到以下定理。

定理 6.3：m 个黑客 $X_1, X_2, \cdots, X_m$ 独立地攻击 1 个红客 Y。如果在 n 个攻防回合中，红客成功防御第 i 个黑客 r_i 次，$1 \leqslant i \leqslant m$，那么一定有

$$r(S) \leqslant n\{I[X(S) ; Z | X(S^c)]\}, \quad 对 \{1, 2, \cdots, m\} 的所有子集 S$$

这里，$r(S)=\sum\limits_{i \in S} r_i$。

而且该上限是可达的，即红客一定有某种最有效的防御方法，使得在 n 次

攻防回合中，红客成功防御黑客集 S 的次数集合 $r(S)$，达到上限

$$r(S)=n\{I[X(S)\,;\,Z\,|\,X(S^c)]\}，对\{1,2,\cdots,m\}的所有子集 S$$

再换一个角度，如果红客要想实现成功防御黑客集 S 的次数集合为 $r(S)$，那么他至少得进行 $\max\left\{\dfrac{r(S)}{I[X(S);Z\,|\,X(S^c)]}\right\}$ 次防御。

第 2 节　一攻多的可达极限

本节研究一位黑客攻击多位红客的情况。它的现实背景是这样的：为了增强安全性，红客在建设信息系统时，常常建设一个甚至多个（异构）备份系统，一旦系统本身被黑客攻破后，红客可以马上启用备份系统，从而保障业务的连续性。在这种情况下，黑客若想真正取胜，就必须同时攻破主系统和所有备份系统。

换句话说，只要有哪怕一个备份未被黑客攻破，那么就不能算黑客赢。当然，也许红客们并不知道是同一个黑客在攻击他们。至于红客们是否协同，都不影响下面的研究。

先考虑 1 个黑客攻击 2 个红客的情形，然后再做推广。

设黑客 $X=(X_1, X_2)$ 想同时攻击 2 个红客 Y_1 和 Y_2。由于这 2 个红客是两个互为备份系统的守卫者，因此黑客必须同时把这两个红客打败，才能算真赢。

与本章第 1 节类似，仍然假设攻防各方采取回合制，并且每个回合后，各方都对本次的攻防结果给出一个真心的盲自评。由于这些自评结果是不告诉任何人的，所以有理由假设真心的盲自评是真实可信的，没必要做假。

分别用随机变量 Y_1 和 Y_2 代表第一个和第二个红客，他们按以下方式对自己每个回合的战果，进行真心盲自评：

红客 Y_1 对本回合防御盲自评为成功，则 $Y_1=1$；红客 Y_1 对本回合防御盲自评为失败，则 $Y_1=0$。

红客 Y_2 对本回合防御盲自评为成功，则 $Y_2=1$；红客 Y_2 对本回合防御盲自

评为失败，则 $Y_2=0$。

由于每个回合中，黑客要同时攻击 2 个红客，所以用二维随机变量 $X=(X_1, X_2)$ 代表黑客，他按以下方式对自己每个回合攻击 Y_1 和 Y_2 的成果进行真心盲自评：

本回合 X 自评攻击 Y_1 成功，自评攻击 Y_2 成功时，记为 $X_1=1, X_2=1$；

本回合 X 自评攻击 Y_1 成功，自评攻击 Y_2 失败时，记为 $X_1=1, X_2=0$；

本回合 X 自评攻击 Y_1 失败，自评攻击 Y_2 成功时，记为 $X_1=0, X_2=1$；

本回合 X 自评攻击 Y_1 失败，自评攻击 Y_2 失败时，记为 $X_1=0, X_2=0$。

让黑客和红客们不断地进行攻防对抗，并各自记下他们的盲自评结果。虽然他们的盲自评结果是保密的，没有任何人知道，但根据频率趋于概率这个大数定律就可以计算出以下概率：

$$0<P_r(Y_1=1)=f<1；\quad 0<P_r(Y_1=0)=1-f<1；$$
$$0<P_r(Y_2=1)=g<1；\quad 0<P_r(Y_2=0)=1-g<1；$$
$$0<P_r(X_1=1, X_2=1)=b_{11}<1；\quad 0<P_r(X_1=1, X_2=0)=b_{10}<1；$$
$$0<P_r(X_1=0, X_2=1)=b_{01}<1；\quad 0<P_r(X_1=0, X_2=0)=b_{00}<1。$$

这里，$b_{00}+b_{01}+b_{10}+b_{11}=1$。

再造两个随机变量 Z_1 和 Z_2，有

$$Z_1=(X_1+Y_1)\bmod 2，\quad Z_2=(X_2+Y_2)\bmod 2$$

并利用随机变量 X（输入）和 Z_1、Z_2（输出）构造一个 2-输出广播信道 $p(z_1, z_2|x)$，并称该信道为黑客的攻击信道 G。（注：关于广播信道的细节，请见参考文献[5]的 15.6 节。）

下面来考虑几个事件恒等式。

{黑客 X 攻击成功}={黑客 X 攻击 Y_1 成功}∩{黑客 X 攻击 Y_2 成功}=[{黑客 X 自评攻击 Y_1 成功，红客 Y_1 自评防御失败}∪{黑客 X 自评攻击 Y_1 失败，红客 Y_1 自评防御失败}]∩[{黑客 X 自评攻击 Y_2 成功，红客 Y_2 自评防御失败}∪{黑客 X 自评攻击 Y_2 失败，红客 Y_2 自评防御失败}]=[{$X_1=1, Y_1=0$}∪{$X_1=0, Y_1=0$}]∩[{$X_2=1,$

$Y_2=0\} \cup \{X_2=0,\ Y_2=0\}]=[\{X_1=1,\ Z_1=1\} \cup \{X_1=0,\ Z_1=0\}]\cap[\{X_2=1,\ Z_2=0\} \cup \{X_2=0,$ $Z_2=0\}]=[1$ 比特信息被成功地从广播信道 G 的第 1 个分支传输到目的地]$\cap$[1 比特信息被成功地从广播信道 G 的第 2 个分支传输到目的地]=[1 比特信息在广播信道 G 中被成功传输]。

以上推理过程完全可以逆向进行，所以我们有以下定理。

定理 6.4： 1 个黑客 $X=(X_1, X_2)$ 同时攻击 2 个红客 Y_1 和 Y_2，如果在某个回合中黑客攻击成功，那么 1 比特信息就在上述 2-输出广播信道（攻击信道）G 中被成功传输，反之亦然。

下面将定理 6.4 推广到 1 个黑客 $X=(X_1, X_2, \cdots, X_m)$ 同时攻击任意 m 个红客 $Y_1, Y_2, \cdots, Y_m$ 的情况。由于这 m 个红客是互为备份系统的守卫者，因此黑客必须同时把这 m 个红客打败，才能算赢。

仍然假设攻防各方采取回合制，并且每个回合后，各方都对本次的攻防结果，给出一个真心的盲自评，由于这些自评结果是不告诉任何人的，所以有理由假设真心的盲自评是真实可信的，没必要做假。

对任意 $1\leqslant i\leqslant m$，红客 Y_i 按如下方式对自己每个回合的战果进行真心盲自评：

红客 Y_i 对本回合防御盲自评为成功，则 $Y_i=1$；红客 Y_i 对本回合防御盲自评为失败，则 $Y_i=0$。

每个回合中，黑客按如下方式对自己攻击红客 $Y_1, Y_2, \cdots, Y_m$ 的成果进行真心盲自评：任取整数集合 $\{1, 2, \cdots, m\}$ 的一个子集 S，记 S^c 为 S 的补集，即 $S^c=\{1, 2, \cdots, m\}-S$。再记 $Y(S)$ 为 $\{Y_i：i\in S\}$，$Y(S^c)$ 为 $\{Y_i：i\in S^c\}$，如果黑客自评成功地攻击了 $Y(S)$ 中的红客，但却自评被 $Y(S^c)$ 中的红客成功防御，那么黑客 X 的盲自评就为

$$\{X_i=1：i\in S\}，\{X_i=0：i\in S^c\}$$

再造 m 个随机变量 Z_i，有

$$Z_i=(X_i+Y_i)\bmod 2，1\leqslant i\leqslant m$$

并利用随机变量 X（输入）和 $Z_1, Z_2, \cdots, Z_m$（输出）构造一个 m-输出广播信道

$p(z_1, z_2, \cdots, z_m | x)$，并称该信道为黑客的攻击信道 H。（注：关于广播信道的细节，请见参考文献[5]的 15.6 节。）

下面来考虑几个事件恒等式。

{黑客 X 攻击成功}= $\bigcap\limits_{1 \leqslant i \leqslant m}$ {黑客 X 攻击 Y_i 成功}= $\bigcap\limits_{1 \leqslant i \leqslant m}$ [{黑客 X 自评攻击 Y_i 成功，红客 Y_i 自评防御失败}∪{黑客 X 自评攻击 Y_i 失败，红客 Y_i 自评防御失败}]= $\bigcap\limits_{1 \leqslant i \leqslant m}$ [{X_i=1, Y_i=0}∪{X_i=0, Y_i=0}]= $\bigcap\limits_{1 \leqslant i \leqslant m}$ [{X_i=1, Z_i=1}∪{X_i=0, Z_i=0}]= $\bigcap\limits_{1 \leqslant i \leqslant m}$ [1 比特信息被成功地从广播信道 G 的第 i 个分支传输到目的地] =[1 比特信息在 m-广播信道 G 中被成功传输]。

以上推理过程完全可以逆向进行，所以我们有以下定理。

定理 6.5：1 个黑客 X=(X_1, X_2, $\cdots$, X_m)同时攻击 m 个红客 Y_1, Y_2, $\cdots$, Y_m，如果在某个回合中黑客攻击成功，那么 1 比特信息就在上述 m-输出广播信道（攻击信道）H 中被成功传输，反之亦然。

根据定理 6.4 和定理 6.5，1 个黑客同时攻击多个红客的问题，就完全等价于广播信道的信息容量区域问题。可惜到目前为止，在信息论中，广播信道的信息容量区域问题还未被解决。

最后，我们以两个猜测来结束本节。

猜测 1，中继信道可用于研究黑客的跳板攻击。

猜测 2，边信息信道可用于研究有内奸攻击。

很可惜，我们始终没能找到突破口，欢迎熟悉多用户信息论的读者继续研究这些问题。

第 3 节 攻防一体星状网的可达极限

为清晰起见，到目前为止，本书将攻方（黑客）和守方（红客）进行了严格的区分，但在实际的网络空间安全对抗中，往往各方都是攻守兼备的：在攻击别人的同时，也要防守自己的阵地；任一方既是黑客也是红客。并且，除了最常见的"一对一"攻防一体对抗之外，还有"一对多"对抗，还有多人分为两个集团（如历史上的北约和华约）之间的攻防一体对抗。当然，一般地，还有所有当事人之间的混战。下面将分别针对所有这些可能的对抗场景，在"任何人不会自己骗自己"的假定下，给出全部"独裁评估事件"可达理论极限。

首先，对盲对抗的自评估输赢进行分类。

既然"兵不厌诈"，所以在盲对抗中，每个回合后，攻防双方都只知道自己的损益情况（即盲自评估为"输"或"赢"），而对对方的损益情况一无所知。为了不影响其广泛适用性，我们在前面已经建立了以攻防双方的盲自评估为基础的，聚焦于胜负次数的对抗模型，而并不关心每次胜负到底意味着什么。下面对这种模型及其输赢分类进行更详细的说明。

在每个回合后，各方对自己本轮攻防的结果进行保密的自评估（即该评估结果不告诉任何人，因此其客观公正性就有保障。因为假定每个人都不会"自己骗自己"）。比如，一方（X）若认为本回合的攻防对抗中自己得胜，就自评估为 $X=1$；若认为本回合自己失败，就自评估为 $X=0$。同理，在每个回合后，另一方（Y）对自己也进行保密的自评估，若认为本回合自己得胜，就自评估为 $Y=1$；若认为本回合自己失败，就自评估为 $Y=0$。

当然，每次对抗的胜负绝不是由攻方或守方单方面说了算的。但是，基于攻守双方的客观自评估结果，从旁观者角度来看，可以公正地确定以下一些输赢规则。为减少冗余，我们只给出每个回合后，从 X 方角度看到的自评估输赢情况（对 Y 方，也可以有类似的规则。为节省篇幅，不再重复。因为实际上每个人都是攻守一体的）。

对手服输的赢（在本书第 5 章中叫真正赢）：此时双方的自评估结果集是 $\{X=1, Y=0\} \cup \{X=0, Y=0\}$，即此时对手服输了（$Y=0$），哪怕自己都误以为未赢（$X=0$）。

对手的阿 Q 式赢：此时双方的自评估结果集是 $\{X=0, Y=1\} \cup \{X=1, Y=1\}$，即此时对手认为他赢了（$Y=1$），哪怕另一方并不认输（$X=1$）。

自己心服口服的输（在本书第 5 章中叫真正输）：此时双方的自评估结果集

是{$X=0, Y=1$}∪{$X=0, Y=0$}，即此时自己服输了（$X=0$），哪怕对手以为未赢（$Y=0$）。

自己的阿 Q 式赢：此时双方的自评估结果集是{$X=1, Y=0$}∪{$X=1, Y=1$}，即此时永远都认为自己赢了（$X=1$），哪怕另一方并不认输（$Y=1$）。

对手服输的无异议赢：此时双方的自评估结果集是{$X=1, Y=0$}，即攻方自评为"成功"，守方也自评为"失败"。（从守方角度看，这等价于"无异议地守方认输"）。

对手不服的赢：此时双方的自评估结果集是{$X=1, Y=1$}，即攻守双方都认为自己赢。

意外之赢：此时双方的自评估结果集是{$X=0, Y=0$}，即攻守双方都承认自己输。

无异议地自己认输：此时双方的自评估结果集是{$X=0, Y=1$}，即攻方承认自己输，守方自评为"成功"。（从守方的角度看，这等价于"对手无异议的守方赢"）。

上面的八种自评估输赢情况，其实可以分为两大类：其一，叫独裁评估，即损益情况完全由自己说了算（即前四种情况，根本不考虑另一方的评估结果）；其二，叫合成评估，即损益情况由攻守双方的盲自评估合成（即后四种情况）。

由于合成评估将攻守双方都锁定了，所以其变数不大，完全可以根据攻防的自评估历史记录客观地计算出来，而且其概率极限范围也很平凡（介于 0～1 之间，而且还是遍历的），因此它们没有理论研究的价值。因此，这里只考虑独裁评估的极限问题。

先看在独裁评估下，星状网络对抗的输赢次数极限。

所谓星状网络对抗，意指对抗的一方只有一个人，如星状图的中心点(X)；对抗的另一方有许多人，如星状图的非中心点($Y_1, Y_2, \cdots, Y_n$)。更形象地说，一群人要围攻一位武林高手，当然，武林高手也要回击那一群人。为研究方便，假设这群人彼此之间是相互独立的，他们只与武林高手过招，互相之间不攻击。

上一节还遗留了一个未解决的难题：一攻多时的能力极限问题。当时虽然将此问题等价地转化为"广播信道的信道容量计算问题",但由于该容量问题至今还是一个世界难题,所以本节以"一攻多"为例,一方面研究一攻多的黑客能力极限等问题,另一方面为后面榕树网络(Banyan)和一般的全连通网络对抗的输赢次数极限研究做准备。

先考虑 1 个高手对抗 2 个战士的情形,然后做推广。

设高手 $X=(X_1, X_2)$ 想同时对抗 2 个战士 Y_1 和 Y_2。由于这 2 个战士是互为备份系统的守卫者,因此高手必须同时把这 2 个战士打败,才能算真赢(提醒:与本书第 5 章不同的是,此处每个人都既是攻方也是守方,还都是攻防一体的)。仍然假设攻防各方采取回合制,并且每个回合后,各方都对本次的攻防结果给出一个真心的盲自评,由于这些自评结果是不告诉任何人的,所以有理由假设真心的盲自评是真实可信的,没必要做假。

分别用随机变量 Y_1 和 Y_2 代表第一个和第二个战士,他们按如下方式对自己每个回合的战果,进行真心盲自评:

战士 Y_1 对本回合防御盲自评为成功,则 $Y_1=1$;战士 Y_1 对本回合防御盲自评为失败,则 $Y_1=0$;

战士 Y_2 对本回合防御盲自评为成功,则 $Y_2=1$;战士 Y_2 对本回合防御盲自评为失败,则 $Y_2=0$。

由于每个回合中,高手要同时攻击 2 个战士,所以用二维随机变量 $X=(X_1, X_2)$ 代表高手。为形象计,假定高手有两只手 X_1 和 X_2,分别用来对付那 2 个战士。他按如下方式对自己每个回合攻击 Y_1 和 Y_2 的成果,进行真心盲自评:

本回合 X 自评攻击 Y_1 成功,自评攻击 Y_2 成功时,记为 $X_1=1, X_2=1$;

本回合 X 自评攻击 Y_1 成功,自评攻击 Y_2 失败时,记为 $X_1=1, X_2=0$;

本回合 X 自评攻击 Y_1 失败,自评攻击 Y_2 成功时,记为 $X_1=0, X_2=1$;

本回合 X 自评攻击 Y_1 失败,自评攻击 Y_2 失败时,记为 $X_1=0, X_2=0$。

当然,每次对抗的胜负绝不是由某个单方面说了算。但是,对上述客观自评估结果，从旁观者角度来看，可以公正地确定输赢规则。由于这时从任何一个战士(Y_1 或 Y_2)的角度来看，他面临的情况都与一对一的情况完全相同，没必要再重复讨论，所以下面只从高手 X 的角度研究独裁评估输赢次数的极限问题。

首先看高手真正赢的情况，即高手 X 同时使战士 Y_1 和 Y_2 服输，$\{Y_1=0, Y_2=0\}$。由于 Y_1 和 Y_2 相互独立，所以

$P(Y_1=0, Y_2=0)=P(Y_1=0)P(Y_2=0)$

$= [P(X_1=1, Y_1=0)+ P(X_1=0, Y_1=0)][P(X_2=1, Y_2=0)+P(X_2=0, Y_2=0)]$

$= P(X_1=Z_1)P(X_2=Z_2)$

其中，随机变量 $Z_1=(X_1+Y_1)\mathrm{mod}\ 2$，$Z_2=(X_2+Y_2)\mathrm{mod}\ 2$。

考虑两个信道如下：（1）以 X_1 为输入、Z_1 为输出，其信道容量记为 C_1；（2）以 X_2 为输入、Z_2 为输出，其信道容量记为 C_2。根据香农编码极限定理（见参考文献[5]或本书第 7 章中的第 3 节）可知道

$$P(X_1=Z_1)\leqslant C_1 \text{ 和 } P(X_2=Z_2)\leqslant C_2$$

而且，这两个不等式还是可以达到的，于是有

$$P(Y_1=0, Y_2=0)\leqslant C_1C_2$$

因此，我们有以下定理。

定理 6.6（1 攻 2 的攻击能力极限定理）：在 N 个攻防回合中，1 个高手最多能够同时把 2 个战士打败 NC_1C_2 次，而且一定有某种技巧，可以使高手达到该极限。

其实，定理 6.6 是下面定理 6.7 的特殊情况。之所以单独将其列出，是因为 1 个黑客攻击多个红客的问题在本章第 2 节中还未被解决。

在一对二情况下，所有可能的独裁评估有：$X_1=a$、$X_2=b$、$(X_1, X_2)=(a, b)$、$Y_1=a$、$Y_2=b$、$(Y_1, Y_2)=(a, b)$、$(X_1, Y_2)=(a, b)$、$(X_2, Y_1)=(a, b)$，这里 a 和 b 取值为 0 或 1。由于 X_1 与 X_2 相互独立、Y_1 与 Y_2 相互独立、X_1 与 Y_2 相互独立、Y_1 与 X_2

相互独立，所以仿照定理 6.6 的证明过程，可以得到以下定理。

定理 6.7（独裁评估的极限）：在 1 个高手 $X=(X_1, X_2)$ 同时攻击 2 个战士 Y_1 和 Y_2 的情况下，在 N 个攻防回合中，有如下极限，而且它们都是可以达到的：

（1）$\{X_1=a\}$ 最多出现 NC_1 次。其中，C_1 是以 Y_1 为输入、$(X_1+Y_1+a)\bmod 2$ 为输出的信道容量。

（2）$\{X_2=b\}$ 最多出现 NC_2 次。其中，C_2 是以 Y_2 为输入、$(X_2+Y_2+b)\bmod 2$ 为输出的信道容量。

（3）$\{(X_1, X_2)=(a, b)\}$ 最多出现 NC_1C_2 次。其中，C_1 和 C_2 如（1）和（2）所述。此时，若 $a=b=1$，则意味着 X 既未被 Y_1 打败，也未被 Y_2 打败或者 X 成功地挡住了 Y_1 和 Y_2 的攻击。由于 $P(X_1=0 \cup X_2=0)=1-P(X_1=1, X_2=1) \geqslant 1-C_1C_2$，在 N 回合的对抗中，X 被打败至少 $N(1-C_1C_2)$ 次。这也是本章第 1 节研究过的多攻一的特例。

（4）$\{Y_1=a\}$ 最多出现 ND_1 次。其中，D_1 是以 X_1 为输入、$(X_1+Y_1+a)\bmod 2$ 为输出的信道容量。

（5）$\{Y_2=b\}$ 最多出现 ND_2 次。其中，D_2 是以 X_2 为输入、$(X_2+Y_2+b)\bmod 2$ 为输出的信道容量。

（6）$\{(Y_1, Y_2)=(a, b)\}$ 最多出现 ND_1D_2 次。其中，D_1 和 D_2 如（4）和（5）所述（此时，$a=b=0$ 的特殊情况就是定理 6.6 中的情况）。

（7）$\{(X_1, Y_2)=(a, b)\}$ 最多出现 NC_1D_2 次。其中，C_1 和 D_2 如（1）和（5）所述。

（8）$\{(X_2, Y_1)=(a, b)\}$ 最多出现 NE_1E_2 次。其中，E_1 是以 Y_2 为输入、$(X_2+Y_2+a)\bmod 2$ 为输出的信道容量；E_2 是以 X_1 为输入、$(X_1+Y_1+b)\bmod 2$ 为输出的信道容量。

现在将一对二的情况推广到一对多的星状网络攻防情况。

星状网络的中心点是高手 $X=(X_1, X_2, \cdots, X_m)$，他要同时对抗 m 个战士 Y_1, $Y_2, \cdots, Y_m$（他们对应于星状网的非中心点）。

每个回合后，战士们对自己在本轮攻防中的表现，给出以下保密的不告知任何人的盲自评估：战士 Y_i 若自评估自己打败了高手，则记 $Y_i=1$；否则，记 $Y_i=0$ 这里 $1 \leqslant i \leqslant m$。

每个回合后，高手 $X=(X_1, X_2, \cdots, X_m)$ 对自己在本轮攻防中的表现，给出如下保密的不告知任何人的盲自评估：若他在对抗 Y_i 时得分为 a_i（这里 $a_i=0$ 时，表示自认为输给了 Y_i；否则，$a_i=1$，即表示自己战胜了 Y_i），那么就记 $X_i=a_i$，$1 \leqslant i \leqslant m$。这时，也可以形象地将高手看成一个长了 m 只手 $X_1, X_2, \cdots, X_m$ 的大侠。

类似于定理 6.7，我们有以下定理。

定理 6.8（星状网络对抗的独裁极限）：在一个高手 $X=(X_1, X_2, \cdots, X_m)$ 同时对抗 m 个战士 $Y_1, Y_2, \cdots, Y_m$ 的星状网络环境中，所有的独裁评估都可以表示为事件

$$[\bigcap_{i \in S} \{X_i=a_i\}] \cap [\bigcap_{j \in R} \{Y_j=b_j\}]$$

其中，S 和 R 是数集 $\{1, 2, \cdots, m\}$ 中的两个不相交子集，即 $S \cap R=\varnothing$，a_i、b_j 取值为 0 或 $1(1 \leqslant i, j \leqslant m)$。

而且，独裁评估的概率为

$$P(\{[\bigcap_{i \in S} \{X_i=a_i\}] \cap [\bigcap_{j \in R} \{Y_j=b_j\}]\})=[\prod_{i \in S} P(\{X_i=a_i\})] \cdot [\prod_{j \in R} P(\{Y_j=b_j\})]$$

$$\leqslant \prod_{\substack{i \in S \\ j \in R}} [C_i D_j]$$

这里，C_i 是以 Y_i 为输入、$(X_i+Y_i+a_i) \bmod 2$ 为输出的信道的信道容量；D_j 是以 X_j 为输入、$(X_j+Y_j+b_j) \bmod 2$ 为输出的信道的信道容量。而且，该极限是可达的。

换句话说，在星状网络的 N 次攻防对抗中，每个独裁事件

$$\{[\bigcap_{i \in S} \{X_i=a_i\}] \cap [\bigcap_{j \in R} \{Y_j=b_j\}]\}$$

最多只出现 $N \prod_{\substack{i \in S \\ j \in R}} [C_i D_j]$ 次，而且这个极限还是可达的。

该定理的证明过程与定理 6.6 类似，只是注意到如下事实：从随机变量角度来看，当 $i \neq j$ 时，X_i 与 Y_j 相互独立，各 X_i 之间相互独立，各 Y_j 之间也相互独立。定理 6.8 其实也包含了本章第 1 节和第 2 节中一攻多和多攻一的情况。

第4节 攻防一体榕树网的可达极限

除了一对一的单挑、一对多的星状网络攻防之外，在真实的网络对抗中，还常常会出现集团之间的对抗情况，即由一群人（如北约成员 $X_1, X_1, \cdots, X_n$）去对抗另一群人（如华约成员 $Y_1, Y_2, \cdots, Y_m$）。这里，北约成员（$X_1, X_1, \cdots, X_n$）之间不会相互攻击；同样，华约成员（$Y_1, Y_2, \cdots, Y_m$）之间也不会相互攻击；北约（华约）的每个成员都有可能会攻击华约（北约）的任一个成员。因此，对抗的两个阵营其实就形成了一个榕树网络（Banyan）。为研究简便，假定同一组织成员之间都是独立行事（即各 X_i 之间相互独立，各 Y_i 之间也相互独立）。因为，如果某两个组织成员之间是协同工作的，就可以将它们视为同一个（融合）成员。

仍然采用回合制，假定在每个回合后，各成员都对自己在本轮对抗中的表现给出一个真心的盲评价：

每个北约成员 $X_i(1 \leq i \leq n)$ 都长了 m 只手，即 $X_i=(X_{i1}, X_{i2}, \cdots, X_{im})$，当他自认为在本轮对抗中打败了华约成员 $Y_j(1 \leq j \leq m)$ 时，就记 $X_{ij}=1$；否则，当他自认为在本轮对抗中输给了华约成员 $Y_j(1 \leq j \leq m)$ 时，就记 $X_{ij}=0$。

同样，每个华约成员 $Y_j(1 \leq j \leq m)$ 也都长了 n 只手，即 $Y_j=(Y_{j1}, Y_{j2}, \cdots, Y_{jn})$，当他自认为在本轮对抗中打败了北约成员 $X_i(1 \leq i \leq n)$ 时，就记 $Y_{ji}=1$；否则，当他自认为在本轮对抗中输给了北约成员 $X_i(1 \leq i \leq n)$ 时，就记 $Y_{ji}=0$。

类似于定理 6.8，我们有以下定理。

定理 6.9（榕树网络对抗的独裁极限）：在榕树网络（Banyan）攻防环境中，所有的独裁评估事件都可表示为

$$[\bigcap_{(i,\,j) \in S} \{X_{ij}=a_{ij}\}] \cap [\bigcap_{(j,\,i) \in R} \{Y_{ji}=b_{ji}\}]。$$

这里，S 和 R 是集合 $\{(i,j): 1 \leqslant i \leqslant n, 1 \leqslant j \leqslant m\}$ 中的这样两个子集：当 $(i,j) \in S$ 时，一定有 (j,i) 不属于 R；同时，当 $(i,j) \in R$ 时，一定有 (j,i) 不属于 S。而且独裁评估的概率为

$$P([\bigcap_{(i,j) \in S} \{X_{ij}=a_{ij}\}] \cap [\bigcap_{(j,i) \in R} \{Y_{ji}=b_{ji}\}]) = [\prod_{(i,j) \in S} P\{X_{ij}=a_{ij}\}] \cdot [\prod_{(j,i) \in R} P\{Y_{ji}=b_{ji}\}]$$

$$\leqslant \prod_{\substack{(i,j) \in S \\ (p,q) \in R}} [C_{ij}D_{pq}]$$

这里，C_{ij}（$(i,j) \in S$）是以 Y_{ji} 为输入、$(X_{ij}+Y_{ji}+a_{ij})\mod 2$ 为输出的信道的信道容量；D_{pq}（$(p,q) \in R$）是以 X_{qp} 为输入、$(X_{qp}+Y_{pq}+b_{pq})\mod 2$ 为输出的信道的信道容量。而且，该极限是可达的。

换句话说，在榕树网络的 N 次攻防对抗中，每个独裁事件

$$[\bigcap_{(i,j) \in S} \{X_{ij}=a_{ij}\}] \cap [\bigcap_{(j,i) \in R} \{Y_{ji}=b_{ji}\}]$$

最多只出现 $N \prod\limits_{\substack{(i,j) \in S \\ (p,q) \in R}} [C_{ij}D_{pq}]$ 次，而且这个极限还是可达到的。

第5节　攻防一体全连通网络的可达极限

一个有 n 个用户的网络中，如果所有这些用户都相互攻击，就像打麻将时每个人都"盯上家，卡对家，打下家"一样，那么这样的攻防场景就称为麻将网络攻防，或者学术一些，叫作全连通网络攻防。在实际情况中，这种攻防场景虽然不常见，但偶尔还是会出现的。为了学术研究的完整性，我们在此也介绍一下。

全连通网络中的 n 个战士用 $X_1, X_2, \cdots, X_n$ 来表示。每个战士 X_i（$1 \leqslant i \leqslant n$）都有 n 只手 $X_i=(X_{i1}, X_{i2}, \cdots, X_{in})$，其中，他的第 j（$1 \leqslant j \leqslant n$）只手（$X_{ij}$）是用来对付第 j 个战士 X_j 的，而 X_{ii} 这只手是用来保护自己的。

仍然假设他们的攻防是采用回合制，在每个回合后，都对本轮攻防的效果进行一次只有自己知道的评估：

如果战士 X_i 自认为在本回合中打败了战士 $X_j(1{\leqslant}i{\neq}j{\leqslant}n)$，那么他就记 $X_{ij}{=}1$；否则，如果他认为输给了战士 X_j，那么他就记 $X_{ij}{=}0$。

说明：对 X_{ii} 不进行任何赋值，因为它对整个攻防不起任何作用，放在这里仅仅是使得相关公式整齐而已。

类似于定理 6.9，我们有以下定理。

定理 6.10（全连通网络对抗的独裁极限）：在全连通网络攻防环境中，所有的独裁评估事件都可表示为

$$\bigcap_{(i,\,j)\in S}\{X_{ij}{=}a_{ij}\}$$

这里，S 是集合 $\{(i,j):1{\leqslant}i{\neq}j{\leqslant}n\}$ 中的一个特殊子集。它满足条件：如果 $(i,j)\in S$，那么一定有 (j,i) 不属于 S。而且独裁评估事件的概率为

$$P(\bigcap_{(i,\,j)\in S}\{X_{ij}{=}a_{ij}\}){=}\prod_{(i,\,j)\in S}P\{X_{ij}{=}a_{ij}\}\leqslant\prod_{(i,\,j)\in S}C_{ij}$$

这里，C_{ij}（$(i,j)\in S$）是以 X_{ji} 为输入、$(X_{ij}{+}X_{ji}{+}a_{ij})\bmod 2$ 为输出的信道的信道容量，而且该极限是可达的。换句话说，在全连通网络的 N 次攻防对抗中，每个独裁事件 $\bigcap_{(i,\,j)\in S}\{X_{ij}{=}a_{ij}\}$ 最多出现 $N\prod_{(i,\,j)\in S}C_{ij}$ 次，而且这个极限还是可达的。

第 6 节 小结与答疑

攻防是网络空间安全的核心，本书第 5 章和本章对攻防几乎进行了地毯式探索。比如本书第 5 章在攻与守单挑的情形下，研究了盲对抗，并给出了黑客（红客）攻击（防守）能力的精确极限；研究了以"石头剪刀布""猜正反面""手心手背""划拳"和"猜拳"等游戏为代表的非盲对抗的有趣实例，给出了输赢极限和获胜技巧；还针对非盲对抗的很大一个子类（输赢规则线性可分的情况）给出了统一的解决方案。

但是，在现实对抗中还会经常出现"群殴"事件，特别是多位黑客攻击一位红客；一个黑客攻击多位红客；黑客借助跳板来攻击红客；在有人协助时，

黑客攻击红客等。于是，便引出了本章的主题——多人对抗。当然，由于在网络空间安全对抗中，几乎只涉及盲对抗，所以本章也就只研究了盲群殴。此处的结果，绝不仅仅限于网络空间安全，仍然对各类对抗性的安全都有效。

当然，有关网络空间安全对抗的问题绝不仅仅限于本书第 5 章和本章的内容。在从其他角度继续研究红、黑客攻防前，我们先来自问自答一些问题，也许对读者有所帮助。这些问题也是安全通论早期研究中，作者一直很纠结的问题。此处将它们原样给出的另一目的，就是想让大家了解一些相关研究过程的心路历程。

问题一：网络空间的"安全通论"存在吗？答：安全的核心是对抗，它也是一种特殊的博弈。既然前人已经能够把广泛的博弈，用很紧凑的博弈论统一起来，那么从理论上说，"安全通论"的上界是存在的，甚至它就是博弈论的某种精炼。当然，这种精炼绝非易事！另外，根据前面几章的内容，我们至少可以说，"安全通论"的下界也是存在的。因此，只要能把上界不断拉低，把下界不断提高，那么紧凑的"安全通论"就一定能够建成。

问题二：第 5 章和本章讨论对抗时，都假定了回合制，但实际的网络攻防不是回合制？答：表面上，现实世界的网络攻防确实不是回合制！但是，设想一下，如果把时间进行必要的局部拉伸和压缩（这样做，对攻防各方来说并无实质性的改变），那么所有攻防也都可转化成回合制。况且，既然"博弈论"都是采用的回合制，那么作为一种特殊的博弈，为什么安全对抗就不能是回合制呢？理论研究一定要建立相应的模型，一定要抛弃一些不必要的差异和非核心细节，否则就只能做"能工巧匠"了。采用什么制并不重要，重要的是是否能够把所有安全分支给紧凑地统一起来。

问题三：为什么只考虑了对抗的输赢次数？答：必须承认，对抗中的输赢次数只包含了部分输赢信息（比如，一次大赢可能抵过多次小输），但是，在没有能力揭示更多输赢信息的情况下，能"向前迈一步"总好过无所作为。做科研，特别是创立一门新学科，只能步步逼近，不可能一步登天。

问题四：假如"安全通论"完成，对网络空间安全到底有什么具体的指导价值？答：关键看"安全通论"完成后到底是什么样子。也许它会是安全界的信息论，也许一钱不值。但是，如果是后者，就说明网络空间安全根本就是一堆扶不上墙的烂泥，我们不相信会出现这种情况。当然，你若问今后到底如何用"安全通论"去指导安全的各个细节，那么我们只能告诉你：当年香农也不知道如何用"信息论"去指导计算机的生产。

问题五：实际安全对抗中还有许多诸如模糊性、随机性等因素，"安全通论"中为什么没有考虑？答：首先，"安全通论"研究不是我们的专利，我们只是抛了块"砖"，来引各位的"玉"而已，欢迎国内外所有学者展开更广泛的研究；其次，做研究，一定要有所为，有所不为。只要不影响普适性，能够简化的东西就都要尽量简化，否则搞得太复杂，就会无处下手，就很难建立一门紧凑的科学。

问题六：你们为什么至此没有用到博弈论？答：从研究"安全通论"的第一天开始，我们就想把博弈论当成核心工具，但总是事与愿违！这也许有两方面原因：其一，博弈论真的不能简单地平移到网络安全对抗中来，虽然我们花费了大量的精力和时间来专攻博弈论，研读了包括冯·诺伊曼的原著等在内的1000多页博弈论专著；其二，我们的博弈论功底还不够深，没能从中找到打开"安全通论"的博弈论金钥匙。因此，我们真诚地欢迎博弈论专家介入"安全通论"。

其实，在网络空间安全对抗中，要想驾驭博弈论也绝非易事。如果按常规，根据每个回合中各方的收益函数值，套用纳什均衡定理等，那么将面临一个严峻挑战，即对政治黑客而言，压根就没有什么收益函数，因为他们是不计代价的；对经济黑客而言，确定收益函数值的难度甚至可能超过各方攻防对抗的难度，显然这就本末倒置了！就算是经济黑客愿意花大力气把收益函数值都测试出来，对"安全通论"本身的进步也没有理论价值，只不过是做了一道小儿科习题而已。所以，在研究"安全通论"时，必须创新性地利用博弈论。当然，若将各方在对抗中的输赢次数当作收益函数，那就回到了前面几章的研究。

不过，从下一章开始，博弈论将在"安全通论"的研究中正式登场，并扮演重要角色！

第 7 章

信息论、博弈论与安全通论的融合

能有本章内容纯属意外。严格说来，它不属于安全通论，而只是安全通论的副产品；但是，由于其可能的重要性，我们不但将它列入安全通论，而且还单独用一章来介绍。

第 1 节 信息论与博弈论的再认识

在信息通信领域，有一本"圣经"，叫《信息论》；在经济学领域，也有一本"圣经"，叫《博弈论》。这两本"圣经"，几乎同时诞生于 20 世纪中叶，分别由香农和冯·诺伊曼所著。但是，过去 70 年来，谁也没想到，这两本书其实是同一本"圣经"的上、下两册，它们的灵魂是完全一致的。而偶然发现这个秘密，并将这两本著作融合起来的，便是笔者正在努力探索中的安全通论。

香农和冯·诺伊曼无疑是第三次工业革命的灵魂人物。作为科学家，他们对信息社会的贡献无与伦比，堪称信息社会之父。

香农的《信息论》可能是 20 世纪最重要的著作，而且它对人类的影响还将持续下去，甚至会变得越来越重要。近百年来，正反两方面的事实证明，若没有《信息论》，就不会有人类的今天，更不可能有网络时代、大数据时代、云计算时代、物联网时代等。

冯·诺伊曼的《博弈论》对人类文明的影响也大得惊人，特别是经天才数学家纳什精炼后，《博弈论》几乎就成为了现代经济学的主宰，由它催生的诺贝尔奖获得者有一长串。

过去 70 年来，信息论和博弈论在各自领域中都扮演着不可替代的角色。虽然人们研究信息论在股票市场中的应用时，也偶尔提到"博弈"两字；在信息通信中研究数据压缩时，也提到过"博弈"；同样，在经济学的许多著作中，"信息"或"信息论"更是经常出现。但是，客观地说，无论是信息论研究中提到博弈，还是经济学（博弈论）研究中提到信息或信息论，其实都只是在赶时髦，只是用对方的名词概念装点自己的门面而已，最多不过是借用一下思想。实际上，在信息论界，大家对博弈论知之甚少；同样，在博弈论界，大家对信息论也几乎不懂。可以说，在全世界，同时精通并深入研究博弈论和信息论的人远比预想的要少。

在本书第 5 章和第 6 章中，已经有迹象表明，安全对抗与信息论密切相关。非常意外的是，我们在用博弈论继续研究安全对抗时，却偶然发现，信息论和博弈论的关系之密切完全超出了过去的想象，甚至刷新了过去对通信的看法，让通信特别是网络通信（多用户通信）以全新的面貌重新登场。比如：

（1）过去，人们咬定，通信（一对一通信）就是比特信息从发端到收端的传输，其目的就是尽可能多地、可靠地传输比特流。但是，现在看来，通信其实还可以是一种博弈，是收信方（黑客）和发信方（红客）之间为了从对方获取最大信息量（互信息）的一种博弈。而且，这种博弈一定存在纳什均衡，此时，收信方（黑客）和发信方（红客）各自从对方所获得的信息量相等，同为香农所称的"信道容量"。换句话说，所谓通信，就是攻防一体情况下，黑客和红客之间的一种特殊安全对抗而已。

（2）网络通信（多用户通信）的信息传输极限一直就是多用户网络信息论中的头等难题，其难度之大，以至于人们根本就不知道该如何来描述它。人们虽然自认为已经在多输入单输出信道等几种最简单的多用户网络信道容量计算方面，取得了最终结果（其实并非最终结果，详见本章第 4 节的论述）；但是面对绝大部分的多用户网络的信道容量，人们仍然束手无策。甚至像广播信道这种简单而常见的信道，都使大家不知所措。

为什么会出现这种尴尬局面呢？因为如果按过去的观念，让比特串在多用户信道中去互相碰撞、转化、流动、传输，那么当然就难以理出头绪，而且越传越乱。甚至，连每个用户终端对自己的传输需求、优化目标都说不清楚，就更不可能有最优化结果了。

现在，重新来审视多用户网络通信，将它看成终端用户之间的一种多参与者博弈，其目的是要从其锁定的对象终端处获得最大的信息量。换句话说，多用户通信便是在攻防一体情况下，这些用户彼此之间的一种特殊的安全对抗。于是，网络信道容量这个大难题便可以经过简单的两步，轻松转化成博弈论中常见的纳什均衡问题。

第 1 步：每个博弈者锁定自己的需求（即优化目标），比如，他对哪些终端的信息更感兴趣（兴趣大的赋予更大的权值，没兴趣的赋予 0 权值），对哪些终端的信息要区别对待（不加区别地可以放在同一个组内，统一考虑）。

第 2 步：证明该种博弈刚好存在纳什均衡（非常幸运地得益于互信息函数 $I(X ; Y)$ 的凹性）。而且在纳什均衡状态时，每个终端都得到了自己的最优化结果。

（3）信道容量其实并非像过去知道的那么死板，更不是由几条固定直线切割而成的不变区域，而是在根据各博弈方的优化目标而变化的；优化目标不同，优化结果当然应该不同。而在网络通信中，各方的优化目标确实千差万别。

（4）信息论、博弈论和安全通论三者之间融合后，就有红客与黑客之间的攻防对抗，其实既是红客与黑客的博弈，也是红客与黑客之间的通信。若将通信看作安全通论中的红客与黑客对抗，那么这时红客与黑客的攻防招数相当，即红客能实施的所有手段，黑客也能实施。若将安全通论中的红黑对抗看作通信，那么这种通信是非对称的，即比特的正向流动与反向流动性质不同。若将安全通论中的红客与黑客对抗看作博弈，那么由于每个红客或黑客的攻防招数是有限的，所以无论怎么去定义其利益函数，这种博弈都一定存在纳什均衡（包含纯战略或混合战略）。

于是，在被融合的三论中，博弈论最广，信息论最深，安全通论黏性最强。

虽然与信息论和博弈论相比，安全通论不过是个小矮人，但是，安全通论既然能把两大"牛理论"黏在一起，就说明其本身还是有一定价值的。

综上可知，本章内容是安全通论的重要组成部分，但是，由于信息论与博弈论的融合太出人意料，所以我们将本章的标题取为"信息论、博弈论与安全通论的融合"，其实本章也属于安全对抗的研究范围。

由于许多博弈论专家不熟悉信息论，同样，许多信息论专家不熟悉博弈论，所以，为了阅读方便，我们在本章第 2 节和第 3 节中分别把博弈论和信息论的最精华部分进行了精炼，熟悉的读者可以跳过，直接进入本章的核心内容——第 4 节"三论融合"。

第 2 节　博弈论核心凝炼

为保持完整性，本节将博弈论的最核心成果（见参考文献[10]）归纳如下。熟悉博弈论的读者可以直接跳过本节。

博弈的标准式表述包括：（1）博弈的参与者；（2）每个参与者可供选择的战略（行动）集；（3）针对所有参与者可能选择的战略组合，每个参与者获得的收益。在一般的 n 个参与者的博弈中，把参与者从 1 至 n 排序，设其中任一参与者的序号为 i，令 S_i 代表参与者 i 可以选择的战略集合（称为 i 的战略空间，其实就是行动空间），其中任一特定的战略用 s_i 表示（或写为 $s_i \in S_i$，表示战略 s_i 是战略集 S_i 中的要素）。令 $(s_1, s_2, \cdots, s_n)$ 表示每个参与者选定一个战略而形成的战略组合，u_i 表示第 i 个参与者的收益函数，$u_i(s_1, s_2, \cdots, s_n)$ 即为参与者选择战略 $(s_1, s_2, \cdots, s_n)$ 时，第 i 个参与者的收益。综合而言，有以下定义。

定义 7.1（**博弈标准式**）：在一个 n 人博弈的标准式表述中，参与者的战略空间为 $S_1, S_2, \cdots, S_n$，收益函数为 $u_1, u_2, \cdots, u_n$，我们用 $G=\{S_1, S_2, \cdots, S_n; u_1, u_2, \cdots, u_n\}$ 表示此博弈。

定义 7.2（**严格劣战略**）：在标准式的博弈 $G=\{S_1, S_2, \cdots, S_n; u_1, u_2, \cdots, u_n\}$ 中，令 s_i' 和 s_i'' 代表参与者 i 的两个可行战略（即 s_i' 和 s_i'' 是 S_i 中的元素）。如果对

其他参与者的每个可能战略组合，i 选择 s'_i 的收益都小于其选择 s''_i 的收益，则称战略 s'_i 相对于战略 s''_i 是严格劣战略，即以下不等式：

$$u_i(s_1, s_2, \cdots, s_{i-1}, s'_i, s_{i+1}, \cdots, s_n) < u_i(s_1, s_2, \cdots, s_{i-1}, s''_i, s_{i+1}, \cdots, s_n) \qquad (7.1)$$

对其他参与者在其战略空间 $S_1, \cdots, S_{i-1}, S_{i+1}, \cdots, S_n$ 中每一组可能的战略 $(s_1, \cdots, s_{i-1}, s_{i+1}, \cdots, s_n)$ 都成立。

理性的参与者不会选择严格劣战略，因为他（对其他人选择的战略）无法做出这样的推断，使这一战略成为他的最优反应。在博弈中，每个参与者要选择的战略，必须是针对其他参与者选择战略的最优反应，这种理论推测结果可以叫作战略稳定或自动实施的，因为没有哪位参与者愿意独自离弃他所选定的战略，我们把这一状态称为纳什均衡。

定义 7.3（纯战略纳什均衡）：在 n 个参与者标准式博弈 $G=\{S_1, S_2, \cdots, S_n; u_1, u_2, \cdots, u_n\}$ 中，如果战略组合 $\{s_1^*, s_2^*, \cdots, s_n^*\}$ 满足对每个参与者 i，s_i^* 是（至少不劣于）他针对其他 $n-1$ 个参与者所选战略 $\{s_1^*, s_2^*, \cdots, s_{i-1}^*, s_{i+1}^*, \cdots, s_n^*\}$ 的最优反应战略，则称战略组合 $\{s_1^*, \cdots, s_n^*\}$ 是该博弈的一个纳什均衡，即

$$u_i\{s_1^*, s_2^*, \cdots, s_{i-1}^*, s_i^*, s_{i+1}^*, \cdots, s_n^*\} \geqslant u_i\{s_1^*, s_2^*, \cdots, s_{i-1}^*, s_i, s_{i+1}^*, \cdots, s_n^*\} \qquad (7.2)$$

对所有 S_i 中的 s_i 都成立，亦即 s_i^* 是以下最优化问题的解：

$$\max_{s_i \in S_i} u_i\{s_1^*, s_2^*, \cdots, s_{i-1}^*, s_i, s_{i+1}^*, \cdots, s_n^*\} \qquad (7.3)$$

注意：为了减少多重下角标所引起的复杂性，同时也避免混淆，本章公式中有多重下角标的，都将 s_i 与 si 视为等同。

为更清晰地理解定义 7.3 中的纳什均衡，我们设想有一标准式博弈 $G=\{S_1, S_2 \cdots, S_n; u_1, u_2, \cdots, u_n\}$，博弈论为它提供的解为战略组合 $\{s'_1, s'_2, \cdots, s'_n\}$，如果 $\{s'_1, s'_2, \cdots, s'_n\}$ 不是 G 的纳什均衡，就意味着存在一些参与者 i，s'_i 不是针对 $\{s'_1, s'_2, \cdots, s'_{i-1}, s'_{i+1}, \cdots, s'_n\}$ 的最优反应战略，即在 S_i 中存在 s''_i，使得

$$u_i(s'_1, s'_2, \cdots, s'_{i-1}, s'_i, s'_{i+1}, \cdots, s'_n) < u_i(s'_1, s'_2, \cdots, s'_{i-1}, s''_i, s'_{i+1}, \cdots, s'_n) \qquad (7.4)$$

那么，如果博弈论提供的战略组合解 $\{s'_1, s'_2, \cdots, s'_n\}$ 不是纳什均衡，则至少

有一个参与者有动因偏离理论的预测,使得博弈的真实进行和理论预测不一致。因此,对给定的博弈,如果参与者之间要商定一个协议,决定博弈如何进行,那么一个有效的协议中的战略组合必须是纳什均衡的战略组合,否则至少有一个参与者不会遵守该协议。

换一个角度来看纳什均衡。仍记 S_i 为参与者 i 可以选择的战略集,并且对每个参与者 i,s_i^* 为其针对另外 n-1 个参与者所选战略的最优反应,则战略组合 $(s_1^*, s_2^*, \cdots, s_n^*)$ 为博弈的纳什均衡,即

$$u_i(s_1^*, s_2^*, \cdots, s_{i-1}^*, s_i^*, s_{i+1}^*, \cdots, s_n^*) \geqslant u_i(s_1^*, s_2^*, \cdots, s_{i-1}^*, s_i, s_{i+1}^*, \cdots, s_n^*) \qquad (7.5)$$

对 S_i 中的每个 s_i 都成立。

但是,如果仅按定义 7.3 来定义纳什均衡,那么在某些情况下,这样的纳什均衡就不存在。一般地,在博弈中,一旦每个参与者都竭力猜测其他参与者的战略选择,那么就不存在由定义 7.3 所定义的纳什均衡,因为这时参与者的最优行为是不确定的,而博弈的结果必然要包括这种不确定性。因此,又引入了所谓混合战略的概念,它可以解释为一个参与者对其他参与者行为的不确定性,从而将纳什均衡的定义扩展到包括混合战略的情况。

规范地说,参与者 i 的一个混合战略,就是在其战略空间 S_i 中(一些或全部)战略的概率分布,于是,称前面 S_i 中的那些战略为 i 的纯战略。对于完全信息同时行动博弈来说,一个参与者的纯战略,就是他可以选择的不同行动。例如,在"猜硬币正反面"博弈中,S_i 含有两个纯战略,分别为"猜正面向上"和"猜反面向上"。这时,参与者 i 的一个混合战略为概率分布 $(q, 1-q)$,其中 q 为猜正面向上的概率,$1-q$ 为猜反面向上的概率,且 $0 \leqslant q \leqslant 1$。混合战略 $(0, 1)$ 表示参与者的一个纯战略,即只猜反面向上;类似地,混合战略 $(1, 0)$ 表示只猜正面向上的纯战略。

一般地,假设参与者 i 有 K 个纯战略 $S_i = \{s_{i1}, s_{i2}, \cdots, s_{iK}\}$,则参与者 i 的一个混合战略就是一个概率分布 $(p_{i1}, p_{i2}, \cdots, p_{iK})$。其中,$p_{ik}$ 表示对所有 k=1, 2, $\cdots$, K,参与者 i 选择战略 s_{ik} 的概率。由于 p_{ik} 是一个概率,所以对所有 k=1, 2, $\cdots$, K,有 $0 \leqslant p_{ik} \leqslant 1$ 且 $p_{i1} + p_{i2} + \cdots + p_{iK} = 1$。我们用 p_i 表示基于 S_i 的任意一个混合战略,其中

包含了选择每个纯战略的概率，正如前面用 s_i 表示 S_i 内任意一个纯战略一样。

定义 7.4（混合战略）：对标准式博弈 $G=\{S_1, S_2, \cdots, S_n; u_1, u_2, \cdots, u_n\}$，假设 $S_i=\{s_{i1}, s_{i2}, \cdots, s_{iK}\}$。那么，参与者 i 的一个混合战略为概率分布 $p_i=(p_{i1}, p_{i2}, \cdots, p_{iK})$，其中对所有 $k=1, 2, \cdots, K$，都有 $0 \leqslant p_{ik} \leqslant 1$ 且 $p_{i1}+p_{i2}+\cdots+p_{iK}=1$。

为了将纳什均衡概念扩展到混合战略的最优反应，先把两人博弈的情况描述清楚（这也是我们为了在后面将博弈论与信息论融合而做的准备工作）。

先考虑只有两个博弈者。令 J 表示第 1 个参与者（博弈者）S_1 中包含纯战略的个数，K 表示第 2 个博弈者 S_2 中包含纯战略的个数，则 $S_1=\{s_{11}, s_{12}, \cdots, s_{1J}\}$，$S_2=\{s_{21}, s_{22}, \cdots, s_{2K}\}$。我们用 s_{1j} 和 s_{2k} 分别表示 S_1 和 S_2 中任意一个纯战略。

如果参与者 1 推断参与者 2 将以 $P_2=(p_{21}, p_{22}, \cdots, p_{2K})$ 的概率选择战略$(s_{21}, s_{22}, \cdots, s_{2K})$，则参与者 1 选择纯战略 s_{1j} 的期望收益为

$$\sum_{k=1}^{K} p_{2k} u_1(s_{1j}, s_{2k}) \tag{7.6}$$

且参与者 1 选择混合战略 $P_1=(p_{11}, \cdots, p_{1J})$ 的期望收益为

$$v_1(P_1, P_2)=\sum_{j=1}^{J} p_{1j}\left[\sum_{k=1}^{K} p_{2k}u_1(s_{1j}, s_{2k})\right]u_1(s_{1j}, s_{2k})=\sum_{j=1}^{J}\sum_{k=1}^{K} p_{1j} p_{2k}u_1(s_{1j}, s_{2k}) \tag{7.7}$$

其中，$p_{1j}p_{2k}$ 表示参与者 1 选择 s_{1j} 且参与者 2 选择 s_{2k} 的概率。根据式（7.7），参与者 1 选择混合战略 P_1 的期望收益，等于按式（7.6）给出的每个纯战略 $\{s_{11}, \cdots, s_{1J}\}$ 的期望收益的加权和，其权重分别为各自的概率（$p_{11}, p_{12}, \cdots, p_{1J}$），那么，参与者 1 的混合战略（$p_{11}, p_{12}, \cdots, p_{1J}$）要成为他对参与者 2 战略 P_2 的最优反应，其中任何大于 0 的 p_{1j} 相对应的纯战略都必须满足

$$\sum_{k=1}^{K} p_{2k} u_1(s_{1j}, s_{2k}) \geqslant \sum_{k=1}^{K} p_{2k} u_1(s'_{1j}, s_{2k})$$

对 S_1 中每一个 s'_{1j} 都成立。这表明，如果一个混合战略要成为 P_2 的最优反应，那么，这个混合战略中每一个概率大于 0 的纯战略本身，也必须是对 P_2 的最优反应。反过来讲，如果参与者 1 有 n 个纯战略都是 P_2 的最优反应，则这些纯战略全部或部分的任意线性组合（同时，其他纯战略的概率为 0）形成的混合战

略，同样是参与者 1 对 P_2 的最优反应。

为给出扩展的纳什均衡的正式定义，我们还需要计算当参与者 1 和 2 分别选择混合战略 P_1 和 P_2 时，参与者 2 的期望收益。如果参与者 2 推断参与者 1 将分别以 P_1=（p_{11}, p_{12}, $\cdots$, p_{1J}）的概率选择战略 {s_{11}, s_{12}, $\cdots$, s_{1J}}，则参与者 2 分别以概率 P_2=（p_{21}, p_{22}, $\cdots$, p_{2K}）选择战略 {s_{21}, s_{22}, $\cdots$, s_{2K}} 时的期望收益为

$$v_2(P_1, P_2)=\sum_{k=1}^{K} p_{2k} \left[\sum_{j=1}^{J} p_{1j} \, u_2(s_{1j}, s_{2k})\right]=\sum_{j=1}^{J} \sum_{k=1}^{K} p_{1j} \, p_{2k}u_2(s_{1j}, s_{2k}) \qquad （7.8）$$

在给出 $v_1(P_1, P_2)$ 和 $v_2(P_1, P_2)$ 之后，我们便可以重新表述纳什均衡的必要条件了，即每一参与者的混合战略都是另一参与者混合战略的最优反应，一对混合战略 (P_1^*, P_2^*) 要成为纳什均衡，则 P_1^* 必须满足

$$v_1(P_1^*, P_2^*) \geqslant v_2(P_1, P_2^*) \qquad （7.9）$$

对 S_1 中战略所有可能的概率分布 P_1 都成立，并且 P_2^* 必须满足

$$v_2(P_1^*, P_2^*) \geqslant v_2(P_1^*, P_2) \qquad （7.10）$$

对 S_2 中战略所有可能的概率分布 P_2 都成立。

定义 7.5（混合战略纳什均衡）：在两个参与者标准式博弈 $G=\{S_1, S_2; u_1, u_2\}$ 中，混合战略 (P_1^*, P_2^*) 是纳什均衡的充分必要条件是：每一参与者的混合战略都是另一参与者混合战略的最优反应，即式（7.9）和式（7.10）必须同时成立。

在任何博弈中，一个纳什均衡（包括纯战略和混合战略均衡）都表现为参与者之间最优反应对应的一个交点，即使该博弈的参与者在两人以上，或有些（或全部）参与者有两个以上的纯战略。

到此，我们就可以介绍博弈论的最核心定理，称为纳什均衡定理，它由数学家纳什于 1950 年发现。

纳什均衡定理：在 n 个参与者的标准式博弈 $G=\{S_1, \cdots, S_n; u_1, \cdots, u_n\}$ 中，如果 n 是有限的，且对每个 i，S_i 也是有限的，则博弈存在至少一个纳什均衡，均衡可能包含混合战略。

该定理要求策略空间是有限的（即每个参与者的可选策略个数都有限）。策略空间是无限时，情况又会怎样呢？1952 年，Debreu、Glicksberg 和 Fan 证明了下面的定理 7.1，Glicksberg 证明了下面的定理 7.2。

定理 7.1：在 n 个参与者的标准式博弈 $G=\{S_1, S_2, \cdots, S_n; u_1, u_2, \cdots, u_n\}$ 中，如果 n 是有限的，且对每个 i，S_i 是欧氏空间的非空紧凸集，收益函数 u_i 对 $s_i(s_i \in S_i)$ 是连续的，且对 s_i 是拟凹的，那么该博弈存在纯战略纳什均衡。

定理 7.2：在 n 个参与者的标准式博弈 $G=\{S_1, S_2, \cdots, S_n; u_1, u_2, \cdots, u_n\}$ 中，如果 n 是有限的，且对每个 i，S_i 是度量空间的非空紧集，收益函数 u_i 是连续的，那么该博弈存在混合战略的纳什均衡。

第 3 节　信息论核心凝炼

为保持完整性，本节将信息论的最核心成果（见参考文献[5]）凝炼如下。熟悉信息论的读者可以直接跳过此节。

如果将所有可能的通信方案看成一个集合，那么，信息论就给出了这个集合的两个最重要的临界值：（1）数据压缩达到最低程度的方案，对应于该集合的下界 $\min I(X, X^*)$，即所有数据压缩方案所需的描述速率不得低于该临界值 $I(X, X^*)$（香农信源编码定理）；（2）数据传输率的最大值就是信道容量 $\max I(X, Y)$（香农信道编码定理）。

网络信息论是当前通信理论研究的焦点，即在干扰和噪声的情况下，如何建立大量发送器到大量接收器之间的通信同步率理论。

信息论的几个最基本的概念介绍如下。

熵：设随机变量 X 的概率分布函数为 $p(x)$，那么 X 的熵定义为

$$H(X)=-\sum_x p(x) \log p(x)$$

此时熵的量纲为比特。熵可看作随机变量 X 的平均不确定度的度量，即在平均意义下，为了描述该随机变量 X 所需的比特数。特别地，如果 X 是二值

随机变量，如 $p(X=1)=q$、$p(X=0)=1-q$，那么 $H(X)=-q\log q-(1-q)\log(1-q)$，它是实数区间[0, 1]内关于 q 的凹函数。

条件熵：一个随机变量 X，在给定另一个随机变量 Y 的条件下的熵，记为 $H(X|Y)$。

相对熵：两个概率密度函数为 $p(x)$ 和 $q(x)$ 之间的相对熵定义为

$$D(p/\!/q)=\sum_{x\in X} p(x)\log\frac{p(x)}{q(x)}=E_p\log\frac{p(X)}{q(X)}$$

互信息：由另一个随机变量导致的，原随机变量不确定度的缩减量。具体地说，设 X 和 Y 是两个随机变量，那么，这个缩减量就是互信息

$$I(X;Y)=H(X)-H(X|Y)=\sum_{x,y} p(x,y)\log\frac{p(x,y)}{p(x)p(y)}$$
$$=D\{p(x,y)/\!/[p(x)p(y)]\}$$

互信息 $I(X;Y)$ 也是两个随机变量相互之间独立程度的度量，它关于 X 和 Y 对称，且非负；当且仅当 X 与 Y 相互独立时，其互信息为 0。

条件互信息：随机变量 X 和 Y，在给定随机变量 Z 的条件互信息定义为

$$I(X;Y|Z)=H(X|Z)-H(X|Y,Z)=E_{p(x,y,z)}\log\frac{p(x,y|z)}{p(x|z)p(y|z)}。$$

定理 7.3（互信息的凹凸性定理）：设二维随机变量 (X, Y) 服从联合概率分布 $p(x,y)=p(x)p(y|x)$。如果固定 $p(y|x)$，则互信息 $I(X;Y)$ 就是关于 $p(x)$ 的凹函数（互信息其实是任意闭凸集上的凹函数，因而局部最大值也就是全局最大值。又由于互信息是有限的，所以在信道容量的定义中，可以只使用 max，而不必用 sup。而且，这个最大值（信道容量）可以利用标准的非线性最优化技术求解）；而如果固定 $p(x)$，则互信息 $I(X;Y)$ 就是关于 $p(y|x)$ 的凸函数。在条件互信息的情况下，如果固定 $p(y|x,z)$，则互信息 $I(X;Y|Z)$ 就是关于 $p(x|z)$ 的凹函数，也是关于 $p(x)$ 的凹函数。

通信信道：它是这样一个系统，其输出信号按概率依赖于输入信号。其特征由一个转移概率矩阵 $p(y|x)$ 决定，该矩阵给出了在已知输入情况下，输出的条件概率分布。

二元对称信道：输入与输出都只有两个符号（0,1），并且输出与输入相同的概率为 $1-p$，输出与输入相异的概率为 p，这里 $0 \leqslant p \leqslant 1$。

信道容量：对于输入信号为 X，输出信号为 Y 的通信信道，定义它的信道容量 C 为

$$C = \max_{p(x)} I(X;Y)$$

现在来介绍信息论中核心的定理——香农信道编码定理。

香农信道编码定理：对于离散无记忆信道，小于信道容量 C 的所有码率都是可达的。或者可以形象地解释为，码率不超过信道容量 C 的所有信号都能够被无误差地从发方传输到收方。

第4节　三论融合

有了本章第 2 节博弈论和第 3 节信息论的预备工作后，现在就可以介绍本章的核心内容了。我们将利用安全通论，把博弈论的核心（纳什均衡）和信息论的核心（信道容量）进行充分融合，并顺便给出网络信息论中一些难题的解决思路。

首先来重新审视经典的"一对一通信"：构造一个特殊的标准式博弈 $G=\{S_1, S_2; u_1, u_2\}$，它有两个参与者，分别是甲方（包含但不限于发信方 X）和乙方（包含但不限于收信方 Y）。假设固定一个转移矩阵 $A=[A_{ij}]$，它等同于确定某个信道的转移矩阵，即

$$A_{ij}=p(x=i|y=j), 1 \leqslant i \leqslant n, 1 \leqslant j \leqslant m$$

如果 X 和 Y 分别是取 n 个和 m 个值的随机变量，那么参与者 1（甲方）的战略空间 S_1 定义为

$$S_1=\{0 \leqslant x_i \leqslant 1:\ 1 \leqslant i \leqslant n,\ x_1+x_2+\cdots+x_n=1\}$$

它是边长为 1 的 n 维封闭立方体中的一个 $n-1$ 维封闭子立方体（当然，也就是欧氏空间的非空紧凸集）。

参与者 2（乙方）的战略空间 S_2 定义为

$$S_2=\{0 \leqslant y_i \leqslant 1:\ 1 \leqslant i \leqslant m,\ y_1+y_2+\cdots+y_m=1\}$$

它是边长为 1 的 m 维封闭立方体中的一个 $m-1$ 维封闭子立方体（当然，也就是欧氏空间的非空紧凸集）。

对参与者 1 和 2 的任意两个具体的纯战略 $s_1 \in S_1$（即 $s_1=(p_1,\ p_2,\ \cdots,\ p_n)$，$p_1+p_2+\cdots+p_n=1$）和 $s_2 \in S_2$（即 $s_2=(q_1,\ q_2,\ \cdots,\ q_m)$，$q_1+q_2+\cdots+q_m=1$），分别定义它们的收益函数。

参与者 1（甲方）的收益函数 $u_1(s_1, s_2)$ 定义为

$$u_1(s_1, s_2)=\sum_{j=1}^{m} q_j \sum_{i=1}^{n} A_{ij} \log \frac{A_{ij}}{p_i}$$

其实这个收益函数就是 $I(X;Y)$，即 X 与 Y 的互信息，这里 X 和 Y 的概率分布函数分别由 s_1 和 s_2 定义为

$$P(X=i)=p_i, (1 \leqslant i \leqslant n, 0 \leqslant p_i \leqslant 1)\ 和\ P(Y=j)=q_j, (1 \leqslant j \leqslant m, 0 \leqslant q_j \leqslant 1)$$

根据定理 7.3（互信息的凹凸性定理），在信道 $p(x|y)$ 被固定的条件下，u_1 对 $s_1(s_1 \in S_1)$ 是连续的，且对 s_1 是凹函数（当然更是拟凹的了）。

参与者 2（乙方）的收益函数 $u_2(s_1, s_2)$ 定义为

$$u_2(s_1, s_2)=\sum_{i=1}^{n} p_i \sum_{j=1}^{m} B_{ji} \log \frac{B_{ij}}{q_i}$$

其实这个收益函数就是 $I(Y;\ X)$，即 Y 与 X 的互信息。同样，根据定理 7.3（互信息的凹凸性定理），在信道 $p(x|y)$ 被固定的条件下（因为 $p(y|x)$ 已被固定，所以 $p(x|y)$ 也已被固定），u_2 对 $s_2(s_2 \in S_2)$ 是连续的，且对 s_2 是凹函数（当然更是拟凹的了）。注：虽然通过信息论，我们明明知道 $I(X;\ Y)=I(Y;\ X)$，即该博弈

中的两个参与者的收益函数是相等的，但为了使相关描述更像标准博弈，我们故意如此赘述，同时后面有些赘述也是基于同样目的。

于是，定理 7.1 中的条件就被全部满足，即我们人为构造的标准式博弈 $G=\{S_1, S_2; u_1, u_2\}$ 就存在纯战略的纳什均衡。也就是说，存在着某对纯战略

$$s_1^*=(p_1^*, p_2^*, \cdots, p_n^*) \text{和} s_2^*=(q_1^*, q_2^*, \cdots, q_m^*)$$

它们分别对应于某对输入和输出的随机变量 X^* 和 Y^*（这里，$P(X^*=i)=p_i^*$, $1 \leq i \leq n$, $p_1^*+p_2^*+\cdots+p_n^*=1$ 和 $P(Y^*=j)=q_j^*$, $1 \leq j \leq m$, $q_1^*+q_2^*+\cdots+q_m^*=1$），使得任意给定 $s_2 \in S_2$, 一定有 $u_1(s_1^*, s_2) \geq u_1(s_1, s_2)$（对所有 $s_1 \in S_1$）和任意给定 $s_1 \in S_1$, 一定有 $u_2(s_1, s_2^*) \geq u_2(s_1, s_2)$（对所有 $s_2 \in S_2$）同时成立。

换句话说，根据信道容量的定义，就知道 $u_1(s_1^*, s_2^*)=u_2(s_1^*, s_2^*)=C$, 信道 $p(y|x)$ 的信道容量，即甲方和乙方博弈的纳什均衡点刚好就是当甲方作为该信道的发信方时、乙方作为该信道的收方时的信道容量。所以，我们就把这个结果简述为如下定理。至此，我们就发现了信息论与博弈论之间的第一处核心融合。

定理 7.4（信道容量与纳什均衡的融合定理）：当信道固定时，若以输入和输出之间的互信息为收益函数，那么发信方和收信方之间的标准式博弈一定存在纯战略的纳什均衡，而且当达到纳什均衡时，它们的收益函数就刚好是收发双方之间的信道的信道容量。

特别说明：我们之所以将上述博弈构造成发方和收方之间的博弈，是因为这样比较形象直观。而且由于在这种博弈中，收方和发方的利益是一致的（收益函数相同），所以它们之间的博弈其实也是一种协同。另外，更严谨地说，我们本应该构造一个由收发双方联合起来与信道之间的三人博弈，或者是信道与发信方（或收信方）之间的二人博弈，它的最终纳什均衡状态也刚刚达到信道容量的极限值。不过，由于这种博弈的描述比较复杂，而且效果又一样，所以此处略去。

定理 7.4 几乎完全刷新了人们对通信的观念，原来所谓通信，只不过是收发双方的一种特殊博弈而已。那么，这种观念的刷新有价值吗？答案是：太有价值了！比如，基于这种新观念，我们就可以给出一种解决过去数十年来网络

信息论中有关信道容量一些难题的思路。注：用博弈论的思路去考虑一对一通信的意义不大，因为香农在这种情况下已经给出了非常漂亮的结果。但是，为什么我们要用一对一的情况为例来说明定理 7.4 呢？这主要是想使相关描述更简洁。再次提醒读者，千万别过分地被输入和输出的关系锁定，否则就会误解相关的博弈。

首先，我们来重新审视星形网络的信道容量问题。

过去的做法是将星形网络分为多输入单输出信道和广播信道（单输入多输出信道）两种情况，而且仍然用香农随机编码的思路，非常巧妙地把多输入信道的信道容量给计算出来了（后面将看到，其实人们并没有完全计算出来，只是在一种特殊情况下计算出来了而已）；但是，面对广播信道时，大家就束手无策了，并将这个难题遗留至今。

现在我们从博弈论的角度，再来看这个问题时，突然发现，原来过去走了一个大弯路，把简单问题复杂化了。

为了把这个问题说清楚，我们先回头看看一对一通信的情况。

看待一个随机变量时，有两个层次，其一，宏观一点，只看其分布概率，比如，将扔硬币这个随机变量 X 看成 $P(X=0)=P(X=1)=0.5$；其二，微观一点，用某个具体的样本来代表，比如，用一连串扔硬币的结果 $x_1, x_2, \cdots, x_n, \cdots$ 来表示随机变量 X。当然，同一个概率分布的不同具体样本之间的差别，可能会非常大，它们之间的平均汉明距离完全有可能大于 0，但所有具体样本的统计特性是相同的。

由于通信的情况很特殊，一方面，香农将输入和输出信号都当作随机变量，用分布概率表示；另一方面，每次收端和发端所处理的序列都是实实在在的具体样本，即二元序列。于是，人们就反复在概率分布和具体样本之间纠结，其中最典型的案例是香农自己：本来由于其凹性，互信息 $I(X, Y)$ 的最大值（max）和上确界（sup）就是一回事了，即从分布概率角度来看，互信息的最大值是可达的（即信道容量），既然某个概率分布的随机变量 X 使 $I(X, Y)$ 达到最大值，那么 X 的某个具体样本也就一定能够达到该值，虽然并不知道到底是哪个样本能达到最大值。可是，香农却还想进一步把那个达到最大值的具体样本找出来，结果，虽然经过了一大堆复杂的随机编码推理，最终也只证明了达到最大值的那个样本存在，而并没有把那个达到最大值的样本找出来。于是，上演了半个多世纪以来，全世界信道编码理论专家们挖空心思、前赴后继地追求香农极限的苦剧。至今，香农极限还摆在那里，可望而不可即！

香农的这种技巧，在一对一通信中非常令人震撼，但在多用户网络通信中，这种随机编码的思路就容易陷入死胡同，导致了半个多世纪的迷茫。

现在，用博弈的观点来看，通过定理 7.4，在一对一通信中，收发双方达到纳什均衡的那个纯战略 s_1^* 和 s_2^*，就是真真切切的接收信号和发射信号。

先看二输入单输出信道。

此时，有两个发信方 X_1 和 X_2，有一个收信方 Y。现在考虑它们三者之间的一个标准式博弈 $G=\{S_1, S_2, S; u_1, u_2, u\}$。

参与者 1（发信方 X_1）的战略空间 S_1 定义为

$$S_1=\{0\leqslant x_{i1}\leqslant 1：1\leqslant i\leqslant n, x_{11}+x_{21}+\cdots+x_{n1}=1\}$$

参与者 2（发信方 X_2）的战略空间 S_2 定义为

$$S_2=\{0\leqslant x_{i2}\leqslant 1：1\leqslant i\leqslant N, x_{12}+x_{22}+\cdots+x_{N2}=1\}$$

参与者 3（收信方）的战略空间 S_3 定义为

$$S_3=\{0\leqslant y_i\leqslant 1：1\leqslant i\leqslant m, y_1+y_2+\cdots+y_m=1$$

它们三者之间的战略空间虽然很清楚，但在定义其收益函数时，情况就完全不一样了。比如，对该三个参与者的任意纯战略 X_1、X_2 和 Y。

情况 1：如果两个发信方都是自私的，它们只想为自己争取最大利益，并且如果收信方不加区别地对待发信方，那么它们的三个收益函数就分别定义为

$$u_1(X_1, X_2, Y)=I(X_1; Y|X_2)；\quad u_2(X_1, X_2, Y)=I(X_2; Y|X_1)；\quad u_3(X_1, X_2, Y)=I(X_1, X_2; Y)$$

情况 2：如果两个发信方都是自私的，它们只想为自己争取最大利益，那

么发信各方的收益函数就分别定义为

$$u_1(X_1, X_2, Y)=I(X_1; Y|X_2); \quad u_2(X_1, X_2, Y)=I(X_2; Y|X_1)。$$

如果收信方对两个发信方是区别对待的，那么收信方的收益函数定义为以下加权函数：

$$u_3(X_1, X_2, Y)=aI(X_1; Y|X_2)+bI(X_2; Y|X_1), \quad 0 \leq a, b \leq 1 \text{ 且 } a+b=1$$

情况 3：如果两个发信方是无私的，以争取发信方共同利益最大化为目标，收信方不加区别地对待发信方，那么对该三个参与者的任意纯战略 X_1、X_2 和 Y，它们的三个收益函数就分别定义为

$$u_1(X_1, X_2, Y)=u_2(X_1, X_2, Y)=u_3(X_1, X_2, Y)=I(X_1, X_2; Y)$$

这便退化成了一对一通信。

情况 4：如果两个发信方都是无私的，以争取发信方共同利益最大化为目标，那么发信各方的收益函数就分别定义为

$$u_1(X_1, X_2, Y)=u_2(X_1, X_2, Y)=I(X_1, X_2; Y)$$

如果收信方对两个发信方是区别对待的，那么收信方的收益函数定义为以下加权函数：

$$u_3(X_1, X_2, Y)=aI(X_1; Y|X_2)+bI(X_2; Y|X_1), \quad 0 \leq a, b \leq 1 \text{ 且 } a+b=1$$

仿照定理 7.4 的证明过程，可以直接验证：在上述 4 种情况下，定理 7.1 的条件都被全部满足，即这些博弈都存在纯战略的纳什均衡 X_1^*、X_2^*、Y^*。而达到纳什均衡状态时，收发三方各自的纯战略 X_1^*、X_2^*、Y^* 便是对应于各自企望的最佳结果，而这些最大值所围成的区域，便是信道容量。由此可见，所谓的信道容量原来并非那么死板，而是在根据各博弈方的目标而变化的，目标不同，结果当然应该不同。特别是，上述的情况 1，便是过去人们已经研究过的所谓"二输入单输出信道"情况，显然，人们过去并没有完全解决"多输入单输出信道"的信道容量问题。

至此，我们便明白为什么过去广播信道的信道容量成为了难题，因为大家没有博弈概念，没有搞清楚收发各方的优化目标，而是在"鱼和熊掌兼得"的情况下来试图计算所谓的信道容量，当然就不可能有结果了，因为可能的结果不止一种。自己都不清楚自己想要什么，怎么可能有最佳策略呢？

下面我们就在锁定收发各方的利益目标（优化目标）的条件下，给出广播信道相应的信道容量（当然，给出的解是博弈论解，即并不是某个数学解析公式），即由纳什均衡状态所围成的区域。

在一般的广播信道中，有一个输入 X 和 n 个输出 Y_1, Y_2, $\cdots$, Y_n。现在考虑这 $n+1$ 个参与者之间的如下标准式博弈 $G=\{S, S_1, S_2, \cdots, S_n; u, u_1, u_2, \cdots, u_n\}$：

参与者 0（发信方 X）的战略空间 S 定义为

$$S=\{0 \leqslant x_i \leqslant 1: 1 \leqslant i \leqslant m, x_1+x_2+\cdots+x_m=1\}$$

参与者 1（收信方 Y_1）的战略空间 S_1 定义为

$$S_1=\{0 \leqslant y_{i1} \leqslant 1: 1 \leqslant i \leqslant N(1), y_{11}+y_{21}+\cdots+y_{N(1)1}=1\}$$

参与者 2（收信方 Y_2）的战略空间 S_2 定义为

$$S_2=\{0 \leqslant y_{i2} \leqslant 1: 1 \leqslant i \leqslant N(2), y_{12}+y_{22}+\cdots+y_{N(2)2}=1\}$$

$\cdots$

参与者 n（收信方 Y_n）的战略空间 S_n 定义为

$$S_n=\{0 \leqslant y_{in} \leqslant 1: 1 \leqslant i \leqslant N(n), y_{1n}+y_{2n}+\cdots+y_{N(n)n}=1\}$$

对任何一组纯战略 X、Y_1、Y_2、$\cdots$、Y_n，根据不同的利益目标（优化目标），上述 $n+1$ 个博弈者之间的利益函数也是各不相同的，因此，相应的信道容量也是各不相同的。为了节省篇幅，我们不再对所有细节情况一一论述，而是抽象地将所有情况一网打尽。

首先，从发信方 X 的角度来看，他将 n 个收信方分成 K 个组 $F_1,F_2,\cdots,F_K$，使得每个收信方都在并只在某一个组中；而且，X 对于在同一个组中的不同收信方不加区别。对这 K 个组，发信方 X 还分配了一个权重系数 $a_1, a_2, \cdots, a_K$。这里 $a_1 + a_2 + \cdots + a_K = 1$，对每个 $1 \leqslant i \leqslant K$，$0 \leqslant a_i \leqslant 1$。

于是，发信方 X 的收益函数定义为

$$u(X, Y_1, Y_2, \cdots, Y_n) = \sum_{i=1}^{K} a_i I(X; F_i | F_i^C)$$

这里，F_i^C 表示除了 F_i 之外所有其他收信方组成的集合；而 $I(X; F_i | F_i^C)$ 表示在条件 F_i^C 之下，X 与 F_i 之间的互信息。

其次，再来看 n 个收信方，假定他们自愿分成 M 个联盟 $R_1, R_2, \cdots, R_M$，使得每个收信方都在且只在某一个联盟中；同一个联盟中的收信方都以本联盟利益为重（不考虑自己个人的利益，自私的收信方可以自己单独组成一个联盟），于是，对每个收信方 $i(1 \leqslant i \leqslant n)$，如果该收信方 $i \in R_j$ $(1 \leqslant j \leqslant M)$，那么他就按如下方式来定义其利益函数（即同一个联盟中的所有收信方的利益函数都是相同的）：

$$u_i(X, Y_1, Y_2, \cdots, Y_n) = I(X; R_j | R_j^C)$$

这里，R_j^C 表示除了 R_j 之外，所有其他收信方联盟组成的集合；而 $I(X; R_j | R_j^C)$ 表示在条件 R_j^C 之下，X 与 R_j 之间的互信息。

在按上述过程定义的标准式博弈 $G = \{S, S_1, S_2, \cdots, S_n; u, u_1, u_2, \cdots, u_n\}$ 中，仿照定理 7.4 的证明过程，可以直接验证定理 7.1 的条件被全部满足，即该博弈存在纯战略的纳什均衡 $X^*, Y_1^*, Y_2^*, \cdots, Y_n^*$。而达到纳什均衡状态时，收发各方的纯战略 $X^*, Y_1^*, Y_2^*, \cdots, Y_n^*$ 便是对应于各自企望的最佳结果，而这些可达的利益最大值所围成的区域，便是信道容量。

接下来，再看看榕树网（Banyan）网络的信道容量。

在榕树网中，有 n 个发信方 $X_1, X_2, \cdots, X_n$ 和 m 个收信方 $Y_1, Y_2, \cdots, Y_m$。显然，榕树网是星形网的扩展，它把 1 个发（收）信方扩展成了多个。为了描述榕树网的信道容量，我们设计以下有 $n+m$ 个人参与的标准式博弈：

$$G = \{S_1, S_2, \cdots, S_n, T_1, T_2, \cdots, T_m; u_1, u_2, \cdots, u_n, v_1, v_2, \cdots, v_m\}$$

参与者 i(发信方 X_i, $1 \leqslant i \leqslant n$)的战略空间 S_i 定义为

$$S_i = \{0 \leqslant x_{ji} \leqslant 1：\ 1 \leqslant j \leqslant N(i),\ x_{1i} + x_{2i} + \cdots + x_{N(i)i} = 1\}$$

参与者 $n+i$（收信方 Y_i, $1 \leqslant i \leqslant m$）的战略空间 T_i 定义为

$$T_i = \{0 \leqslant y_{ji} \leqslant 1：\ 1 \leqslant j \leqslant N(n+i),\ y_{1i} + y_{2i} + \cdots + y_{N(n+i)i} = 1\}$$

n 个发信方自愿地将自己分为 Q 个联盟，$P_1, P_2, \cdots, P_Q$ 使得每个发信方都在且只在某一个联盟中；同一个联盟中的发信方都以本联盟利益为重（不考虑自己个人的利益，自私的发信方可以独自组成一个联盟）。进一步地，联盟 P_i 将全部 m 个收信方分成 $M(i)$ 个组，$F_{i1}, F_{i2}, \cdots, F_{iM(i)}$ 使得每个收信方都属于且只属于某个组。并且，联盟 P_i 还分配了一个权重系数 $a_{1i}, a_{2i}, \cdots, a_{M(i)i}$。这里，$a_{1i} + a_{2i} + \cdots + a_{M(i)i} = 1$，对每个 $1 \leqslant i \leqslant Q$，$0 \leqslant a_{ki} \leqslant 1$。

于是，对每个发信方 j，$1 \leqslant j \leqslant n$，如果该发信方属于联盟 P_i，那么他的利益函数 $u_j(X_1, X_2, \cdots, X_n, Y_1, Y_2, \cdots, Y_m)$ 就定义为

$$u_j(X_1, X_2, \cdots, X_n, Y_1, Y_2, \cdots, Y_m) = \sum_{k=1}^{M(i)} a_{ki}\, I(P_i; F_{ik} \mid P_i^C, F_{ik}^C)$$

这里，P_i^C 表示除联盟 P_i 之外的所有发信方组成的集合；F_{ik}^C 表示除分组 F_{ik} 之外的所有收信方组成的集合；$I(P_i; F_{ik} \mid P_i^C, F_{ik}^C)$ 表示在条件 P_i^C、F_{ik}^C 之下，P_i 与 F_{ik} 之间的互信息。

收信方的利益函数，可以类似地定义。即 m 个收信方自愿地将自己分为 W 个联盟，$B_1, B_2, \cdots, B_W$ 使得每个收信方都在且只在某一个联盟中；同一个联盟中的收信方都以本联盟利益为重（不考虑自己个人的利益。自私的收信方可以独自形成一个联盟）。进一步，联盟 B_i 将全部 n 个发信方分成 $D(i)$ 个组，$E_{i1}, E_{i2}, \cdots, E_{iD(i)}$ 使得每个发信方都属于且只属于某个组。并且，联盟 B_i 还分配了一个权重系数 $b_{1i}, b_{2i}, \cdots, b_{D(i)i}$，这里 $b_{1i} + b_{2i} + \cdots + b_{D(i)i} = 1$，对每个 $1 \leqslant i \leqslant W$，$0 \leqslant b_{ki} \leqslant 1$。

于是，对每个收信方 j，$1 \leqslant j \leqslant m$，如果该收信方属于联盟 B_i，那么他的利益函数 $v_j(X_1, X_2, \cdots, X_n, Y_1, Y_2, \cdots, Y_m)$ 就定义为

$$v_j(X_1, X_2, \cdots, X_n, Y_1, Y_2, \cdots, Y_m) = \sum_{k=1}^{D(i)} b_{ki} \, I(B_i; E_{ik} | B_i^C E_{ik}^C)$$

这里，B_i^C 表示除联盟 B_i 之外的所有收信方组成的集合；E_{ik}^C 表示除分组 E_{ik} 之外的所有发信方组成的集合；$I(B_i; E_{ik} | B_i^C E_{ik}^C)$ 表示，在条件 $B_i^C E_{ik}^C$ 之下，B_i 与 E_{ik} 之间的互信息。

在按上述过程定义的标准式博弈 $G = \{S_1, S_2, \cdots, S_n, T_1, T_2, \cdots, T_m; u_1, u_2, \cdots, u_n, v_1, v_2, \cdots, v_m\}$ 中，仿照定理 7.4 的证明过程，可以直接验证定理 7.1 的条件被全部满足，即该博弈存在纯战略的纳什均衡 $X_1^*, X_2^*, \cdots, X_n^*, Y_1^*, Y_2^*, \cdots, Y_m^*$。而达到纳什均衡状态时，收发各方的纯战略 $X_1^*, X_2^*, \cdots, X_n^*, Y_1^*, Y_2^*, \cdots, Y_m^*$ 便是对应于各自企望的最佳结果，这些可达的利益最大值所围成的区域便是信道容量。

最后，再来看全连通网络的信道容量。

所谓 N 个用户的全连通网络，就是在该网络中，每个用户既是收信方，同时又是发信方。如何来考虑这种网络中的信道容量呢？其实，若利用上面的博弈思路，只要每个用户自己的目标锁定后，由他们所构成的 N 个参与者的博弈就一定存在纳什均衡，而且他们各自的最大利益也能够在纳什均衡状态下被确定，这些最大值所围成的区域，便是可达的信道容量。非常幸运的是，互信息函数及其线性组合的凹性保证了纯战略纳什均衡的存在性。

为了避免过于复杂的公式下角标体系，我们在全连通网络中假设每个用户都是自私的，即只考虑自己的利益，或者说不再存在前面星状网和榕树网情形下的联盟。这种假定当然会遗漏一些可能的情况，但对网络信息论的研究并没有实质性的影响。况且，在实际应用中，每个网络用户确实是几乎只考虑自身利益最大化。

设网络中的 N 个用户分别用随机变量 $X_1, X_2, \cdots, X_N$ 来表示，并且 X_i 是有 $M(i)$ 个取值的随机变量，$1 \leqslant i \leqslant N$。

构造一个有 N 个人参与的标准式博弈 $G = \{S_1, S_2, \cdots, S_N; u_1, u_2, \cdots, u_N\}$：

参与者 i（用户 X_i，$1 \leqslant i \leqslant n$）的战略空间 S_i 定义为

$$S_i=\{0\leqslant x_{ji}\leqslant1: 1\leqslant j\leqslant M(i), x_{1i}+x_{2i}+\cdots+x_{M(i)i}=1\}$$

对每个参与者 i，在假定他是自私的前提下，为了合理定义他的利益函数，我们考虑以下事实：网络中的每个用户，对参与者 i 来说，其重要程度是不会完全相同的，因此参与者 i 将其他 $N-1$ 个用户分成 $N(i)$ 组，即 G_{i1}, G_{i2}, $\cdots$, $G_{iN(i)}$，使得每个其他用户都属于且只属于某个组。并且，参与者 i 还分配了一个权重系数 d_{1i}, d_{2i}, $\cdots$, $d_{N(i)i}$。这里 $d_{1i}+d_{2i}+\cdots+d_{N(i)i}=1$，对每个 $1\leqslant j\leqslant N(i)$，$0\leqslant d_{ji}\leqslant1$。

于是，参与者 i 的利益函数 $u_i(X_1, X_2, \cdots, X_n)$ 就定义为

$$u_i(X_1, X_2, \cdots, X_n)=\sum_{k=1}^{N(i)} d_{ki} I(X_i; G_{ik}\big|G_{ik}^C)$$

这里，G_{ik}^C 表示除分组 G_{ik} 和参与者 i 之外的所有用户组成的集合；$I(X_i; G_{ik}\big|G_{ik}^C)$ 表示在条件 G_{ik}^C 之下，X_i 与 G_{ik} 之间的互信息。

在按上述过程定义的标准式博弈 $G=\{S_1, S_2, \cdots, S_n; u_1, u_2, \cdots, u_n\}$ 中，仿照定理 7.4 的证明过程，可以直接验证定理 7.1 的条件被全部满足，即该博弈存在纯战略的纳什均衡 $X^*_1, X^*_2, \cdots, X^*_n$。而达到纳什均衡状态时，各用户的纯战略 $X^*_1, X^*_2, \cdots, X^*_n$ 便是对应于各自企望的最佳结果，这些可达的利益最大值所围成的区域便是信道容量。

第 5 节 几点反省

"没有缺点"本身就是缺点！

香农在创立一对一通信的信息论时，非常巧妙地利用了转移矩阵来描述信道和互信息等重要概念，以至于后人在研究多用户网络信息论时，首先想到的就是照猫画虎，而且还真的在多输入单输出信道情形中取得了重要成果，求出了（实际上只是部分求出了）所谓的信道容量。但遗憾的是，人们却误入了歧途，数十年的停滞不前便是最有力的证明。

过去人们仿照香农，用各种各样的转移概率来描述多用户网络系统。比如，

在多接入单输出信道时，用转移概率 $P(y|x_1, x_2, \cdots, x_m)$ 来描述；在广播信道时，用转移概率 $P(x_1, x_2, \cdots, x_m|y)$ 来描述；在中继信道时，用转移概率 $P(y, y_1|x, x_1)$ 来描述；等等。从表面上看来，这样的描述好像并没有问题，因为确实仅仅通过 $P(y|x_1, x_2, \cdots, x_m)$ 求不出 $P(x_1, x_2, \cdots, x_m|y)$ 的值，所以有理由认为多输入信道和广播信道完全不同。但是，仔细分析后便会发现，人们这样做大有画蛇添足的味道。

因为实际上，对任意一个 n 用户（$Y_1, Y_2, \cdots, Y_n$）的网络通信系统，只要有足够多的收发信息样本，比如，足够长时间地从各用户终端连续记录下了随机变量（$Y_1, Y_2, \cdots, Y_n$）同时刻的比特串（$y_{1i}, y_{2i}, \cdots, y_{ni}$），$i=1, 2, \cdots$，那么根据频率趋于概率的大数定律，便可以得到 n 维随机变量（$Y_1, Y_2, \cdots, Y_n$）的全部概率分布。由此，便可以知道该 n 维随机变量的所有各种转移概率、所有随机分量的概率分布等。

换句话说，无论是多输入信道 $P(y|x_1, x_2, \cdots, x_m)$，或者是广播信道 $P(x_1, x_2, \cdots, x_m|y)$，只要根据各用户端足够多的传输信息比特，联合概率分布 $P(y, x_1, x_2, \cdots, x_m)$ 就是已知的。当然，转移概率 $P(y|x_1, x_2, \cdots, x_m)$ 和 $P(x_1, x_2, \cdots, x_m|y)$ 也可同时已知，这时再去区分什么"多输入信道"或"广播信道"就失去了意义。

在多用户情形下，用转移概率去描述信道是行不通的。同样，想用一些直线去切割出信道容量也行不通。此时的重点应该是说清楚每个用户的真正通信意图到底是什么，或者说，每个用户的优化目标是什么。否则，如果优化目标都不明确，哪可能有明确的结果呢？

如何才能把每个用户的通信意图、优化目标说清楚呢？权重和条件互信息便是最直观的办法。对重要的通信对象，可以将其权重提高；对其他用户可以调低权重；对根本不关心的用户，可以将其权重设为 0。而条件互信息则给出了从所关心的用户群那里能够获得的信息数量。当然，与信息论最核心的香农信道编码定理一样，本章的博弈论方法也只是给出了网络通信中，各用户达到自己企望值的最大可达目标值，并未给出如何达到这个目标，具体的逼近方法仍然是要由编码和译码专家们去挖掘。

香农的信息论天生就是为一对一的通信系统设计的，不适合于多用户情形。

冯·诺伊曼的博弈论天生就是为多人博弈而设计的，一对一博弈仅仅是其特例。

安全通论的攻防对抗思想很偶然地把信息论和博弈论黏接起来，于是便可以用博弈论的多用户优势去弥补信息论的多用户缺陷，从而为解决网络信息论的信道容量基本问题提供新思路。这便是本章的奥妙所在。

第 8 章

对话的数学理论

与上一章类似，本章也属安全通论的意外结果，仍然因为其重要性，我们单独将其列为一章。

控制论（Cybernics）的创始人维纳，于半个多世纪前（1950 年），在其著作《人有人的用处》（见参考文献[12]）中，花费不少篇幅提出了一个有关"非协作式对话"的问题，他称之为"法庭辩论"。虽然维纳明明知道这个问题与博弈论有关，但由于那时的博弈论还很幼稚，根本不足以解决这个问题。因此，香农在解决协作式对话（从上一章我们已知，所谓协作式对话，其实就是通信）时，不得不另辟蹊径，用非常巧妙的数学手段给出了圆满的答案，从而创立了众所周知的信息论。如今，博弈论已基本成熟，相关的结果基本可以用来解决（至少是部分解决）维纳的"非协作式对话"问题了，所以本章才有机会与维纳神交。具体地说，本章建立了一般对话的数学模型（因此也是信息论的某种扩展），并借助博弈论中的纳什均衡定理（在维纳出版参考文献[12]时，纳什均衡定理还没有诞生）给出了相关的对话极限（极大值）。

第 1 节　协作式对话（通信）与问题的提出

人类历史几乎就是一部对话史！

最早的人类，就像现在的动物那样，通过叫声和肢体动作来彼此对话，交流信息，沟通情感；后来有了语言，才开始了真正意义上的对话；再后来，有了文字、图像等，使得对话的手段更加丰富，对话的效果更好；如今，网络和多媒体的广泛使用，使得对话（特别是群体对话）在生活中的分量越来越重。

但是，古往今来，好像很少有人全面、深入、认真地思考过对话的本质。其实，对话可以分为三大类（协作式对话、骂架式对话、法庭辩论式对话，其中后两种对话是非协作式的）。

首先来看协作式对话。这是最常见的对话，此时对话双方（或多方）的目标就是共同努力，减少或消除彼此之间的不确定度（称为熵，或叫信息熵）。

研究协作式对话（又叫通信）最成功的理论当数香农创立的信息论，其核心概念包括：

（1）概率为 p 的随机（话语）事件，它所包含的信息量为 $\log(1/p)$。

（2）由 n 个概率分别为 $p_1, p_2, \cdots, p_n$，$p_1+p_2+\cdots+p_n=1$ 的随机（话语）事件所组成的随机（话语）变量 X，所包含的信息量为

$$H(X)=\sum_{i=1}^{n} p_i \log \frac{1}{p_i}$$

这里，$H(X)$ 又称随机（话语）变量 X 的熵，它也是在协作式对话中对话双方所能够传达的信息的最大量值。注意：之所以叫作协作式对话，是因为已经潜在地假设每个事件（概率为 p_i）对 X 的整体熵都是正贡献，即整体熵 $H(X)$ 等于各个事件的信息量 $\log \frac{1}{p_i}$ 的以 p_i 为加权值的求和（而不是减法）。

（3）设 X 和 Y 分别是对话双方的随机（话语）变量，条件概率事件 $p(Y=y|X=x)$，简记为 $p(y|x)$，所包含的信息量为 $\log \frac{1}{p(y|x)}$。条件随机变量 $p(Y|X=x)$，简记为 $p(y|x)$，所包含的信息量为

$$H(Y|X=x)=\sum_{y\in Y} p(y|x)\log \frac{1}{p(y|x)}$$

它也是在条件 $X=x$ 下，条件随机变量的概率密度条件分布的熵（由于已经暗含协作式假定，所以与上面的（2）类似，此时只考虑了加权和，而没有考虑减法）。当 X 取遍随机变量 X 的所有可能值后，条件分布熵的加权和

$$\sum_{x\in X} p(X=x)H(Y|X=x)=H(Y|X)$$

就称为条件熵（这里再次暗含了协作式假设，所以整体熵也是部分熵之和，而没有减法）。

（4）设 X 和 Y 分别是对话双方的随机（话语）变量，由于 Y 的贡献，使得 X 的熵 $H(X)$ 最多被减少 $H(X|Y)$，于是称被减少后的剩余熵量 $H(X)- H(X|Y)$ 为 X 和 Y 的互信息，记为 $I(X; Y)$。此处再次暗含了协作式假定，即 Y 的贡献是积极贡献，Y 必定减少整体熵，而不是增加熵。

（5）随机变量 X 和 Y，在给定随机变量 Z 的条件下的条件互信息定义为

$$I(X; Y|Z)=H(X|Z)-H(X|Y, Z)$$

这里暗含的协作式假定痕迹也很明显。

于是，香农的整个信息论研究的就是在协作式对话中，（1）如何把话语 X 中的冗余信息进行充分压缩，使得其信息量达到最小值 $H(X)$，这便是香农第一定理（信源编码定理）；（2）由于 Y 的积极贡献，使得有 $I(X; Y)$ 的信息量能够被传达给对话的另一方，那么 $I(X; Y)$ 的最大值（即香农所称的信道容量 C）是多少，又如何把这最大值的信息量无失真地传达给另一方，这便是香农第二定理（信道编码定理）。

为了引出本章的另一主角——控制论的创始人维纳教授，我们先讲一个小插曲。一般认为，信息论的创始人是香农，他给出了信息的定量量度。但是，香农自己却说："光荣应该属于维纳教授，他对于平衡序列的滤波和预测问题的漂亮解决，在这个领域里，对我的思想有重大影响。"（见参考文献[11]导读部分第 15 页）。当然，维纳也非常谦虚，他说："这个问题（即信息压缩与传递问题——作者注）在贝尔电话研究所设计 Vocoder 系统时，就已经解决了，至少部分地解决了，有关的一般理论也已由这个研究所的香农博士，以非常令人满意的

形式提了出来。"（维纳标注的论文就是香农那篇创立信息论的经典论文，Shannon C.E., *The mathematical theory of communications*, Univ. of Illinois Press, 1949）（见参考文献[11]第50-51页——作者注。）

本章无意研判信息论的创始人到底是谁，而是要提请读者注意，半个多世纪以来，经过香农、维纳等全世界科学家的不懈努力，人类已经在信息论及其应用方面取得了巨大成就，甚至建成了如今的信息社会。但是，必须指出，所有这些成果都有一个暗含的假设，即通信或对话双方（多方）是彼此协作的，其目的是一致的，都是想要努力减少熵，或者说减少不确定度，而采用的手段便是增加信息（因为信息是负熵）。

难道对话真的只有协作式对话（通信）这一种吗？

在1950年之前，也许全人类都没有注意到这个问题，甚至在维纳的名著《控制论》（参考文献[11]）中都处处隐含了协作式对话的痕迹。直到1950年，维纳出版了他的另一本重要著作《人有人的用处》（见参考文献[12]），才明确提出了这个问题。在该书中，维纳至少在两章（第四章"语言的机制和历史"和第六章"法律和通信"）中探讨了非协作式对话。下面我们摘录维纳的两段话。

第1段话，来自参考文献[12]的第四章"语言的机制和历史"第78页："……正常的通信谈话，其主要敌手就是自然界自身的熵趋势，它所遭遇的并非一个主动的、能够意识自己目的的敌人。而另一方面，辩论式的谈话，例如，我们在法庭上看到的法律辩论以及如此等类的东西，它所遭遇的就是一个可怕得多的敌人，这个敌人的自觉目的就在于限制乃至破坏谈话的意义。因此，一个适用的、把语言看作博弈的理论应能区分语言的这两个变种，其主要目的之一是传送信息（这便是香农等已经研究得相当完美的协作式对话，即通信——作者注）；另一个主要目的是把自己的观点强加到顽固不化的反对者头上（这便是非协作式对话——作者注）。我不知道是否有任何一位语言学家曾经做过专门的观察并提出理论上的陈述，来把这两类语言依我们的目的做出必要的区分，但是，我完全相信，它们在形式上是根本不同的……"

从维纳的这段话中，我们可以确定两个重要事实：（1）既然作为著名语言学家的儿子，维纳都不知道是否曾经有过语言学家对非协作式对话做过研究，那么维纳的父亲，著名的语言学家，可能也不知道。因此，非协作式对话很可能是维纳首先发现并明确提出的。（2）协作式对话与非协作式对话是根本不同的，因此以协作式对话为前提的香农信息论确实还有值得扩展之处。

第 2 段话，来自参考文献[12]第六章"法律与通信"第 97 页："……噪声可以看作人类通信中的一个混乱因素，它是一种破坏力量，但不是有意作恶。这对科学的通信来说，是对的；对于二人之间的一般谈话来说，在很大程度上也是对的。但是，当它用在法庭上时，就完全不对了……"。

从这段话中，我们可以确定另外两个重要事实：（1）协作式对话的主要破坏力量是噪声，信息论已经对它有完美的研究了；（2）协作式对话的成果完全不适合于法庭上的非协作式对话。

有兴趣的读者可以自行阅读参考文献[12]全书。下面我们开始对维纳指出的非协作式对话进行更深入的研究。

第 2 节　骂架式对话

"骂架式对话"是与协作式对话完全对立的另一个极端。此时，骂架双方（或多方）的主要（甚至唯一）目的就是增加混乱度（熵），通过千方百计提高不确定度把对方搞糊涂。

你也许见识过"泼妇"骂街，她们完全失去了理智。对方的每句话，无论是否有道理，都是她痛骂的对象，不把对方的言路和思路封死，她决不罢休。

随着社会文明的进步，"泼妇"已经越来越少了，但骂架式对话却越来越多了，其中最典型的代表就是社交网上的"水军"。他们受雇后，与博主的所有对话都是胡搅蛮缠，其唯一目的就是把水搅浑，让博主被误解。"水军"既没有道德，也谈不上原则，他们的对话绝不是想与博主沟通，更不可能与博主协作。

不过，从理论研究角度来看，没必要专门研究骂架式对话，因为它完全与协作式对话相反，所以只要把信息论中的相关概念和结果乘以"-1"，就差不多能照搬香农的东西了。

此处，之所以要把骂架式对话单独列出来，主要是想与它的另一个极端（协作式对话）对应起来。

其实，最复杂的情况，是下面第 3 节中将要探讨的，介于两个极端（协作式对话和骂架式对话）之间的情况，即辩论式对话。

第 3 节　辩论式对话

关于辩论式对话的描述，维纳已经说得很多了，不过在正式为其建立数学模型之前，我们还是想再"添点油、加点醋"。

某幼儿园的淘气鬼小明去看医生，说自己受伤了。

大夫见其腿上有泥，便让他摸摸，小明说痛。这段对话当然减少了大夫的不确定度（即熵被减少了，小明给出了正信息），大夫初步判断：小明的腿受伤了。

大夫又见小明脸上有汗，叫他擦擦，小明又说痛。这段对话增加了大夫的不确定度，大夫开始有点迷糊了（即熵被增加了，信息被减少或出现了负信息）：脸上没伤，怎么也痛呢？

大夫再让小明摸摸肚子，小明还是说痛。这段话把大夫搞崩溃了（即熵又被增加了，信息又被减少了）：这么小的儿童，不可能全身浮肿或疼痛呀！

最后，大夫让小明摸遍全身，结果小明都说痛。这时，大夫灵机一动，哦，原来是小明的手指受伤了（熵被减少至 0，或者说获得了全部信息），至此，不确定度就全部消失了！

小明的故事虽然是笑话，但它确实告诉我们：有些对话能够减少熵，有些却能增加熵；有些能够提供正信息，有些提供的却是负信息。

"某些事件使熵减少，某些事件使熵增加"的例子还有很多。

再比如，当你只有一个闹表时，你对时间是很确定的；但当你有两只闹表时，如果它们的时间显示不一样，那么你对时间的不确定度会大增（熵增加，信息减少），甚至不知所措；再进一步，如果你有三个或更多的闹表时，你对时间的不确定度又会减少（熵被减少或信息被增加），因为你可以借助统计手段（少数服从多数）来做出基本正确的判断。

又比如，有些病症能够帮助大夫做出正确判断，也有些病症会把大夫搞糊涂，从而才会出现那么多疑难杂症。

比如，法庭上，法官和律师之间的辩论，在大的原则上，肯定会有一定的底线（至少法律条文也确保了他们无法跨越底线），这时他们的对话就会以减少不确定度（熵）为目标，即出现协作，传递正信息。但是，在一些细节方面，律师肯定试图增加不确定度（熵），把法官搞糊涂（即出现局部的骂架式对话，传递负信息），从而达到"重罪轻判"等目的。

例子够多了，下面就来建立一般"法庭辩论式对话"的数学模型。

（1）概率为 p 的随机（话语）事件，它所包含的信息量为 $\log \dfrac{1}{p_i}$。在协作式场景中，这个量取正值 $\log \dfrac{1}{p_i}$，即该事件提供正信息；在骂架式场景中，这个量取负值 $-\log \dfrac{1}{p_i}$，即该事件提供负信息。

（2）由 n 个概率分别为 $p_1, p_2, \cdots, p_n, p_1+p_2+\cdots+p_n=1$ 的随机（话语）事件所组成的随机（话语）变量 X，所包含的信息总量为

$$H(\boldsymbol{a}, X)=\sum_{i=1}^{n} a_i p_i \log \frac{1}{p_i}$$

这里，$\boldsymbol{a}=(a_1, a_2, \cdots, a_n)$ 称为 X 的取向矢量，并且对所有 $1 \leqslant i \leqslant n$，$a_i=1$ 或 -1。当 $a_i=1$ 时，事件 p_i 提供了数量为 $p_i \log \dfrac{1}{p_i}$ 的正信息；当 $a_i=-1$ 时，事件 p_i 提供了数量为 $-p_i \log \dfrac{1}{p_i}$ 的负信息。当取向矢量 $\boldsymbol{a}=(1, 1, \cdots, 1)$ 时，$H(\boldsymbol{a}, X)$ 就退回到香农协作式对话中的 $H(X)$；当取向矢量 $\boldsymbol{a}=(-1, -1, \cdots, -1)$ 时，便出现了骂架式对话。需要指出的是，在协作式对话中，$H(\boldsymbol{a}, X)$ 一定非负，即随机（对话）变量

X 总是提供正信息，从而减少不确定性；在骂架式对话中，$H(\boldsymbol{a}, X)$ 一定非正，即随机（对话）变量 X 总是提供负信息，从而增加不确定性；在一般的辩论式对话中，$H(\boldsymbol{a}, X)$ 可能为正（此时 X 贡献正信息），也可能为负（此时 X 贡献负信息）。为方便计，我们将 $H(\boldsymbol{a}, X)$ 称为 X 的方向为 $\boldsymbol{a}$ 的方向熵，在不引起误解的情况下，简称为方向熵。

（3）设 X 和 Y 分别是对话双方的随机（话语）变量，它们的概率分布分别为 $\{p_1、p_2、\cdots、p_n\}$ 和 $\{q_1、q_2、\cdots、q_m\}$，它们的取向矢量分别为

$$\boldsymbol{a}=(a_1, a_2, \cdots, a_n), \quad \boldsymbol{b}=(b_1, b_2, \cdots, b_m)$$

那么，条件概率事件 $p(Y=y_j | X=x_i)$，简记为 $p(y_j | x_i)$，所包含的信息量为 $\log \dfrac{1}{p(y_j | x_i)}$。条件随机变量 $p(Y | X X=x_i)$，简记为 $p(Y | x_i)$，所包含的信息量为

$$H(\boldsymbol{b}, Y | X=x_i)=\sum_{j=1}^{m} b_j\, p\,(y_j | x_i)\log \frac{1}{p(y_j | x_i)}$$

它实际上是条件随机变量 $p(Y | X=x_i)$ 的方向熵（方向矢量为 $\boldsymbol{b}$）。而当 X 取遍所有可能的 x_i 后，我们就将这些带方向的条件分布熵进行带向加权和，得到

$$\sum_{i=1}^{n} a_i p_i\, H(\boldsymbol{b}, Y | X=x_i)=H(\boldsymbol{b}, Y | \boldsymbol{a}, X)$$

并将它称为带向条件熵。显然，当 $\boldsymbol{a}=\boldsymbol{b}=(1, 1, \cdots, 1)$ 时的带向条件熵，就是香农信息论中的条件熵。注意：在一般情况下，$H(\boldsymbol{a}, X | \boldsymbol{b}, Y)$ 可能为正值，也可能为负值，这与香农信息论中的恒正情况是不同的。

（4）设 X 和 Y 分别是对话双方的随机（话语）变量，它们的取向矢量分别为

$$\boldsymbol{a}=(a_1, a_2, \cdots, a_n)\ \text{和}\ \boldsymbol{b}=(b_1, b_2, \cdots, b_m)$$

由于 Y 的出现，使得 X 的方向熵 $H(\boldsymbol{a}, X)$ 最多被变化 $H(\boldsymbol{a}, X | \boldsymbol{b}, Y)$，于是，被变化后的方向熵量 $H(\boldsymbol{a}, X)- H(\boldsymbol{a}, X | \boldsymbol{b}, Y)$ 称为 X 和 Y 的带向互信息，记为 $I(\boldsymbol{a}, X; \boldsymbol{b}, Y)$，它也是由于 Y 的出现，使得 X 能够传递给 Y 的信息量。当 $I(\boldsymbol{a}, X; \boldsymbol{b}, Y)$ 为正时，X 能够给 Y 传递正信息；否则，X 就只能把 Y 给搞糊涂，即传递负信息。

（5）设随机变量 X、Y、Z 的取向矢量分别为 **a**、**b**、**c**。随机变量 X 和 Y，在给定随机变量 Z 的条件下的带向条件互信息定义为

$$I(\boldsymbol{a}, X; \boldsymbol{b}, Y \mid \boldsymbol{c}, Z) = H(\boldsymbol{a}, X \mid \boldsymbol{c}, Z) - H(\boldsymbol{a}, X \mid \boldsymbol{b}, Y; \boldsymbol{c}, Z)$$

至此，一般对话的数学模型就基本建成了。虽然从中不难看出，香农研究的协作式对话确实是一般对话的特例，即方向矢量为（1, 1, $\cdots$, 1）的特例，但是，除了骂架式对话，即方向矢量为(-1, -1, $\cdots$, -1)的情况之外，香农信息论的几乎所有结论、研究方法和数学工具等，在一般辩论式对话面前都全部失灵了！这也许就是维纳的"法庭辩论问题"被搁置半个多世纪的原因之一吧。虽然维纳已经猜到这个问题可能与博弈论有关，但由于那时冯·诺伊曼的博弈论刚刚诞生，还相当幼稚（比如，除"零和博弈"之外，还没有纳什均衡），所以科学家们完全找不到相应的数学工具去研究这个问题。虽然 2 年后（1952 年），就由 Glicksberg 等证明了可以用来研究这个问题的纳什均衡定理，但是，也许 Glicksberg 的成果没有引起维纳的注意，而其他科学家可能又没有发现辩论式对话与信息论和博弈论之间的关系，所以我们才有机会发现其中的玄机，当然，其基础就是我们在上一章中将信息论、博弈论和安全通论进行了完美的融合。而且，我们发现，针对一般的辩论式对话，即使是曾在上一章中融合信息论和博弈论时立过大功的那几个定理，在这里也完全不再适用。取而代之，我们使用的是以下定理。

Glicksberg 定理（见参考文献[10]中的定理 1.3）：在一个 n 人标准式博弈 $G=\{S_1, S_2, \cdots, S_n; u_1, u_2, \cdots, u_n\}$ 中，如果参与者的战略空间 $S_1, S_2, \cdots, S_n$ 是度量空间的非空紧集，并且各收益函数 $u_1, u_2, \cdots, u_n$ 是连续的，那么该博弈存在纳什均衡（纯战略纳什均衡或混合战略纳什均衡）。

此外，为了给对话各方设计相应的博弈模型，我们做以下合理的约定。

效率约定：假定在辩论式对话中，各方都是讲究效率的，即对话各方若想彼此沟通，他们就会努力传递尽可能多的正信息；如果他们想骂架，那就会努力传递尽可能多的负信息。形象地说，对话各方，若是朋友，就推心置腹；若是敌人，就要骂得对方肝胆俱裂！

下面为各类辩论式对话设计相应的博弈模型，并探讨其优化结果。

情况 1：常见的"一对一对话"，如单边谈判。

构造一个标准式博弈 $G=\{S_1, S_2; u_1, u_2\}$，它有两个参与者，分别是甲方 X 和乙方 Y，他们的取向矢量分别是 $\boldsymbol{a}$ 和 $\boldsymbol{b}$。如果 X 和 Y 分别是取 n 个和 m 个值的随机变量，那么，参与者 1（甲方）的战略空间 S_1 定义为

$$S_1=\{0 \leqslant x_i \leqslant 1:\ 1 \leqslant i \leqslant n,\ x_1+x_2+\cdots+x_n=1\}$$

它是边长为 1 的 n 维封闭立方体中的一个 $n-1$ 维封闭子立方体（当然也就是度量空间的非空紧集）。

参与者 2（乙方）的战略空间 S_2 定义为

$$S_2=\{0 \leqslant y_i \leqslant 1:\ 1 \leqslant i \leqslant m,\ y_1+y_2+\cdots+y_m=1\}$$

它是边长为 1 的 m 维封闭立方体中的一个 $m-1$ 维封闭子立方体（当然也就是度量空间的非空紧集）。

对参与者 1 和 2 的任意两个具体的纯战略 $s_1 \in S_1$（即 $s_1=(p_1, p_2, \cdots, p_n)$，$p_1+p_2+\cdots+p_n=1$）和 $s_2 \in S_2$（即 $s_2=(q_1, q_2, \cdots, q_m)$，$q_1+q_2+\cdots+q_m=1$）分别定义他们的收益函数如下。

参与者 1（甲方）的收益函数 $u_1(s_1, s_2)$ 定义为

$$u_1(s_1, s_2)=\left|I(\boldsymbol{a}, X; \boldsymbol{b}, Y)\right|$$

即 X 和 Y 的带向互信息 $I(\boldsymbol{a}, X; \boldsymbol{b}, Y)$ 的绝对值。这里，X 和 Y 的概率分布函数分别由 s_1 和 s_2 定义为

$P(X=i)=p_i, (1 \leqslant i \leqslant n,\ 0 \leqslant p_i \leqslant 1)$ 和 $P(Y=j)=q_j, (1 \leqslant j \leqslant \mathrm{m}, 0 \leqslant q_j \leqslant 1)$

该收益函数显然是连续的。这里之所以要取绝对值，是根据前面的效率约定。

参与者 2（乙方）的收益函数 $u_2(s_1, s_2)$ 定义为

$$u_2(s_1, s_2)=\left|I(\boldsymbol{b}, Y; \boldsymbol{a}, X)\right|$$

该收益函数也是连续的。这里之所以要取绝对值，也是根据前面的效率约定。

于是，Glicksberg 定理的所有条件都被满足，即人为构造的标准式博弈 $G=\{S_1, S_2; u_1, u_2\}$ 存在（纯战略或混合战略的）纳什均衡。此时，辩论对话的双方都达到了自己的理想极大值。比如，想骂人的骂痛快了，想沟通的也心满意足了。注意：这里并未考虑多个纳什均衡的情况，也没有考虑诸如纳什均衡的精炼等问题，只是达到了极大值，而非最大值。可见，后续研究的内容还有很多，还有很多有价值的宝贝有待读者去挖掘哟！

情况 2："一对多的辩论式对话"，如诸葛亮舌战群儒。

记诸葛亮为 X，其取向矢量为 $\boldsymbol{a}$；记 n 个群儒为 $Y_1, Y_2, \cdots, Y_n$，他们的取向矢量分别为 $\boldsymbol{b}_1, \boldsymbol{b}_2, \cdots, \boldsymbol{b}_n$。注意，这里的每个 $\boldsymbol{b}_i$ 都是一个矢量。

现在考虑这 $n+1$ 个参与者之间的如下标准式博弈 $G=\{S, S_1, S_2, \cdots, S_n; u, u_1, u_2, \cdots, u_n\}$。

参与者 0（诸葛亮 X）的战略空间 S 定义为

$$S=\{0 \leqslant x_i \leqslant 1: \ 1 \leqslant i \leqslant m, x_1+x_2+\cdots+x_m=1\}$$

参与者 1（群儒 Y_1）的战略空间 S_1 定义为

$$S_1=\{0 \leqslant y_{i1} \leqslant 1: \ 1 \leqslant i \leqslant N(1), y_{11}+y_{21}+\cdots+y_{N(1)1}=1\}$$

参与者 2（群儒 Y_2）的战略空间 S_2 定义为

$$S_2=\{0 \leqslant y_{i2} \leqslant 1: \ 1 \leqslant i \leqslant N(2), y_{12}+y_{22}+\cdots+y_{N(2)2}=1\}$$

…

参与者 n（群儒 Y_n）的战略空间 S_n 定义为

$$S_n=\{0 \leqslant y_{in} \leqslant 1: \ 1 \leqslant i \leqslant N(n), y_{1n}+y_{2n}+\cdots+y_{N(n)n}=1\}$$

综上可知，该博弈的各参与方的战略空间都是度量空间的非空紧集。

对任何一组纯战略 $X, Y_1, Y_2, \cdots, Y_n$，根据不同的利益目标（优化目标），上述 $n+1$ 个博弈者之间的利益函数也是各不相同的，因此，相应的理想极大值也是各不相同的。为节省篇幅，我们不对所有细节情况一一论述，而是抽象地将所有情况"一网打尽"。

首先，从诸葛亮 X 的角度来看，他将 n 个群儒分成 K 个组 $F_1, F_2, \cdots, F_K$，使得每个群儒都在并只在某一个组中；而且，X 对于在同一个组中的不同群儒不加区别。对这 K 个组，诸葛亮 X 还分配了权重系数 $d_1, d_2, \cdots, d_K$。这里，对每个 $1 \leqslant i \leqslant K$，$0 \leqslant d_i \leqslant 1$，$d_1 + d_2 + \cdots + d_K = 1$。

于是，诸葛亮 X 的收益函数定义为

$$u(X, Y_1, Y_2, \cdots, Y_n) = \left| \sum_{i=1}^{K} d_i \, I(\boldsymbol{a}, X; B_i, F_i \,|\, B_i^C F_i^C) \right|$$

这里，$B_i = \{\boldsymbol{b}_j, j \in F_i\}$ 为分组 F_i 中各群儒的方向矢量之集合；F_i^C 和 B_i^C 分别表示除了 F_i 和 B_i 之外，所有其他群儒和他们的方向矢量组成的集合；而 $I(\boldsymbol{a}, X; B_i, F_i \,|\, B_i^C, F_i^C)$ 表示在条件 F_i^C 之下，X 和 F_i 的带向条件互信息。与前面类似，收益函数之所以要取绝对值，也是基于前面的效率约定。

其次，再来看 n 个群儒，假定他们自愿分成 M 个联盟 R_1、R_2、$\cdots$、R_M 使得每个儒生都在且只在某一个联盟中，同一个联盟中的儒生都以本联盟利益为重（不考虑自己个人的利益。自私的儒生可以自己单独组成一个联盟）。于是，对每个儒生 $i (1 \leqslant i \leqslant n)$，如果 $i \in R_j (1 \leqslant j \leqslant M)$，那么他就按如下方式来定义其利益函数（即同一个联盟中的所有儒生的利益函数都是相同的）：

$$u_i(X, Y_1, Y_2, \cdots, Y_n) = \left| I(B_j, R_j; \boldsymbol{a}, X \,|\, B_j^C, R_j^C) \right|$$

这里，$B_j = \{\boldsymbol{b}_k, k \in R_j\}$ 为联盟 R_j 中各儒生的方向矢量之集合；R_j^C 表示除了 R_j 之外，所有其他儒生联盟组成的集合；而 $I(B_j, R_j; \boldsymbol{a}, X \,|\, B_j^C, R_j^C)$ 表示在条件 R_j^C 之下，R_j 与 X 的带向条件互信息。这里，收益函数取绝对值的原因仍然是前面的效率约定。

综上可知，该博弈的各参与方的收益函数都是连续的。

于是，在按上述过程定义的标准式博弈 $G = \{S, S_1, S_2, \cdots, S_n; u, u_1, u_2, \cdots, u_n\}$ 中，可以直接验证 Glicksberg 定理的条件被全部满足，即该博弈存在（纯战略或混合战略的）纳什均衡。达到纳什均衡状态时，诸葛亮与儒生们便得到了自己期望的极大理想结果，即想沟通的达到了极大值；想骂的也骂痛快了。

情况 3：两派之间的辩论式对话，如鹰派与鸽派之间的辩论。

此时，鹰派有 n 个人 $X_1, X_2, \cdots, X_n$，鸽派有 m 个人 $Y_1, Y_2, \cdots, Y_m$，他们的方向矢量分别是 $\boldsymbol{a}_1, \boldsymbol{a}_2, \cdots, \boldsymbol{a}_n$ 和 $\boldsymbol{b}_1, \boldsymbol{b}_2, \cdots, \boldsymbol{b}_m$（注意，每个 $\boldsymbol{a}_i$ 和 $\boldsymbol{b}_j$ 都是一个矢量）。

显然，此时的情况是舌战群儒的扩展，它把 1 个诸葛亮扩展成了多个。为了描述此时的理想极限，我们设计以下有 $n+m$ 个人参与的标准式博弈：

$$G=\{S_1, S_2, \cdots, S_n, T_1, T_2, \cdots, T_m; u_1, u_2, \cdots, u_n, v_1, v_2, \cdots, v_m\}$$

参与者 i（鹰派人物 X_i, $1 \leqslant i \leqslant n$）的战略空间 S_i 定义为

$$S_i=\{0 \leqslant x_{ji} \leqslant 1: \ 1 \leqslant j \leqslant N(i), x_{1i}+x_{2i}+\cdots+x_{N(i)i}=1\}$$

参与者 $n+i$（鸽派人物 Y_i, $1 \leqslant i \leqslant m$）的战略空间 T_i 定义为

$$T_i=\{0 \leqslant y_{ji} \leqslant 1: \ 1 \leqslant j \leqslant N(n+i), y_{1i}+y_{2i}+\cdots+y_{N(n+i)i}=1\}$$

于是，博弈的各参与方的战略空间都是度量空间的非空紧集。

n 个鹰派人物自愿地将自己分为 Q 个联盟，$P_1, P_2, \cdots, P_Q$ 使得每个鹰派人物都在且只在某一个联盟中；同一个联盟中的鹰派人物都以本联盟利益为重（不考虑自己个人的利益。自私的鹰派人物可以独自组成一个联盟）。进一步，联盟 P_i 将全部 m 个鸽派人物分成 $M(i)$ 个组，$F_{i1}, F_{i2}, \cdots, F_{iM(i)}$ 使得每个鸽派人物都属于且只属于某个组。并且，联盟 P_i 还分配了权重系数 $d_{1i}, d_{2i}, \cdots, d_{M(i)i}$，这里，对每个 $1 \leqslant i \leqslant Q$, $0 \leqslant d_{ki} \leqslant 1$, $d_{1i}+d_{2i}+\cdots+d_{M(i)i}=1$。

于是，对每个鹰派人物 j, $1 \leqslant j \leqslant n$，如果该鹰派人物属于联盟 P_i，那么他的利益函数 $u_j(X_1, X_2, \cdots, X_n, Y_1, Y_2, \cdots, Y_m)$ 就定义为

$$u_j(X_1, X_2, \cdots, X_n, Y_1, Y_2, \cdots, Y_m)=\left|\sum_{k=1}^{M(i)} d_{ki} \ I(A_i, P_i; B_{ik}, F_{ik} \left| A_i^C, P_i^C; B_{ik}^C, F_{ik}^C \right.)\right|$$

这里，$A_i=\{\boldsymbol{a}_r, r\in P_i\}$，即联盟 P_i 中鹰派人物的方向矢量之集合；$B_{ik}=\{\boldsymbol{b}_r, r\in F_{ik}\}$，即联盟 P_i 划分出的 F_{ik} 组中鸽派人物的方向矢量之集合；P_i^C 和 A_i^C 分别表示除联盟 P_i 之外的所有鹰派人物组成的集合，以及他们的方向矢量集合；F_{ik}^C 和 B_{ik}^C 分别表示除分组 F_{ik} 之外的所有鸽派人物组成的集合，以及他们的方向矢量集合；$I(A_i, P_i; B_{ik}, F_{ik}|A_i^C, P_i^C; B_{ik}^C, F_{ik}^C)$ 表示在条件 P_i^C、F_{ik}^C 之下，P_i 和 F_{ik} 的带向互信息。这里，收益函数取绝对值的原因仍然是前面的效率约定。

鸽派的利益函数也可以类似地定义。鸽派中的全部 m 个人员，自愿将自己分为 W 个联盟，H_1、H_2、$\cdots$、H_W 使得每个鸽派人物都在且只在某一个联盟中；同一个联盟中的鸽派人物都以本联盟利益为重（不考虑自己个人的利益。自私的鸽派可以独自形成一个联盟）。进一步，联盟 H_i 将全部 n 个鹰派人物分成 $D(i)$ 个组，$E_{i1}, E_{i2}, \cdots, E_{iD(i)}$ 使得每个鹰派人物都属于且只属于某个组。并且，联盟 H_i 还分配了权重系数 f_{1i}、f_{2i}、$\cdots$、$f_{D(i)i}$。这里，对每个 $1\leqslant i\leqslant W$，$0\leqslant f_{ki}\leqslant 1$，$f_{1i}+f_{2i}+\cdots+f_{D(i)i}=1$。

于是，对每个鸽派 j，$1\leqslant j\leqslant m$，如果该鸽派人物属于联盟 H_i，那么他的利益函数 $v_j(X_1, X_2, \cdots, X_n, Y_1, Y_2, \cdots, Y_m)$ 就定义为

$$v_j(X_1, X_2, \cdots, X_n, Y_1, Y_2, \cdots, Y_m)=\left|\sum_{k=1}^{D(i)} f_{ki} I(B_i, H_i; A_{ik}, E_{ik}|B_i^C, H_i^C; A_{ik}^C, E_{ik}^C)\right|$$

这里，$B_i=\{\boldsymbol{b}_r, r\in H_i\}$，即联盟 H_i 中鸽派人物的方向矢量之集合；$A_{ik}=\{\boldsymbol{a}_r, r\in E_{ik}\}$，即联盟 H_i 划分出的 E_{ik} 组中鹰派人物的方向矢量之集合；H_i^C 和 B_i^C 分别表示除联盟 H_i 之外的所有鸽派人物组成的集合，以及他们的方向矢量集合；E_{ik}^C 和 A_{ik}^C 分别表示除分组 E_{ik} 之外的所有鹰派人物组成的集合，以及他们的方向矢量集合；$I(B_i, H_i; A_{ik}, E_{ik}|B_i^C, H_i^C; A_{ik}^C, E_{ik}^C)$ 表示，在条件 H_i^C、E_{ik}^C 之下，H_i 和 E_{ik} 的带向互信息。收益函数取绝对值的原因仍然是前面的效率约定。

综上所述，该博弈的各参与方的收益函数也是连续函数。

在按上述过程定义的标准式博弈 $G=\{S_1, S_2, \cdots, S_n, T_1, T_2, \cdots, T_m; u_1, u_2, \cdots, u_n, v_1, v_2, \cdots, v_m\}$ 中，可以直接验证 Glicksberg 定理的条件被全部满足，即该博弈存在（纯战略或混合战略的）纳什均衡。达到纳什均衡状态时，无论是鹰派

还是鸽派都得到了自己期望的极大理想结果，即想沟通的，达到了极大值；想骂的也骂痛快了。

情况 4：多对多的辩论式对话，如头脑风暴研讨会。

考虑有 N 个人参加的头脑风暴研讨会。为避免过于复杂的下角标体系，我们假设每个人都是自私的，即只考虑自己的利益，或者说不再存在前面几种情况中的联盟。这种假定当然会遗漏一些可能的情况，但并不会有实质性的遗漏。况且，在实际应用中，每个人确实经常是几乎只考虑自身利益最大化。

设研讨会的 N 个成员分别用随机变量 $X_1, X_2, \cdots, X_N$ 来表示，他们的方向矢量分别为 $a_1, a_2, \cdots, a_N$，并且 X_i 是有 $M(i)$ 个取值的随机变量，$1 \leq i \leq N$。

构造一个有 N 个人参与的标准式博弈 $G = \{S_1, S_2, \cdots, S_N; u_1, u_2, \cdots, u_N\}$ 如下。

参与者 i（研讨人员 $X_i, 1 \leq i \leq n$）的战略空间 S_i 定义为

$$S_i = \{0 \leq x_{ji} \leq 1: 1 \leq j \leq M(i), x_{1i} + x_{2i} + \cdots + x_{M(i)i} = 1\}$$

该战略空间显然是度量空间的非空紧集。

对每个参与者 i，在假定他是自私的前提下，为了合理定义他的利益函数，我们考虑以下事实：研讨会中的每个人员，对参与者 i 来说，其重要程度是不会完全相同的（如同行的意见可能更有价值等），因此，参与者 i 将其他 $N-1$ 个参与者分成 $N(i)$ 组，即 $G_{i1}, G_{i2}, \cdots, G_{iN(i)}$，使得每个其他参与者都属于且只属于某个组。并且，参与者 i 还分配了权重系数 $d_{1i}, d_{2i}, \cdots, d_{N(i)i}$。这里，对每个 $1 \leq j \leq N(i)$，$0 \leq d_{ji} \leq 1$，$d_{1i} + d_{2i} + \cdots + d_{N(i)i} = 1$。

于是，参与者 i 的利益函数 $u_i(X_1, X_2, \cdots, X_n)$ 就定义为

$$u_i(X_1, X_2, \cdots, X_n) = \left| \sum_{k=1}^{N(i)} d_{ki} \, I(a_i, X_i; A_{ik}, G_{ik} \,|\, A_{ik}^C, G_{ik}^C) \right|$$

这里，$A_{ik} = \{a_r, r \in G_{ik}\}$，即分组 G_{ik} 中各参与者的方向矢量之集合；而 G_{ik}^C 和 A_{ik}^C 分别表示除分组 G_{ik} 和参与者 i 之外的所有参与者组成的集合，以及他们的方向矢量之集合；$I(a_i, X_i; A_{ik}, G_{ik} | A_{ik}^C, G_{ik}^C)$ 表示在条件 G_{ik}^C 之下，X_i 和 G_{ik} 的带向互信

息。收益函数中取绝对值的原因也是前面的效率约定。

于是，每个参与者的收益函数都是连续函数。

在按上述过程定义的标准式博弈 $G=\{S_1, S_2, \cdots, S_n; u_1, u_2, \cdots, u_n\}$ 中，可以直接验证 Glicksberg 定理的条件被全部满足，即该博弈存在（纯战略或混合战略的）纳什均衡。达到纳什均衡状态时，所有参与者都得到了自己期望的极大理想结果，即想沟通的，达到了极大值；想骂的也骂痛快了。

第4节　几句闲话

在结束本章时，我们再说几句闲话。

第 1 句话，关于本章标题，我们有以下三点考虑。

（1）本章内容其实也是黑客和红客在攻防一体情况下的多人对抗，但我们却取了一个看似与网络空间安全完全无关的题目"对话的数学理论"。其原因与本书第 7 章类似，主要是想突出内容的特色，毕竟维纳半个世纪前提出的问题太重要了。

（2）由于香农研究协作式对话时，将其著名论文（即创立信息论的那篇论文。Shannon C.E., *The mathematical theory of communications*, Univ. of Illinois Press, 1949）取名叫"通信的数学理论"，所以我们也仿照香农，将本章取名为"对话的数学理论"，因为"通信"是"对话"的特例。

（3）曾经，我们还想将本章取名为"骂架的数学理论"（其实骂架更能表现其实质），考虑到本书是一部学术著作，应该严肃些，所以就放弃了"骂架"。

第 2 句话，关于"对话"的理解。本章所研究的对话含义，当然包括普通百姓的日常对话（协作式或非协作式），但绝不仅限于此。其实，对话是网络空间安全中，红客和黑客之间攻防对抗的高度抽象的理想模型。我们之所以在文中没有明示这一点，这是因为不想转移读者的注意力，毕竟我们是想推进"维纳法庭辩论问题"的解决。

第 3 句话，现在国内学术界有一种说法，叫作"控制论已死"。确实，维纳发表《控制论》以后的情形，完全不同于香农发表《信息论》以后的情形——响应香农的著作不计其数，响应维纳的著作却寥寥无几。但是，这只是假象。其实，包括个人计算机的发明、互联网的创建、人工智能的突破、耗散理论、协同学、突变论等，赛博时代的几乎所有重大突破都是在维纳控制论思想指引下进行的。或许是因为维纳的著作太高深，后人很难在学术上"接盘"，才使人产生了"控制论已死"的错觉。实际上，《控制论》中的某些章节，甚至某几行字，都可能开创一门重要的新学科！

第 4 句话，关于"控制论"的名词翻译。维纳"控制论"的英文原名是"Cybernics"，它确实研究了许多与控制相关的问题。在机械和电子时代，将 Cybernics 翻译成"控制论"好像还有一定的道理。可如今已经是赛博（Cyber）时代了，半个多世纪前，维纳撰写的专著 Cybernics（《赛博学》）却生生地被翻译成了《控制论》，而且在全国都家喻户晓了，要想推翻已经很难。但是，严重的后果是，维纳的赛博学不仅仅限于控制，它的过去、现在和将来都将在思维方法和科学目标等方面不断指导人类前进！如果我们永远将错就错，那么一定会误导许多后人，忽略掉许多重要的思想、方法和课题。关于此点，作者在《安全简史》中安排了专门的章节进行详细论述。

第 9 章

沙盘演练的最佳攻防策略

从前面第 7 章和第 8 章我们已经知道,在任何现实的网络空间安全对抗中,无论有多少个红客与黑客参战,无论大家的价值观是多么千差万别（当然一定要事先确定,不能边战边修改价值观）,也无论是多么复杂的混战,只要大家是理性的（即以自身利益最大化为目标）,就一定存在能够共赢的最佳结局（即纳什均衡状态）。这个结果虽然已被严格的数学证明了,但是由于它太抽象,以至于对安全界的许多人（特别是决策者们）来说,可能难以理解。又由于纳什均衡状态对树立正确的安全观念非常重要,所以本章将花大力气从复杂的博弈论中抽丝剥茧,提炼出专门针对网络攻防沙盘演练的,真正能够使矛盾双方都达到最佳结局（纳什均衡状态）的攻防策略计算方法。

第 1 节　最佳攻防策略与武器库的丰富和淘汰原则

当前全球的核武器竞争基本上已经自动进入纳什均衡状态了,即任何一个核大国都不敢轻举妄动,否则可能玉石俱焚。但是,全球的网络安全对抗还处于一团混战阶段,别指望能够在短期内自动达到纳什均衡状态,甚至许多人还根本不相信,在如此复杂的网络对抗中还存在着某种最佳的共赢状态。所以,在没有具体战例的情况下,我们只好用沙盘演练来陈述观点,就像打仗前将军们要推演沙盘一样。

设黑客攻方有 m 种攻击手段，分别记为 $A=\{a_1, a_2, \cdots, a_m\}$；红客守方有 n 种防护手段，分别记为 $B=\{b_1, b_2, \cdots, b_n\}$。当攻方用手段 a_i 来攻，而守方用 b_j 来防时，记攻方此时所获得的收入为 d_{ij}，$1\leq i\leq m$，$1\leq j\leq n$；当然，此时，守方的损失也为 d_{ij}（也可以说守方的收入为$-d_{ij}$）。记 $m\times n$ 矩阵 $\boldsymbol{D}=[d_{ij}]$ 为黑客攻方的收入矩阵，它当然也是红客守方的损失矩阵。

这种沙盘非常接近实战。

（1）虽然在实战中，也许无法准确掌握对方的全部手段，但是可以在平常通过日积月累了解其大概（当然越精准越好）。

（2）虽然在政治对抗中，收入矩阵 $\boldsymbol{D}$ 难以达成共识，但是在经济对抗中，就完全没有这个问题了，所以，此时的沙盘就能够很逼真了。

当攻守双方的收入（损失）矩阵确定后，它们的整体实力就确定了，余下的问题就是在如此实力的条件下，各方如何为自己争得最大的利益，即攻方要想获得尽可能多的收入，而守方则想尽可能地减少损失。

下面就给出相关的攻防策略（称为最优策略），使得能够同时满足攻守双方的愿望。

在平时，攻守双方应该努力提高自己的本领，使得自己在收入（损失）矩阵中占据优势；在战时，攻守双方一定要理智，要以自己利益最大化为目标，而不做损人不利己的事情。

下面在攻守双方都是理智的前提下，进行沙盘演练。

一方面，对于任意 $1\leq i\leq m$，假如攻方用手段 a_i 展开攻击，那么守方一定会用使自己的损失 d_{ij} 达到最小（即 $\min\limits_{1\leq j\leq n} d_{ij}$）的那个手段 b_j 来进行防护。于是，在精明的守方不出差错的前提下，攻方所能够企望获得的最大收入是

$$\max_{1\leq i\leq m}[\min_{1\leq j\leq n} d_{ij}]$$

另一方面，对于任意 $1\leq j\leq n$，假如守方用手段 b_j 来进行防护，那么攻方一定会用使自己的收入 d_{ij} 达到最大（即 $\max\limits_{1\leq i\leq m} d_{ij}$）的那个手段 a_i 去展开攻击。

于是，在精明的攻方不出差错的前提下，守方所能够企望的最小损失是

$$\min_{1\leq j\leq n} [\max_{1\leq i\leq m} d_{ij}]$$

假如在收入矩阵 $\boldsymbol{D}$ 中，碰巧成立等式

$$\max_{1\leq i\leq m} [\min_{1\leq j\leq n} d_{ij}]= \min_{1\leq j\leq n} [\max_{1\leq i\leq m} d_{ij}]=d_{st}$$

这时就意味着，攻方所企望的最大收入=守方所企望的最小损失，即攻守双方都达到了自己的目的。这时，攻击手段 a_s 和防护手段 b_t 当然就是各自的最佳手段了，因为这些手段使他们的利益都最大化了。此时，称该对抗存在最佳纯策略（a_s, b_t）。当然，最佳攻防手段可能会有多组，但他们在收入矩阵中所对应的最佳收入值是相等的。

但是，并非所有收入矩阵 $\boldsymbol{D}$ 都能够碰巧满足等式

$$\max_{1\leq i\leq m} [\min_{1\leq j\leq n} d_{ij}]= \min_{1\leq j\leq n} [\max_{1\leq i\leq m} d_{ij}]$$

比如，若在攻防手段中存在封闭环（就像"石头、剪刀、布"游戏那样），这个等式就不成立。不过，幸好有以下定理。

定理 9.1（**最佳纯策略存在性定理**）：在收入矩阵为 $\boldsymbol{D}$ 的攻防对抗中，存在攻守双方的最佳策略的充分必要条件是：存在某组对抗（a_s, b_t）使得对一切 $1\leq i\leq m$, $1\leq j\leq n$ 成立 $d_{it}\leq d_{st}\leq d_{sj}$。

证明：先证充分性，由于 $d_{it}\leq d_{st}\leq d_{sj}$，故

$$\max_{1\leq i\leq m} d_{it}\leq d_{st}\leq \min_{1\leq j\leq n} d_{sj}$$

又因为

$$\min_{1\leq j\leq n} \max_{1\leq i\leq m} d_{ij}\leq \max_{1\leq i\leq m} d_{it} \text{ 和 } \min_{1\leq j\leq n} d_{sj}\leq \max_{1\leq i\leq m} \min_{1\leq j\leq n} d_{ij}$$

有
$$\min_{1\leq j\leq n} \max_{1\leq i\leq m} d_{ij}\leq d_{st}\leq \max_{1\leq i\leq m} \min_{1\leq j\leq n} d_{ij}$$

对任给 i 和 j，有

$$\min_{1\leq j\leq n} d_{ij}\leq d_{ij}\leq \max_{1\leq i\leq m} d_{ij}$$

所以

$$\max_{1\leqslant i\leqslant m}\min_{1\leqslant j\leqslant n}d_{ij}\leqslant\min_{1\leqslant j\leqslant n}\max_{1\leqslant i\leqslant m}d_{ij}。$$

于是，综合起来便有

$$\max_{1\leqslant i\leqslant m}\min_{1\leqslant j\leqslant n}d_{ij}=\min_{1\leqslant j\leqslant n}\max_{1\leqslant i\leqslant m}d_{ij}$$

充分性证毕。

现在来证必要性。若有 s 和 t，使得

$$\max_{1\leqslant i\leqslant m}d_{it}=\min_{1\leqslant j\leqslant n}\max_{1\leqslant i\leqslant m}d_{ij}$$

和

$$\min_{1\leqslant j\leqslant n}d_{sj}=\max_{1\leqslant i\leqslant m}\min_{1\leqslant j\leqslant n}d_{ij}$$

则由 $\max\limits_{1\leqslant i\leqslant m}\min\limits_{1\leqslant j\leqslant n}d_{ij}=\min\limits_{1\leqslant j\leqslant n}\max\limits_{1\leqslant i\leqslant m}d_{ij}$ 就有

$$\max_{1\leqslant i\leqslant m}d_{it}=\min_{1\leqslant j\leqslant n}d_{sj}\leqslant d_{st}\leqslant\max_{1\leqslant i\leqslant m}d_{it}=\min_{1\leqslant j\leqslant n}d_{sj}$$

所以，对任意 i、j 都有

$$d_{it}\leqslant\max_{1\leqslant i\leqslant m}d_{it}\leqslant d_{st}\leqslant\min_{1\leqslant j\leqslant n}d_{sj}\leqslant d_{sj}$$

证毕。

为便于深入研究，现引进关于二元函数鞍点的概念。

定义 9.1：设 $f(x, y)$ 为一个定义在 $x\in A$ 及 $y\in B$ 上的实值函数，如果存在 $a\in A$ 和 $b\in B$，使得对一切 $x\in A$ 和 $y\in B$，都有 $f(x, b)\leqslant f(a, b)\leqslant f(a, y)$，那么称 (a, b) 为函数 f 的一个鞍点。

由定义 9.1 及定理 9.1 可知，在收入矩阵为 D 的情况下，存在纯策略意义最佳解 d_{st}（即攻防双方存在最佳策略 a_s 和 b_t）的充要条件是：d_{st} 是矩阵 D 的一个鞍点。下面，矩阵 D 的鞍点也称为攻防对策的鞍点。

定理 9.1 还可以再直观解释为：如果 d_{st} 是收入矩阵 D 中第 s 行中最小值，同时也是第 t 列中最大值，则 d_{st} 即为攻防最佳对策的收入值，并且 (a_s, b_t) 就

是攻防双方的最佳对策解，即当攻方选取了攻击手段 a_s 后，守方为了使其所失最少，只有选择防护手段 b_t，否则就可能失得更多；反之，当守方选取了防护手段 b_t 后，攻方为了得到最大的收入，他也只能选取攻击手段 a_s，否则就会赢得更少。于是，攻防双方的对抗在 (a_s, b_t) 处达到了一个平衡的共赢状态，任何一方若想打破这个状态，都会自遭损失。

收入矩阵的最佳攻防对策可能不唯一，但是，其多组最佳攻防策略之间满足如下性质。

性质 1（无差别性）：若 (a_s, b_t) 和 (a_u, b_v) 是同一个收入矩阵 $\boldsymbol{D}$ 的两组最佳对策，那么 $d_{st}=d_{uv}$，即收入矩阵最佳对策的值是唯一的。换句话说，攻防双方不必在各种最佳策略之间去做选择，反正最终结果都一样。

性质 2（可交换性）：若 (a_s, b_t) 和 (a_u, b_v) 是同一个收入矩阵 $\boldsymbol{D}$ 的两组最佳对策，那么 (a_s, b_v) 和 (a_u, b_t) 也都是最佳对策。由此可知，当攻方采用最佳攻击手段时，他一定能够赢得最佳收入，并不依赖于守方到底采用哪种最佳防护手段；同理，当守方采用最佳防护手段时，他一定能够最小损失，并不依赖于攻方到底采用哪种最佳攻击手段。

前面已经知道，收入矩阵为 $\boldsymbol{D}$ 时，攻方有把握至少赢得收入

$$v = \max_{1 \leqslant i \leqslant m} \min_{1 \leqslant j \leqslant n} d_{ij}$$

守方有把握的至多损失是

$$u = \min_{1 \leqslant j \leqslant n} \max_{1 \leqslant i \leqslant m} d_{ij}$$

一般地，攻方赢得的收入不会多于守方的所失，即总有 $v \leqslant u$。当 $u=v$ 时，收入矩阵存在纯策略意义下的最佳解 $u=v$。然而，一般情形并不总是如此，实际中出现的更多情形是 $v<u$，于是，此时在攻防双方之间不存在纯策略意义下的最佳策略。这时，就必须引进所谓的混合攻防策略。

定义 9.2：设攻方的所有攻击手段之集为 $A=\{\alpha_1, \alpha_2, \cdots, \alpha_m\}$，守方的所有防护手段之集为 $B=\{\beta_1, \beta_2, \cdots, \beta_n\}$，收入矩阵 $\boldsymbol{D}=[d_{ij}]$ 为 $m \times n$ 矩阵。记随机变量集

$$S_1=\{\boldsymbol{x}\in \boldsymbol{E}^m|x_i\geqslant 0, i=1, \cdots, m, \sum_{i=1}^{m} x_i =1\}$$

和

$$S_2=\{\boldsymbol{y}\in \boldsymbol{E}^n|y_j\geqslant 0, j=1, \cdots, n, \sum_{j=1}^{n} y_j\, y_j=1\}$$

分别称为攻方和守方的混合攻防策略集(或策略集),其中的任何随机变量 $\boldsymbol{x}\in S_1$ 和 $\boldsymbol{y}\in S_2$ 分别称为攻方和守方的混合攻防策略(或策略),并称攻防手段对 $(\boldsymbol{x}, \boldsymbol{y})$ 为一组混合局势。在该局势中,攻方的收入函数记为

$$E(\boldsymbol{x}, \boldsymbol{y})=\boldsymbol{x}^{\mathrm{T}}\boldsymbol{D}\boldsymbol{y}=\sum_i \sum_j d_{ij}x_i y_j$$

这样得到的一组新攻防对策 $(\boldsymbol{x}, \boldsymbol{y})$ 称为对策的混合扩充。

由定义 9.2 可知,前面的纯攻防策略是此处混合策略的特例。例如,攻方的纯策略 α_k 等价于混合策略 $\boldsymbol{x}=(x_1, \cdots, x_m)$, $x_k=1$ 且对所有 $i\neq k$ 取 $x_i=0$。

一个混合策略 $\boldsymbol{x}=(x_1, \cdots, x_m)$ 可设想成攻防双方,基于收入矩阵 $\boldsymbol{D}$ 进行的多次重复对抗时,攻方分别采用攻击手段 $\alpha_1, \cdots, \alpha_m$ 的频率。若只进行一次攻防,则混合策略 $\boldsymbol{x}=(x_1, \cdots, x_m)$ 可设想成攻方对各种攻击手段的偏爱程度。

下面讨论攻防对抗在混合策略意义下解的定义。

设攻防双方仍然进行理智的对抗。当攻方采取混合策略 $\boldsymbol{x}$ 时,他只能希望获得(最不利的情形) $\min\limits_{\boldsymbol{y}\in S_2} E(\boldsymbol{x}, \boldsymbol{y})$ 的收入,因此,攻方应选取 $\boldsymbol{x}\in S_1$,使得该式取极大值(最不利当中的最有利情形),即攻方可保证自己的赢利期望值不少于

$$v_1=\max_{\boldsymbol{x}\in S_1} [\, \min_{\boldsymbol{y}\in S_2} E(\boldsymbol{x}, \boldsymbol{y})]$$

同理,守方可保证自己所遭受损失的期望值至多是

$$v_2=\min_{\boldsymbol{y}\in S_2} [\, \max_{\boldsymbol{x}\in S_1} E(\boldsymbol{x}, \boldsymbol{y})]$$

首先,注意到上式中 v_1 和 v_2 是有意义的。因为根据定义,攻方的赢利函数 $E(\boldsymbol{x}, \boldsymbol{y})$ 是欧氏空间 $\boldsymbol{E}^{m+n}$ 内有界闭集 F 上的连续函数,其中

$$F=\{(x, y)\colon\ x_i \geqslant 0,\ y_j \geqslant 0,\ 1 \leqslant i \leqslant m,\ 1 \leqslant j \leqslant n,\ \sum_i x_i = 1,\ \sum_j y_j = 1\}$$

因此，对固定的 $\boldsymbol{x}$ 来说，$E(\boldsymbol{x}, \boldsymbol{y})$ 是 S_2 上的连续函数，故 $\min\limits_{y \in S_2} E(\boldsymbol{x}, \boldsymbol{y})$ 存在，而且 $\min\limits_{y \in S_2} E(\boldsymbol{x}, \boldsymbol{y})$ 也是 S_1 上的连续函数，故 $\max\limits_{x \in S_1}[\min\limits_{y \in S_2} E(\boldsymbol{x}, \boldsymbol{y})]$ 也存在。同样，可说明 $\min\limits_{y \in S_2}[\max\limits_{x \in S_1} E(\boldsymbol{x}, \boldsymbol{y})]$ 也存在。

其次，仍然有 $v_1 \leqslant v_2$，即在"攻方的收入不超过守方的损失"的事实基础上，设

$$\max_{x \in S_1}[\min_{y \in S_2} E(\boldsymbol{x}, \boldsymbol{y})] = \min_y E(\boldsymbol{x}^*, \boldsymbol{y})$$

$$\min_{y \in S_2}[\max_{x \in S_1} E(\boldsymbol{x}, \boldsymbol{y})] = \max_x E(\boldsymbol{x}, \boldsymbol{y}^*)$$

于是

$$v_1 = \min_{y \in S_2} E(\boldsymbol{x}^*, \boldsymbol{y}) \leqslant E(\boldsymbol{x}^*, \boldsymbol{y}^*) \leqslant \max_{x \in S_1} E(\boldsymbol{x}, \boldsymbol{y}^*) = v_2$$

定义 9.3：如果攻防双方的混合扩充满足等式

$$\max_{x \in S_1}[\min_{y \in S_2} E(\boldsymbol{x}, \boldsymbol{y})] = \min_{y \in S_2}[\max_{x \in S_1} E(\boldsymbol{x}, \boldsymbol{y})] = V$$

则称该 V 值为攻防双方的最佳对策值，并称使该等式成立的混合局势 $(\boldsymbol{x}^*, \boldsymbol{y}^*)$ 为对抗双方在混合策略意义下的最佳对策解（或简称最佳解），$\boldsymbol{x}^*$ 和 $\boldsymbol{y}^*$ 分别称为攻方的最佳混合攻击策略和守方的最佳混合防护策略（或简称最佳策略）。

今后，在纯策略意义下，不存在最佳攻防策略（或解不存在）时，就认为讨论的是在混合策略意义下的解，相应的攻方收入函数为 $E(\boldsymbol{x}, \boldsymbol{y})$。

和定理 9.1 类似，在混合策略意义下，最佳攻防解也存在鞍点的充要条件。

定理 9.2（最佳混合攻防策略存在性定理）：攻防双方都存在最佳混合策略的充要条件是：存在 $\boldsymbol{x}^* \in S_1$ 和 $\boldsymbol{y}^* \in S_2$，使 $(\boldsymbol{x}^*, \boldsymbol{y}^*)$ 为函数 $E(\boldsymbol{x}, \boldsymbol{y})$ 的一个鞍点，即对一切 $\boldsymbol{x} \in S_1, \boldsymbol{y} \in S_2$，有 $E(\boldsymbol{x}, \boldsymbol{y}^*) \leqslant E(\boldsymbol{x}^*, \boldsymbol{y}^*) \leqslant E(\boldsymbol{x}^*, \boldsymbol{y})$。

本定理的证明同定理 9.1，不再赘述。

下面来讨论最佳攻防对策解的存在性及解的有关性质。

如前所述，一般情况下，在纯策略意义下，最佳攻防策略的解往往是不存在的。但是，在混合策略意义下的解却总是存在的，并且，我们将通过一个构造性的证明引出求解最佳攻防对策的基本方法，即线性规划方法。

先给出以下两个记号。

当攻方采取纯策略 a_i（即采用攻击手段 a_i）时，记其相应的收入函数为 $E(i, \boldsymbol{y})$，于是 $E(i, \boldsymbol{y}) = \sum_j d_{ij} y_j$。当守方采取纯策略 β_j（即采用防护手段 β_j）时，记其相应的收入函数为 $E(\boldsymbol{x}, j)$，于是 $E(\boldsymbol{x}, j) = \sum_i d_{ij} x_i$。

于是有

$$E(\boldsymbol{x}, \boldsymbol{y}) = \sum_i \sum_j d_{ij} x_i y_j = \sum_i \left(\sum_j d_{ij} y_j \right) x_i = \sum_i E(i, \boldsymbol{y}) x_i$$

和

$$E(\boldsymbol{x}, \boldsymbol{y}) = \sum_i \sum_j d_{ij} x_i y_j = \sum_j \left(\sum_i d_{ij} x_i \right) y_j = \sum_j E(\boldsymbol{x}, j) y_j$$

由此可给出定理 9.2 的另一种等价表示。

定理 9.3：设 $\boldsymbol{x}^* \in S_1$，$\boldsymbol{y}^* \in S_2$，则（$\boldsymbol{x}^*, \boldsymbol{y}^*$）是一对最佳（混合）攻防策略的充要条件是：对任意 $i=1, \cdots, m$ 和 $j=1, \cdots, n$，有 $E(i, \boldsymbol{y}^*) \leqslant E(\boldsymbol{x}^*, \boldsymbol{y}^*) \leqslant E(\boldsymbol{x}^*, j)$。

证明：设（$\boldsymbol{x}^*, \boldsymbol{y}^*$）是一组最佳攻防策略，则由定理 9.2 有

$$E(\boldsymbol{x}, \boldsymbol{y}^*) \leqslant E(\boldsymbol{x}^*, \boldsymbol{y}^*) \leqslant E(\boldsymbol{x}^*, \boldsymbol{y})$$

由于纯策略是混合策略的特例，故有

$$E(i, \boldsymbol{y}^*) \leqslant E(\boldsymbol{x}^*, \boldsymbol{y}^*) \leqslant E(\boldsymbol{x}^*, j)$$

反之，若有

$$E(i, \boldsymbol{y}^*) \leqslant E(\boldsymbol{x}^*, \boldsymbol{y}^*) \leqslant E(\boldsymbol{x}^*, j)$$

由

$$E(\boldsymbol{x}, \boldsymbol{y}^*) = \sum_i E(i, \boldsymbol{y}^*) x_i \leqslant E(\boldsymbol{x}^*, \boldsymbol{y}^*) \sum_i x_i = E(\boldsymbol{x}^*, \boldsymbol{y}^*)$$

和

$$E(\boldsymbol{x}^*, \boldsymbol{y}) = \sum_j E(\boldsymbol{x}^*, j) y_j \geqslant E(\boldsymbol{x}^*, \boldsymbol{y}^*) \sum_j y_j = E(\boldsymbol{x}^*, \boldsymbol{y}^*)$$

可得

$$E(\boldsymbol{x}, \boldsymbol{y}^*) \leqslant E(\boldsymbol{x}^*, \boldsymbol{y}^*) \leqslant E(\boldsymbol{x}^*, \boldsymbol{y})$$

证毕。

可以这样来理解定理 9.3：在验证（$\boldsymbol{x}^*$，$\boldsymbol{y}^*$）是否为最佳攻防对策时，公式 $E(i, \boldsymbol{y}^*) \leqslant E(\boldsymbol{x}^*, \boldsymbol{y}^*) \leqslant E(\boldsymbol{x}^*, j)$ 把需要对无限多个不等式进行验证的问题，转化为只要对有限个（mn 个）不等式进行验证的问题，从而使后续的工作量大幅度减少。

不难证明，定理 9.3 还可表述为如下等价的形式，而这一形式在求解最佳攻防策略时特别有用。

定理 9.4：设 $\boldsymbol{x}^* \in S_1$，$\boldsymbol{y}^* \in S_2$，则（$\boldsymbol{x}^*$，$\boldsymbol{y}^*$）为最佳攻防策略解的充要条件是：存在数值 v，使得 $\boldsymbol{x}^*$ 和 $\boldsymbol{y}^*$ 分别是下述不等式方程组（Ⅰ）和（Ⅱ）的解，并且这个 v 就是最佳攻防策略的收入值。

（Ⅰ）　　$\sum_i d_{ij} x_i \geqslant v$，$1 \leqslant j \leqslant n$；　$\sum_i x_i = 1$；$x_i \geqslant 0$，$1 \leqslant i \leqslant m$

（Ⅱ）　　$\sum_j d_{ij} y_j \leqslant v$，$1 \leqslant i \leqslant m$；　$\sum_j y_j = 1$；$y_j \geqslant 0$，$1 \leqslant j \leqslant n$

下面给出攻防对策的基本定理，虽然我们早在第 7 章和第 8 章中就给出了该定理更一般的形式（即纳什均衡定理），但是此处的证明过程特别有实用价值，因为它具体给出了一个可行的、能为攻防双方求出最佳攻防策略的计算方法。

定理 9.5：攻防双方一定存在混合策略意义下的最佳攻防策略解。

证明：由定理 9.3 可知，只要证明存在 $\boldsymbol{x}^* \in S_1$ 和 $\boldsymbol{y}^* \in S_2$，使得

$$E(\boldsymbol{x}, \boldsymbol{y}^*) \leqslant E(\boldsymbol{x}^*, \boldsymbol{y}^*) \leqslant E(\boldsymbol{x}^*, \boldsymbol{y})$$

成立就行了。为此，考虑以下两个线性规划问题：

（P）$\max(w)$：$\sum_i d_{ij}x_i \geqslant w$，$1 \leqslant j \leqslant n$；$\sum_i x_i = 1$；$x_i \geqslant 0$，$1 \leqslant i \leqslant m$

（Q）$\min(v)$：$\sum_j d_{ij}y_j \leqslant v$，$1 \leqslant i \leqslant m$；$\sum_j y_j = 1$；$y_j \geqslant 0$，$1 \leqslant j \leqslant n$

容易验证，问题（P）和（Q）是互为对偶的线性规划问题，而且

$$\boldsymbol{x}=(1, 0, \cdots, 0) \in E^m, \quad w = \min_j d_{1j}$$

是问题（P）的一个可行解。

$$\boldsymbol{y}=(1, 0, \cdots, 0) \in E^n, \quad v = \max_i d_{i1}$$

是问题（Q）的一个可行解。由线性规划的对偶理论可知，问题（P）和（Q）分别存在最优解（$\boldsymbol{x}^*$, w^*）和（$\boldsymbol{y}^*$, v^*），且 $v^*=w^*$，即存在 $\boldsymbol{x}^* \in S_1$ 和 $\boldsymbol{y}^* \in S_2$ 和数 v^*，使得对任意 $i=1, \cdots, m$ 和 $j=1, \cdots, n$，有

$$\sum_j d_{ij} y_j^* \leqslant v^* \leqslant \sum_i d_{ij} x_i^* \text{ 或 } E(i, \boldsymbol{y}^*) \leqslant v^* \leqslant E(\boldsymbol{x}^*, j)$$

又由

$$E(\boldsymbol{x}^*, \boldsymbol{y}^*) = \sum_i E(i, \boldsymbol{y}^*) x_i^* \leqslant v^* \sum_i x_i^* = v^*$$

和

$$E(\boldsymbol{x}^*, \boldsymbol{y}^*) = \sum_j E(\boldsymbol{x}^*, j) y_j^* \geqslant v^* \sum_j y_j^* = v^*$$

得到 $v^*=E(\boldsymbol{x}^*, \boldsymbol{y}^*)$，故由

$$E(i, \boldsymbol{y}^*) \leqslant v^* \leqslant E(\boldsymbol{x}^*, j)$$

就知道定理 9.3 中的公式 $E(i, \boldsymbol{y}^*) \leqslant E(\boldsymbol{x}^*, \boldsymbol{y}^*) \leqslant E(\boldsymbol{x}^*, j)$ 成立

证毕。

定理 9.5 的证明是一个构造性的证明，它不仅证明了攻防双方的最佳对策解的存在性，而且还给出了利用线性规划求出最佳攻防策略的方法。

下面的几个定理就来讨论最佳攻防对策的若干重要性质，以及它们在求解最佳攻防策略时的用途。

定理 9.6：设（$\boldsymbol{x}^*, \boldsymbol{y}^*$）是一对最佳攻防策略解，其最佳收入值是 v。

（1）若 $x_i^* > 0$，则 $\sum_j d_{ij} y_j^* = v$。即若攻击手段 α_i 不可缺少，那么攻方坚持不懈地只用 α_i 来攻击 n 次时，守方若出招最佳防护策略 $\boldsymbol{y}^*$，那么最后的收入之和刚好等于最佳收入值 v。

（2）若 $y_j^* > 0$，则 $\sum_i d_{ij} x_i^* = v$。即若防护手段 β_j 不可缺少，那么守方坚持不懈地只用 β_j 来防护 m 次时，攻方若出招最佳攻击策略 $\boldsymbol{x}^*$，那么攻方最后的收入之和刚好也等于最佳收入值 v。

（3）若 $\sum_j d_{ij} y_j^* < v$，则 $x_i^* = 0$。即若攻方连续 n 次用攻击手段 α_i 来攻击时，而守方出招最佳防护策略 $\boldsymbol{y}^*$，并且最后的收入之和小于最佳收入值 v，那么攻击手段 α_i 便可以被淘汰了。

（4）若 $\sum_i d_{ij} x_i^* > v$，则 $y_j^* = 0$。即若守方连续 m 次使用防护手段 β_j，而攻方出招最佳攻击策略 $\boldsymbol{x}^*$，并且最后的收入之和大于最佳收入值 v，那么防护手段 β_j 也可被淘汰了。

证明：按定义有 $v = \max\limits_{x \in S_1} E(\boldsymbol{x}, \boldsymbol{y}^*)$，故

$$v - \sum_j d_{ij} y_j^* = \max_{x \in S_1} E(\boldsymbol{x}, \boldsymbol{y}^*) - E(i, \boldsymbol{y}^*) \geqslant 0$$

又因

$$\sum_i x_i^* \left[v - \sum_j d_{ij} y_j^* \right] = v - \sum_i \sum_j d_{ij} x_i^* y_j^* = 0 \ \text{并且} \ x_i^* \geqslant 0, \ i = 1, \cdots, m$$

所以

当 $x_i^* > 0$ 时，必有 $\sum_j d_{ij} y_j^* = v$；当 $\sum_j d_{ij} y_j^* < v$ 时，必有 $x_i^* = 0$。

于是（1）和（3）得证。同理可证（2）和（4）。证毕。

定理 9.6 的几个结论可用于淘汰落后的攻防手段,使得攻防双方的效率更高。

记最佳对抗的策略解集为 T,下面三个定理揭示了 T 的一些性质。

定理 9.7:设有两个收入矩阵 D_1 和 D_2,$D_1=[d_{ij}]$,$D_2=[d_{ij}+L]$,L 为任一常数,则有:

(1) $V_2=V_1+L$,即后者的最佳收入值也增加 L。

(2) $T_1=T_2$,即它们有相同的最佳策略解集。

换句话说,如果黑客的攻击能力普遍都增加 L,那么他可以在沿用过去攻击策略的情况下,将其最佳攻击收入值也提高 L。

定理 9.8:设有两个收入矩阵 D_1 和 D_2,$D_1=[d_{ij}]$,$D_2=a[d_{ij}]$,$a>0$ 为任一常数,则有:

(1) $V_2=aV_1$。

(2) $T_1=T_2$。

换句话说,如果黑客的攻击能力普遍提高 a 倍,那么他可以在沿用过去攻击策略的情况下,将其最佳攻击收入也提高 a 倍。

定理 9.7 和定理 9.8 表明:平时的备战确实是有用的。当然,守方通过备战使得收入矩阵的值减少,也可类似地降低自己的损失。

定理 9.9:如果收入矩阵 D 是斜对称矩阵,即 $D=-D^{\mathrm{T}}$,则有:

(1) 其最佳对抗策略的收入值为 0。

(2) $T_1=T_2$,即攻防双方的最优策略集是相同的。

换句话说,此时攻守双方每次出招都相同,所以最终输赢相等,总和为零。这时,也有类似于"以子之矛,攻子之盾"的情况。

定理 9.7～定理 9.9 都很容易验证,此处略去细节。在给出定理 9.10 之前,先给出攻防对抗的优超纯策略定义。

定义 9.4:设攻方手段集 $S_1=\{\alpha_1,\cdots,\alpha_m\}$,守方手段集 $S_2=\{\beta_1,\cdots,\beta_n\}$,收

入矩阵 $D=[d_{ij}]$，如果对一切 $j=1, \cdots, n$，都有 $d_{sj} \geqslant d_{tj}$，即矩阵 D 的第 s 行元素均不小于第 t 行的对应元素，则称攻方的纯策略 α_s 优超于 α_t（即攻方的手段 α_s 始终比 α_t 厉害）。同样，若对一切 $i=1, \cdots, m$，都有 $d_{is} \leqslant d_{it}$，即矩阵 D 的第 t 列元素均不小于第 s 列的对应元素，则称守方的纯策略 β_s 优超于 β_t（即守方的手段 β_s 始终优于 β_t）。

定理 9.10：设攻方手段集 $S_1=\{\alpha_1, \cdots, \alpha_m\}$，守方手段集 $S_2=\{\beta_1, \cdots, \beta_n\}$，收入矩阵 $D=[d_{ij}]$，如果纯策略 α_1 被其余纯策略 $\alpha_2, \cdots, \alpha_m$ 中的某个策略所优超，由 D 中去掉第一行，可得到一个新的（$m-1$）$\times n$ 矩阵 D_1，于是有：

（1）$V=V_1$，即基于 D 和 D_1 的最佳对抗策略的收入值是相同的。

（2）无论是基于 D 还是 D_1，守方的最优防护策略都是相同的。

（3）若（$x_2, \cdots, x_m$）是 D_1 中攻方的最优攻击策略，则（$0, x_2, \cdots, x_m$）便是其在 D 中的最优攻击策略。

这个定理其实非常容易理解，即如果攻方有一个手段很落后，以至于它完全可以被另一个攻击手段所替代，那么攻方扔掉该手段对整个对抗局势不会产生任何影响，而守方也可以完全不必考虑如何来对付这种落后的武器。正如，攻方有了枪以后，还要刀干吗？守方既然能够对付枪，又何必担忧刀呢？

证明：不妨设攻击手段 α_2 优于 α_1，即 $d_{2j} \geqslant d_{1j}$，$j=1, \cdots, n$。若 $\boldsymbol{x}=(x_2, \cdots, x_m)$ 和 $\boldsymbol{y}=(y_1, \cdots, y_n)$ 是 D_1 的最佳攻防策略解，则由定理 9.3，有

$$\sum_{j=1}^{n} d_{ij} y_j \leqslant V_1 \leqslant \sum_{i=2}^{m} d_{ij} x_i \text{ 对所有 } i=2, \cdots, m \text{ 和 } j=1, \cdots, n$$

这里，V_1 是基于 D_1 的最佳攻击策略的收入值。

因为 α_2 优超于 α_1，所以

$$\sum_{j=1}^{n} d_{1j} y_j \leqslant \sum_{j=1}^{m} d_{2j} y_j \leqslant V_1$$

合并上面的两式，可得，

$$\sum_{j=1}^{n} d_{ij} y_j \leqslant V_1 \leqslant \sum_{i=2}^{m} d_{ij} x_i + d_{1j} 0, \text{ 对所有 } i=1, \cdots, m \text{ 和 } j=1, \cdots, n$$

或者

$$E(i, \boldsymbol{y}) \leqslant V_1 \leqslant E(\boldsymbol{x}, j), \text{ 对所有 } i=1, \cdots, m \text{ 和 } j=1, \cdots, n$$

由定理 9.4 便知，$(\boldsymbol{x}, \boldsymbol{y})$ 就是 $\boldsymbol{D}$ 的最佳对抗策略解，其中 $\boldsymbol{x}=(0, x_2, \cdots, x_m)$，且 $V_1=V$，是基于 $\boldsymbol{D}$ 的最佳攻击收入。证毕。

推论： 在定理 9.10 中，若 α_1 不是被纯策略 $\alpha_2, \cdots, \alpha_m$ 之一所优超，而是被 $\alpha_2, \cdots, \alpha_m$ 的某个凸线性组合所优超，则定理的结论仍然成立。

定理 9.10 实际给出了一个化简收入矩阵 $\boldsymbol{D}$ 的原则，或者说淘汰落后攻防手段的原则，称为优超原则，即当攻方的某个攻击手段 a_i 被其他攻击手段或其凸线性组合所优超时，可在收入矩阵 $\boldsymbol{D}$ 中划去第 i 行，而得到一个与原对抗等价但收入矩阵阶数较小的攻防对抗，从而使得求解其最佳对抗策略解时更容易些。类似地，对防守方来说，可以在收入矩阵 $\boldsymbol{D}$ 中划去被其他列或其他列的凸线性组合所优超的那些列。

至此，我们给出了以下三个方面的有趣结果：

（1）如何使攻防武器库中的已有武器发挥最大的作用，即给出了最佳攻防策略，见定理 9.5 的证明过程。

（2）如何对已有的武器库进行精炼，淘汰落后的武器，使得战时所用的武器能够更好地发挥作用，即定理 9.6 和定理 9.10 等。

（3）如何丰富武器库，即定理 9.7 和定理 9.8 等。

第 2 节　最佳攻防策略的计算

虽然在定理 9.5 的证明过程中，我们已经给出了如何计算最佳攻防策略，但是本节想做一些细节强调，以供有兴趣的读者直接使用。

先看最简单的情况，攻守双方都各只有两种手段，即攻方的收入矩阵为 2×2

阶的，$\boldsymbol{D}=[d_{ij}]$，$i,j=1,2$。

如果 $\boldsymbol{D}$ 有鞍点，则很快可求出攻防双方的最优纯策略；如果 $\boldsymbol{D}$ 没有鞍点，则可证明攻防双方最优混合策略中的 x_i^*、y_j^* 均大于零。于是，由定理 9.6 可知，为求最优混合攻防策略，可求解下列方程组：

（Ⅰ）$d_{11}x_1+d_{21}x_2=v$；$d_{12}x_1+d_{22}x_2=v$；$x_1+x_2=1$

（Ⅱ）$d_{11}y_1+d_{12}y_2=v$；$d_{21}y_1+d_{22}y_2=v$；$y_1+y_2=1$

当矩阵 $\boldsymbol{D}$ 不存在鞍点时，可以证明方程组（Ⅰ）和（Ⅱ）一定有严格非负解 $\boldsymbol{x}^*=(x_1^*,\ x_2^*)$（最佳攻击策略）、$\boldsymbol{y}^*=(y_1^*,\ y_2^*)$（最佳防护策略）和最佳收入值 v，其中

$$x_1^*=\frac{d_{22}-d_{21}}{(d_{11}+d_{22})-(d_{12}+d_{21})} \text{ 和 } x_2^*=\frac{d_{11}-d_{12}}{(d_{11}+d_{22})-(d_{12}+d_{21})}$$

$$y_1^*=\frac{d_{22}-d_{12}}{(d_{11}+d_{22})-(d_{12}+d_{21})} \text{ 和 } y_2^*=\frac{d_{11}-d_{21}}{(d_{11}+d_{22})-(d_{12}+d_{21})}$$

$$v=\frac{d_{11}d_{22}-d_{12}d_{21}}{(d_{11}+d_{22})-(d_{12}+d_{21})}$$

对一般的攻防对抗情况，最佳策略解可用以下线性方程组方法。

根据定理 9.4，求解最佳攻防对策解（$\boldsymbol{x}^*$，$\boldsymbol{y}^*$）的问题等价于求解不等式方程组

$$\sum_i d_{ij}x_i \geqslant v,\ 1\leqslant j\leqslant n;\ \sum_i x_i=1;\ x_i\geqslant 0,\ 1\leqslant i\leqslant m$$

和

$$\sum_j d_{ij}y_j \leqslant v,\ 1\leqslant i\leqslant m;\ \sum_j y_j=1;\ y_j\geqslant 0,\ 1\leqslant j\leqslant n$$

又根据定理 9.5 和定理 9.6，假设最优攻防策略中的 x_i^* 和 y_j^* 均不为零，即可将上述两个不等式组的求解问题转化成求解下面两个方程组的问题：

（Ⅰ）$\sum_i d_{ij}x_i=v$，$j=1,\ \cdots,\ n$；$\sum_i x_i=1$

（Ⅱ）$\sum_j d_{ij} y_j = v$，$i=1, \cdots, m$；$\sum_j y_j = 1$

如果该方程组存在非负解 $\boldsymbol{x}^*$ 和 $\boldsymbol{y}^*$，便求得了一个最佳攻防对策解（$\boldsymbol{x}^*, \boldsymbol{y}^*$）。如果由上述两个方程组求出的解 $\boldsymbol{x}^*$ 和 $\boldsymbol{y}^*$ 中有负的分量，则可视具体情况，将（Ⅰ）和（Ⅱ）式中的某些等式改成不等式，继续试算求解，直至求出最佳攻防对策解。这种方法由于事先假设 x_i^* 和 y_j^* 均不为零，故当 $\boldsymbol{x}^*$ 和 $\boldsymbol{y}^*$ 的实际分量中有些为零时，（Ⅰ）和（Ⅱ）式一般无非负解，而随后的试算过程则是无固定规程可循的。因此，这种最佳攻防策略的计算方法在实际应用中具有一定的局限性。

计算最佳攻防策略的更好的方法，是如下的线性规划方法。

由定理 9.5 已知，最佳攻防对策的求解等价于一对互为对偶的线性规划问题，而定理 9.4 表明，最佳攻防对策解 $\boldsymbol{x}^*$ 和 $\boldsymbol{y}^*$ 等价于下面两个不等式组的解：

（Ⅰ）$\sum_i d_{ij} x_i \geqslant v$，$j=1, \cdots, n$；$\sum_i x_i = 1$；$x_i \geqslant 0$，$i=1, \cdots, m$

（Ⅱ）$\sum_j d_{ij} y_j \leqslant v$，$i=1, \cdots, m$；$\sum_j y_j = 1$；$y_j \geqslant 0$，$j=1, \cdots, n$

其中，$v = \max\limits_{\boldsymbol{x} \in S_1} [\min\limits_{\boldsymbol{y} \in S_2} E(\boldsymbol{x}, \boldsymbol{y})] = \min\limits_{\boldsymbol{y} \in S_2} [\max\limits_{\boldsymbol{x} \in S_1} E(\boldsymbol{x}, \boldsymbol{y})]$，就是最佳攻防对策的收入值。

定理 9.11：最佳攻防策略的收入值为

$$v = \max\limits_{\boldsymbol{x} \in S_1} [\min\limits_{1 \leqslant j \leqslant n} E(\boldsymbol{x}, j)] = \min\limits_{\boldsymbol{y} \in S_2} [\max\limits_{1 \leqslant i \leqslant m} E(i, \boldsymbol{y})]$$

证明：因 v 是最佳攻防对策的收入值，故

$$v = \max\limits_{\boldsymbol{x} \in S_1} [\min\limits_{\boldsymbol{y} \in S_2} E(\boldsymbol{x}, \boldsymbol{y})] = \min\limits_{\boldsymbol{y} \in S_2} [\max\limits_{\boldsymbol{x} \in S_1} E(\boldsymbol{x}, \boldsymbol{y})]$$

一方面，任给 $\boldsymbol{x} \in S_1$，有

$$\min\limits_{1 \leqslant j \leqslant n} E(\boldsymbol{x}, j) \geqslant \min\limits_{\boldsymbol{y} \in S_2} E(\boldsymbol{x}, \boldsymbol{y})$$

故

$$\max\limits_{\boldsymbol{x} \in S_1} [\min\limits_{1 \leqslant j \leqslant n} E(\boldsymbol{x}, j)] \geqslant \max\limits_{\boldsymbol{x} \in S_1} [\min\limits_{\boldsymbol{y} \in S_2} E(\boldsymbol{x}, \boldsymbol{y})]$$

另一方面，任给 $\boldsymbol{x} \in S_1$，$\boldsymbol{y} \in S_2$，有

$$E(\boldsymbol{x}, \boldsymbol{y}) = \sum_{j=1}^{n} E(\boldsymbol{x}, j) y_j \geqslant \min_{1 \leqslant j \leqslant n} E(\boldsymbol{x}, j)$$

故

$$\min_{\boldsymbol{y} \in S_2} E(\boldsymbol{x}, \boldsymbol{y}) \geqslant \min_{1 \leqslant j \leqslant n} E(\boldsymbol{x}, j)$$

和

$$\max_{\boldsymbol{x} \in S_1} [\min_{\boldsymbol{y} \in S_2} E(\boldsymbol{x}, \boldsymbol{y})] \geqslant \max_{\boldsymbol{x} \in S_1} [\min_{1 \leqslant j \leqslant n} E(\boldsymbol{x}, j)]$$

于是

$$v = \max_{\boldsymbol{x} \in S_1} [\min_{1 \leqslant j \leqslant n} E(\boldsymbol{x}, j)]$$

同理可证

$$v = \min_{\boldsymbol{y} \in S_2} [\max_{1 \leqslant i \leqslant m} E(i, \boldsymbol{y})]$$

证毕。

下面给出求解攻防对抗最佳策略的线性规划方法。

作变换（根据定理 9.7，不妨设 $v > 0$）

$$f_i = \frac{x_i}{v}, \quad i = 1, \cdots, m$$

则不等式组（Ⅰ）变为

（Ⅰ） $\sum_i d_{ij} f_i \geqslant 1$，$j = 1, \cdots, n$；$\sum_i f_i = \frac{1}{v}$；$f_i \geqslant 0$，$i = 1, \cdots, m$

根据定理 9.11，有

$$v = \max_{\boldsymbol{x} \in S_1} [\min_{1 \leqslant j \leqslant n} (\sum_i d_{ij} x_i)]$$

这样，不等式组（Ⅰ）即等价于线性规划问题

（P）最小化 $z=\sum\limits_i f_i$；$\sum\limits_i d_{ij}f_i \geq 1$，$j=1,\cdots,n$；$f_i\geq 0$

同理，作变换

$$g_j=\frac{y_i}{v}，j=1,\cdots,n$$

则不等式组（Ⅱ）变为

（Ⅱ） $\sum\limits_j d_{ij}g_j \leq 1$，$i=1,\cdots,m$；$\sum\limits_j g_j=\frac{1}{v}$；$g_j\geq 0$，$j=1,\cdots,n$

其中，

$$v=\min_{y\in S_2}\left[\max_{1\leq i\leq m}\sum_j d_{ij}y_j\right]$$

与之等价的线性规划问题是

（D）最大化 $w=\sum\limits_j g_j$；$\sum\limits_j d_{ij}g_j \leq 1$，$i=1,\cdots,m$；$g_j\geq 0$，$j=1,\cdots,n$

显然，问题（P）和（D）是互为对偶的线性规划，故可利用单纯形或对偶单纯形方法求解。在求解时，一般先求问题（D）的解，因为这样容易在迭代的第一步就找到第一个基本可行解，而问题（P）的解从问题（D）的最后一个单纯形表上即可得到。当求得问题（P）和（D）的解后，再利用变换

$$f_i=\frac{x_i}{v} \text{ 和 } g_j=\frac{y_i}{v}$$

即可求出原对策问题的解及最佳攻防对策值。

第３节　几点注解

过去一说起网络安全对抗，大家马上想到的就是"你死+我活"或"水涨+船高"或"魔高一尺+道高一丈"等。总之，都认为安全就是"零和"。在这一错误观念的引导下，强势一方要坚决置对手于死地；弱势一方则不惜鱼死网破，

也要"狭路相逢勇者胜"。于是，敌我双方不惜耗费大量的人力、物力和财力等，永远无休止地"兵来将挡"或"水来土掩"。这样一来，将永远没有最后的赢家，直到最终把大家都"累死"为止。

在本书第 7 章和第 8 章中我们已经指出，其实除了"你死""我活"两个状态外，网络安全对抗还存在另一个更加重要的状态——纳什均衡。此时，攻守双方的自身利益都能够达到最大化，而且谁若再妄动，就会遭受额外的损失。同时，我们在本书第 5 章和第 7 章中还指出，无论是攻方还是守方，无论其实力有多强，其攻防业绩都一定存在着不可突破的理论极限，即攻击信道和防守信道的信道容量，这也从另一个角度警示了攻防对抗中的任性行为。因此，网络空间安全对抗中，一方面，在备战阶段，我们必须认真准备具有足够威慑力的攻防手段，避免低水平的重复（如传统三大件：防火墙、入侵检测、加密中的若干落后手段，就该考虑适时淘汰了）；另一方面，在今后战时阶段，我们必须理智行动，尽快将对方逼入纳什均衡状态，从而实现共赢，争取自身利益最大化。

但是，本书第 7 章和第 8 章中相关结论过于抽象，使得大家难以理解。为了树立正确、全面的安全观念，让大家更加直观地理解网络空间安全对抗的纳什均衡状态，本章从复杂的博弈论中抽丝剥茧，提炼出专门针对网络攻防沙盘演练的，真正能够使矛盾双方都达到最佳结局（纳什均衡状态）的攻防策略计算方法。

不过，我们还有些话想说，所以下面给出三个注解。

注解 1：在实战中要想知道每个 d_{ij} 的精确值，确实不容易；但是，如果攻防双方只考虑每次对抗的输、赢结果，那么情况一下子就很明朗了。攻方用 α_i 去攻，守方用 β_j 来防时，若攻方胜，则令 $d_{ij}=1$；若守方胜，则令 $d_{ij}=-1$；若双方平局，则令 $d_{ij}=0$。本章的所有结果对这种输赢矩阵都是有效的，只是如果最佳收入值为正时，攻方赢；否则，守方赢。当然，若对这种输赢情况进行专门的、更深入的分析，也许还能够得出一些更满意的结果。

注解 2：本章所演示的沙盘攻防并不包含网络安全攻防的所有情况，但是，它确实是网络安全攻防的主流。因此，本章具体给出的最佳攻防策略的计算方案，对完善安全观念是很有帮助的。希望攻防双方理智行动，在实现自身利益最大化的同时实现共赢。

注解3：本章结果的价值至少体现在以下几个方面。

首先，在知己知彼的沙盘演练场景下，以实际可行的算法和步骤，给出了达到攻防双方共赢，各自利益都最大化的、具体的最佳攻防策略（纳什均衡状态）。

其次，沙盘演练与实战虽然有一定的区别，但在随时关注对方实力情况下，就可在平常预备好最佳的攻防策略，从而在战时有助于稳准狠地出招。

再次，充分掌握最佳攻防策略，可以使现有的手段发挥其最大的效用，避免不必要的争斗和牺牲。

最后，也是最重要的，有助于全民树立正确的网络空间安全观念，让大家一起努力，实现共赢的纳什均衡。

第 10 章

安全对抗的宏观描述

谁都知道：早在 200 多年前，亚当·斯密就在其《国富论》（见参考文献[13]）中指出，当自由市场经济充分竞争时，总有一只"看不见的手"，牵引着竞争各方，最终达成互利共赢。谁都知道，在网络空间中，黑客与红客的对抗非常激烈，而且还会越来越激烈。换句话说，黑客与红客已经处于充分竞争状态了。但是，至今谁也没想到，在网络空间的黑客和红客对抗中，也有一只"看不见的手"，它能最终安抚红黑双方，让他们心平气和地休战。当然，也可以说是为下一场更惨烈的对抗战做准备。本章将在攻防一体的情况下，描绘这只"看不见的手"的数学本质，以及这只手到底是怎么安抚黑客和红客的，此外，还再次从另一角度证实了网络安全的"三状态"观念，即黑客与红客的对抗，除了"你死"和"我活"之外，还有"均衡"状态。

第 1 节 充分竞争的共性

根据热力学第二定律，热水中的快分子与凉水中的慢分子相遇时，它们将发生激烈碰撞（充分竞争），这时，将有一只"看不见的手"来安抚这些水分子，让它们的速度最终趋同，使碰撞不再激烈，从而水温达成一致。

根据达尔文进化论，当各种生物充分竞争时，将有一只"看不见的手"，出面"劝架"，将生物们"彼此分离"，从而演化出不同的物种（然后，各物种再展开下一轮，或许更激烈的竞争）。

根据耗散结构理论，当一个远离平衡态的非线性开放系统，不断与外界"抢夺"物质和能量时，若这种激烈的竞争使系统内某参量变化达到一定阈值时，就会出现一只"看不见的手"，它通过涨落，让系统发生突变，由原来"打架"时的混沌无序状态，转变为一种在时间、空间或功能上的有序状态。

根据协同学理论，在复杂开放系统中，受外来能量或物质的"侵扰"，系统中的大量"子系统"将相互"打架"，于是，就会出现一只"看不见的手"，使系统在临界点发生质变，产生协同效应，使系统从无序变为有序，从混沌中产生某种稳定结构。

根据超循环理论，分子通过疯狂的"自我复制"来彼此竞争，积累信息。当这种信息积累达到单元容量上限时，就会出现一只"看不见的手"，它把"自我复制和选择上稳定的单元"结合成更高的组织形式，以便下一步再产生选择上稳定的行为。于是，无机分子逐渐形成简单的有机分子，原核生物逐渐发展为真核生物，单细胞生物逐渐发展为多细胞生物，简单低级的生物逐渐发展为高级复杂的生物。

根据日常经验，当你冥思苦想某个难题时，你的脑细胞异常活跃（彼此激烈竞争），各种思维猛烈碰撞，于是，那只"看不见的手"很可能就会突然出现，并送上灵感，让你顿悟，引你进入"柳暗花明又一村"。

其实，那只"看不见的手"的真正成名之作，是充分竞争的市场经济。早在200多年前，亚当·斯密就在其《国富论》中说："每个人都试图应用他的资本，来使其生产品得到最大的价值。一般来说，他并不企图增进公共福利，也不清楚增进的公共福利有多少，他所追求的仅仅是他个人的安乐，个人的利益，但当他这样做的时候，就会有一双看不见的手引导他去达到另一个目标，而这个目标绝不是他所追求的东西。由于追逐他个人的利益，他经常促进了社会利益，其效果比他真正想促进社会效益时所得到的效果还大。"不过，必须指出的是，只有在充分竞争的"市场经济"中，才会出现这只"看不见的手"，而在缺乏竞争的"计划经济"中，这只"手"就永远也不会出现，当然也就更看不见了。

总之，各领域成果都好像在异口同声地说：哪里有充分竞争，哪里就会出现那只"看不见的手"！

但是，事情远非如此简单！其实，这只"看不见的手"绝对神出鬼没，你不但很难抓住它，很难搞清它的结构，甚至连它的大概功能也都很难描述。比如，为了搞清亚当·斯密的那只"看不见的手"，全世界的经济学家前赴后继探索了上百年，好不容易才在 1972 年和 1983 年等多个诺贝尔奖和其他成果的支撑下取得了突破，建立了微观经济学的"一般均衡理论"。

既然网络空间安全中，红客和黑客也处于激烈的竞争状态，那么从定性角度，并不难猜测其中也存在"看不见的手"，但关键是要把这只"手"画出来。因此，下面就借助经济学的"一般均衡理论"（见参考文献[14]）成果，来探索那只"看不见的手"的数学实质。

为此，首先在攻防一体的假设下，建立红客和黑客竞争对抗的"经济学"模型。

第 2 节　攻防一体的"经济学"模型

为什么要建立"经济学"模型呢？

原因之一，经济可数字化（如政治、军事等就很难数字化），从而为后续的量化研究奠定基础；而只有量化研究，才能深入本质，才更具说服力。当然，本章并不考虑政治、军事事件等如何量化的问题，只假定其已经数字化了。

原因之二，虽然表面上，红客与黑客攻防竞争的目的各不相同，但是这些千差万别的目的背后其实都隐藏着一个真正的、相同的、最终目的——经济利益。正可谓"天下熙熙，皆为利来；天下攘攘，皆为利往"。当然，这里的经济利益，可能是直接的，也可能是间接的；可能是显性的，也可能是隐性的；可能是当前的，也可能是未来的；可能是战术的，也可能是战略的。比如，今天的攻防活动，可能是为了明天的经济利益；甲地的攻防活动，可能是为了乙地的经济利益；对张三的攻防活动，可能是针对李四的经济利益等。当然，本章不考虑任何间接目的，只锁定经济利益，把所有的攻防活动都看成现时的、显性的经济指标。

原因之三，可以借用经济学数百年来的众多成果，特别是微观经济学的"一般均衡理论"（见参考文献[14]）。当然，本章只是抛了块砖，其实利用经济学来研究网络攻防，还有大量的工作要做，还有一个大而富的金矿要挖。只可惜，过去"网络空间安全"与"经济学"这两门学科相距太远，很少有人能在它们之间跨界，本书作者更是经济学的文盲。但愿有某些经济学家，能够进入网络空间安全领域来淘金；也希望安全专家能够多学一点（微观）经济学。真心盼望，"网络空间安全"与"经济学"能够早日"天涯若比邻"。

为什么要假定攻防一体呢？主要理由就是：简单且不失真。所谓攻防一体，即每个人（用户）既是红客又是黑客，他既要保护自己的信息系统，又要攻击别人的系统。于是，就没必要刻意区分谁是红客，谁是黑客了，而统一都把他们看成用户。现实生活中确实也是这样。因为，一方面，如今做黑客的门槛越来越低，只要愿意，人人都可以当黑客；另一方面，黑客正在（其实已经）产业化，只要肯"出血"，任何人都可以雇用专职黑客，或者直接"购买"黑客服务，从而使自己实质上成为黑客。当然，每个人本来天生就可当红客（虽然水平可能很差），绝对愿意保护自己的信息系统。比如，为自己的系统配备安全保障设施或直接"购买"红客服务等。当然，本章中的"人"，既可以是自然人，也可以是目标一致的任何群体，如法人机构、团队等利益共同体。下面，有时也用"用户"来表示"人"。

用 H 表示所有可能用户的集合，它当然是一个有限集，虽然人数（用#H来表示）可能很多。对每个用户 $h \in H$ 来说，他又可能拥有多个规模不同、价值不同、安全度不同的信息系统，比如，他有自己的网银账号、社交账号、电子邮件系统、个人计算机、办公自动化系统，甚至还有大型网络应用信息系统等。这里的"系统"采用了贝塔朗菲（一般系统论创始人）的定义（见参考文献[7]），即系统是相互联系、相互作用的诸元素的综合体。或者更形象地说，系统是能够完成一种或者几种功能的多个部分按照一定的秩序组合在一起的结构。所以，信息系统的个数非常多，但始终是有限的。

为了公平起见（因为每个人的攻防水平各不相同），假定每个用户都不亲自动手从事攻防活动，而是雇用一批能力完全相同的、不带感情色彩的机器黑客（红客）来帮忙。这个假定是合理可行的，因为如果某人的攻防水平特别高，那么他可以将其能力"出售"给机器黑客（红客），并收取其应有的报酬；而对那些攻防水平差的人，他就没有这部分收入了，所以其公平性是有保障的。

当然，机器黑客得根据被攻击系统的安全程度，来公平地向用户收取雇用费，而且对这些用户是"童叟无欺"，即收费不会因人而异。此外，机器黑客还很仁慈，它允许用户毁约，即当它受雇将某个信息系统攻破后，在向雇主收取佣金时，如果雇主觉得要价太高了，那么它可以降价，甚至雇主想给多少就给多少，绝不讨价还价；但是，如果雇主出价低于攻击成本，那么机器黑客将把该系统原样归还给原来的主人；如果雇主出价高于攻击成本，那么机器黑客交付给雇主的也只是一个"装有被攻破系统的、且定时才能打开的信封"。但是，请注意，如果雇主甲给钱较少，而另一雇主乙却想以高一点的价来购买"甲刚刚获得的信封"时，机器黑客会毫不犹豫地重新攻破雇主甲，把这个信息系统装入另一个"定时才能打开的信封中"，卖给雇主乙；如此往复，直到所有用户不再有攻击意愿为止。还要假定，机器黑客很老实，只有受雇后，它才对目标系统发动攻击，而且自己从不主动攻击，更不会获取除佣金之外的其他收入。

每个人的网上资金（网下资金，如不动产等不在此处的考虑之列）被分割成三个部分：一部分称为建设费，用于建设自己的信息系统，当然包括购买防火墙和支付给红客的安全保护费等；一部分称为攻击费，用于雇用机器黑客，攻破自己想要的、别人的目标信息系统；另一部分称为业务费，用于自己的各信息系统中网络业务的正常开销，如存放在网络账户中的散银、存放在微信红包中的钢镚儿等。

对专业红客来说，他的大部分网上资金，都分配给了建设费，意在构筑牢不可破的安全防线。对专业黑客来说，他的大部分网上资金，都分配给了攻击费，意在攻破别人更多的系统，获取更多的黑产收入。对没有攻击意愿的普通用户来说，其攻击费预算可能为零，即他们不发动攻击，只雇用红客来保护自己的信息系统。对一般人来说，可能建设费、攻击费和业务费都各分配了一些。至于到底如何分配，纯粹根据个人意愿而定。此外，业务费是分散存放的，不参与攻防活动，但是，一旦某个信息系统被攻破了，那么在"定时打开的信封"

被启封后，该系统中存放的所有经费就归其新主人了。当然，万一存放的经费为零，那么就活该新主人倒霉；万一存放的经费巨大，那么新主人就发财了。

至此攻防一体的模型场景就清楚了：每个用户都从机器红客那里买得一批钱袋子，然后将自己的业务费分装在这些钱袋子里；接着在身上挂着自己的钱袋子，同时冲入竞技场中；然后，彼此（雇用黑客）抢夺其他人身上的钱袋子，当然，自己身上的钱袋子也会被别人抢走；等到大家都"抢累了"（即再也没有抢夺意愿了，这便是那只"看不见的手"的神奇功效，它能安抚大家，停止对抗）后，同时打开自己（抢来或守住）的钱袋子，于是，本轮攻防就结束了。

当然，大家清理完本轮战果后，还将进入下一轮类似的、可能更惨烈的抢夺战。上轮中，如果某人彻底破产了，那他可以自愿退出下一轮对抗（其实，除非弃网，否则只要留在网上，就不可能真正退出下一轮竞争；因为，你不抢别人，别人可以抢你嘛，除非你的钱袋子太不起眼，没人看得上）；如果某人发财了，那他可能在下轮竞争中分配更多的资金给攻击费，从而成为更凶的黑客；某些人也可能吸取教训，将更多的资金投入建设费，使自己的信息系统更难被机器黑客攻破（于是，机器黑客向雇主收取的佣金就会更高，愿意出此价的人就更少，主人的信息系统就更安全）。下一轮攻防也可能出现一些极端情况。比如大家都不再分配资金给攻击费了，于是黑客就消失了；大家都不再分配业务费了，于是竞争就演变成纯粹的"斗气"了，因为所有钱袋子都是空的，抢不抢都没啥意思了，就算钱袋子丢了也不心痛。

在两轮对抗之间的这段时期，便是大家相安无事的和平期，这应该归功于那只"看不见的手"。

由于机器黑客和机器红客是"一家人"（现实中也是这样的，因为从技术角度看，红客和黑客也基本上可以是同一帮人；能当黑客就能当红客，反之亦然），所以，在冲进竞技场之前，每个用户对挂在自己身上的所有钱袋子的攻破成本是知道的，它就是其他用户想要（雇用机器黑客）将其抢走的最低价。但是，每个用户都不知道其他用户身上钱袋子的攻破成本。

设用户集 H 中，所有用户的钱袋子总数为 N（分别编号为 1, 2, …, N），它当然是一个有限整数，虽然非常巨大。用户 h 身上的钱袋子状况，可以用一个

N 维二进制向量 $x=(x_1, x_2, \cdots, x_N)$ 来表示，其中，若 $x_i=1$，则表示此刻第 i 个钱袋子仍然挂在用户 h 的身上；否则，若 $x_i=0$，则表示第 i 个钱袋子在别人身上。设用户 $h \in H$ 给自己预留的攻击费为 r^h，它也是一个 N 维向量，其第 i 个分量的值，表示预算给第 i 个钱袋子的攻击费（如果该分量小于别人身上某个钱袋子的攻击成本价，那么这个用户就甭想得到别人的这个钱袋子了，因此这笔预算就白花了）。当然，r^h 各分量之和，不该小于该用户 h 冲入竞技场之前，其身上悬挂的所有钱袋子的攻破成本价之和，否则，他就是去"送死"，连自己的"老本"都保不住。

由于用户很多，又由于机器黑客并不讨价还价（只是低于攻破系统的成本价时，就罢工而已），所以任何用户都没有实力来确定攻破每个钱袋子的佣金价格，而只能被动地接受竞争佣金价格。设某个时刻，攻破第 i 个钱袋子的佣金价格为 $p_i(i=1, 2, \cdots, N)$，于是，N 维向量 $p=(p_1, p_2, \cdots, p_N)$ 就表示此刻所有钱袋子的攻破佣金价格，当然，这个价格是会随着各用户给机器黑客出价的变化而变化。

在竞技场上，假设每个用户 $h \in H$ 都是理性的，这至少意味着如下两方面。

第一，在佣金向量为 p 时，用户 h 想争取抢到的钱袋子向量 x，一定会满足不等式

$$p \cdot x = \sum_{i=1}^{N} p_i x_i \leqslant r^h$$

即，他的攻击费用预算 r^h 永远不会被突破（此章中，如果 x 和 y 是两个 N 维向量，那么，记号 $x \leqslant y$ 就表示 x 的每个向量，都不超过向量 y 的相应向量）。今后称满足这个预算限制的钱袋子向量 x 为可行向量。形象地说，对交不起佣金的"抢劫计划"，用户是不会奢望的。用户 h 的所有可行向量的集合记为 X^h，它显然是空间 $\boldsymbol{R}_+^N$ 中的一个子空间，这里 $\boldsymbol{R}_+^N$ 表示向量全为非负的 N 维向量的集合。

第二，进入竞技场后，每个用户 h 并不会胡乱"抢劫"，他们都有自己的"抢钱袋子"偏好 $\angle_h$，这里 "$\angle_h$" 是 N 维实数空间 $\boldsymbol{R}^N$ 上的一个弱序关系，即对任何的 N 维向量 x、y、z 都成立以下两条性质：

（1）自反性，$x\angle_h x$；

（2）传递性，若 $y\angle_h x$ 同时 $z\angle_h y$，那么就有 $z\angle_h x$。

换句话说，如果 x 和 y 都是可行的钱袋子向量，但是，它们的偏好关系如果满足 $y\angle_h x$（即用户 h 更偏好于 x），那么，用户 h 愿意用身上的钱袋子 y 去换取 x。形象地说，如果用户只能从"西瓜"和"芝麻"中选一个的话，他会理性地选择更喜欢的西瓜，而丢掉芝麻。当然，如果允许两者可同时拥有时，他也决不会客气，因为他要合理地追求自己的利益最大化。另外还有：

（1）如果同时满足 $y\angle_h x$ 和 $x\angle_h y$，即从用户 h 的偏好角度看，y 和 x 并没有哪个占优势，此时也称"x 与 y 无差异"，记为 $x\backsim_h y$，那么，他就不会用现有的 x 去换取 y，因为，他不能从中获得额外的利益。

（2）如果 $y\angle_h x$ 成立，但是不成立 $x\angle_h y$，即从偏好角度看，x 严格优于 y，记为 $x>_h y$，那么他就一定不会用 x 去换取 y。

关于用户的偏好 $\angle$，我们还可以做以下几种合理的假设。

假设 1（弱单调性 T_1）：总有某个可行向量（比如冲进竞技场之前，h 自己身上的钱袋子向量）是自己看重的，并且所有钱袋子（无论是自己的还是别人的）都是无害的。准确地说，如果 x 和 y 是用户 h 的两个可行向量，而且 $x>>_h y$，即在 N 维实向量 x 和 y 中，x 的每个向量，都严格大于 y 的对应向量，那么，就有 $x>_h y$，即，用户 h 严格偏好于 x。

假设 2（连续性 T_2）：对每个用户 h 的任意给定的可行向量 x^0，由所有偏好优于 x^0 的可行向量的集合

$$A^h(x^0)=\{x:x \text{ 是 } h \text{ 的可行向量，并且 } x^0\angle_h x\}$$

是闭集；同时，由所有偏好劣于 x^0 的可行向量的集合

$$G^h(x^0)=\{x:x \text{ 是 } h \text{ 的可行向量，并且 } x\angle_h x^0\}$$

也是闭集。这里"闭集"是集合论的基本术语，意指包含自身边界的集合。

上面的假设 T_2 虽然看起来有点抽象，它其实暗含了人类的"贪婪性"（即

"上下通吃，能吃的都要吃"），因此也是合理的。具体说来，从任何一个可行向量 x 出发，考虑用户 h 的可行向量集内的一个线段，从优于 x 的一端开始，最终行进到劣于 x 的点（可行向量）；该线段必定也包含了与 x 无差异的某点。也就是说，当从优于 x 的点，行进到劣于 x 的点时，必然要触及无差异点。这便是为什么称该假设为"连续性假设"的原因。

假设 3（严格凸性 T_3）：令 $y\angle_h x$（当然也包含了 $x\frown_h y$ 的可能性），且 $x\neq y$，$0<a<1$，那么，成立 $ax+(1-a)y>_h y$，即 $ax+(1-a)y$ 严格优于 y。

该假设的数学含义表明"可行向量集内，无差异曲线是严格弯曲的，其内部不存在平坦段"。其经济学含义是：不存在完全可替代的"钱袋子向量"，这也是日常生活常识。

模型和假设就介绍到这里。下面开始寻找那只"看不见的手"。

第 3 节 寻找"看不见的手"

每个用户在冲进竞技场之前，身上都挂着自己的钱袋子，而且还有一笔攻击费，这些东西称为他的"初始资源禀赋"。根据日常经验，为在竞技场上增进自身利益，用户最好自发地组成一个个联盟：在联盟内，即使大家仍然相互抢夺钱袋子，也能获益，即每个人身上保留的"钱袋子向量"都朝着自己更加偏好的方向发展。若当前联盟不能给某个用户带来偏好度更高的"钱袋子向量"，那么他就可以退出，并加入另一个能给自己带来利益的联盟。当然，也可能是由自己一个人组成的独善其身的联盟。如此循环，直到所有联盟都最终被融合成一个联盟为止，即每个用户都再也不能从"抢夺"别人的钱袋子中，获得偏好性更优的"钱袋子向量"了。于是，大家便理性地停止"抢夺"，心满意足地结束本轮攻防对抗。下面就来严格证明，确实有一只"看不见的手"能够牵引大家，进入这种休战状态。

定义 10.1（阻碍）：一个联盟，其实就是用户集 H 的任何一个子集。因此，每个用户自己，也可以构成一个单成员联盟。若存在某个联盟 S，及其可行向量集 $\{y^h: h\in S\}$（以下称为"配置"）满足以下三个条件，则称某配置 $\{x^h: h\in H\}$

的建立将会受到阻碍。

条件 1：$\sum\limits_{h\in S}\boldsymbol{y}^h\leqslant\sum\limits_{h\in S}\boldsymbol{r}^h$（这里的不等式意指在向量的各个坐标分量上都成立。提醒：$\boldsymbol{r}^h$ 表示用户 h 的预算攻击费)。

条件 2：对所有的 $h\in S$，有 $\boldsymbol{x}^h\angle_h\boldsymbol{y}^h$。

条件 3：对某些 $g\in S$，有 $\boldsymbol{y}^g>_g\boldsymbol{x}^g$，即按照用户 g 的偏好，他的钱袋子向量 $\boldsymbol{y}^g$ 严格优于钱袋子向量 $\boldsymbol{x}^g$。

该定义 10.1 中，"阻碍"的基本思想是：若仅利用联盟 S 内的可得钱袋子资源，则 S 中的某成员（如那个 g）就能够获得一个新的"钱袋子向量"（$\boldsymbol{y}^g$），其偏好程度严格优于他原来的"钱袋子向量"（$\boldsymbol{x}^g$）（经济学上，称为 g 取得了一个"帕累托改进"），那么，联盟 S 将阻碍配置 $\{\boldsymbol{x}^h:h\in H\}$ 的建立。当联盟 S 考虑实施阻碍时，他只根据自己的资源和偏好来做出决策，而不关心联盟外用户（$H\setminus S$）的境况。

定义 10.2（核）：配置核，简称"核"，是指任何联盟 S 都无法阻碍的可行配置所构成的集合。

根据该定义，与核相对应的配置具有以下性质。

第一，核中的所有配置都必须满足个人理性原则，即若 $\{\boldsymbol{x}^h:h\in H\}$ 是一个核配置，则对所有的 $h\in H$，都必有：$\boldsymbol{x}^h$ 优于他冲进竞技场之前的钱袋子向量。若没有此性质，则该核将被一个单成员联盟所阻碍，因为他的当前"钱袋子向量"比初始状态还差，此时的核配置违背了个人理性。

第二，核中的任何配置都不可能再取得"帕累托改进"，也称为是帕累托有效的。若 $\{\boldsymbol{x}^h:h\in H\}$ 不是帕累托有效的，则由所有用户构成的联盟 H 仅需对配置进行再分配，就可增进其成员的偏好满意水平。也就是说，若 $\{\boldsymbol{x}^h:h\in H\}$ 是一个核配置，则对所有其他的可行配置 $\boldsymbol{y}^h$ 来说，对所有的 $h\in H$，有 $\boldsymbol{y}^h\angle_h\boldsymbol{x}^h$ 或者对某些 $h\in H$，有 $\boldsymbol{x}^h>_h\boldsymbol{y}^h$。所有其他的可行配置 $\boldsymbol{y}^h$ 都必须满足这一性质，否则核配置将被由所有用户构成的联盟 $S=H$ 所阻碍。

该性质的等价解读是：如果用户的"钱袋子向量"处于核配置状态，那么，所有用户就都达到了自己的最理想状况（因为其偏好不可能再获得改进，即达到了帕累托有效的状况）。理性将提醒大家：可以休战了。但是，核配置状态能否达到呢？下面就来证明：核配置状态是能够达到的。为此，引入以下竞争性均衡定义。

定义 10.3：若以下条件得到满足，则对每个 $h \in H$，$p \in R_+^N$，$x^h \in R_+^N$，就构成了一个竞争性均衡。回忆提醒：这里 $p=(p_1, p_2, \cdots, p_N)$，其中 p_i 是机器黑客攻破第 i 个钱袋子的佣金价格；而 R_+^N 是各分量都非负的 N 维向量集合。

（1）对每个 $h \in H$，均有 $p \cdot x^h \leqslant p \cdot r^h$；

（2）对所有的 $y \in R_+^N$，有 $y \angle_h x^h$，且满足条件 $p \cdot y \leqslant p \cdot r^h$；

（3）$\sum_{h \in H} x^h \leqslant \sum_{h \in H} r^h$（不等式在各个坐标分量上均成立），若存在满足不等式严格成立的坐标分量 $k=1, 2, \cdots, N$，则有 $p_k=0$。

从定义 10.3 开始，此章中运算符号"·"表示两个向量的"点积"运算。

定理 10.1（竞争性均衡含在核中）：若用户偏好 $\angle$ 满足弱单调性（T_1）和连续性（T_2），并令 p，x^h，$h \in H$ 是一个竞争性均衡，则配置 $\{x^h, h \in H\}$ 包含在核中。

证明：用反证法。假设定理的命题是错的，则存在一个阻碍原始配置建立的联盟 S 和某个更优配置 y^h，$h \in S$。于是由联盟的可行性，我们有

$$\sum_{h \in S} y^h \leqslant \sum_{h \in S} r^h$$

而且，对所有的 $h \in S$，有 $x^h \angle_h y^h$；对某些 $g \in S$，有 $y^g >_g x^g$。

但是，由于 x^h 是一个竞争性均衡配置，也就是说，对所有的 $h \in H$，$p \cdot x^h = p \cdot r^h$，且对所有使得 $p \cdot y \leqslant p \cdot r^h$ 满足的 $y \in R_+^N$，都成立 $y \angle_h x^h$。

注意到

$$\sum_{h \in S} p \cdot x^h = \sum_{h \in S} p \cdot r^h$$

因而，对所有的 $h \in S$，有

$$p \cdot y^h \geqslant p \cdot r^h$$

这就是说，x^h 代表了用户 h 在佣金预算约束下，最希望得到的"钱袋子向量"。在满足单调性假定（T_1）的偏好 $\angle_h$ 下，y^h 至少与 x^h 一样好，因此，y^h 所需的佣金成本不低于 x^h。更进一步地，对 g，我们必定有 $p \cdot y^g > p \cdot r^g$。因而有：$\sum_{h \in S} p \cdot y^h > \sum_{h \in S} p \cdot r^h$（注意，这是一个严格不等式）。然而，由联盟的可行性得知，我们必定还有

$$\sum_{h \in S} y^h \leqslant \sum_{h \in S} r^h$$

因为 $p \geqslant 0$，$p \neq 0$，故有

$$\sum_{h \in S} p \cdot y^h \leqslant \sum_{h \in S} p \cdot r^h$$

配置 $\{y^h, h \in S\}$ 在资源总量上小于或等于初始资源禀赋，但与此同时，以佣金价格 p 衡量时，又比初始资源禀赋的价值高，这就出现了矛盾。该矛盾使定理的原命题得证。

证毕。

在微观经济学中，已经证明了竞争性均衡的存在性（比如，参考文献[14]中的定理 7.1、定理 11.1 和定理 17.7 等），因此，由此处的定理 10.1 可知，核配置集是非空的。换句话说，H 中的所有用户都能获得自己偏好度最高的钱袋子向量，即正是那只"看不见的手"将用户们一步步地牵引到各自最偏好的钱袋子向量。

其实，如果对偏好再加一些限制，那么，定理 10.1 的逆也是成立的，即核中的配置也达到竞争性均衡。为此，虽然用户集 H 已经很大了，但是，我们还要通过复制手段，将其变得更大，从而挖掘出更深刻的结果。

我们将讨论一个由用户集 H（后文称为原始用户集），复制 Q 倍后所得到的更大型的用户集，并将其标记为 QH。这里 Q 是一个正整数（$Q=1, 2, \cdots$）。原始用户集里，用户 $h \in H$ 的初始攻击费禀赋为 r^h，偏好为 $\angle_h$。用户集被复制 Q 倍后，用户数也增加为原来的 Q 倍；并且，其中有 Q 个用户的偏好和初始攻

击费禀赋分别为 $\angle_1$ 和 r^1，有 Q 个用户的偏好和初始攻击费禀赋分别为 $\angle_i$ 和 r^i，$i=1, 2, \cdots, \#H$（$\#H$ 是初始用户集 H 中的元素个数，或初始用户数）。于是，原来的每个用户 $h \in H$，被扩展成一类用户。在复制用户集 QH 中，有 Q 个 h 类的用户。请注意，H 的竞争性均衡佣金价格，仍然是复制用户集 QH 中的均衡佣金价格。在原来 H 中，用户 h 的竞争性均衡配置 x^h，则是复制用户集 QH 中，处于竞争性均衡时，所有 h 类用户的均衡配置。复制用户集 QH 中，以类型和序号来标记各用户。这样，对所有的 $h \in H$，$q=1, 2, \cdots, Q$，标记为 h, q 的用户，表示 h 类用户中的第 q 个用户。

定理 10.2（核中成员的平等性）：若偏好满足 T_1、T_2、T_3，令 $\{x^{h,q}, h \in H, q=1, 2, \cdots, Q\}$ 是复制用户集 QH 中的核，则对每个 h，$x^{h,q}$，对所有的 q 都是相同的，也就是说，对每个 $h \in H, q \neq g$，有 $x^{h,q} = x^{h,g}$。

证明： 由于核配置必须是可行的，所以有

$$\sum_{h \in H} \sum_{q=1}^{Q} x^{h,q} \leqslant \sum_{h \in H} \sum_{q=1}^{Q} r^h$$

或等价地说，有

$$\sum_{h \in H} \sum_{q=1}^{Q} x^{h,q} \leqslant Q \sum_{h \in H} x^h$$

下面用反证法证明。假若该定理是错的。考虑 h 类用户，则有 $x^{h,q} \neq x^{h,g}$。注意到，对 h 类用户来说，他们的偏好是各不相同的，即要么 $x^{h,q} >_h x^{h,g}$，要么 $x^{h,g} >_h x^{h,q}$。由核配置的帕累托有效性与 T_3 即可获得这一性质。若从偏好角度来看，$x^{h,q}$ 和 $x^{h,g}$ 无差异，由 T_3 可知有

$$\frac{1}{2}\left(x^{h,q} + x^{h,g}\right) >_h x^{h,q} \backsim_h x^{h,g}$$

这意味着配置 $\{x^{h,q}, h \in H, q=1, 2, \cdots, Q\}$ 不是帕累托有效的，因而不在核内。该矛盾说明：必定成立 $x^{h,q} >_h x^{h,g}$，或者 $x^{h,g} >_h x^{h,q}$。因此，对 h 类用户中的每个用户，都可以根据所持有钱袋数量的偏好 $\angle_h$ 来排序。

对每类 h 用户，令 x^{h*} 表示 h 类核配置 $x^{h,q}$（$q=1, 2, \cdots, Q$）中偏好优先程度最低的那个。对某 h 类用户，其中每个用户的钱袋子向量都是相同的，此时 x^{h*} 就表示偏好的平均水平。对钱袋子向量不同的类别，x^{h*} 则表示偏好排序水平最

低的配置。现在来构造由每类用户中的这样一些用户组成的联盟：该用户的钱袋子向量配置 x^{h*} 在该类用户中的偏好排序最低。我们的证明策略是，这一联盟将阻碍原来的核配置，从而证明了这样的配置不可能真的在核配置集合中。

考虑 h 类用户的核配置偏好排序平均水平，并标记为 b^h，其中

$$b^h = \frac{1}{Q}\sum_{q=1}^{Q} x^{h,q}$$

由偏好的严格凸性（T_3）有：对那些 $x^{h,q}$ 不同的 h 类用户，有

$$b^h = \frac{1}{Q}\sum_{q=1}^{Q} x^{h,q} >_h x^{h*}$$

对那些 $x^{h,q}$ 相同的 h 类用户，有

$$x^{h,q} = b^h = \frac{1}{Q}\sum_{q=1}^{Q} x^{h,q} \backsim_h x^{h*}$$

根据核配置的可行性，有

$$\sum_{h\in H} b^h = \sum_{h\in H}\frac{1}{Q}\sum_{q=1}^{Q} x^{h,q} = \frac{1}{Q}\sum_{h\in H}\sum_{q=1}^{Q} x^{h,q} \leqslant \sum_{h\in H} r^h$$

换句话说，由每用户中偏好排序水平最低的那个用户组成的联盟，便可达到配置 b^h。对联盟中的每个用户而言，对所有的 h，有 $x^{h*} \angle_h b^h$，而对某些 h，有 $b^h >_h x^{h*}$。因而，每类用户偏好排序水平最低的用户组成的联盟，便阻碍了原来的配置 $x^{h,q}$。这便出现了矛盾，从而证明了定理成立。

证毕。

为了证明定理 10.1 的可逆性，我们还要对用户冲进竞技场之前的钱袋子向量，做如下合理假设。

假设 T_4：每个用户 $h \in H$ 的初始禀赋 r^h，都是他的所有可行钱袋子向量集合 X^h 的一个内点（即不是集合 X^h 的边界点）。如果 $X^h = R_+^N$，则 $r^h \gg 0$，即对所有 $k = 1, 2, \cdots, N$ 都有 $r_k^h > 0$。

该假设的合理性是这样的，如果用户在冲进竞技场前，已经对自己身上的钱袋子向量有最高偏好了，即 r^h 是边界点了，那么他的最佳策略就应该是：拒绝进入竞技场。换句话说，将他的所有攻击费都转变为建设费，全力以赴保护已有的钱袋子。当然，也可能由于自己力量不够，比如，有人出价高于他的建设费，雇用机器黑客攻击他，那么他也只能眼睁睁丢掉自己的钱袋子。如果用户对别人的所有钱袋子都感兴趣，即 $X^h=R_+^N$，那么他当然应该对每个钱袋子都分配一定的攻击费，即第 k 个钱袋子的攻击费 $r_k^h>0$，否则，机器黑客是不会无偿提供服务的。

引理 10.1（闵科瓦斯基超平面定理）：令 K 是一个凸集，它也是 R^N 的一个子集。若 z 不是 K 的内点，则必存在一个约束 K 的边界穿过 z 的超平面 H。也就是说，存在 $p \in R^N$，$p \neq 0$，对所有的 $x \in K$，满足 $p \cdot x \geqslant p \cdot z$。

由于该引理 10.1 是一个现成的数学结论，见参考文献[14]中的定理 2.11，因此，这里就略去了证明过程。该引理将应用于下面定理 10.3 的证明过程。

定理 10.3（德布鲁-斯卡夫定理）：若有假定 T_1、T_2、T_3、T_4，并且对所有的 $Q=1, 2, \cdots$，令 $\{b^h, h \in H\} \in$ 核(Q)，则对所有的 Q，$\{b^h, h \in H\}$ 都是复制用户集 QH 的竞争性均衡配置。

证明：我们将证明存在一个机器黑客的佣金价格向量 p，对每类用户 h，均满足 $p \cdot b^h \leqslant p \cdot r^h$，并且 b^h 在攻击费的预算约束下，依据偏好 $\angle_h$ 获得最大化的偏好排序。我们的证明策略是，构造一个配置集，它优于 $\{b^h, h \in H\}$。接下来，证明后者是一个有超平面支撑的凸集，取该超平面的法向量为 p，再证明 p 就是支撑 $\{b^h, h \in H\}$ 的竞争均衡价格向量。

对每个 $i \in H$，令 $\Gamma^i = \{z : z \in R^N, z + r^i >_i b^i\}$。向量集 Γ^i 是 i 类用户的一个配置集，对该类用户，其配置的偏好，严格好于 $b^i - r^i$。根据配置 $b^i - r^i$，用户可以达到核配置状态。现在定义一族 Γ^i 集，$i \in H$ 的凸结合集（凸壳）。令

$$\Gamma = \{\sum_{i \in H} a_i z^i : z^i \in \Gamma^i, a_i \geqslant 0, \sum a_i = 1\}$$

表示更优的配置集 Γ^i 凸结合而得的集合。集合 Γ 是集合 Γ^i 的并集的凸壳。

现在再证明：由集合 Γ^i 构成的集类 Γ 严格排列在穿过原点的超平面上方。该超平面的法向量就是要寻找的均衡佣金价格向量。

首先证明 0 不属于 Γ。其证明方法是，将 $0\in\Gamma$ 的概率与构造一个阻碍核配置 b^i 的联盟的概率相对应，而后者是一个矛盾，概率为 0。假设 $0\in\Gamma$，由假定 T_3（偏好的连续性）可知，对每个 i，Γ^i 总是开集，因而，Γ 也是开的。为方便计，此处忽略了 Γ^i 与由 X^i 导引的边界相重合的那一部分区域。更准确地说：在假定 T_1 和 T_3 下，Γ^i 与 Γ 具有非空内部域，并且，0 不属于内部域（Γ）。若 $0\in\Gamma$，则在 0 附近存在一个含于 Γ 中的 ε 邻域（$\varepsilon>0$）。Γ 中的典型元素可表示为 $\sum a_i z^i$，其中 $z^i\in\Gamma^i$。令 $\boldsymbol{R}\_^N$ 表示 $\boldsymbol{R}^N$ 的非正象限，取交集 $\Gamma\cap\boldsymbol{R}\_^N$，也就是说，取 Γ 的非正部分。选择 $z\in\Gamma\cap\boldsymbol{R}\_^N$，满足 $z=\sum a_i z^i$，其中，对所有的 i，a_i 都是有理数。这是可能的，因为 $\varepsilon>0$，我们可以用有理数序列来任意逼近所有真实的 a_i。接着，找 a_i 的公分母。考虑取 a_i 的公分母为 Q（大倍数 Q 复制的用户集可克服单个用户的不可分问题），我们有 $\sum a_i z^i\leqslant 0$（在各坐标分量上成立）。还需证明的是，由前述结论可知：存在一个联盟，它阻碍配置 b^i 在复制用户集 QH 中的建立。其中，Q 为 a_i 的公分母。构造一个联盟 S，它由 Qa_i（整数）个 i（$i\in H$）类用户集合中的用户组成。考虑 S 中用户的配置为 $d^i=r^i+z^i$。根据 Γ^i 的定义，有 $d^i>_i b^i$。由 $\sum a_i z^i\leqslant 0$，有 $\sum(Qa_i)z^i\leqslant 0$，从而，得到 $\sum(Qa_i)(d^i-r^i)\leqslant 0$，或等价地，$\sum(Qa_i)d^i\leqslant\sum(Qa_i)r^i$，这意味着 d^i 在 S 中是可行的。根据用户 $i\in S$ 的偏好，d^i 是 b^i 的一个增进。从而，S 阻碍 b^i，这就出现了矛盾。因此，只能有：0 不属于 Γ。

在证明了 0 不属于 Γ 后，还需要证明 0 不是非常靠近 Γ。的确，当 $0=\sum_{h\in H}(b^h-r^h)$ 时，$0\in\Gamma$ 的边界，其中等式右边是 Γ 的闭包。因而，0 正好表示了这样一个边界点，穿过该边界点，就可得到引理 10.1 中的支撑超平面。集合 Γ 是一个凸集，所以由引理 10.1，存在 $p\in\boldsymbol{R}^N$，$p\neq 0$，对所有 $v\in\Gamma$，满足 $p\cdot v\geqslant p\cdot\boldsymbol{0}=0$。根据弱单调性假设 T_1，有 $p\geqslant 0$。现在，由于对每个用户 h 都有 (b^h-r^h) 属于 Γ 的闭包，所以有，$p\cdot(b^h-r^h)\geqslant 0$。但是，由于同时还有 $\sum_{h\in H}(b^h-r^h)=0$，进而有 $p\cdot\sum_{h\in H}(b^h-r^h)=0$。因此，对每个用户 h，有 $p\cdot(b^h-r^h)=0$，等价地，$p\cdot b^h=p\cdot r^h$。

这实际上就是说

$$p \cdot 0 = \frac{1}{\#H}\, p \cdot \sum_{h \in H}(b^h - r^h) = \inf_{x \in \varGamma}(p \cdot x) = \frac{1}{\#H} \cdot \sum_{h \in H}[\inf\,(p \cdot z^h)]$$

这里的 #H，表示用户集 H 中用户的个数；而最后一个等式中 inf() 是对满足 $z^h \in \varGamma^h$ 的所有可能 z^h 而言的（主要是为了减少下角标的层次）。所以

$$p \cdot (b^h - r^h) = \inf(p \cdot z^h)$$

这样，对每个用户 h 和 $y \in \varGamma^h$，有

$$p \cdot (b^h - r^h) = \inf(p \cdot y)$$

等价地，b^h 依据偏好程度 $b^h \angle_h x$ 最小化 $p \cdot (x - r^h)$。此外，$p \cdot b^h = p \cdot r^h$。进一步地，根据假设 T_4 可知，b^h 附近存在一个 ε 邻域包含于 X^h 中。根据假设 T_1、T_2 和 T_4 可知，"偏好约束下的佣金最小化"等价于"佣金约束下的偏好排序最大化"，从而，$b^h, h \in H$ 就是一个竞争性均衡配置。

证毕。

第 4 节　小结与邀请

利用经济学的"一般均衡理论"来研究网络空间安全对抗时，最关键之处是建立合适的数学模型，而这一点并不容易。比如，经济学中有一个由"供应厂商、家庭消费方、股份分配返还"构成的完美的资金流动闭环，而在红客、黑客和用户所构成的体系中，却没有此类闭环。而经济学中的整体优化基础刚好就是由总供给、总需求（含初始禀赋）相减而获得的"超额需求函数"。可惜在网络空间安全对抗中，完全就找不到此类"超额需求函数"的影子。因此，若无合适的数学模型，根本就不知道该从何处下手。但愿经济学家能够利用熟悉各种经济模型的优势，进入网络空间安全领域，倒逼形成一些特定情况下的安全对抗模型。

本章中几个定理的证明过程，其实是从已知的几个经济学结果（比如，参考文献[14]中的定理 13.1、定理 14.1 和定理 14.2）中抽丝剥茧而得的。之所以要不厌其烦地"抽丝"，是想保持本章的封闭性，特别是方便网络安全界的读者朋友，使大家不必在"网络空间安全"和"经济学"，这两个大跨度领域间来回反复跳跃。

过去，人们一直咬定安全对抗就是"水涨船高""鱼死网破"或"魔高一尺，道高一丈"等。但是，本章的结论再一次表明，其实安全对抗应该更像"潮汐"：来潮时，惊天动地；退潮后，风平浪静。或者说，安全对抗像"间隙式喷泉"：喷时轰轰烈烈，歇时安安静静。也可以说安全对抗像"拳击擂台赛"：轮中打斗，你死我活；轮间休息，却和平相处。总之，无论用什么现象来形容网络空间安全对抗，关键是要明白：有一只"看不见的手"能够安抚各方，最终达到共赢。因此，红客方应该调整自己的战略，使得和平期尽可能长一些，并且为下一轮的对抗做足准备。

"安全通论"的创建是一个长期而艰难的课题，它的最高境界应该是：只用一篇短短的论文，甚至只用一个公式，就能道破网络空间安全的核心基础理论。就像香农仅用一篇论文的两个核心定理（信道编码和信源编码）就建立了"信息论"那样，就像爱因斯坦仅用一个公式（$E=mc^2$）就创立了"相对论"那样。可惜，如今，"安全通论"的初版却是本书这样厚厚几百页。这刚好说明，安全通论还仅仅处于婴儿阶段！但是，任何事情总得有个过程，在初级阶段，我们将用多篇论文，从不同的方面，来归纳网络空间安全的基础理论；然后，在高级阶段，再将这些论文凝炼，争取逐步逼近最终目标。

创立"安全通论"虽然很苦，但我们也没忘记苦中寻乐！比如，前段时间，研究工作卡壳了，我们便以最笨的办法，对网络安全的所有分支，又一次进行了地毯式地研究。并出人意料地，顺便写成了一部科普作品《安全简史》，让全社会在笑声中，轻松了解信息安全。如今，幽默风趣的《安全简史》已经正式出版了，而且还成为了经典畅销书并被评为"科技部 2017 年全国优秀科普作品"。不过，《安全通论》还在艰苦地奋斗之中。

我们越来越觉得，"安全通论"的最终完成，很难只依赖于安全专家，而是需要集许多领域科学家的共同智慧。为此，我们再一次诚心邀请经济学家、博弈论专家、数学家、信息论专家、系统论专家、控制论专家、生物学家、耗散理论专家、突变论专家等，加盟"安全通论"的研究。本书作者愿意全力以赴，为大家甘当铺路砖。

第11章

安全对抗的中观描述

借助充分竞争的市场经济类比，本章从中观角度描述了网络空间安全对抗的运动规律和演化过程。结果发现，若只考察"行为举止"，那么市场经济与网络安全简直就是活脱脱的一对双胞胎：熟知的许多市场经济现象，在网络对抗中几乎都能找到相应的影子，反之亦然。过去，安全专家都只关注网络对抗的"局部微观画像"（如加密、病毒、木马、入侵等核心安全技术），这在节奏相对较慢的"人与人对抗"环境中，确实可以说是唯一重要的事情。但是，随着机器黑客的即将登场，"机器对机器攻防"的节奏，将以指数级速度增加，因此，从中观和宏观角度去了解网络战场，就显得十分重要了；否则，若"只见树木，不见森林"，就一定会失去网络对抗的主动权。类似的情况在半个多世纪前就已出现过：若无数据通信，就不需要信息论，因为，早期的电报和电话等，根本就没有带宽和速度的需求压力。幸好，结合第 10 章和本章的结果，至此，网络安全对抗的"中观画像"和"宏观画像"都已绘制出来了。

第1节　为什么需要中观画像

网络安全对抗很实！因为，当你中招后，你的真金白银可能瞬间化为乌有，你的计算机可能立马死机，你的汽车可能失控，甚至你的心脏起搏器也可能乱跳……；总之，你遭受打击所感觉到的真实程度，一点也不亚于当头棒喝。

网络安全对抗很虚！因为，在网络这个典型的虚拟空间中，安全对抗不但没有硝烟，甚至根本看不到敌人在哪；也很难知道你是被谁击中的，以及是如何被击中的；你对"邻居"的安全处境更是一无所知，甚至不知道他到底是敌还是友。

那么，我们对抽象的网络战争，就真的只能"两眼一抹黑"吗？

当然不是，其实，顶级红客（安全专家）可通过精准分析，描述出网络对抗的局部微观战况，这便是常规网络安全技术所实现的主要目标；而第10章中，我们借用经济学的一般均衡理论给出了网络对抗的宏观画像，即存在一只看不见的手，它能抚平对抗的各方，让大家都满意地休战，因为大家都已最大限度地达到了自己的预期目标，若再不休战，自己将受损；本章将借助耗散结构理论，给出网络对抗的中观战况画像。

从中观角度看，网络空间安全的最佳类比，也许仍然是充分竞争的市场经济：一个网络（子）系统，可类比于一种商品；相互对抗的红客和黑客，可类比于市场中的供应方和需求方；攻防双方的各种手段，可类比于市场中抬价与压价的各种花招；网络（子）系统的不安全熵，可类比于商品的价格。经济中有一只看不见的手，能通过调节商品价格，使供需各方都很满意，从而市场趋于稳定；类似地，网络（子）系统中，也有一只看不见的手，能使相应的不安全熵稳定在某个量值，从而抚平攻防各方，使网络战场趋于平静。同样的商品在不同的地域（时间），可能稳定于不同的价格；类似地，同样的网络子系统，处于不同的环境（时间段）时，也可能稳定于不同的不安全熵状态。一种商品（如汽油）的价格波动，可能引起另一种商品（如汽车）的价格波动；类似地，一个子系统的不安全熵的变化，可能引起另一个子系统的不安全熵的变化。供货量（需求量）的增加，将会打破平衡，引起商品价格的下降（上升）；类似地，红客（黑客）水平的提高，将会打破平衡，引起不安全熵的下降（上升）……总之，充分竞争的市场经济，与网络空间安全对抗，几乎遵从同样的变化规律。理解了相对直观的市场经济状态，就隐约看见了抽象的网络空间安全对抗。

当然，经济学与网络安全的类比，绝不是机械地照搬，甚至从"一般均衡理论"这个研究经济学的利器角度看，供求双方价格最优化的边界条件，就完全不适用于红客与黑客的对抗，从而导致价格理论几乎无法应用于网络安全研究。

不过幸好，耗散结构理论可同时应用于研究充分竞争的市场经济和网络空间安全对抗。本章借鉴参考文献[15]的思路和手法，绘出了网络空间安全对抗的"中观画像"，并且再一次表明：市场经济与网络安全实在是"长得太像了"，若只看画像的话，它们简直就是一对双胞胎。

第 2 节　安全对抗的耗散行为

本书在很多章节中都反复指出：网络空间的安全是负熵，或不安全是熵，而且还遵从热力学第二定律，即若无额外的安全加固措施，那么系统（子系统）的不安全熵就会自动增大。在第 4 章中，我们更进一步地指出，红客维护网络安全的唯一目标，就是控制不安全熵的增大。当然，那时我们其实都暗含了假设：相应的网络系统是"封闭系统"，即与外界不进行物质和信息的交流，与外界无明显联系，环境仅仅为系统提供了一个边界，不管外部环境有什么变化，封闭系统仍表现为其内部稳定的均衡特性。

而本章考虑的网络（子）系统不再封闭，而是开放系统，即在系统边界上与环境有信息、物质和能量的交流。在环境发生变化时，网络（子）系统通过与环境的交互，以及本身的调节作用，达到某一稳定状态，从而实现自调整或自适应。

一个远离平衡态的开放网络（子）系统（以下均简称"系统"），通过红客和黑客的攻防对抗，不断与外界交换物质、能量和信息，从周围环境中引入负熵（红客的功劳）和正熵（黑客的后果），来改变不安全熵的取值。由于内部各子系统之间的非线性相互作用，通过涨落，便可能使各个子系统合作行动，从而形成某种时间、空间和功能稳定的耗散结构，使不安全熵稳定在一定的量值附近。更具体地说，系统的不安全熵的改变 dS 由三部分组成：其一，是系统内部本身的不可逆过程（如非人为的设备老化、自然故障等）所引起的不安全熵增 d_iS；其二，是黑客攻击系统所造成的不安全熵增 d_eS；其三，是红客保障系统安全所引起的不安全熵减 d_gS。并且，这三股熵流合成后就有

$$dS=d_iS+d_eS+d_gS$$

其中，前两项 d_iS（自然熵流）和 d_eS（黑客熵流）均为非负值，而第三项 d_gS（红客熵流）为负值。如果红客的安全保障能力足够强，使得

$$|d_gS|>d_iS+d_eS$$

那么，dS 就为负，即系统因为红客的负熵流（d_gS），抵消了黑客和自然退化所引起的熵增，从而系统整体的不安全熵就会减少，安全度就不断提高，最后稳定在一种较平衡的不安全熵总值更低的新状态，即形成了耗散结构。

系统偏离平衡态的程度，可由三股流（自然熵流、红客熵流、黑客熵流）的"力量"强弱来表征。系统处于平衡状态时，三股"熵流"与产生熵流的"力量"综合皆为零；当系统处于非平衡态的线性区（称为"近平衡区"）时，如果"力量"和"熵流"为非线性关系，即"力量"较强时，系统就会远离平衡状态，处于非平衡、非线性区。非平衡过程的"不安全熵流"，不仅取决于该过程的推动"力量"，而且还受到其他非平衡过程的影响。换句话说，不同的非平衡过程之间，存在着某种耦合。用 F 表示系统的不安全熵流，$\{x_i\}$ 表示系统中影响不安全熵流的各种"力量"，它们其实就是影响系统安全的各种因素（如红客的安全保障能力、黑客的攻击能力和系统的自然退化力等，当然，这些"能力"其实也可以分为多个组成部分），则 F 是 $\{x_i\}$ 的函数，即

$$F=F(x_1, x_2, \cdots)=F(\{x_i\})$$

以平衡状态作为参考，将函数 F 展开成泰勒级数，便有

$$F(\{x_i\})=F(\{x_i, 0\})+\sum_i \frac{dF}{dx_i}x_i+\frac{1}{2}\left\{\sum_{m,n} \frac{d^2F}{dx_m dx_n}\right\}x_m x_n +\cdots$$

系统远离平衡状态时，该泰勒级数中将保留非线性的高次项，影响系统安全的"力量"与"不安全熵流"是非线性关系。如果红客的安全保障能力足够强，则不安全熵就会不断减少，最后稳定在一种不安全熵较小的较平衡状态，由此可知，系统远离平衡时，不仅影响系统不安全熵流的力量较强，而且由于非线性的耦合作用，影响系统安全的各种因素，都会彼此作用，最终产生协同，

形成新的平衡状态。而且，在该稳定状态系统中，众多子系统的不安全熵流相互弥补和抵消，保证了整体系统的宏观状态显现稳定性，而这种稳定性需要不断耗散物质、能量或信息来维持。

如果你觉得上述描绘太过定性，下面就来做些定量的描述。其实这些描述不仅仅限于网络安全对抗，而且对经济状态（见参考文献[15]）甚至一般的耗散系统都有效。

设非平衡系统中，各子系统的不安全熵流分别是 q_1，q_2，$\cdots q_k$，$\cdots$，它们都是时间 t 和各自面临的不安全因素 r_{k1}，r_{k2}，$\cdots$ 的函数。所以，整体系统可以描述为状态矢量

$$q=(q_1, q_2, \cdots, q_k, \cdots)=\{q_k : k=1, 2, \cdots\} = \{q_k(r_{ki}, t) : k, i=1, 2, \cdots\}$$

由于存在着不安全熵流的耗散，对于稳定的非平衡定态网络系统而言，在其内部某一确定的子系统和某一确定的时间内，红客输入的熵减，必须等于在同一子系统和同一时间内，由黑客和自然退化原因耗散掉的熵增。如果红客、黑客和自然等三方力量输入的不安全熵出现了"堆积"（无论是正堆积，还是负堆积），那么当前的定态便会失去稳定。只有在无"堆积"的情况下，系统才能维持其定态的稳定，这便是网络空间安全对抗中的"不安全熵守恒定律"。

设在定态条件下，第 i 个子系统的不安全熵为 M_c（因为对任何系统来说，安全只是相对的，不安全才是绝对的，所以，M_c 不会为 0，而是正值），外界在单位时间内向该子系统输入的不安全熵为 M_a（它其实是黑客的增熵，减去红客的负熵）。与此同时，该系统向外界耗散出的不安全熵为 M_b，则该子系统定态稳定的条件就是 $M_a=M_b$，或者等价地，$\dfrac{M_a}{M_c} = \dfrac{M_b}{M_c}$。此处，$M_D = \dfrac{M_a}{M_c}$ 称为耗散参量，$M_T = \dfrac{M_b}{M_c}$ 称为输入参量，它们都是无量纲的参量。于是，在未达非平衡相变临界点时，系统定态稳定的必要条件是 $M_T=M_D$。

M_D 当然是熵流 q 的函数，比如，表示为非线性泛函数 $M_D=f(q_1, q_2, \cdots, q_n)$，它与网络系统中的各种不安全因素（无论来自黑客、红客还是自然力量）都有关。假定，在整个非平衡过程中，M_T 的变化是连续平滑的。由于耗散能力有限，当系统趋于平衡相变临界点时，便有 $M_T \neq M_D$，这时原有的耗散模式就不再守恒，

因此，就在系统内形成"堆积"，使原定态失去稳定。这种"堆积"迫使处于非稳定的系统寻找新的耗散途径，以便重新稳定下来。这时相干性增强，各种涨落更加活跃，推动系统进入一个新的耗散状态，使 $M_D=M_T$ 重新得以满足。新的耗散模式维持了系统新的定态稳定，即在非平衡定态背景下，系统由原来的状态跃迁到一种新的状态上，从而完成了一次非平衡相变：不安全熵稳在新的水平上。由此可见，当黑客、红客和自然退化力量的平衡被打破后，网络系统（或子系统）又会在新的情况下，达到新的平衡。

借用耗散结构理论的方法，不安全熵流矢量 $\boldsymbol{q}=(q_1, q_2, \cdots, q_n)$ 的一般运动规律，可以用广义郎兹万方程描述为

$$\frac{\mathrm{d}q_i}{\mathrm{d}t} = K_i(\boldsymbol{q})+F_i(t) \ \ (i=1, 2, \cdots, n)$$

其中，$K_i(\boldsymbol{q})=K_i(q_1, q_2, \cdots, q_n)$ 是非线性函数，代表各种影响安全的力量导致的不安全熵流；$F_i(t)$ 是各种微扰引起的随机和涨落力。如果微扰足够小，即 $F_i(t)$ 可以省略不计，那么上面的广义郎兹万方程，就可简化为

$$\frac{\mathrm{d}q_i}{\mathrm{d}t} = \sum_{k=1}^{n} a_{ik}q_k+f_i(\boldsymbol{q}) \ \ \ \ (i=1, 2, \cdots, n)$$

此式中的 $\{f_i(\boldsymbol{q})\}$ 为 $\boldsymbol{q}$ 的一组非线性函数，由于此时系统的定态点是稳定的，其线性项系数矩阵的本征值具有负实部，即矩阵 $[a_{ik}]$ 是负定的，即总可以通过线性变换或选取适当的新坐标，使得该矩阵对角化，这时便有方程组

$$\begin{cases} \dfrac{\mathrm{d}q_1}{\mathrm{d}t} = -R_1q_1+g_1(q_1, q_2, \cdots, q_n) \\[2mm] \dfrac{\mathrm{d}q_2}{\mathrm{d}t} = -R_2q_2+g_2(q_1, q_2, \cdots, q_n) \\[2mm] \qquad\qquad\cdots \\[2mm] \dfrac{\mathrm{d}q_i}{\mathrm{d}t} = -R_iq_i+g_i(q_1, q_2, \cdots, q_n) \\[2mm] \qquad\qquad\cdots \\[2mm] \dfrac{\mathrm{d}q_n}{\mathrm{d}t} = -R_nq_n+g_n(q_1, q_2, \cdots, q_n) \end{cases}$$

这里的 $\{R_i\}$ 为阻尼系数，它们都是正数，$\{g_i(\boldsymbol{q})\}$ 为 $\boldsymbol{q}$ 的另一组非线性函数。至此，网络中各子系统（网络）的不安全熵流变化是彼此关联的，网络整体上仍然显得杂乱无章。如果考虑到随机力 $F_i(t)$ 的作用，网络的安全状态（即不安全熵），只能做无规律的起伏。但是，对一般的非平衡相变系统，其变量 $\boldsymbol{q}$ 中包含着序参量 u 和耗散参量 M_D。当红客和黑客等外界力量使系统趋于临界点时，序参量的衰减阻尼系数将变为零，而其他参量的衰减阻尼系数虽不为零，但却有限。于是，u 就会出现"临界慢化"，整个系统的演化，便将由 u 所主宰，其余变量（包括耗散参量 M_D）都将受到 u 的支配。

不失一般性，可记 $u=q_1$ 和 $M_D=q_a$，此处 $2 \leqslant a \leqslant n$。于是，前面的方程组可重写为

$$\begin{cases} \dfrac{\mathrm{d}u}{\mathrm{d}t}=-R_1 u+g_1(u, q_2, \cdots, M_D, \cdots, q_n) \\[2mm] \dfrac{\mathrm{d}q_2}{\mathrm{d}t}=-R_2 q_2+g_2(u, q_2, \cdots, M_D, \cdots, q_n) \\ \qquad\qquad\qquad \cdots \\ \dfrac{\mathrm{d}M_D}{\mathrm{d}t}=-R_a M_D+g_a(u, q_2, \cdots, M_D, \cdots, q_n) \\ \qquad\qquad\qquad \cdots \\ \dfrac{\mathrm{d}q_n}{\mathrm{d}t}=-R_n q_n+g_n(u, q_2, \cdots, M_D, \cdots, q_n) \end{cases}$$

当网络系统趋于不安全熵的非平衡相变临界点时，根据协同学原理，将出现极限 $R_1 \rightarrow 0$，并且，其他 $R_i > 0 (2 \leqslant i \leqslant n)$ 且有限，即此除 u 是软模变量之外，其他量（包括 M_D）都是硬模变量。根据支配原理，若令其他参量都不随时间而变化，那么略去第 1 个方程后，上述的方程组又可再简化为

$$\begin{cases} -R_2 q_2+g_2(u, q_2, \cdots, M_D, \cdots, q_n)=0 \\ \qquad\qquad\qquad \cdots \\ -R_a M_D+g_a(u, q_2, \cdots, M_D, \cdots, q_n)=0 \\ \qquad\qquad\qquad \cdots \\ -R_n q_n+g_n(u, q_2, \cdots, M_D, \cdots, q_n)=0 \end{cases}$$

求解这 n-1 个联立方程，可得

$$q_2=h_2(u), \cdots, M_D=h_a(u), \cdots, q_n=h_n(u)$$

即硬模变量 $q_2, \cdots, M_D, \cdots, q_i, \cdots, q_n$ 都被序参量 u 支配。将这些解代入序参量 u 的变化方程（即 $\frac{\mathrm{d}u}{\mathrm{d}t}$ 的那个方程），便有

$$
\begin{aligned}
\frac{\mathrm{d}u}{\mathrm{d}t} &= -R_1u+g_1(u, q_2, \cdots, M_D, \cdots, q_n) \\
&= -R_1u+g_1[u, h_2(u), \cdots, h_a(u), \cdots, h_n(u)] \\
&= -R_1u + G(u)
\end{aligned}
$$

注意到 M_D 的非线性泛函数表达式 $M_D=f(q_1, q_2, \cdots, q_n)$，于是，将上面的各 q_i 表达式代入此式，便知在网络安全对抗系统非平衡相变临界点的无限小邻域内，成立

$$M_D=f[u, h_2(u), \cdots, h_a(u), \cdots, h_n(u)]=E(u)$$

此式中，$E(u)$ 是序参量 u 的某种非线性函数。当外界红客和黑客的控制力量相抵消时，序参量 u 与约化临界距离之间便有以下依赖关系

$$u=\varepsilon^{\beta}(\varepsilon \to 0, E \to 0)$$

其中，β 为序度临界指数，其值与网络安全系统的临界类型有关；$\varepsilon=\dfrac{R-R_c}{R}$，此处的 R 和 R_c 的含义是：在一般情况下，非平衡相变的过程，可由系统控制参量（红客、黑客和自然退化的对抗）R 来控制，网络（子）系统趋于临界点的程度，可用临界距离（R-R_c）来表征，R_c 是控制参量 R 的临界值。

由于各类非平衡相变临界点，都有一个共同特征：在临界点，序参量由 0 开始，连续生成；或由非零开始，连续消失而生成。即当系统趋于临界点时，有

$$u \to 0, (\varepsilon \to 0, E \to 0)$$

可见，在非平衡相变临界点的无限小区域内，u 的量值很小，因此，公式

$$M_D = f[u, h_2(u), \cdots, h_a(u), \cdots, h_n(u)] = E(u)$$

的右端，可按自变量 u，在临界点进行幂级数展开。设该幂展式中，低阶不为零项的幂指数为 ψ，则当系统趋于临界点（$u \to 0$）时，函数 $E(u)$ 便可渐近地表示为

$$E(u) \to Au^{\psi}$$

这里，A 为原展式中，最低阶不为零项的系数，故在非平衡临界点的无限小邻域内，M_D 正比于 u^{ψ}；而 ψ 与系统的具体耗散模式和耗散内容有关，在非平衡系统中，对于不同的定态 ψ，可以取不同的值（正、负或零）。

这也意味着，当网络系统趋于不安全熵的非平衡相变临界点（即 $R_1 \to 0$）时，耗散参量 $M_D(u)$ 也与 $|\varepsilon|^{\beta\psi}$ 成正比，它揭示了 M_D 与临界距离 ε 之间的依赖关系。当然，若 $\beta\psi=0$，则系统就处于平衡状态了。

综上可知，在网络安全对抗系统的非平衡相变临界点，耗散参量 M_D 会出现某种奇异特性，即可能出现某种跃变或发散。当控制参量 $\varepsilon \to 0$ 时，意味着红客对网络安全的保障能力和黑客的破坏能力，成为至关重要的因素，它们将导致网络的安全状态稳定在更高一层的安全状态，或跌落到更低一层的安全状态，甚至可能造成网络的彻底崩溃。

第 3 节　安全态势中观画像的解释

结合上面第 2 节的推论，到目前为止，网络空间安全态势的"中观画像"其实已经很清楚了。不过，在"知其然"的基础上，我们还想借助耗散结构理论，更进一步地"知其所以然"。

其实，网络空间安全的发展过程，是一个典型的演化过程，推动该演化的力量主要来自三方面：网络系统的自然退化、黑客的攻击、红客的安全保障措施等。演化的要点可以概括为以下八个方面。

（1）网络系统及其子系统的开放性（即攻防各方的介入）是形成新的安全

状态（不安全熵稳定在新的量值）的前提和基本条件。对任何网络系统而言，安全只是相对的，不安全才是绝对的；而且，不安全性（安全性）是熵（负熵），它也遵守热力学第二定律，即封闭网络在没有人为攻防力量介入的条件下，其自发演化的趋势将是：不安全熵达到最大。此时，不仅不能形成新的安全结构，就连原来的安全结构都将被破坏和瓦解。但是，当红客和黑客介入后，网络系统就会不断从外部（环境）引入物质、能量和信息的正负不安全熵流，并不断排出其代谢产物，吐故纳新。如果红客的安全保障能力足够强，那么网络系统的不安全熵的总值将保持不变，甚至趋于减小，从而维持、形成并保持网络系统的安全状态。

（2）自然退化和攻防对抗的非平衡，是不安全熵达到新稳态的源泉。所谓平衡状态，就是指构成网络系统的各种安全要素在物质、能量和信息分布上的均匀、无差异状态。

（3）远离平衡态是形成新的安全结构（新的不安全熵量值）的最有利条件。网络系统的非平衡态，有近平衡态和远离平衡态之分。这里的"远"和"近"，并非是物理上的距离，而是由影响不安全熵的"当前力量"来定义的，比如，力所不及处，便称为"远"，反之则为"近"。网络系统的安全状态，既不能从不安全的平衡态产生，也不能从不安全的近平衡态产生；只有远离不安全的平衡态，才有可能使原有的不安全状态失去稳定，并进而产生新的安全结构。当然，这种安全结构必须要有足够的负熵流（来自于红客的安全保障措施）才可能产生、维持与发展。这种在远离不安全平衡态条件下，网络系统与外部环境相互作用而形成的新的安全结构，其实就是某种耗散结构，因为，这种安全状态只能依靠红客不断地从外部引入优质低熵的物质、能量或信息。

（4）"网络系统内部，攻防各方之间，存在非线性的相互作用"是新的安全结构形成并得以保持的内在根据。网络系统若要形成新的安全结构，那么，构成该系统的各种安全要素之间，既不能是各自孤立的，也不能仅仅是简单的线性联系。因为，线性关系是一系列不稳定状态的序列与集合，此时系统只能处于一种永无休止的发展变化之中，而得不到片刻安宁，其不安全熵更不可能趋于稳定。同时，由于受环境资源的限制，客观世界也不容许包括网络在内的任何系统，以线性方式无休止地向前发展。因此，只有在网络系统的各安全要素之间，存在非线性的相互联系和相互作用时，才能使它们产生复杂的相干效应和协同动作，使得红客的"建设力量"与黑客和自然退化的"破坏力量"形成暂时的均衡，从而网络系统进入某个暂时的稳定状态，进而形成并维持与该状态相对应的新的安全结构。

（5）"涨落"是安全结构形成的"种子"和动力学因素。"涨落"是指系统中某个变量或行为对平均值所发生的偏离。对于网络等任何多自由度的复杂体系，这种偏离都是不可避免的。但它对具有不同安全性的系统，其作用是不相同的。对于原本稳定的安全系统，由于该系统本身具有较大抵抗能力，涨落并不总能对它构成严重影响；而对于已达临界稳定状态的安全系统，即使较小的涨落也可能使它失去稳定性，从而导致系统从安全状态演化为不安全状态，就像那"压死骆驼的最后一根稻草"。其实，任何一种安全状态的出现，都可看作另一参考系失去稳定性后的演化结果，因而系统就可以"通过涨落达到安全"。在系统的演化过程中，系统中那些不随时间而衰减，相反却增大的涨落，便成为新的安全结构的"种子"。

（6）"涨落达到或超过一定的阈值"是使系统形成新的安全结构或使系统原有安全结构遭到破坏的关键。任何网络系统都有保持其本质的规定性或稳定性的临界度。"度"，即保持自身特质并可以与其他质相区别的阈值。当网络系统中的涨落运动所引起的扰动和振荡达到或超过一定的阈值，就会使原有系统的安全结构遭到破坏，为出现新的安全结构提供可能；相反，新的安全结构要想保持自身，就必须将系统的涨落控制在一定的阈值（即临界度）以内，否则安全结构就会被新的结构所取代。

（7）可以用网络系统的不安全熵的阈值来表示"度"。当不安全熵不断增大时，系统可能会逐次出现相继的分叉，而且每个分叉中既有确定性不安全因素，也有随机性因素。在两个分叉点之间，系统遵从确定性定律和化学动力学的某些规律，但在各分叉点附近，"涨落"却扮演着重要作用，甚至决定了系统所追随的分叉支线。

（8）网络系统通过"自组织"形成新的稳定安全结构。在平衡状态下，子系统表现得相对独立，而在远离平衡态的非线性系统中，子系统之间就会产生相干性，存在某种"长程力"作用，或有某种"通信"联系在进行信息传递，以致每个子系统的行为都与整体状态有关。这时网络系统的一个微观随机小扰动，可能就会通过相干作用得到传递和放大，使微观的局部扰动发展成为宏观的"巨涨落"，使系统进入不稳定状态。在这种状态下，系统各要素之间就会相互协同作用，寻求着信息深层结构的内在联系。一旦某种信息之间建立了精约同构（即两种事物深层次里具有的少而精的共性）的联系，系统就会由不稳定状态跃迁到新的稳定状态。

第4节　类比的闲话

由于"类比"在本章和第 10 章，甚至全书中都扮演了重要角色，因此，在结束本章前，我们想就"类比"这种科研方法说几句闲话。

对未知的恐惧，促使人类不断探索世界，发现新东西，刷新世界观；与已知现象的类比，则是理解新事物的有效手段，同时，类比也能够帮助人类揭示新奥秘。所以，社会的进步，就是在"类比"和"新发现"两者间的相互促进过程中完成的。更新世界观，将产生新的未知领域，将更新类比模式，从而将引导新发现。本章和第 10 章（甚至全书）正是借助类比，利用大家比较熟悉的市场经济现象、生物竞争现象等，来介绍抽象的网络空间安全对抗，这也许是一条捷径，因为要想单独给网络安全对抗"画像"，实在太难。

"类比"是重要的科研方法，它首先针对"原问题"，寻找一个有效的并且一般来说相对容易（或已有答案）的"类比问题"；然后，通过解决"类比问题"，再反过来探索"原问题"的解决办法。虽然不能将类比对象的结果照搬到原问题，但是类比往往很有启发性。可见，运用类比法的关键，是寻找一个合适的类比对象。比如，本章就以"市场经济"作为"网络安全"的类比对象。

其实，无论古代、近代，还是现代，类比就一直被普遍应用，而且还随科学思维水平的提高而不断发展。其具体表现为：从简单到复杂，从静态到动态，从定性到定量的发展。

在古代，为认识某事物所具有的性质，往往采取将该事物与某个已知事物做定性类比，即根据两者具有相类似的许多性质，从而推想它们还具有其他类似的性质。例如，我国古代科学家宋应星，为了认识声音的传播，就把击物的声音与投石击水的纹浪进行类比：既然水能以波动方式传播，那么声音也能以波动方式传播。

在近代，类比已不再局限于定性了，定量的类比，甚至是定性和定量相结合的类比，被普遍应用于科研工作之中。例如，科学家欧姆，就把电流的传导同热传导进行类比：把电流类比成热量，电压类比成温差，电导类比成热容量。于是，已知的热传导数学公式"热量=热容量×温差"，就被类比于电流传导中的数学公式"电流=电压×电导"，从而，在电功的研究中，取得了重大突破。

如今，类比方法（包括定性、定量，以及两者的结合）在自然科学研究中，已变得越来越重要了。一般来说，定性类比是定量类比的前提和条件，定量类比则是定性类比的发展和提高。甚至科学发展已与定性类比密不可分。巧妙的定性类比，往往能为科学的进一步发展指明方向。当然，后续还必须有充分的定量研究，才能达到精确的规律性认识。因此，用市场经济来类比网络安全，这只是一个开端，还必须有更深入的后续量化研究。

与科研中的归纳法和演绎法相比，类比法有时会独树一帜，发挥特有的效能。虽然，归纳、演绎和类比都是重要的推论方法，都可能从已知前提推出未知结论，而且，这些结论也都要在一定程度上受制于前提。但是，它们的结论被前提制约的程度是不同的：演绎的结论受到前提的制约最大，其次是归纳，再次才是类比，即类比的结论受到前提的限制最小。因此，类比在科学探索，特别是初期探索中发挥的作用最大。而网络安全对抗的中观和宏观"画像"，就处于初期探索的状态，但愿基于市场经济的类比，能够发挥有效的作用。

在科研前沿，由于探索性强、资料奇缺（当前网络安全攻防就处于这种状况），类比的运用就更加重要。例如，20 世纪 60 年代，物理学家们，正是通过将抽象的"夸克"与当时已了解较深的磁极进行类比，才把夸克理论引向了新的起点，并做出了重要预测，从而开辟了一条建立夸克基本理论的新途径。

类比还常用于解释新理论和新定义，因为类比具有很强的提升理解力的作用。当某新理论被提出时，最有效的做法是：通过类比，用熟知的理论去说明新理论和新定义。比如，在气体运动论刚被提出时，就是将气体分子与一大群粒子进行类比：假定粒子服从牛顿定律并发生碰撞而无能量损失。事实证明，该类比在气体行为理论的历史中，发挥了非常重要的作用。只有与已知理论进行类比，新理论才能得以解释，才能被更好地理解。

类比还与模拟实验密切相关。所谓模拟实验，就是在客观条件受限而不能直接考察被研究对象时，依据类比而采用的间接实验。例如，生命是如何起源的？这一直是个谜，由于生命的原始状态无法回溯，所以，无法直接研究了。于是，科学家米勒，只好通过类比，设计了一个生命起源的模拟实验。他在密封的容器里，放入了氢、氧、碳、氮、甲烷和水等物质，然后，又模拟了风、雨、雷、电等原始大气环境。一周后，在容器里竟然发现了多种氨基酸！这为揭开生命起源的奥秘，迈进了一大步。这些成果再一次充分显示了，以类比为逻辑基础的模拟实验是多么重要。

总之，类比在科研中的作用，决不可忽视。其实，全球网民一刻也离不开的东西，也要归功于类比；因为计算机就是类比人脑的产物，所以它本该叫作"电脑"。

第 12 章

红客与黑客间接对抗的演化规律

在前面各章中，我们研究的红客与黑客对抗都是"直接对抗"，即双方都是亲自上"战场"，没有雇佣行为。其实，随着网络安全攻防全民化趋势的发展，"间接对抗"将变得越来越普及，此时攻防双方完全可以雇用专业的红客或黑客来为自己服务。另外，从演化规律来看，间接对抗与直接对抗，其实并无区别。所以，本章借助进化论思想，以经济目标为量化手段，利用协同学中的现成结果，来建立网络空间安全攻防的演化模型，并给出具体的安全演化行为公式，及其解析解的稳定性分析。

根据本章的结果，针对具体的信息系统，如果能对相关参数值进行估计（在沙盘演练的场景下，这些参数肯定是能够获得的），那么该系统的安全对抗演化轨迹将清晰可见，这对网络攻防的全面量化理解，显然是很有帮助的。另外，即使是不知道实际系统的相关演化参数，我们也可以事先针对尽可能多的参数，绘制出相应的攻防演化轨迹曲线图，以备实战中参照使用。

第 1 节　进化论的启示

由于达尔文等生物学家的杰出贡献，如今，以"物竞天择，适者生存"等为代表的进化论口头禅，早已家喻户晓，即由于生物间存在着生存斗争，适应者生存下来，不适者则被淘汰，这就是自然选择。而且，生物们正是通过遗传、变异和自然选择，从低级到高级，从简单到复杂，种类由少到多地进化着、发展着。更进一步地，科学家还把进化论的思想和原理，推广到其他学术领域，并获得了不少成果，比如，形成了演化金融学、演化证券学、演化经济学等多个新兴交叉学科。纵观这些进化（或演化），它们都有一个共同特点，即生物之间、产品之间、证券之间等都存在着充分的竞争。而正是这些竞争，才推动了相关的演化或进化。

反省网络空间安全，其中也存在激烈的竞争（即红客和黑客之间的对抗，这种对抗的激烈程度，一点也不亚于生物斗争），因此，很容易想到：网络安全对抗过程，其实也是一个演化（进化）过程。但是，如果仅仅到此为止，那就没什么稀奇了，因为甚至连半文盲都能做此联想。

达尔文虽然断言了动物们的演化过程，但是，从数学上看，它们到底是怎么演化的呢？至今谁都不知道，因为生物的斗争实在太复杂了：有的靠利齿取胜，有的用速度躲灾；有的上九天揽月，有的下五洋捉鳖；反正，各有各的招。并且，生物之间的生存斗争，很难量化，即使是想转化为经济价值，也是几乎不可能的。

不过，与自然界的生物斗争等相比，网络空间安全对抗，在其进化（演化）的量化分析方面，有两大优势。

其一，斗争的形式，相对更简单，只有"攻"和"守"两招，当然每"招"中的手段也是千差万别的（"安全通论"的最终目标，就是希望将这些"千差万别"合而为一）。同时，参与斗争的人员可以很多，比如，全球70亿人都可以同时扮演着攻方（黑客）和守方（红客）的角色，而且还可以彼此乱斗，形成海量的利益集团。

其二，也是最重要的优势，是网络空间中的攻防斗争，无论表面上的目的如何，也无论某个阶段的目的如何，其最终目的都可以用一个字来归纳，那就是"钱"！这就为本章的量化研究，奠定了坚实的基础。（注：这仅仅是从统计角度给出的结论，也许有极个别的例外，但是绝大部分攻防都是"能够用钱解决的"！）

如果投入 X 元钱用于攻击（称为黑客投资），虽然针对不同的攻击手段、不同的攻击者、不同的攻击对象，攻击方所能够获得的经济效益（行话叫"黑产收入"）是不相同的；但是，从统计角度来看，经过一段时间的振荡后，黑产收入一定会逼近某个数值。因为，你可以将不同的攻击手段当作"商品"，经过一段时间的"竞价"后，该商品的价格（即黑产收入的逼近值），在亚当·斯密的那只看不见的手的作用下，就一定是稳定的。换句话说，投资者可以用 X 元钱，去"购买"最值的攻击。

同理，如果投入 Y 元钱用于防守（称为红客投资），虽然针对不同的防守措施、不同的防守者、不同的防守对象，防守方所能够获得的经济效益也是不相同的，而且还是很难知道的（若只单独观察某个固定的信息系统，甚至连信息系统的拥有者都不知道安全防护措施到底创造了多少经济效益；实际上，从经济上看，当前全世界的安全防护都是在"跟着感觉走"）；但是，从统计角度来看，经过一段时间的振荡后，该"很难知道的经济效益"也一定会逼近某个数值。因为，你可以将防守措施当作"商品"，经过一段时间的"竞价"后，该商品的价格（即安全保障效益的逼近值），在亚当·斯密的那只看不见的手的作用下，也一定是稳定的。换句话说，投资者可以用 Y 元钱，去"购买"最值的防守。

当然，必须承认，无论是黑客投资 X，还是红客投资 Y，其最终逼近值的确定，都是非常困难的问题，但是，从理论上说，它们的确也是存在的。我们不打算探讨逼近值的求解问题，下面直接用黑客投入 X 和红客投入 Y 的值来量化攻守各方的能力。这样做的合理性，也可以直观地理解为：投入越多，回报越大。

必须明确强调的是，1 元钱的红客投资所构建的防守体系，并不能抵挡 1 元钱的黑客投资所产生的攻击力，反之亦然。但是，从统计角度来看，经过一段时间的振荡后，"1 元钱的红客投资"与"1 元钱的黑客投资"之间，一定有一个比较稳定的当量比值 k，这个比值还会根据不同的网络系统、不同的攻防场景和不同的时间，而发生变化。在下面的分析中，我们假定这个比值为 1，这样做仅仅是为了简化分析而已。本章中，我们还做了许多类似的假定，毕竟过多的细节会喧宾夺主。当然，这也意味着，本章还需许多后续改进，所以，欢迎所有读者积极投入"安全通论"的研究之中。

第2节　攻防的演化模型与轨迹

对给定的某个信息系统 A（如全世界的网络组成的网络空间或其某个子系统等），假定共有 N 个人对该系统的攻防有兴趣（这里的"人"可能是自然人，也可能是团体等）。在时刻 t，记第 i 个人用于攻击的投资为 $E_i(t)$，用于防守的投资为 $R_i(t)$，因此，用于攻防的整体投资为

$$I_i(t)=E_i(t)+R_i(t)$$

这里，攻击目标和防守目标，都是系统 A 的某些子系统；当然，不同的人，所攻击和防守的目标是不相同的。也许有的人是纯黑客，只攻不守，即 $R_i(t)=0$；也许有的人是纯红客，只守不攻，即 $E_i(t)=0$。再假定，每个人用于攻防的投资总额是不变的，即 $I_i(t)$ 的总预算额不变，攻击投资 $E_i(t)$ 越多，防守投资 $R_i(t)$ 就越少。更明确地说，必要时，$E_i(t)$ 和 $R_i(t)$ 还可理解为：此人分别用于攻击和防守的投资比例。注意：攻防开销只是网络用户的部分开销，毕竟除了攻防之外，人们还有更多、更重要的事情要做，所以，攻防之外的经费都不在此处的考虑之列。

将所有人的攻击投资之和记为 $E(t)$，防守投资之和记为 $R(t)$，于是，用于攻防的总投资额就为

$$I(t)=E(t)+R(t)$$

在众多的各类攻防手段中，攻防投资的比例终将稳定在一个固定的值上，即攻击投资平均值 $E_0(t)$ 和防守投资平均值 $R_0(t)$。当然，由于每个人的目标不同，而且外界情况也千变万化，所以攻防投资之间的比例一定会随着时间的变化而变化，本章就是力图找出这种比例的变化规律，从而把握整体安全趋势，展现攻防对抗的轨迹。

由于 $E(t)$ 和 $R(t)$ 都围绕其平均值 $E_0(t)$ 和 $R_0(t)$ 而涨落，其涨落的幅度记为

$B(t)$，它可正可负，记

$$E(t)=E_0(t)+B(t)$$

于是

$$R(t)=R_0(t)-B(t)$$

这里 $B(t)$ 的变化范围满足不等式

$$-E_0(t)<B(t)<R_0(t)$$

将攻击投资与防守投资的差额在总投资中的比例定义为"攻防结构指数"$Z(t)$，即

$$Z(t)=\frac{E(t)-R(t)}{E(t)+R(t)}=\frac{E(t)-R(t)}{I(t)} \tag{12.1}$$

将攻防结构指数 $Z(t)$ 分成其"平均值部分 $Z_0(t)$"和"涨落部分 $z(t)$"之和，即

$$Z(t)=Z_0(t)+z(t) \tag{12.2}$$

其中

$$Z_0(t)=\frac{E_0(t)-R_0(t)}{I(t)} \text{ 和 } z(t)=\frac{2B(t)}{I(t)}$$

将是我们研究的重点，它们将揭示整体的安全演化规律。

设在 t 时刻攻击投资的人数为 $N_E(t)$，防守投资的人数为 $N_R(t)$，于是称 $\{N_E(t), N_R(t)\}$ 为此刻的攻防者投资结构。由于每个人既可以为攻击投资，也可以为防守投资，所以

$$N_E(t)+N_R(t)\leqslant 2N$$

再假定不存在纯黑客或纯红客（在现实中确实也是这样，一方面，黑客他总得投资防守自身的子系统吧，所以纯黑客不存在；另一方面，哪一个人不想去占一点别人的便宜呢，所以纯红客不存在），所以有

$$N_E(t)+N_R(t)=2N$$

由于在 t 时刻，攻防投资总额为 $I(t)$，所以针对某个具体的人来说，攻防的投资平均值就为 $i(t)=\dfrac{I(t)}{2N}$，再将其细分为攻击投资平均值 $e_0(t)=\dfrac{E_0(t)}{2N}$ 和防守投资平均值 $r_0(t)=\dfrac{R_0(t)}{2N}$，即

$$i(t) = \frac{I(t)}{2N} = e_0(t) + r_0(t) \tag{12.3}$$

如果某人的攻防投资分别为平均值 $e_0(t)$ 和 $r_0(t)$，那么，就称此人为"中立者"。

如果某人的攻击投资 $e_E(t)$ 大于攻击平均数 $e_0(t)$（当然，其防守投资 $r_E(t)$ 就小于防守平均值 $r_0(t)$。注意，这里其实暗含了"投资比例"的概念，以避免某人的绝对投资额特大或特小的情况），即

$$i(t)=e_E(t)+r_E(t)$$

其中，$e_E(t)=e_0(t)+b$ 且 $r_E(t)=r_0(t)-b$，此处 $b>0$。那么，此人就称为攻击型人员。

如果某人的防守投资 $r_R(t)$ 大于防守平均数 $r_0(t)$（当然，其攻击投资 $e_R(t)$ 就小于攻击平均数 $e_0(t)$。注意，这里也暗含了"投资比例"的概念，以避免某人的绝对投资额特大或特小的情况），即

$$i(t)=e_R(t)+r_R(t)$$

其中，$e_R(t)=e_0(t)-b$ 且 $r_R(t)=r_0(t)+b$，此处 $b>0$。那么，此人就称为防守型人员。

由于我们已经假定了

$$N_E(t)+N_R(t)=2N \tag{12.4}$$

因此，攻防投资者结构 $\{N_E(t), N_R(t)\}$ 便可简化为一个变量 $N(t)$，它定义为

$$N(t)= \frac{N_E(t) - N_R(t)}{2} \tag{12.5}$$

故，攻击型人员增加一个（当然，防守型人员就要减少一个）的演化过程，就可标记为

$$\{N_E(t), N_R(t)\} \rightarrow \{N_E(t)+1, N_R(t)-1\}$$

也可以简化为 $N(t) \rightarrow N(t)+1$；攻击型人员减少一个（当然，防守型人员就要增加一个）的演化过程，就可标记为

$$\{N_E(t), N_R(t)\} \rightarrow \{N_E(t)-1, N_R(t)+1\}$$

也可以简化为 $N(t) \rightarrow N(t)-1$。

为了方便连续化处理，将攻防投资结构用下面的"攻防者结构指数"来表示：

$$x(t) = \frac{N(t)}{N}, \quad -1 \leqslant x(t) \leqslant 1 \tag{12.6}$$

它其实就是攻击型人数与防守型人数之差的整体平均。在深入研究之前，我们先回答式（12.1）中的攻防结构指数 $Z(t)$ 和式（12.6）中的攻防者结构指数 $x(t)$ 之间的关系。

定理 12.1：攻防结构指数 $Z(t)$ 和攻防者结构指数 $x(t)$ 之间的关系，满足

$$z(t) = \frac{4Nbx(t)}{I(t)} \tag{12.7}$$

证明：

由于

$$Z(t) = \frac{E(t)-R(t)}{E(t)+R(t)}$$

并且

$$E(t) = e_E N_E + e_R N_R = N_E(e_0+b) + N_R(e_0-b)$$

$$R(t) = r_E N_E + r_R N_R = N_E(r_0-b) + N_R(r_0+b)$$

将它们代入 $Z(t)$ 的定义，即式（12.1）有

$$Z(t) = \frac{E_0(t)-R_0(t)}{I(t)} + \frac{4Nb}{I(t)} = Z_0(t) + \frac{4Nbx(t)}{I(t)}$$

所以

$$z(t)=\frac{4Nbx(t)}{I(t)}$$

证毕。

注意到攻防的总投资是不变的，即 $I(t)$ 为常数，所以，根据定理 12.1，攻防演化规律既可以用攻防结构指数 $Z(t)$ 来描述，也可以用攻防者结构指数 $x(t)$ 来描述，还可以等价地用攻防投资者结构 $\{N_E(t), N_R(t), t\}$ 来描述，为了简洁，我们采用攻防投资者结构来展开后续分析。

虽然每个人的攻防资金总额是固定的，但是分别用于攻或防的资金比例分配却是随机的（至少外人是不知道的，甚至经常是当事人自己也不一定清楚其分配理由），故只能研究 t 时刻具有攻防投资者结构 $\{N_E(t), N_R(t), t\}$ 的概率分布 $P(N_E(t), N_R(t), t)$，记它为 $P(n,t)$。该概率分布当然满足如下归一化条件，即

$$\sum_{n=-N}^{N} P(n,t)=1 \qquad (12.8)$$

如果在单位时间内，某个防守型人员转变成了攻击型人员，将此事件发生的概率记为 $P_{E \leftarrow R}[N_E, N_R]$，或更简洁地记为 $P\uparrow(n)$；相反，如果在单位时间内，某个攻击型人员转变成了防守型人员，将此事件发生的概率记为 $P_{R \leftarrow E}[N_E, N_R]$，或更简洁地记为 $P\downarrow(n)$。

由于事件 $\{N_E, N_R\} \rightarrow \{N_E+1, N_R-1\}$（即攻击型人员增加一个，当然防守型人员就减少一个）发生的概率等于单个防守型人员转变成攻击型人员的概率 $P\uparrow(n)$ 乘以可转移的防守型人员数目，即该概率为

$$W\uparrow(n)=N_R P\uparrow(n)=(N-n)P\uparrow(n) \qquad (12.9)$$

同理，由于事件 $\{N_E, N_R\} \rightarrow \{N_E-1, N_R+1\}$（即攻击型人员减少一个，当然防守型人员就增加一个）发生的概率等于

$$W\downarrow(n)=N_E P\downarrow(n)=(N+n)P\downarrow(n) \qquad (12.10)$$

于是，攻防的演化规律可以由概率 $P(n, t)$ 随时间变化的情况来刻画，即有如下微分方程

$$\frac{\mathrm{d}P(n,t)}{\mathrm{d}t}=[W\uparrow(n-1)P(n-1,\ t)+W\downarrow(n+1)P(n+1,\ t)]- \\ [W\uparrow(n)P(n,\ t)+W\downarrow(n)P(n,\ t)] \tag{12.11}$$

分别考查此式中的各个分项，将它们展开便是

$$W\uparrow(n-1)P(n-1,\ t)=W\uparrow(n)P(n,\ t)-(\Delta n)\frac{\partial[W\uparrow(n)P(n,t)]}{\partial n}+ \\ \frac{(\Delta n)^2}{2}\frac{\partial^2[W\uparrow(n)P(n,t)]}{\partial n^2} \tag{12.12}$$

同样有

$$W\downarrow(n+1)P(n+1,\ t)=W\uparrow(n)P(n,\ t)+(\Delta n)\frac{\partial[W\downarrow(n)P(n,t)]}{\partial n}+ \\ \frac{(\Delta n)^2}{2}\frac{\partial^2[W\downarrow(n)P(n,t)]}{\partial n^2} \tag{12.13}$$

将展开后的分项式（12.12）和式（12.13），代回式（12.11），便有

$$\frac{\mathrm{d}P(n,\ t)}{\mathrm{d}t}=-\frac{\partial\left\{[W\uparrow(n)-W\downarrow(n)]P(n,t)\right\}}{\partial n}+ \\ \frac{\partial^2\left\{[W\uparrow(n)+W\downarrow(n)]P(n,t)\right\}}{2\partial n^2} \tag{12.14}$$

记 $x=n/N$，则可记

$$W\uparrow(n)=N\omega\uparrow(x)\ \text{和}\ W\downarrow(n)=N\omega\downarrow(x)$$

将它们代入式（12.14），便有

$$\frac{\mathrm{d}P(x,t)}{\mathrm{d}t}=-\frac{1}{N}\frac{\partial\{N[\omega\uparrow(x)-\omega\downarrow(x)]P(x,t)\}}{\partial x}+ \\ \frac{1}{2N^2}\frac{\partial^2\{N[\omega\uparrow(x)-\omega\downarrow(x)]P(x,t)\}}{\partial x^2}$$

$$= -\frac{\partial\{[\omega\uparrow(x)-\omega\downarrow(x)]P(x,t)\}}{\partial x}+$$

$$\frac{1}{2}\varepsilon\frac{\partial^2\{[\omega\uparrow(x)+\omega\downarrow(x)]P(x,t)\}}{\partial x^2}$$

将此式简记为

$$\frac{\mathrm{d}P(x,t)}{\mathrm{d}t}=-\frac{\partial[K(x)P(x,t)]}{\partial x}+\frac{\varepsilon}{2}\frac{\partial^2[Q(x)P(x,t)]}{\partial x^2} \qquad (12.15)$$

其中，$K(x)=\omega\uparrow(x)-\omega\downarrow(x)$和$Q(x)=\omega\uparrow(x)+\omega\downarrow(x)$，以及$\varepsilon=\frac{1}{N}$。

用 x 乘以式（12.15）的左右两边，并对 x 积分（积分的上下限分别为+1和-1），于是，得到均值方程

$$\frac{\mathrm{d}<x>}{\mathrm{d}t}=<K(x)>-\frac{\varepsilon}{2}[Q(x)P(x,t)]\Big|_{x=-1}^{x=1} \qquad (12.16)$$

此处$<\cdot>$表示平均值函数。在式（12.16）中，忽略边界贡献，因为，在边界$x=1$或$x=-1$处，所得的概率值$P(x,t)$都很小，所以便可得到

$$\frac{\mathrm{d}<x>}{\mathrm{d}t}=<K(x)> \qquad (12.17)$$

若$P(x,t)$只有一个峰值，那么可将$K(x)$在$<x>$附近展开为泰勒级数

$$K(x)=K(<x>)+K'(<x>)(x-<x>)+\frac{1}{2}K''(<x>)(x-<x>)^2+\cdots$$

只取该式的第一项，则式（12.17）变为$\frac{\mathrm{d}<x>}{\mathrm{d}t}=K(<x>)$，如果假设平均径迹就是实际径迹，那么该式又可重写为

$$\frac{\mathrm{d}x}{\mathrm{d}t}=K[x(t)] \qquad (12.18)$$

结合攻防投资结构的具体模型，可写出函数

$$K[x(t)]=\omega\uparrow(x)-\omega\downarrow(x)$$

又由于 $\omega\uparrow(x)$ 和 $\omega\downarrow(x)$ 可以写为

$$\omega\uparrow(x)=v(1-x)\exp(\delta+kx) \text{和} \omega\downarrow(x)=v(1+x)\exp[-(\delta+kx)] \qquad (12.19)$$

其中，δ 表示相关人员对攻击或防守的偏好，称为"互变因子"。当 δ 为正时，表示此人喜欢攻击；当 δ 为负时，表示此人喜欢防守。当然，这种偏好也会随着时间的变化而变化。

式（12.19）中的 k 值表示某人追随别人，在攻击型和防守型之间转换的速度（即此人是否喜欢赶时髦、随大流）。当 k 值较大时，若 $x>0$（即多数人为攻击型），则促进了大家向攻击型人员转变；若 $x<0$（即多数人为防守型），则不利于大家向攻击型人员转变。所以

$$K(x,\delta,k)=2v[\mathrm{sh}(\delta+kx)-x\mathrm{ch}(\delta+kx)] \qquad (12.20)$$

$$V=\frac{2v}{K^2}[kx\mathrm{sh}(\delta+kx)-(1+k)\mathrm{ch}(\delta+kx)] \qquad (12.21)$$

于是，式（12.17）变为

$$\frac{\mathrm{d}x}{\mathrm{d}t}=2v[\mathrm{sh}(\delta+kx)-x\mathrm{ch}(\delta+kx)] \qquad (12.22)$$

这便是攻防斗争的演化方程，它显示了网络空间安全对抗中，攻击型人员与防守型人员之间相差值的变化情况。归纳上述论述，便有如下结论。

定理 12.2： 在网络空间安全对抗中，在 t 时刻，攻击型人数与防守型人数之差的平均值（即除以总人数 $2N$）$x(t)$ 的演化规律，由微分方程

$$\frac{\mathrm{d}x}{\mathrm{d}t}=2v[\mathrm{sh}(\delta+kx)-x\mathrm{ch}(\delta+kx)]$$

来描述。

该定理给出了一个很明晰的安全对抗演化轨迹。当然，针对实际的网络系统，我们很难确定其中的参数 v、δ 和 k 等，但是，在某些特殊情况下（如沙盘演练），经过充分的统计和测试，还是可以在一定误差范围之内，给出这些参数的估计值，从而可以明确地把握攻防对抗的演化轨迹。即使是在无法确定这些

参数的情况下，定理 12.2 的价值也仍然存在，比如，可以罗列尽可能多的各类参数组合，事先绘制出各种情况下，攻防对抗的演化轨迹图，那么，对把握实战过程中的趋势情况也是有帮助的。定理 12.2 还有其他潜在的应用价值，此处就不赘述了。

由于式（12.22）中的 δ 更形象，它代表了相关人员在攻击型和防守型之间来回的"跳槽"情况，所以，我们对 δ 进行单独的深入分析。由于这种转变率也是随时间而变化的，所以，我们将它记为 $\delta(t)$，并给出 $\delta(t)$ 的演化规律。

我们有理由（"反馈+微调"机制，或"阻尼"现象）假定，当攻击型和防守型人员一样多（即 $x=0$）时，$\delta(t)$ 将最终朝着没有任何偏好的方向变化，也就是，当时间 t 趋于无穷大时，$\delta(t) \to 0$。同时，当 $x<0$，即防守型人员更多时，$\delta(t)$ 应趋向于朝攻击型转变，也就是，当时间 t 趋于无穷大时，$\delta(t) \to \delta_0$。反之，当 $x>0$，即攻击型人员更多时，就该向防守型转变，也就是，当时间 t 趋于无穷大时，$\delta(t) \to -\delta_0$。据此，可写出 $\delta(t)$ 的方程

$$\frac{\mathrm{d}\delta(t)}{\mathrm{d}t}=\mu[\delta_0-\delta(t)]\exp[-\beta x(t)]-\mu[\delta_0+\delta(t)]\exp[\beta x(t)] \qquad (12.23)$$

其中 $\mu>0$，$\beta>0$，$\delta_0>0$。于是，式（12.23）又可变为

$$\frac{\mathrm{d}\delta(t)}{\mathrm{d}t}=L(x,\delta,k) \qquad (12.24)$$

其中，$L(x,\delta,k)=-2\mu\{\delta_0\mathrm{sh}[\beta x(t)]+[\delta(t)-\delta_1]\mathrm{ch}[\beta x(t)]\}$。

这里的 δ_0 称为战略决策幅度，它其实就是攻、防互变的因子，它的大小是可变的，变化范围限于 δ 的允许值；β 是趋向反转的速度因子，它反映了 δ 随 x 变化的速度的快慢；μ 是攻防的灵活性参数，描述了相关人员在攻击和防守之间变换的灵活程度；δ_1 表示整体人员对防守型的偏好程度。

综上所述，我们有以下定理。

定理 12.3：在网络空间安全对抗中，在 t 时刻，在攻击型和防守型人员之间来回"跳槽"情况 $\delta(t)$，可由以下微分方程来描述：

$$\frac{\mathrm{d}\delta(t)}{\mathrm{d}t} = -2\mu\{\delta_0\mathrm{sh}[\beta x(t)]+[\delta(t)-\delta_1]\mathrm{ch}[\beta x(t)]\}$$

其中各参数的定义如前面所述，此处不再重复了。同样，关于此定理的理解和应用，也与定理 12.2 类似，此处略去。

到此，由定理 12.2 和定理 12.3，或者由式（12.22）和式（12.24）构成的耦合方程，就决定了攻防投资者结构的演化规律，也就是网络空间安全对抗中，红客和黑客力量对比的演化规律。只要能够通过实测等手段，确定了这些式子中的相关参数值，那么安全对抗的演化过程就被清楚地用量化方法刻画出来了。

第 3 节　攻防演化的稳定性分析

在一般情况下，网络空间安全攻防斗争演化方程，即式（12.22）和式（12.24）是不能求出精确解析解的，只能进行数值计算。下面在 $\delta_1=0$ 的假定下，即整体人员对防守型的偏好程度为 0，证明对任何 k 值都存在定态解，并对该解进行线性稳定性分析。

根据式（12.22）和式（12.24），定态方程为

$$2v[\mathrm{sh}(\delta+kx)-x\mathrm{ch}(\delta+kx)]=0 \tag{12.25}$$

和

$$-2\mu\{\delta_0\mathrm{sh}(\beta x)+(\delta-\delta_1)\mathrm{ch}(\beta x)\}=0 \tag{12.26}$$

令 $\delta_1=0$，则式（12.26）变为

$$-2\mu\{\delta_0\mathrm{sh}(\beta x)+\delta\mathrm{ch}(\beta x)\}=0 \tag{12.27}$$

由式（12.27）可见，对任意 k 值，$(x_0, \delta_0)=(0, 0)$ 满足式（12.25）和式（12.27）。为了看清该定态解的线性稳定性，我们先将定态方程中的有关函数展开：

$$\mathrm{sh}(\delta+kx)=(\delta+kx)+\frac{1}{3!}(\delta+kx)^3+\frac{1}{5!}(\delta+kx)^5+\cdots \tag{12.28}$$

$$\mathrm{ch}(\delta+kx)=1+\frac{1}{2!}(\delta+kx)^2+\frac{1}{4!}(\delta+kx)^4+\cdots \quad （12.29）$$

$$\mathrm{sh}(\beta x)=\beta x+\frac{1}{3!}(\beta x)^3+\cdots \quad （12.30）$$

$$\mathrm{ch}(\beta x)=1+\frac{1}{2!}(\beta x)^2+\cdots \quad （12.31）$$

若使零解 x_0、δ_0 受一小扰动 $x(t)\to x_0+a(t)$，$\delta(t)\to\delta_0+b(t)$，由式（12.28）～式（12.31），以及式（12.25）和式（12.27），得到线性化的零解扰动方程为

$$\frac{\mathrm{d}a}{\mathrm{d}t}=2v(b+ka-a)=2v(k-1)a+2vb \quad （12.32）$$

$$\frac{\mathrm{d}b}{\mathrm{d}t}=-2\mu(\delta_0\beta a+b)=-2\mu\delta_0\beta a-2\mu b \quad （12.33）$$

将式（12.32）和式（12.33）写成矩阵形式，便是 $\frac{\mathrm{d}\boldsymbol{Q}}{\mathrm{d}t}=\boldsymbol{L}\boldsymbol{Q}$。其中，$\boldsymbol{Q}=(a, b)^{\mathrm{T}}$ 是二维列向量；$\boldsymbol{L}=(L_{ij})$ 是 2×2 阶方阵，并且 $L_{11}=2v(k-1)$，$L_{12}=2v$，$L_{21}=-2\mu\delta_0\beta$，$L_{22}=-2\mu$。所以，它的本征方程就是 $\boldsymbol{L}\boldsymbol{Q}=\lambda\boldsymbol{Q}$，其本征值为

$$\lambda=[v(k-1)-\mu]+\{[\mu+v(k-1)]^2-4\mu v\delta_0\beta\}^{\frac{1}{2}}$$

和

$$\lambda=[v(k-1)-\mu]-\{[\mu+v(k-1)]^2-4\mu v\delta_0\beta\}^{\frac{1}{2}}$$

于是，关于网络安全对抗的攻防斗争演化的稳定性，就有以下定理。

定理 12.4：按照上述的术语和定义，我们有以下结论：

当 $\mu+v(k-1)<(4\mu v\delta_0\beta)^{\frac{1}{2}}$ 且 $k=k_c=1+\frac{\mu}{v}=1+r$（其中 $r=\frac{\mu}{v}$）时，定态（c，0）失稳，将分叉出极限环，即产生稳定的时间周期解。

也就是说，当 $k<1+r$ 且 $\mu+v(k-1)<(4\mu v\delta_0\beta)^{\frac{1}{2}}$ 时，（0，0）解是稳定的焦点；当 $k>1+r$ 且 $\mu+v(k-1)<(4\mu v\delta_0\beta)^{\frac{1}{2}}$ 时，（0，0）解是不稳定的焦点，此时，即使 k

还不是很大，就可能出现极限环。

第4节 四要素小结

现在回顾一下本章的四个基本要素。

要素 1，用达尔文进化论（演化）的眼光去看待网络空间安全对抗，其实并不意外。因为，随着进化论的普及，当我们回过头去，重新看待世界上所发生的事物时，都不难"事后诸葛亮"般地发现：原来这个世界，根本就是进化（演化）的世界，而且进化的核心原理就是"反馈+微调"！虽然关于进化论还有争论，但那是生物学家的事，与本研究无关。虽然进化和演化其实是有区别的，但是，这种差别在我们眼里可以忽略不计，因为我们只关心量化的动态变化规律。所以，在我们眼里生物在进化，潮汐在进化，山水大气也在进化；星球在演化，社会在进化，网络空间更是在进化。其实，网络的硬件、软件、应用程序等的兴衰存亡，无不依赖于进化。只可惜，嘴上说说"进化"很容易，但是，要搞清楚"到底是如何进化的"就难了，要想量化就难上加难了。幸好本章发现的"网络空间安全对抗的进化规律"是量化的。

要素 2，用经济学的眼光去看待网络空间安全对抗，也不意外了。因为，在本书的前面几章（如第 10 章和第 11 章等），我们已经这样做过了。当然，这种直白的"向钱看"观点（即安全攻防的最终目标是追求经济利益），会使个别道德感特强的黑客和红客很不服气，因为，他们都坚称"自己追求的是正义事业，与钱无关"。我们不想对此做任何辩解，但是，幸好安全攻防能够转化为经济指标，否则就无法进行量化研究了。能够有如此幸事的领域并不多（比如，随便就可举一个无法量化研究的例子：请问互联网将如何进化，其进化的量化轨迹是什么？），否则，进化论的许多应用就不会被认为是"滥用"了。

要素 3，用统计学的眼光去看待网络空间安全对抗，还是不意外。其实，网络空间的本名叫"赛博空间"。而赛博学（过去被误译为"控制论"）的核心世界观之一就认为"赛博世界是不确定的，它会受到周围环境中若干偶然、随机因素的影响"；赛博学的核心方法论之一就是"统计理论"，因此，用统计指标去凝炼网络空间安全对抗的相关概念的做法，既合理也自然。不过，客观地说，在当今全球的信息安全界，也许大家过于忙着应对各种紧急事件，对统计的威力还认识不够，总喜欢纠结于具体的攻防手段，而对整体的宏观规律重视不够，所以常常是"只见树木，难见森林；甚至是只见树叶，未见树枝"。希望"安全通论"能够适当改善此种状况。

要素4，用协同学方法去建立和分析本文中的模型，仍然不意外。其实，熟悉协同学的读者，也许会发现：本章的模型和数学推导基本上只是"小儿科"，最多可算做"一道普通的练习作业题"而已。实际上，对只有两种"力量"推动的协同系统，其协同规律基本上都可以照此办理（见参考文献[15]）。遗憾的是，在网络安全领域，人们还来不及重视协同学、系统论、控制论、突变理论、耗散结构理论等动力学理论，甚至只拿它们当作某种新的哲学观而已，没有深入研究它们与网络空间安全的紧密联系。换句话说，本章其实"没有生产矿泉水"，而只是当了"大自然的搬运工"。

总之，如果单独考察以上四个要素，个个都平淡无奇。

本章唯一出人意料的是：所有这四个平淡的要素，刚好都能在分析网络空间安全对抗的演化规律中派上用场，而且还"严丝合缝"！

第13章

网络安全生态学

一说起网络空间安全治理，几乎每个人都会脱口开出"药到病除"的祖传秘方：抓生态嘛！但是，到底什么才是网络安全的生态？过去很少有人认真思考过，顶多搞一些诸如"管理+技术+法规+教育+…"等定性的综合配套措施而已，这些显然只是皮毛。

本章就来定量研究，黑客、红客和用户同时并存的复杂网络空间的生态学问题。重点包括：黑客与用户形成的"狮子与牛羊"般的狩猎与被猎生态平衡问题；黑客与红客形成的"狮子与牧民"般的竞争性生态平衡问题；用户与红客形成的"牛羊与牧民"般的互惠互利生态平衡问题；黑客、红客和用户三方共同形成的"狮子、牧民和牛羊"般的捕猎、竞争和互惠共存的复杂生态平衡问题。

第1节　生物学榜样

从安全角度来看，在网络空间中主要生活着三种生物：黑客、红客和网络普通用户（简称"用户"）。他们彼此相互作用，或互为竞争（黑客与红客），或互为捕猎与被猎（黑客与用户），或互惠互利（红客与用户）。而网络安全生态学就是要仿照古老的生物生态学，用数学模型从数量上来描述黑客、红客和用户的生存与环境关系，并以此解释一些宏观现象，为网络空间安全的保障提供战略借鉴。

为什么能够把黑客、红客和用户当作生物来看待呢？主要有以下三方面原因。

第一，他们的功能与角色完全取决于所使用的工具（包括硬件和软件）。比如，依靠黑客工具行事的人，当然就是黑客了；没有工具的黑客，也就不再是黑客了。

第二，他们都拥有共同的预装（或预配）基础设施（包括基础软件和核心硬件等，如操作系统和 CPU 等），而其主要区别只体现在更上层的自选应用工具方面。

第三，几乎每种自选应用工具的扩散都具有口口相传的特性，即当某人拥有并使用了某应用工具后，如果满意，他会向其朋友推荐；而其朋友中，又有一些人会跟进（拥有并使用该工具，相当于"儿子代工具用户"），甚至再向其朋友推荐；这些朋友中，也许再有一些人跟进（产生了"孙子代工具用户"）。如此反复推进，最终，该工具使用者数量的增加模式就完全等同于生物的繁殖模式了。由于这些工具使用者的代际很密集，数量也很大，所以可以用连续函数来表示任何时刻用户的密度（或数量）。

如果我们把拥有并使用 N 个工具的活人隐去，而只把他等同于这 N 个工具的集合的话，由于这些（非基础设施的）应用工具都是像生物一样繁殖的，那么，由黑客、红客和用户组成的活人网络世界，也就等同于一个软、硬件工具世界，而每一种工具就等同于一种生物。当某工具正被使用时，那就相当于该生物个体是活的；当该工具被主人卸载、放弃或被毁坏（如被黑客攻破等）后，就相当于该生物个体死亡了；当该工具虽未被放弃但也暂未被使用时，就相当于该生物个体迁出了；当该工具重新又被使用后，就相当于该生物个体迁入了；当该工具被淘汰后，就相当于该物种灭绝了等。

从安全功能角度看，所有这些生物都可以分为三大类：从事破坏活动的黑客类工具、从事与黑客对抗的红客类工具、从事建设事业的用户类工具。为习惯计，我们仍然用黑客、红客和用户来表示这些工具。更形象地说，在网络空间这个大草原上，生存着食肉类的黑客（并不再细分为狮子、狼或豹）、食草类的用户（并不再细分为牛、羊或大象等）和牧民红客（并不再细分其肤色、信仰或民族。注意，这里说的是"牧民"而非"猎人"，因为，猎人与狮子的关系不是红客与黑客之间的竞争关系，而是捕猎与被猎的关系，这就与黑客和用户之间的关系重复了）。本章试图利用生态数学来演绎网络草原上，黑客、红客和用户的恩怨情仇、此消彼长的生死故事。

本书第4章中的第3节曾专注于黑客生态学，为避免不必要的混乱，那时始终假定"只有一种黑客工具"。但是，相关的思路和结果其实对"多种黑客工具"仍然有效，因为，虽然每一种黑客工具形成了一个生物群体，但由多个黑客工具形成的多个生物群的大目标基本上是一致的，即躲过红客，侵略用户。所以，站在食草动物的角度，就没必要区分黑客到底是狮子还是花豹了。

早在第4章中，我们建立黑客生态学时，就曾说过：其实不仅仅限于黑客，它既是"红客生态学"，也是"用户生态学"，反正，它可以是任何一群大目标基本一致的"单种群动物"的生态学。但是，当黑客和用户被放在一起时，就相当于将狮子和牛羊放一起了，这时无论如何也不应该再将它们视作同一个种群了，所以，第4章的方法和结果在此处就失效了，就必须再次借鉴古老的生物生态学，来为它们建立"多种群生态学"。

由于黑客、红客和用户的生存状态相差很大，所以，本章分别根据"黑客+用户""黑客+红客""红客+用户""黑客+红客+用户"等情况，来考虑两种群和三种群的安全生态学。

再次强调，本章研究的是工具，而不是"具体的人"，所以，当某个人同时拥有和使用多个黑客工具、红客工具和用户工具时，我们便将此人割裂成多个虚拟人的集合体，让虚拟人各自扮演黑客、红客和用户的角色。

第2节 "黑客+用户"生态学

在黑客、红客和用户三者间的所有可能两种群（"黑客+用户""黑客+红客""红客+用户"）生态学中，"黑客+用户"的生态学最为重要，因为，黑客的真正第一攻击目标是用户，用户的敌人是黑客。所以，我们首先来认真研究"黑客+用户"生态学；而在随后几小节中，对其他几个两种群生态学，只做简要介绍。

从生物类比来看，黑客与用户的关系恰如捕猎与被猎：当某黑客成功攻破某用户的系统后，就相当于该用户被猎，我们也可以看作该用户个体"死"了。作为食肉动物的黑客，在用户这个食草动物面前，当然有绝对优势。在缺乏红客保护的场合下，用户只能依靠自身的防御和运气，努力逃脱黑客的追杀，而不能回击（否则就是红客了）。

设 $x(t)$ 和 $y(t)$ 分别是 t 时刻用户和黑客的密度（或个数），由于它们都具有生物繁殖特性，即当它们单独生存时，用户的密度 $x(t)$ 满足动力学方程

$$\frac{1}{x}\frac{dx}{dt}=r_1-f_1(x)$$

而黑客的密度 $y(t)$ 也满足

$$\frac{1}{y}\frac{dy}{dt}=r_2-g_2(y)$$

见本书第 4.3 节。

但是，当用户和黑客混居时，它们密度的变化不但要遵守自己的规律，而且，还要受另一方的影响。若设相应的影响函数分别为 $g_1(y)$ 和 $f_2(x)$，那么，用户与黑客相互作用的动力学模型，就可表示为以下的微分方程组：

$$\frac{1}{x}\frac{dx}{dt}=r_1-f_1(x)-g_1(y) \quad 和 \quad \frac{1}{y}\frac{dy}{dt}=r_2-g_2(y)+f_2(x)$$

这里和今后，为简洁计，在不引起混淆的情况下，都用 x 代表 $x(t)$，用 y 代表 $y(t)$；而且，各 $f_i(x)$ 和 $g_i(y)(i=1,2)$ 都假定是非负值函数。其中，第一个方程里的"$-g_1(y)$"是因为黑客攻击造成用户减损而致；第二个方程里的"$+f_2(x)$"是因为用户死亡为黑客提供了生存机会（食物）的原因。

首先，我们来看看黑客与用户相互线性影响时的生态平衡性。

在最简单的情况下，可假定影响函数 $f_i(x)$ 和 $g_i(y)$ 都为线性函数，于是，"黑客+用户"的生态方程为以下 Lotka-Volterra 模型：

$$\frac{\mathrm{d}x}{\mathrm{d}t}=x(a_{10}-b_{11}x-b_{12}y) \quad 和 \quad \frac{\mathrm{d}y}{\mathrm{d}t}=y(a_{20}+b_{21}x-b_{22}y)$$

这里的各个系数 $b_{ij}(i=1,2)$ 均为非负。当 $b_{11}>0$ 时，称用户为密度制约的；当 $b_{11}=0$ 时，称用户为非密度制约的。同理，当 $b_{22}>0$ 时，称黑客是密度制约的；当 $b_{22}=0$ 时，称黑客为非密度制约的。a_{10} 和 a_{20} 分别表示用户和黑客的生长率（出生率减死亡率）。若记 $k=\dfrac{b_{21}}{b_{12}}$，那么，上述生态方程可重写为

$$\frac{\mathrm{d}x}{\mathrm{d}t}=x(a_{10}-b_{11}x)-b_{12}xy \quad 和 \quad \frac{\mathrm{d}y}{\mathrm{d}t}=y(a_{20}+kb_{12}x-b_{22}y)$$

由此可见，第一个式子中的 $b_{12}xy$ 表示的含义是：单位时间内用户被黑客攻破的数目，形象地说，在单位时间内用户被黑客吃掉的数目；而黑客的当前数目为 y，所以，$b_{12}x$ 表示每个黑客在单位时间内攻破用户的数目，或形象地称为黑客的捕食率（这里当然暗含捕食率为正），它表示黑客攻击用户的能力。

令上述生态方程的右边等于 0，于是，得到两条直线

$$L_1：a_{10}-b_{11}x-b_{12}y=0 \quad 和 \quad L_2：a_{20}+b_{21}x-b_{22}y=0$$

如果这两条直线在第一象限内有一个交点 (x',y')（即该交点的坐标满足 $x'>0$，$y'>0$），那么根据 Routh-Hurwits 稳定性条件（见参考文献[17]），有以下定理。

渐近稳定性引理：若 $b_{11}b_{22}+b_{21}b_{12}>0$ 并且 $b_{11}x'+b_{22}y'>0$，那么平衡点 (x',y') 是渐近稳定的，即无论什么原因，如果用户和黑客的数量偶然落进了 (x',y') 点附近，那么用户和黑客的数量将最终趋于 x' 和 y'。

然而，什么情况下，这种偶然会变成必然呢？答案之一就是如下。

双密度制约的生态平衡定理（见参考文献[17]中的定理 3.1）：如果 $b_{11}>0$ 和 $b_{22}>0$ 同时成立（即用户和黑客都是密度制约的），那么无论最初有多少个用户和黑客（当然暗含为正），它们最终的数量都会趋于 x' 和 y'，从而达到生态平衡。

另一个更强的答案（见参考文献[17]中的定理 3.2）如下。

黑客密度制约的生态平衡定理：即使对用户没有密度制约（这对弱者是公平的），即 $b_{11}=0$ 和 $b_{22}>0$（此时 $b_{21}b_{12}>0$ 天然成立），那么无论最初有多少个用户和黑客（这里应当为正），它们最终的数量都会趋于 x' 和 y'，从而达到生态平衡。此时，在黑客只攻击本群用户的假定下（即黑客不迁出），则用户和黑客的生态模型变成如下：

$$\frac{dx}{dt}=x(b-b_{12}y) \text{ 和 } \frac{dy}{dt}=y(-d+Eb_{12}x-b_{22}y)$$

其中，各参数均为正常数，b 是用户的出生率；d 是黑客的死亡率；E 是因为用户被攻破而给黑客做的贡献率。此时，唯一的正平衡点 (x', y') 是

$$x'=\frac{bb_{22}+db_{12}}{E(b_{12})^2} \text{ 和 } y'=\frac{b}{b_{12}}$$

并且它还是全局稳定的，即无论最初有多少个用户和黑客（这里应当为正），它们最终的数量都会趋于 x' 和 y'，从而达到生态平衡，这便是黑客无迁出时的生态平衡定理。

如果考虑黑客的迁出行为（比如，暂不攻击，或者转向攻击本群之外的其他用户），那么用户和黑客的生态方程变成

$$\frac{dx}{dt}=x(b-b_{12}y) \text{ 和 } \frac{dy}{dt}=y(f+Eb_{12}x-b_{22}y)$$

这里各参数也为正常数，方程的非平凡平衡点 (x', y') 为

$$x'=\frac{bb_{22}-fb_{12}}{E(b_{12})^2} \text{ 和 } y'=\frac{b}{b_{12}}$$

$f>\dfrac{bb_{22}}{b_{12}}$ 时，$x'<0$，在这种情况下，第一象限中的所有解都趋于 $\left(0, \dfrac{f}{b_{22}}\right)$，从而导致用户被全部攻破，即用户灭绝；如果 $f<\dfrac{bb_{22}}{b_{12}}$，则非平凡平衡位置为正，此时，这个正平衡点是全局稳定的，即无论最初有多少个用户和黑客（这里应当为正），它们最终的数量都会趋于 x' 和 y'，从而达到生态平衡。这便是有黑客迁出时的用户灭绝与生态平衡定理。

前面的几个结论都基于合理的假定：强者（黑客）受密度制约，而弱者（用户）则不受密度制约。为了理论的完整性，如果我们非要做相反的假定，即弱者（用户）受密度制约，而强者（黑客）反而不受密度制约，那么，此时"用户+黑客"的生态方程变成

$$\frac{dx}{dt}=x(b-b_{11}x-b_{12}y) \quad 和 \quad \frac{dy}{dt}=y(-d+Eb_{12}x)$$

这里各参数也为正常数，它们的非平凡平衡位置 (x',y') 为

$$x'=\frac{d}{Eb_{12}} \quad 和 \quad y'=\frac{bEb_{12}-db_{11}}{E(b_{12})^2}$$

如果

$$bEb_{12}>db_{11}$$

即平衡点为正，那么此时，该正平衡点是全局稳定的，即无论最初有多少个用户和黑客（这里应当为正），它们最终的数量都会趋于 x' 和 y'，从而达到生态平衡。这便是用户密度制约生态平衡定理。

另外，无论是用户还是黑客，都会遇到一些意外情况造成其个体数量的减少，比如，设备的常规升级换代，会造成当前正常用户的减少；公安机关对黑客的专项打击活动，会造成黑客的意外减少等。如果在上述的生态方程中，考虑到这种减员因素（假定被减少的是常数），那么，相应的"用户+黑客"生态方程就可变为

$$\frac{dx}{dt}=x(b-b_{11}x-b_{12}y)-F \quad 和 \quad \frac{dy}{dt}=y(-d+Eb_{12}x)-G$$

此时，便有如下结论。

有意外减损时的生态平衡定理（见参考文献[17]中的定理 3.32）：如果该方程组存在正平衡点 (x',y')，并且 $F\geqslant0$，$G\geqslant0$，那么 (x',y') 是全局稳定的，即无论最初有多少个用户和黑客（这里应当为正），它们最终的数量都会趋于 x' 和 y'，从而达到生态平衡。

下面在 $G=0$，$F>0$ 的特殊情况下，对该定理给出较形象的解释。此时，平衡点（x', y'）为

$$x'=\frac{d}{Eb_{12}} \quad \text{和} \quad y'=\frac{1}{b_{12}}\left(1-\frac{b_{11}d}{Eb_{12}}-\frac{EFb_{12}}{d}\right)$$

因而，只有当 $F< F'$ 时，才有 $y'>0$，这里

$$F'=\frac{d}{Eb_{12}}\left(b-\frac{b_{11}d}{Eb_{12}}\right)$$

从而(x', y')是全局稳定的。当 $F>F'$ 时，将导致用户灭绝，故称 F' 为临界减损率。

接下来，再看看用户和黑客的一般生态平衡性。

本节中前面的所有结果都有一个假设前提，即用户与黑客数量相互之间的影响是线性的。该线性假定的优点是简捷、深入，并且在许多情况下，它确实能够较好地逼近真实结果，而且根据工程经验，人们能够从实际案例中获得的许多数据也只能是各种比例等，这就暗含了线性假设。

当然，线性假设的局限也是显然的，所以现在试图考虑更一般的情况。

用户和黑客相互影响的最一般模型是以下的 Kolmogorov 模型：

$$\frac{\mathrm{d}x}{\mathrm{d}t}=xF_1(x, y) \quad \text{和} \quad \frac{\mathrm{d}y}{\mathrm{d}t}=yF_2(x, y)$$

假如曲线 $F_1(x, y)=0$ 和 $F_2(x, y)=0$ 只有一个正交点（x', y'），即 $x'>0$ 和 $y'>0$，则称为正平衡点。由 Taylor 定理可将上述一般模型分解为

$$\frac{\mathrm{d}x}{\mathrm{d}t}=x\left[(x-x')\frac{\partial F_1}{\partial x}+(y-y')\frac{\partial F_1}{\partial y}\right]$$

和

$$\frac{\mathrm{d}y}{\mathrm{d}t}=y\left[(x-x')\frac{\partial F_2}{\partial x}+(y-y')\frac{\partial F_2}{\partial y}\right]$$

这里分别记偏微分值 $F_{11}=\dfrac{\partial F_1}{\partial x}$、$F_{12}=\dfrac{\partial F_1}{\partial y}$、$F_{21}=\dfrac{\partial F_2}{\partial x}$ 和 $F_{22}=\dfrac{\partial F_2}{\partial y}$。

设用户和黑客形成的生态环境，满足以下条件：

A_1：$F_{12}<0$（用户受到黑客的抑制）；

A_2：$F_{21}>0$（黑客得到用户的给养，即黑客靠攻击用户获利而生存）；

A_3：当 $y=0$ 时，$F_{11}<0$（若无黑客，用户是密度制约的）；

A_4：$F_{22}<0$（黑客增长是密度制约的）；

A_5：存在常数 $A>0$，使得 $F_1(0,A)=0$（A 为用户不存在时，黑客的临界密度）；

A_6：存在常数 $B>0$，使得 $F_1(B,0)=0$（B 为无黑客时，用户的负载容量）；

A_7：存在常数 $C>0$，使得 $F_2(C,0)=0$（C 为无黑客时，用户的下临界密度）；

A_8：$yF_2\leqslant a[xF_1(x,0)-xF_1(x,y)]-\mu y$（即黑客的增长只依靠它攻破用户的供给。其中，方括号"[]"内表示单位时间内黑客攻破用户的数量；a 和 μ 是正常数，并且 a 表示黑客的最快攻击系数；μ 表示最小死亡率）。

定义集合 $Q=\{x\geqslant0,y\geqslant0\}$ 是全部第一象限，$Q_0=\{x>0,y>0\}$。设 F_1 和 F_2 在 Q 内是连续函数，而在 Q_0 是一阶可导函数，并且它们满足如下两组条件：

条件 $P_1(a)$：存在一个 $x'>0$，使得 $(x-x')F_1(x,0)<0$，对所有 $x\geqslant0$ 且 $x\neq x'$；

条件 $P_1(b)$：存在一个 $y'>0$，使得 $(y-y')F_1(0,y)<0$，对所有 $y\geqslant0$ 且 $y\neq y'$；

条件 $P_1(c)$：偏微分满足 $\dfrac{\partial F_1}{\partial y}<0$ 在集合 Q_0 内；

条件 $P_1(d)$：对每一点 $(x,y)\in Q_0$，有 $x\dfrac{\partial F_1}{\partial x}+y\dfrac{\partial F_1}{\partial y}<0$；

条件 $P_2(a)$：存在一个 $x''>0$，使得 $(x-x'')F_2(x,0)>0$，对所有 $x\geqslant0$ 且 $x\neq x''$；

条件 $P_2(b)$：偏微分满足 $\dfrac{\partial F_2}{\partial y}\leqslant0$ 在集合 Q_0 内；

条件 $P_2(c)$：对每一点 $(x, y) \in Q_0$，有 $x\dfrac{\partial F_2}{\partial x} + y\dfrac{\partial F_2}{\partial y} > 0$。

根据已知的数学生态学结果（见参考文献[17]中第 3.3 节的定理 3.26），可得如下定理。

黑客灭绝定理：如果在 Kolmogorov 模型中，函数 F_1 和 F_2 同时满足条件 P_1 和 P_2，并且设 $x'' \geqslant x'$，那么，对所有起始点在 Q_0 内的轨道，当 $t \to \infty$ 时，趋于点 $(x', 0)$。形象地说，在此种情况下，只要初始时至少有一个用户，那么经过足够长时间之后，黑客将最终灭亡，并且还幸存着 x' 个用户。

在 Kolmogorov 模型中还有如下一般性的生态平衡结果（见参考文献[17]3.3 节的定理 3.27）。

用户与黑客生态平衡定理：如果在 Kolmogorov 模型中，函数 F_1 和 F_2 同时满足条件 P_1 和 P_2，并且还有 $x'' < x'$，则在 Q_0 内存在唯一奇点 (a, b)。如果 (a, b) 是不稳定的，则在 Q_0 内至少存在一个周期轨道；若不存在周期轨道，则 (a, b) 是全局吸引的。形象地说，此种情况下，只要初始时至少有一个用户和黑客，那么，经过足够长时间之后，用户数将趋于 a，而黑客数将趋于 b。

第 3 节 "黑客+红客"生态学

黑客与红客的关系，当然是竞争关系，就像狮子与牧民（注意不是猎人）的关系：狮子以猎取食草动物（用户）为生，牧民则要保护用户；一般情况下，牧民不会主动去伤害狮子，除非特殊的围猎季节。

设 $x(t)$ 和 $y(t)$ 分别是 t 时刻红客和黑客的密度（或个数），由于它们都具有生物繁殖特性，即当它们单独生存时，红客和黑客的密度 $x(t)$ 和 $y(t)$ 分别满足 Logistic 动力学方程

$$\frac{1}{x}\frac{\mathrm{d}x}{\mathrm{d}t} = r_1\frac{K_1 - x}{K_1} \quad \text{和} \quad \frac{1}{y}\frac{\mathrm{d}y}{\mathrm{d}t} = r_2\frac{K_2 - y}{K_2}$$

（见本书第 4 章中的第 3 节），这里 K_1 和 K_2 分别为红客种群和黑客种群（x 和 y）

的最小生存容量（即低于该容量时，相应的红客或黑客种群将会自行灭绝）。

但是，当红客和黑客混居时，它们密度的变化不但要遵守自己的规律，而且，还要受另一方的影响。若设相应的影响函数都是线性的，分别为 αy 和 βx，那么，红客与黑客相互作用的动力学模型就可表示为以下的微分方程组（Gause-Witt 模型）：

$$\frac{1}{x}\frac{\mathrm{d}x}{\mathrm{d}t} = r_1 \frac{K_1 - x - \alpha y}{K_1}$$

和

$$\frac{1}{y}\frac{\mathrm{d}y}{\mathrm{d}t} = r_2 \frac{K_2 - y - \beta x}{K_2}$$

其中，α 和 β 称为红客和黑客的竞争系数，即它们分别给对方造成的杀伤力为 "$-\frac{\alpha y}{K_1}$" 和 "$-\frac{\beta x}{K_2}$"，这里的负号 "−" 就体现了杀伤性，如果把该负号换为正号，那么相应的关系就由 "竞争" 变为了 "互惠"（这就是本章第 4 节将要讨论的红客与用户之间的关系）。令微分方程组的右边为 0，可得两条直线：L_1：（$K_1-x-\alpha y=0$）和 L_2：（$K_2-y-\beta x=0$），根据这两条直线在第一象限中的位置特性，已经证明（见参考文献[17]的 1.2 节或参考文献[18]的 3.1 节）如下定理。

红客与黑客的竞争定理：由 Gause-Witt 模型描述的红客和黑客，彼此厮杀的结果是：

（1）如果 $\frac{K_1}{K_2} > \alpha$ 和 $\beta > \frac{K_2}{K_1}$，那么黑客将被淘汰。

（2）如果 $\alpha > \frac{K_1}{K_2}$ 和 $\frac{K_2}{K_1} > \beta$，那么红客将被淘汰。

（3）如果 $\alpha > \frac{K_1}{K_2}$ 和 $\beta > \frac{K_2}{K_1}$，那么红客或黑客中的某一方将被淘汰，即不是你死，就是我活。

（4）如果 $\frac{K_1}{K_2} > \alpha$ 和 $\frac{K_2}{K_1} > \beta$，那么红客和黑客将共存，谁也不能淘汰谁，即它们势均力敌。

从这个定理中可以解读出一些有趣的现象：α 是黑客给红客造成的伤害；β 是红客给黑客造成的伤害；红客和黑客在竞争中，是否被对方灭绝，不但取决于自己的杀伤力，还取决于两条生死线——它们最小生存容量的比值 $\frac{K_1}{K_2}$ 和 $\frac{K_2}{K_1}$，即如果各方给对方的杀伤力都在生死线内，那么即使竞争很惨烈，大家也都会共存；如果各方给对方的伤害都在生死线外，那么只能活一方，到底谁死就得看运气了；如果一方给另一方的伤害在生死线之内，但是另一方的反击却在生死线外，那么反击者获胜并灭掉对方。换句话说，红客若想淘汰黑客，那么它有两种策略：增大其对黑客的杀伤力 β，或者降低自己的最小生存容量 K_1（即提高自己的生存力）。黑客若想在竞争中获胜，策略也一样。

现在来考虑红客和黑客混居时的一般生态平衡情况。为简化下角标，我们将上面的 Gause-Witt 模型重新写为常用的 Lotka-Volterra 模型生态方程

$$\frac{dx}{dt} = x(a_{10} - b_{11}x - b_{12}y)$$

和

$$\frac{dy}{dt} = y(a_{20} - b_{21}x - b_{22}y)$$

这里的各个系数 $b_{ij}(i=1, 2)$ 均为非负。当 $b_{11}>0$ 时，称红客为密度制约的；当 $b_{11}=0$ 时，称红客为非密度制约的。同理，当 $b_{22}>0$ 时，称黑客是密度制约的；当 $b_{22}=0$ 时，称黑客为非密度制约的。a_{10} 和 a_{20} 分别表示红客和黑客的生长率（出生率减死亡率）。

令上述生态方程的右边等于 0，于是，得到两条直线

$$L_1: \quad a_{10} - b_{11}x - b_{12}y = 0$$

和

$$L_2: \quad a_{20}-b_{21}x-b_{22}y=0$$

如果这两条直线在第一象限内有一个交点 (x', y')（即该交点的坐标满足 $x'>0$，$y'>0$），那么根据 Routh-Hurwits 稳定性条件（见参考文献[17]的 3.1 节），有：若 $b_{11}b_{22}-b_{21}b_{12}>0$ 并且 $b_{11}x'+b_{22}y'>0$，那么平衡点 (x', y') 是渐近稳定的，即无论什么原因，如果红客和黑客的数量偶然落进了 (x', y') 点附近，那么红客和黑客的数量将最终趋于 x' 和 y'。由于此时不等式 $b_{11}b_{22}-b_{21}b_{12}>0$ 的必要条件是：$b_{11}>0$ 和 $b_{22}>0$，所以红客和黑客都必须是密度制约的。

由此，根据参考文献[17]的定理 3.1，我们有以下定理。

红客黑客竞争的生态平衡定理：在上面 Lotka-Volterra 模型表示的红客和黑客竞争生态方程中，如果红客和黑客都是密度制约的，那么它们的正平衡点 (x', y') 是全局稳定的，即无论最初有多少个红客和黑客（这里应当为正），它们最终的数量都会趋于 x' 和 y'，从而达到生态平衡。

第 4 节 "用户+红客"生态学

红客与用户的关系，就是生物中的互惠互利关系，就像牧民保护牛羊那样，红客要保护用户免遭黑客的攻击。

设 $x(t)$ 和 $y(t)$ 分别是 t 时刻红客和用户的密度（或个数），由于它们都具有生物繁殖特性，即当他们单独生存时，红客和用户的密度 $x(t)$ 和 $y(t)$ 分别满足 Logistic 动力学方程

$$\frac{1}{x}\frac{\mathrm{d}x}{\mathrm{d}t} = r_1 \frac{K_1 - x}{K_1}$$

和

$$\frac{1}{y}\frac{\mathrm{d}y}{\mathrm{d}t} = r_2 \frac{K_2 - y}{K_2}$$

（见本书第 4 章中的第 3 节），这里 K_1 和 K_2 分别为红客种群和黑客种群（x 和 y）的最小生存容量（即低于该容量时，相应的红客或用户种群将会自行灭绝）。

但是，当红客和用户混居时，他们密度的变化不但要遵守自己的规律，而且还要受另一方的影响。若设相应的影响函数都是线性的，分别为 $b_{12}y$ 和 $b_{21}x$，那么红客与用户相互作用的动力学模型就可表示为以下的微分方程组：

$$\frac{1}{x}\frac{dx}{dt} = r_1\frac{K_1 - x}{K_1} + b_{12}y$$

和

$$\frac{1}{y}\frac{dy}{dt} = r_2\frac{K_2 - y}{K_2} + b_{21}x$$

其中，$b_{21}x$ 和 $b_{12}y$ 分别是用户（红客）给予红客（用户）的互惠。根据参考文献[18]的 3.3 节，我们有以下生态定理。

红客与用户互惠的生态平衡定理：记 $\delta=1-b_{12}b_{21}$、$a=b_{12}\frac{K_2}{K_1}$ 和 $b=b_{21}\frac{K_1}{K_2}$。如果 $\delta>0$，那么无论最初的红客和用户个数是多少（这里假定为正数），最终，红客的数量将趋于 $(1+a)/\delta$，而用户的数量将趋于 $(1+d)/\delta$。

虽然从安全角度看，红客与用户基本上是一家人，它们彼此影响的生态问题其实并不重要，但是，为了学术的完整性，我们还是在本节做简要概述。

下面该来考虑用户、红客和黑客三者大团圆时的生态学问题了。

第 5 节　"黑客+用户+红客"生态学

综合考虑黑客、红客和用户在一起的生态环境时，情况就更复杂了：黑客的本意是要从用户处获利，但是，如果红客要挡它财路，则黑客也会攻击红客；红客并不想主动攻击黑客，但是，如果用户受到伤害，则红客就有义务提供保护；用户在黑客面前几乎无能为力，就像牛羊在狮子面前一样，只能靠运气（未被黑客盯上）和红客的保护。

下面来看这三方，如何联袂演唱一出生态学大戏。

设 $x_1(t)$、$x_2(t)$、$x_3(t)$ 分别为 t 时刻用户、红客和黑客的密度（或数量）。当它们独自相处，没有其他两方存在时，它们各自都要满足自己的动力学模型，比如，

$$\frac{\mathrm{d}x_i}{\mathrm{d}t} = r_i x_i (1 - \frac{x_i}{K_i}), \quad i = 1, 2, 3$$

（见本书第 4 章中的第 3 节）。这里，K_1、K_2 和 K_3 分别为用户种群、红客种群和黑客种群的最小生存容量（即低于该容量时，相应的用户、红客或黑客种群将会自行灭绝）。

但是，当用户、红客和黑客三者混居时，它们的密度的变化不但要遵守自己的规律，而且，还要受另两方的影响。设相应的影响函数都是线性的，为了使下角标更整齐，我们逐一来考虑各自的密度变化方程。

首先，对用户来说，当它独居时，满足

$$\frac{\mathrm{d}x_1}{\mathrm{d}t} = r_1 x_1 (1 - b_{11} x_1)$$

但是，混居后，红客要给它提供互惠（$+b_{12}x_2$），黑客却要对它减灭（$-b_{13}x_3$），所以，用户最终的密度变化动力学方程为

$$\frac{\mathrm{d}x_1}{\mathrm{d}t} = r_1 x_1 (1 - b_{11} x_1 + b_{12} x_2 - b_{13} x_3)$$

其次，对红客来说，当它独居时，满足

$$\frac{\mathrm{d}x_2}{\mathrm{d}t} = r_2 x_2 (1 - b_{22} x_2)$$

但是，混居后，用户要给它提供互惠（$+b_{21}x_1$），黑客却要与它竞争造成减损（$-b_{23}x_3$），所以，红客最终的密度变化动力学方程为

$$\frac{\mathrm{d}x_2}{\mathrm{d}t} = r_2 x_2 (1 + b_{21} x_1 - b_{22} x_2 - b_{23} x_3)$$

最后，对黑客来说，当它独居时，满足

$$\frac{\mathrm{d}x_3}{\mathrm{d}t} = r_3 x_3 (1 - b_{33} x_3)$$

但是，混居后，用户要给它提供牺牲（$+b_{31}x_1$），红客却要与它竞争造成减损（$-b_{32}x_2$），所以，黑客最终的密度变化动力学方程为

$$\frac{\mathrm{d}x_3}{\mathrm{d}t} = r_3 x_3 (1 + b_{31} x_1 - b_{32} x_2 - b_{33} x_3)$$

综上所述，"用户+红客+黑客"的生态学微分三方程组为

$$\begin{cases} \dfrac{\mathrm{d}x_1}{\mathrm{d}t} = r_1 x_1 (1 - b_{11} x_1 + b_{12} x_2 - b_{13} x_3) \\ \dfrac{\mathrm{d}x_2}{\mathrm{d}t} = r_2 x_2 (1 + b_{21} x_1 - b_{22} x_2 - b_{23} x_3) \\ \dfrac{\mathrm{d}x_3}{\mathrm{d}t} = r_3 x_3 (1 + b_{31} x_1 - b_{32} x_2 - b_{33} x_3) \end{cases}$$

为考虑该生态系统的稳定性，令上面三式的右边为 0，得到线性方程组

$$\begin{cases} 1 - b_{11} x_1 + b_{12} x_2 - b_{13} x_3 = 0 \\ 1 + b_{21} x_1 - b_{22} x_2 - b_{23} x_3 = 0 \\ 1 + b_{31} x_1 - b_{32} x_2 - b_{33} x_3 = 0 \end{cases}$$

记矩阵 $A = [a_{ij}]$，$i, j = 1, 2, 3$ 为该联立方程的系数矩阵，即 $a_{11} = -b_{11}$，$a_{12} = b_{12}$，$a_{13} = -b_{13}$；$a_{21} = b_{21}$，$a_{22} = -b_{22}$，$a_{23} = -b_{23}$，$a_{31} = b_{31}$，$a_{32} = -b_{32}$，$a_{33} = -b_{33}$。若 $\boldsymbol{a} = (a_1, a_2, a_3)$ 是该方程组的正解，即，$a_i > 0$，$i = 1, 2, 3$，也称 $\boldsymbol{a} = (a_1, a_2, a_3)$ 为该生态方程的正平衡位置。于是，上面的三个生态微分方程可重新写为

$$\begin{cases} \dfrac{\mathrm{d}x_1}{\mathrm{d}t} = r_1 x_1 [1 - b_{11}(x_1 - a_1) + b_{12}(x_2 - a_2) - b_{13}(x_3 - a_3)] \\ \dfrac{\mathrm{d}x_2}{\mathrm{d}t} = r_2 x_2 [1 + b_{21}(x_1 - a_1) - b_{22}(x_2 - a_2) - b_{23}(x_3 - a_3)] \\ \dfrac{\mathrm{d}x_3}{\mathrm{d}t} = r_3 x_3 [1 + b_{31}(x_1 - a_1) - b_{32}(x_2 - a_2) - b_{33}(x_3 - a_3)] \end{cases}$$

于是，平衡位置（a_1, a_2, a_3）是局部稳定的充分条件为：矩阵 $[a_{ij}]$ 的所有特

征根的实部为负。

下面进一步来考虑全局稳定性问题。

"用户+红客+黑客"三合一生态平衡定理之 1（见参考文献[17]中的定理 4.7）：上述正平衡位置（a_1, a_2, a_3）对"用户+红客+黑客"的生态方程是全局稳定的充分条件是：如果存在一个正的对角线矩阵 C，使得 $CA+A^TC$ 是负定的，并且函数

$$W(X)=\frac{1}{2}(X-a)^T(CA+A^TC)(X-a)$$

不沿上述三微分方程组的一根轨线恒为 0（$X=a$ 外）。此处 X 表示（x_1, x_2, x_3），a 表示（a_1, a_2, a_3），A^T 表示矩阵 A 的转置矩阵。形象地说，如果以上条件满足的话，那么，无论最初用户、红客和黑客的个数是多少（当然假定为正），那么，最终用户的个数会趋于 a_1，红客的个数会趋于 a_2，黑客的个数会趋于 a_3。

为介绍另一个生态平衡定理，我们先引入以下定义：

一个矩阵 $C=[C_{ij}]$ 称为是一个 M 矩阵，如果当 $i{\neq}j$ 时，$C_{ij}{\leqslant}0$，而且下列五个条件中任何一个成立（其实，对于具有非正的非对角线元素的矩阵，这五个条件是彼此等价的）：

条件 1，矩阵 C 的所有特征值有正实部；

条件 2，C 的顺序主子式为正，即每个顺序子矩阵的行列式值是正的；

条件 3，C 是非奇异的，而且 $C^{-1}{\geqslant}0$，即各分量非负；

条件 4，存在一个向量 $x>0$，使 $Cx>0$，即各分量为正；

条件 5，存在一个向量 $y>0$，使 $C^Ty>0$，即各分量为正。

"用户+红客+黑客"三合一生态平衡定理之 2（见参考文献[17]中的定理 4.8）：上述正平衡位置（a_1, a_2, a_3）对"用户+红客+黑客"的生态方程是全局稳定的充分条件是：

（1）存在一个矩阵 G，使得对所有 $i, j=1, 2, 3$ 都有 $a_{ii} \leqslant G_{ii}$ 和 $|a_{ij}| \leqslant G_{ij}$ 对 $i \neq j$；

（2）矩阵 $-G$ 的所有顺序主子式为正。

形象地说，如果能够满足以上条件，那么，无论最初用户、红客和黑客的个数是多少（当然假定为正），最终用户的个数会趋于 a_1，红客的个数会趋于 a_2，黑客的个数会趋于 a_3。

第6节　安全攻防小结

安全通论的核心是"对抗"或叫"攻防"，所以，本书从第5章开始到本章为止，花费了整整9章的篇幅，从一对一攻防、一对多攻防、多对多攻防、直接对抗、间接对抗等角度，就攻防的演化规律、对抗与通信的关系、对抗与对话的关系、最佳攻防策略、安全对抗的中观画像、安全对抗的宏观画像、安全生态学、攻防的可达极限等方面，进行了全面深入的探讨。

而且，到目前为止，我们对所研究的攻防，几乎没有任何具体的技术性限制（比如，无论攻防各方发动的是何种攻防或使用的是何种攻防工具等，我们的结果都是有效的），因此，它们较好地体现了安全通论的"通"。至此，安全通论的轮廓就已经很清晰了，从而"网络空间安全"一级学科的统一基础理论就不再是天方夜谭了。当然，必须再次强调，安全通论还远远没有完成，比如，"用厚厚一本书来代表安全通论"这件事情本身就是一大缺陷，假若能像香农创立信息论那样，仅仅用一篇文章、一两个定理就能把安全通论说清楚，那才是真正的成功。

至于如何广泛使用安全通论去促进网络空间安全的教育、科研、产品研发、安全防护、攻防改进等，那就只能依靠安全界的各位同仁了。可喜的是，在教育方面，好几所高校已经计划将《安全通论》当作其研究生教材了，希望有更多的高校跟进；在刷新安全观方面，通过前期剧透的章节，业界许多人也已有所收获，希望安全通论能为国内外网络空间安全做出重要贡献。

虽然安全通论还有许多工作要做，但是，有必要在此做一个简要归纳，以便它能促进网络空间安全一级学科的健康成长和迅速发展。到目前为止，安全通论在回答以下四大支柱性核心问题方面均有进展：

问题 1：什么是安全，什么是攻防，什么是黑客，什么是红客？

问题 2：无论是否失去理智，黑客和红客攻防对抗双方的极限在哪里？

问题 3：如果黑客和红客攻防双方是理智的，那么最佳攻防策略是什么？

问题 4：网络空间安全的生态情况是什么，如何治理？

关于问题 1 的部分答案，包含在本书第 2～5 章中，主要结果可概括为：

（1）从安全角度来看，任何有限系统都可以分解成一个逻辑经络树；只要能够保证该经络树中的某些末端点（元诱因）不出问题，那么整个系统就不会有安全问题。

（2）安全也是一种负熵（与信息是负熵类似）。而且，任何有限系统，若无外界的影响，那么，它的"不安全性"总会越来越大，就像熵始终向增大方向发展一样。

（3）攻防可以分为两大类：盲攻防和非盲攻防。网络空间中，黑客与红客的攻防基本上都是盲攻防，但是，沙盘演练有助于我们用非盲数据来研究盲状态。

（4）黑客的数学本质，其实就是一个离散随机变量 X。而且，黑客的攻击能力可用 X 的熵来度量，即当这个熵越小时，黑客越厉害；具体地说，X 的熵每少 1 比特，该黑客在最佳攻击策略的指导下，他的黑产收入能够增加一倍。

（5）红客的唯一目是控制系统的不安全熵，使该熵不断减少（最理想情况），不再增大（次理想情况），或不要过快增大（保底情况）。

因此，判断红客的某行为是否正确的唯一依据，就是该行动最终会导致系统的不安全熵的变化趋势。不安全熵向减少方向发展，就说明红客正确，否则就是帮倒忙。问题 1 的深入研究，还需要借助可靠性理论、容错理论和系统论等知识。

关于问题 2 的部分答案，包含在本书第 5～9 章中，主要结果包括：无论彼此对抗的是两人还是多人，无论对抗者是有理智还是因斗争太残酷已经失去了理智，盲对抗都是存在理论极限的，即攻防各方都不可能突破这些极限。这其实又从另一个角度规劝对抗各方理智行事，即以争取自身利益最大化为目标，损人不利己的事情别做，因为失去理智并不能帮助你提升攻防能力。虽然在不同情况下，相应的理论极限值互不相同（细节在此略去），但是，这些极限基本上都是基于信息论中的香农信道容量定理或博弈论中的纳什均衡定理而得出的，极限值都等于某些特定信道的信道容量或达到纳什均衡时的收益函数。问题 2 的深入研究，还需要继续借助信息论和维纳的赛博学（即过去常说的维纳控制论）；反过来，由于通信和对抗在"信道"意义上其实是等价的（即通信是收发双方的某种对抗，对抗也是攻防各方以输和赢为"比特"的某种通信），因此信息论和安全通论的许多成果能够彼此借鉴和促进。

关于问题 3 的部分答案，包含在本书第 7～9 章中，主要结果包括：如果对抗各方都理智行事，即始终以预定的自身利益最大化为目标，那么红客与黑客之间其实就是在进行多赢博弈。这时，攻防各方的最佳策略就应该是追求（或将对方逼进）纳什均衡状态。在现实的网络对抗中，无论各方的预定（经济）利益是什么，都一定存在纳什均衡状态。更出人意料的是，我们发现，当达到纳什均衡状态时，其相关攻防也达到了某种特殊信道的信道容量。这就意味着：信息论的核心和博弈论的核心是强相关的，因此，信息论、博弈论和安全通论原来是可以三论融合的。通信是某种协作式对话，但是，诸如法庭辩论等却是非协作式对话，也是对抗中的一个特例，它们也可纳入基于安全通论的博弈部分，这其实是将信息论扩展到"负信息"领域了。问题 3 的深入研究，还需要继续借助博弈论、策略论和运筹学等理论。可惜目前在国内外的安全界同时精通博弈论和信息论的人太少，所以，这座金矿还大有潜力可挖。

关于问题 4 的部分答案，包含在本书第 10～13 章中，主要结果包括：网络空间安全的各涉事方的动力学行为分析，单方或多方相互作用时的生态环境特性等。比如，安全对抗的宏观和中观描述、攻防对抗的演化规律、黑客（红客或用户）的生态特性、黑客和红客（黑客和用户、红客和用户）相互作用时的生态特性、黑客红客和用户三者相互作用时的生态特性等。问题 4 的深入研究，还需要充分借鉴复杂系统理论、系统论等知识，尤其需要数学生态学家的支援，毕竟在国内外安全界谁也不曾想到生物数学能帮上大忙，而且，生物数学对传统的安全专家来说确实太遥远了，不能仅仅依靠安全专家自己补课。

总之，为庞大的网络空间安全一级学科建立统一的基础理论，绝不是一件容易的事情。到目前为止，我们只是在各个方面，尽量地抛砖，但愿能够引来众多的玉。目前，我们"暂不生产矿泉水，只做大自然的搬运工"，所以，我们现在尽量借用已有的理论成果，尽量不去陷入繁杂的数学推导，尽量用最简洁的语言来把复杂的事情说清楚。

本书到此，本来就该结束了的，因为我们目前能够想到的"通用"安全理论基本上就这些了。但是，在接下来的三章（第14～16章）中，还有三个比较好的结果，我们舍不得放弃。主要原因有两个：

第一，它们所涉及的问题在网络空间安全中都非常重要，而且会越来越重要。实际上，它们分别回答了病毒式恶意代码是如何在网络中传染和为害的，谣言治理的效果是如何表现出来的，以及网络手段是如何影响投票选举等重大事项结果的，等等。

第二，后面三章的结果虽谈不上"通用"，但是其"半通用"性还是非常好的，而且很可能这些思路和方法今后能够推广到"通用"，只是目前作者没那个能力而已。

总之，我们再一次邀请国内外各方面专家，大家一起共同努力，早日完成安全通论！

第 14 章

计算机病毒的行为分析

在网络空间安全领域，黑客四处"点火"；红客则疲于奔命，忙于"救火"。由于始终被动，所以，红客笃信远水救不了近火。但是，事实却是：欲救某些"五味真火"，还真得依靠领域外的"远水"来协助。本章便从遥远的生物医学领域，带来传染病动力学之"远水"，试图来救病毒式恶意代码这场"近火"。将传染性疾病防控的一些经典思想和理念，引入网络空间安全保障体系建设之中。提醒：为了借用成熟的传染病动力学名词，本章宁愿根据其行为特征来为计算机病毒重新取名。这表面上看来显得有点奇怪，但实际上，这种另起炉灶的做法，有助于读者准确理解计算机病毒的动力学行为，而不受既有概念的干扰。

第 1 节　计算机病毒与生物病毒

人类一直与各类疾病（特别是瘟疫等传染病）作斗争，而且，至少在 300 多年前，徐光启就将数学手段引入了生物统计。如今，动力学理论这一数学分支，已被广泛应用于国内外生物医学领域，并取得了若干重大成果，比如，催生了多位诺贝尔奖获得者。

从外观和形态上来看，网络空间安全与人体疾病很相似，甚至安全界的不少名词（如病毒、免疫力、传染等）都是从医学中借用过来的。但是，也许是因为网络安全专家太忙，也许是因为数学门槛太高，也许是因为历史还不够久远等，总之，生物医学家和安全专家至今仍然是"各唱各的调，各吹各的号"。如果没有人牵线，也许他们永远都会"比邻若天涯"。作者不才，愿在本章中做无偿媒婆，将生物医学（特别是生物数学）中的若干经典成果和思路，介绍给网络安全专家。若能吸引一批生物数学家进入网络安全领域，那就好了。

恶意代码是最头痛的安全问题之一，它甚至是整个软件安全的核心。虽然单独对付某台设备上的指定恶意代码并不难，但是，网上各种各样的海量恶意代码却像癌细胞一样危害着安全，而且既杀之不绝又严重耗费资源。过去，安全专家在对付恶意代码的微观手段方面，做了大量卓有成效的工作；可是，在宏观手段方面，几乎无所作为，这正是我们要向医生学习的地方。

由于本书以信息安全专家作为读者对象，所以，为保持完整性，先简要归纳计算机病毒等恶意代码的基础知识。

狭义上说，恶意代码是指故意编制或设置的、会产生威胁或潜在威胁的计算机代码（软件）。最常见的恶意代码有计算机病毒、特洛伊木马、计算机蠕虫、后门、逻辑炸弹等。当然，广义上说，恶意代码还指那些没有作用却会带来危险的代码，如流氓软件和广告推送等。本章重点考虑狭义恶意代码。

恶意代码的微观破坏行为，表现在许多不同的方面，如口令破解、嗅探器、键盘输入记录、远程特洛伊和间谍软件等。黑客利用恶意代码便可能获取口令、侦察网络通信、记录私人通信、暗地接收和传递远程主机的非授权命令、在防火墙上打开漏洞等。

恶意代码的入侵手段主要有三类：利用软件漏洞、利用用户的误操作、前两者的混合。有些恶意代码是自启动的蠕虫和嵌入脚本，本身就是软件，它们对人的活动没有要求。而像特洛伊木马、电子邮件蠕虫等恶意代码，则是利用受害者的心理，操纵他们执行不安全的代码，或是哄骗用户关闭保护措施来安装恶意代码等。

恶意代码的主要传播方式是病毒式传播，即某台设备被恶意代码击中后，该受害设备又将再去危害其他设备。当然，也并非所有恶意代码都采取这种病毒式传播。为严谨起见，本书所说的恶意代码都已经暗含病毒式传播的假设。

恶意代码也像病菌一样，千变万化，不断升级，其演化趋势表现在：种类更模糊；混合传播模式越来越常见；平台更加多样化；欺诈手段（包括销售技术等）更加普遍、更加智能化；同时攻击服务器和客户端；对操作系统（特别是 Windows）的杀伤力更大；类型变化越来越复杂；等等。不过，幸好本章只关注宏观行为，所以恶意代码的微观变种可以忽略不计。

特别提醒：本章的思路、方法和结果，对与病毒式恶意代码类似的所有破坏行为都是有效的，只是为了不分散读者的注意力，我们才限用了"病毒式恶意代码"这个名词。

以下所有分析，都基于这样一个已知的数学事实：一切随空间和时间变化的量的数学都属于偏微分方程领域！

第 2 节　死亡型病毒的动力学分析

考虑这样一类恶意代码：它给你造成不可挽回的损失（如获取了你的银行卡密码并取走你的钱等）后，再以你的身份去诱骗你的亲朋好友，如此不断为害下去。由于它们造成的损失不可弥补，所以称其为"死亡型"，相当于某人染 SARS 病毒死亡后，会继续传染身边人员一样（有些"不转死全家"的谣言，也可看成这样的死亡型恶意代码）。

设网络的用户数为 N，在 t 时刻，已经受害的用户数为 $T(t)$，暂未受害的用户数为 $S(t)$，那么，有恒等式 $S(t)+T(t)=N$。再令 $f(S, T)$ 为在"已有 T 人受害，S 人暂未受害"条件下，受害事件发生率，有下面两个微分方程

$$\frac{\mathrm{d}T(t)}{\mathrm{d}t}=f(S, T) \text{ 和 } \frac{\mathrm{d}S(t)}{\mathrm{d}t}=-f(S, T)$$

在生物医学的流行病学中，有一个可借鉴的概念，传染力 $\lambda(T)$，它表示在已有 T 台设备中毒的情况下，暂未中毒的设备与中毒者相连的概率，所以，

$f(S, T)=\lambda(T)S$。还有另一个概念，即传染率 β，它表示一个未中毒设备在连接到中毒者后，被传染的概率，所以，$\lambda(T)=\beta T$。于是，$f(S, T)=\lambda(T)S=\beta TS$，即它是一个双线性函数。此种近似，已经过医学中的长期实际数据检验，准确度足够高；而对比病毒式恶意代码和人类疾病的传播，它们的传染特性并没有明显差别，所以，我们得到微分方程

$$\frac{\mathrm{d}T(t)}{\mathrm{d}t}=\beta T(N-T)$$

其解析解为

$$T(t)=\frac{NT(0)}{T(0)-[T(0)-N]\mathrm{e}^{-\beta Nt}}$$

这就是 t 时刻的受害者人数，其中 $T(0)$ 表示初始受害人数。在这里，只要 $T(0)>0$（即刚开始时至少有一个受害者），那么当 $t\to\infty$ 时，就一定有 $T(t)\to N$（全体用户数），所以，面对死亡型恶意代码，如果大家都旁观而不采取任何防护措施，最终将全体死亡，即全体受害。虽然现实中，大家不可能都只旁观，但是这个理论结果也警告我们：网络安全，人人有责。

一旦大家都重视安全，并采取了各种事前预防和事后抢救的措施，将出现本章第 3 节中的康复型恶意代码。

同时说明，本节和下面的许多分析中，我们在建立模型时都采用了诸如传染率、发生率等线性简单模型。有些读者可能会觉得这不够精确，对此我们解释如下：

（1）由于在现实中，根据真实的原始统计数据，人类本来就只习惯于给出这些简单且形象的各种比例，所以在建立微分方程模型时，也只好利用这些比例[比如，此处就取 $f(S,T)=\lambda(T)S=\beta TS$]，否则，就变成了"为数学而数学"的游戏了。

（2）线性（或双线性）微分方程组，相对来说，容易求出精确的解析解（其实有时也很难），并由此可以进行更深入的分析。

（3）已有大量医学数据对此类模型的准确性进行了长期的正确性验证。

第 3 节　康复型病毒的动力学分析

与死亡型不同，在康复型模型中，受害用户在经过救治后，又可以康复成为暂未受害的用户，当然，该用户也可能再次受害。其实，绝大部分恶意代码，特别是诱骗类恶意代码，都是这种康复型的。比如，当计算机中毒崩溃后，你至少可以重新格式化，当然，随后又可能再次崩溃，实际上每个人的计算机可能都不止崩溃过一次（绝大部分人对谣言的反应，也等同于这种康复型恶意代码，因为辟谣后，大部分人都会再次被谣言欺骗）。

此时，除了本章第 2 节中的 S、T、$f(S, T)$ 和 N 等概念外，再引入另一个概念，即 $g(T)$，它表示在 T 个受害者中，有 $g(T)$ 个用户被康复成正常健康用户，从而变成暂未受害用户。若用 γ 表示康复率（生物医学经验告诉我们：每个受害者在下一小段时间 δt 内，被康复的概率为 $\gamma \delta t + 0(\delta t)^2$，并且受害者被康复的时间服从均值为 $1/\gamma$ 的指数分布），那么 $g(T) = \gamma T$。所以有微分方程组

$$\frac{\mathrm{d}T(t)}{\mathrm{d}t} = f(S, T) - g(T) = \beta TS - \gamma T$$

和

$$\frac{\mathrm{d}S(t)}{\mathrm{d}t} = -f(S, T) + g(T) = -\beta TS + \gamma T$$

若令 $u(t) = \dfrac{S(t)}{N}$，$v(t) = \dfrac{T(t)}{N}$，$t' = \gamma t$ 和 $R_0 = \dfrac{\beta N}{\gamma}$，那么上面的两个微分方程就变为

$$\frac{\mathrm{d}u}{\mathrm{d}t} = -(R_0 u - 1)v$$

和

$$\frac{\mathrm{d}v}{\mathrm{d}t} = (R_0 u - 1)v$$

其定义域为 $D = \{0 \leqslant u \leqslant 1, 0 \leqslant v \leqslant 1, u + v = 1\}$。

注意,这里的 R_0 是一个很重要的参数,其含义可以进一步解释为:$R_0 = \dfrac{\beta N}{\gamma}$,它的分子部分表示一个中毒设备与 N 个健康设备之间的有效接触率(若无接触,当然就不可能被感染),分母部分 γ 是受害者的平均染病周期。所以,R_0 是一个受害者在一个染病周期内,平均传染的设备个数。根据 R_0 的取值情况,可以得到如下重要结论。

定理 14.1:针对康复型恶意代码,如果 $R_0 < 1$,那么,康复型恶意代码就会最终被消灭,即无人受害;反过来,如果 $R_0 > 1$,那么康复型恶意代码就会在一定范围内长期为害,具体地说,受害者人数将长期徘徊在 $N(1 - \dfrac{1}{R_0})$ 附近。

证明:

由于

$$\frac{\mathrm{d}v}{\mathrm{d}t} = (R_0 u - 1)v < (R_0 - 1)v$$

所以,如果 $R_0 < 1$,那么就有

$$\frac{\mathrm{d}v}{\mathrm{d}t} < 0$$

即受害者人数不断地严格减少,最终当然趋于零,从而该恶意代码被消灭。

另一方面,如果 $R_0 > 1$,则由于 $u + v = 1$,所以,微分方程

$$\frac{\mathrm{d}v}{\mathrm{d}t} = (R_0 u - 1)v$$

就可变为

$$\frac{\mathrm{d}v}{\mathrm{d}t} = [R_0(1 - v) - 1]v$$

其解析解为

$$v(t) = \frac{K v_0}{v_0 - (v_0 - K)\mathrm{e}^{-rt}}$$

其中，$r=R_0-1$，$K=1-\dfrac{1}{R_0}$ 和 $v_0=\dfrac{T(0)}{N}$（初始被感染的用户比例）。于是，当 $t \to \infty$ 时，就有

$$v(t) \to 1-\frac{1}{R_0}$$

或等价地说，受害者人数

$$T(t)=Nv(t) \to N\left(1-\frac{1}{R_0}\right)$$

证毕。

定理 14.1 还隐含了另一个重要事实，由于最终受害者人数趋于

$$N\left(1-\frac{1}{R_0}\right)=N-\frac{N}{R_0}=N-\frac{\gamma}{\beta}=N-\left(\frac{\text{康复率}}{\text{传染率}}\right)$$

也就是说，如果康复型恶意代码不能被消灭，那么最终受害者人数将基本上由康复率与传染率之比决定。或者说，如果传染率远远大于康复率，那么基本上会全体受害；反之，受害者人数将维持在一个较小的数目之内。换句话说，对待康复型恶意代码，只要做好安全维护工作，那么，整体局面是可控的。

定理 14.1 还告诉我们，只要控制住 R_0，使 $R_0<1$，那么就可成功地控制该恶意代码的爆发。由于 $R_0=\dfrac{\beta N}{\gamma}$，所以我们可以增大康复率 γ（尽快恢复中毒终端），减少传染率 β（增加安全防护能力），减少初始人群数 N（隔离受害终端）等手段来控制 R_0。

第4节　免疫型病毒的动力学分析

有些恶意代码，当用户被害后，只要康复了，该用户就不会再被害了，这类恶意代码就称为免疫型的。比如，利用系统漏洞的那些恶意代码，当受害用户用现成的补丁程序把相关漏洞补好后，该用户就不会再被伤害了，准确地说，不会再被同一个恶意代码伤害了。（人们对同一谣言，肯定会有免疫性的，只要

辟谣者有相当的信任度。）

设 S、T、γ、β 和 N 等概念与本章第 3 节相同，又记 $R(t)$ 为 t 时刻被康复（当然也就具有了免疫力）的用户数。于是，在任何一个时刻，都恒有

$$N=S(t)+T(t)+R(t)$$

为了使相关公式看起来简单一些（实质上是等价的），分别用 $\dfrac{S(t)}{N}$、$\dfrac{T(t)}{N}$ 和 $\dfrac{R(t)}{N}$ 去代替 $S(t)$、$T(t)$ 和 $R(t)$，并且仍然采用原来的记号来表示 $S(t)$、$T(t)$ 和 $R(t)$，此时便有

$$S(t)+T(t)+R(t)=1$$

或者说，$S(t)$、$T(t)$ 和 $R(t)$ 分别代表暂未受害、正受害和受害康复且具有免疫力的用户，各占总用户数的比例。于是，仿照本章第 3 节的分析，我们有以下三个微分方程：

$\dfrac{\mathrm{d}S(t)}{\mathrm{d}t}=-\beta TS$（这是因为 βT 是传染力，所以被染人数的变化率就为 βTS）

$\dfrac{\mathrm{d}T(t)}{\mathrm{d}t}=\beta TS-\gamma T$（这是因为 γT 和 $\beta TS-\gamma T$ 分别为康复人数和受害人数的变化率）

$\dfrac{\mathrm{d}R(t)}{\mathrm{d}t}=\gamma T$（康复人数变化率）

假定刚开始时，受害用户数为 $T(0)=T_0>0$；暂未受害的用户数为 $S(0)=S_0>0$；还没有用户具有免疫力，即 $R(0)=0$。

从第一个微分方程，有 $\dfrac{\mathrm{d}S(t)}{\mathrm{d}t}=-\beta TS<0$，所以，暂未受害的用户数始终随着时间 t 的增加而减少，并且以 0 为下限，故极限 $\lim\limits_{t\to\infty}S(t)=S_\infty$ 肯定存在。实际上，已经证明：

$$S_\infty=-\rho\,\mathrm{Lambert}\,W\left\{-\frac{1}{\rho}\exp\left[-\frac{1}{\rho}(T_0+S_0-\rho\ln S_0)\right]\right\}$$

从第二个微分方程

$$\frac{dT(t)}{dt}=\beta TS-\gamma T=T(\beta S-\gamma)$$

可以看出，$T(t)$ 的增减性依赖于 t 时刻 $S(t)$ 的大小。如果 $S_0<\frac{\gamma}{\beta}$，那么 $\beta S-\gamma<\beta S_0-\gamma<0$，于是 $\frac{dT(t)}{dt}<0$，即当时间 $t\to\infty$ 时，有 $T_0>T(t)\to 0$。此时，恶意代码将被最终消灭。但是，如果 $S_0>\frac{\gamma}{\beta}=\rho$，那么 $T(t)$ 在某个时段内将会增加，从而导致恶意代码的危害呈爆发现象。但是，随着时间的进一步推移和 $S(t)$ 的递减，$T(t)$ 达到最大值后，又开始递减，并最终趋于 0。由此可知，免疫型恶意代码一定存在着临界现象，也就是说，如果 $S_0>\rho$，则受害用户数爆增；否则，如果 $S_0<\rho$，则恶意代码处于可控状态；但是，无论是在哪种情况下，免疫型恶意代码将最终被消灭。提醒：读者别误会，此处意指的是，给定的某种免疫型恶意代码会最终消灭，但是，一旦产生新的免疫型恶意代码，那么类似的上述动力学过程又得重新演绎一次。

定义另一个参数 $F_0=\frac{1}{\gamma}\beta S_0$，它刻画了一个受害者在平均染毒周期 $\frac{1}{\gamma}$ 内所传染的人数，它也给出了该种恶意代码是否爆发的阈值。即当 $F_0<1$ 时，此恶意代码不会爆发，并且随着时间的推移，会自动消灭；当 $F_0>1$ 时，该恶意代码会在一定的时段内爆发，受害者人数达到一个最大值后，才开始递减，并最终消灭。$F_0<1$ 说明一个受害者在平均传染周期内，传染人数的个数小于 1，该恶意代码当然会自行消灭；$F_0>1$ 说明一个受害者在平均传染周期内传染的人数大于 1，故该恶意代码会在一定程度上爆发流行。归纳起来，我们有如下定理。

定理 14.2：针对免疫型恶意代码，当 $F_0<1$ 时，此恶意代码不会爆发，并且随着时间的推移，会自动消灭；当 $F_0>1$ 时，该恶意代码会在一定的时段内爆发，受害者人数达到一个最大值 T_{max} 后，才开始递减，并最终消灭。更深入地，T_{max} 在总人数中所占的比例为

$$1-\rho+\rho\ln\frac{\rho}{S_0}$$

这里，S_0 表示刚开始时，暂未受害的人数比例。随着时间推移至无穷大，暂未受害和已有免疫力的人数的比例 $S\infty$ 和 $R\infty$ 分别为

$$S\infty = -\rho \text{Lambert} W\left\{-\frac{1}{\rho}\exp\left[-\frac{1}{\rho}(T_0 + S_0 - \rho\ln S_0)\right]\right\}$$

和

$$R\infty = N + \rho\text{Lambert} W\left\{-\frac{1}{\rho}\exp\left[-\frac{1}{\rho}(T_0 + S_0 - \rho\ln S_0)\right]\right\}$$

这里各相关参数的含义，见本节中前面的描述。Lambert $W(\cdot)$ 是一种特殊的数学函数，见参考文献[18]的 12.6 节。

本定理的前半部分很形象，也是对安全界更有用的部分，而且已经在前面描述中给出了证明。本定理的后半部分其实也是生物医学中的已知结论，为避免陷入不必要的数学细节，我们在此略去。有兴趣的读者可阅读参考文献[18]的 4.3 节。

第5节 开机和关机对免疫型病毒的影响

上面的所有分析，都假定活跃用户数固定为 N，但是，在实际情况下当然有例外。比如，某用户主动关机后，任何恶意代码对他都不构成威胁，此时活跃用户就减少一个；当某用户终端中毒后被宕机，这里活跃用户数也减少一个；当新用户开机（或进入网络）后，他又可能成为恶意代码的攻击对象，这时，活跃用户数又增加一个等。

设 μ 是新用户开机率，g 是用户主动关机率，c 为被恶意代码攻击后的宕机概率，为简单计，都假定这些参数为常数。其他参数同上。于是，在某个时刻，暂未受害的人数为 $S(t)$，那么，下一时刻，$S(t)$ 会因为用户主动关机而减少 $gS(t)$；会因为恶意代码的攻击而减少 βST；会因为新用户开机，而增加 $\mu N(t)$ 等。

在某个时刻，受害终端数为 $T(t)$，那么下一时刻，$T(t)$ 会因为恶意代码的攻

击而增加 βST；会因为宕机和主动关机而减少 $(g+c)T(t)$；会因为康复而减少 $\gamma T(t)$。

在某个时刻，已有免疫力的用户数为 $R(t)$，那么下一时刻，$R(t)$ 会因为康复而增加 $\gamma T(t)$；会因为主动关机而减少 $gR(t)$。

因此，下面可以考虑两种特殊情况。

情况 1：假如没有宕机（即 $c=0$）并且主动关机率与新用户开机率相同（即 $\mu=g$），那么各类终端数的变化情况，便可以用以下三个微分方程来描述：

$$\begin{cases} \dfrac{\mathrm{d}S(t)}{\mathrm{d}t} = \mu N(t) - \beta T(t)S(t) - \mu S(t) \\[2mm] \dfrac{\mathrm{d}T(t)}{\mathrm{d}t} = \beta T(t)S(t) - \gamma T(t) - \mu T(t) \\[2mm] \dfrac{\mathrm{d}R(t)}{\mathrm{d}t} = \gamma T(t) - \mu R(t) \end{cases}$$

对这三个微分方程的解进行分析后（为突出重点，略去详细的数学过程。有兴趣的读者，可以从生物数学的教材中找到现成答案，如参考文献[18]的 4.4 节），我们可以仿照定理 14.2 得到以下定理。

定理 14.3：记 $P_0 = \dfrac{\beta}{\gamma+\mu}$，那么在情况 1 之下，

当 $P_0 \leq 1$ 时，该免疫型恶意代码一定会随着时间的推移，最终自动消灭；

当 $P_0 \geq 1$ 时，该免疫型恶意代码一定会随着时间的推移，最终在 $S=\dfrac{1}{P_0}$、$T=\dfrac{\mu(P_0-1)}{\beta}$、$R=1-\dfrac{1}{P_0}-\dfrac{\mu(P_0-1)}{\beta}$ 点处达到全局渐近稳定，即最终健康终端的比例为 $S=\dfrac{1}{P_0}$，受害终端的比例为 $T=\dfrac{\mu(P_0-1)}{\beta}$，获得免疫力的终端比例为 $R=1-\dfrac{1}{P_0}-\dfrac{\mu(P_0-1)}{\beta}$。

情况 2：有宕机发生（即 $c>0$），新用户开机率大于主动关机率（即 $\mu>g$）那么，各类人数的变化情况，便可以用以下三个微分方程来描述：

$$\begin{cases} \dfrac{dS(t)}{dt} = \mu N(t) - \beta T(t)S(t) - gS(t) \\[2mm] \dfrac{dT(t)}{dt} = \beta T(t)S(t) - \gamma T(t) - cT(t) - gT(t) \\[2mm] \dfrac{dR(t)}{dt} = \gamma T(t) - gR(t) \end{cases}$$

这组微分方程的求解就不容易了！为了简化，我们把每台终端的平均开机率 $\mu N(t)$ 用一个常数 B 来代替，也粗略地称其为开机率。于是，上面的三个微分方程就简化为

$$\begin{cases} \dfrac{dS(t)}{dt} = B - \beta T(t)S(t) - gS(t) \\[2mm] \dfrac{dT(t)}{dt} = \beta T(t)S(t) - \gamma T(t) - cT(t) - gT(t) \\[2mm] \dfrac{dR(t)}{dt} = \gamma T(t) - gR(t) \end{cases}$$

由于 $N(t)=S(t)+T(t)+R(t)$，所以将这三个方程相加，又得到第四个方程

$$\frac{dN(t)}{dt} = B - cT(t) - gN(t)$$

与前面类似，分析这些微分方程的解后，可得到以下定理。

定理 14.4： 记 $Q_0 = \dfrac{\beta B}{g(\gamma + c + g)}$，那么在情况 2 之下，当 $Q_0 < 1$ 时，该免疫型恶意代码一定会随着时间的推移，最终自动消灭；当 $Q_0 > 1$ 时，该免疫型恶意代码一定会随着时间的推移，最终在 $S^* = BgQ_0$、$T^* = \dfrac{B - gS^*}{\beta S^*}$、$N^* = \dfrac{B - cT^*}{g}$、$R^* = N^* - S^* - T^*$ 点处达到渐近稳定，即最终的活跃用户数为 N^*，健康终端的比例为 $\dfrac{S^*}{N^*}$，受害终端的比例为 $\dfrac{T^*}{N^*}$，获得免疫力的终端比例为 $R^* = 1 - \dfrac{S^*}{N^*} - \dfrac{T^*}{N^*}$。

第6节 预防措施的效果分析

对付恶意代码其实都有许多预防措施的，但是，由于用户懒惰或不懂技术，总会有一些用户没采取预防措施。比如，针对利用某已知漏洞的恶意代

码，厂商一般都会在病毒未大规模爆发前，发布相关的补丁程序，用户只要及时安装了这些补丁，他的终端就已具备了免疫力；但事实是：一定有许多用户没打补丁。

我们虽然不能强求全体用户都采取预防措施，但是，如果有比例为 p 的用户采取了预防措施（比例为 q 的用户偷了懒，此处，$p+q=1$），那么我们发现，只要当 p 足够大时，仍然能够消灭该恶意代码。

为简单计，我们在本章第 5 节的情况 1 基础上，继续考虑问题。暂未受害的人中，有比例为 p 的终端直接获得了免疫力，于是，本章第 5 节中的那三个微分方程就变成了

$$\begin{cases} \dfrac{\mathrm{d}S(t)}{\mathrm{d}t} = \mu q N(t) - \beta T(t)S(t) - \mu S(t) \\[2mm] \dfrac{\mathrm{d}T(t)}{\mathrm{d}t} = \beta T(t)S(t) - \gamma T(t) - \mu T(t) \\[2mm] \dfrac{\mathrm{d}R(t)}{\mathrm{d}t} = \mu p N(t) + \gamma T(t) - \mu R(t) \end{cases}$$

分析该方程组后（细节略去），我们有以下定理。

定理 14.5：在本章第 5 节的情况 1 中，如果在暂未受害的终端中，采取了预防措施终端数的比例 $p \geqslant 1 - \dfrac{1}{P_0}$，这里 $P_0 = \dfrac{\beta}{\gamma + \mu}$，那么该免疫型恶意代码一定会随着时间的推移而最终自动消灭。

定理 14.5 告诉我们：对付恶意代码，虽然不能指望全体人员都及时采取预防措施，但是，只要有足够多的人（占总人数比例超过 $P_0 = \dfrac{\beta}{\gamma + \mu}$）重视安全，并及时采取了预防措施，那么该恶意代码就一定是可控的，甚至会最终被消灭。

第 7 节 有潜伏期的恶意病毒态势

许多恶意代码（如逻辑炸弹）在潜入受害终端后，并不立即作恶，而是等待时机成熟后再行动。假设仍然在本章第 5 节的基础上来考虑问题，并且，暂

未受害的终端在变成受害终端前，先要经过一个潜伏阶段。用 $E(t)$ 表示 t 时刻已经中毒，但仍然处于潜伏期的终端数；用 η 表示潜伏终端变成受害终端的概率。于是，仿照本章第 5 节，我们就有以下四个微分方程：

$$\begin{cases} \dfrac{dS(t)}{dt}=\mu N(t)-\beta T(t)S(t)-\mu S(t) \\[3mm] \dfrac{dE(t)}{dt}=\beta T(t)S(t)-\mu E(t)-\eta E(t) \\[3mm] \dfrac{dT(t)}{dt}=\eta E(t)-\gamma T(t)-\mu T(t) \\[3mm] \dfrac{dR(t)}{dt}=\gamma T(t)-\mu R(t) \end{cases}$$

此微分方程组的分析方法与前面类似，我们就不再重复了。可见，用生物数学的成果去研究网络安全，其实是有很多事情可做的。

第 8 节　他山之石的启示

由于学科越分越细，肯定会出现这样的情况：不同学科的某些问题，其本质是一样的，于是，只要在一个学科中解决了相关问题，而另一个学科的同类问题也就迎刃而解了。

但事实却是，不同学科的人们越来越封闭于自身学科，从而做了许多不必要的重复性工作。在本书第 7 章中，我们已经发现，甚至像著名的信息论和博弈论，都可以融合成一套理论；此处又发现，原来传染病学中的许多东西也是可以用来研究计算机恶意代码的。我们相信生物学中一定还有其他成果和思路，可以借用来研究网络空间安全问题。但愿有更多的人前来挖这个金矿。

在对付恶意代码方面，过去安全专家主要聚焦于如何从微观上战胜它，这就像医生研究某种具体的药物来医治传染病一样。但是，经过了几百年的实践，医生们已经发现：针对传染病，药物治疗重要，但更重要的是，要根据传染病的传播特征，从宏观上控制传染病。比如，若无隔离，即使药物再好，也不能控制 SARS 的爆发。

因此，现在已经到了安全专家该向医生学习的时候了，我们必须刷新自己的观念。记住：从微观上对付恶意代码个案（如研发漏洞补丁）固然重要，但是，从宏观上控制恶意代码流行爆发更重要，只有搞清楚恶意代码扩散的动力学特性后，才能够稳准狠地对付流行趋势。

希望安全专家前往生物领域，挖掘医生防流感的更多法宝；更希望有医生（特别是生物数学家）前来增援网络空间安全领域的相关研究。

最后，再重复说明一下，恶意代码并非都以"病毒式"传播，比如，有些恶意代码只针对特定目标，它肯定以隐藏为主，不会再传播出去攻击别人。所以，本章的宏观行为对非病毒式恶意代码是无效的。

第 15 章

谣言的传播规律

历史上可能很少有人用动力学这把"宰牛刀"，去杀过谣言这只"小鸡"；但是，随着网络的迅速普及，谣言这只"小鸡"马上就要成精了，再不出手可就晚了。因此，本章借用"药物动力学"（见参考文献[19]）这个古老学科的智慧去研究谣言动力学，即用动力学原理与数学方法，研究辟谣效果（或谣言普及度）随时间变化的规律。更具体地说，就是研究"信谣者密度"随时间变化的规律。希望本章的相关结果能帮助专家们深刻洞悉谣言的机理，为谣言整治建立坚实的理论基础；更希望本章能帮助决策者革除简单封堵的策略，大幅度提高公众对谣言的免疫力，以便在未来的信息战中更加主动，更有优势。

第 1 节 谣言的武器性质

未来信息战中，最致命的武器之一可能就是"谣言"！在谣言研究方面，我们没有国外经验可借鉴，必须自力更生，必须对"谣言"的传播机理和消除方法进行深入研究，及时预备好各种应对策略，以防万一。

其实，对付谣言的最根本策略就是提高大众的免疫力。提高谣言免疫力的最有效办法，就是要敢于让大众接触谣言，并健全快速高效的定谣、辟谣机制。

健全定谣、辟谣机制的核心，就得尽量疏通辟谣渠道，让全民都乐于辟谣、敢于辟谣和善于辟谣，比如，鼓励谣言当事人，主动站出来，以事实辟谣。

总之，从宏观上看，目前我们在应对谣言方面还不够成熟，仅仅陷于研究一些微观的"辟谣之术"，还没有考虑"辟谣之道"。因此，本章借鉴近百年的"药物动力学"（见参考文献[19]）来对谣言的动力学原理进行纯学术研究，希望能揭示谣言的本质；希望大众生活不受谣言的过多影响；希望老百姓的谣言免疫力能尽快地、大幅度地提高。

第2节　一个机构内的谣言动力学

当谣言传入某人耳朵后，他可能有四种反应：

（1）相信，并继续将此谣言传播出去；

（2）相信，但不再传播；

（3）不信，并向他人辟谣；

（4）不信，但并不主动去辟谣。

前两种反应的人，统称为"信谣者"；后两种人，统称为"不信谣者"。

所谓谣言动力学，就是用动力学原理与数学方法，研究辟谣效果（或谣言普及度）随时间变化的规律；更具体地说，就是研究"信谣者密度"，随时间变化的规律。

从时间角度来看，信谣者密度，肯定是一条波形曲线，即刚开始时，谣言密度会越来越大，直至达到巅峰后，才又开始越变越小（原因当然要归功于辟谣行动的开始）。这里，"信谣者密度"定义为信谣者占相关人群总数的比例，此处，"相关人群"的边界必须清晰，否则，谈论"密度"就没根据了。比如，关于某机构的谣言，其"相关人群"就是该机构的全体员工；信谣者密度就是"相信该谣言的员工数"占"总员工数"的比例。

为突出重点，本节只限于考虑一个机构内的谣言动力学，即此时相关人群就是该机构的全体员工。当然,这个"机构"可以很小,比如一个班;也可以很大,比如一个省、一个国家,甚至整个世界等;而且,机构越大,本章的方法就越能发挥作用,毕竟动力学是研究复杂大系统的有力工具。

对任何一个谣言,一方面,只有当其"谣言密度"达到一定值(称为危害值,记为 C_{min})后,它才可能产生破坏作用;当然,不同的谣言,针对不同的相关群体,这个危害值是不一样的。比如,任何一个谣言,若只有造谣者自己相信,那么,基本就不会有什么破坏作用;越严重的谣言,其危害值可能会越小(即信谣密度还较低时,就可能产生破坏作用了);而对那些不关痛痒的谣言,其危害值可能会大一点;但是,一般来说,如果某谣言已经有一半以上的相关人群成了信谣者(即谣言密度超过 0.5),那么,很可能就会出问题了。另一方面,任何一个谣言,造谣者也几乎不可能让所有人都相信它;实际上,当谣言密度达到某个值(称为顶峰值)后,由于各方面的原因(如成本、时间等),造谣者已经很难让余下的"铁杆"人员再相信其谣言了;甚至,过度的造谣没准会激怒这些"铁杆",促进他们站出来自发辟谣。

由此可见,造谣者和辟谣者的"战场",就介于危害值与顶峰值之间。造谣者当然希望其谣言密度超过危害值;反过来,辟谣者则要努力打压谣言密度,使其不超过危害值。同样,辟谣者也没有必要将谣言密度压得过低,毕竟"让铁杆信谣者"醒悟的成本太高,而且既不可能,也没必要让所有人都不信谣。

1. 辟谣速率方程

辟谣肯定是在谣言已经开始传播后才行动的。所以,设 D 表示刚开始辟谣时,信谣者人数,V 表示相关人群总数,则 $C_0 = \dfrac{D}{V}$ 便是刚开始辟谣时,信谣者密度。记 $C(t)$ 表示 t 时刻的信谣者密度;当然,若无辟谣行动,那么,$C(t)$ 当然会随着 t 的增加而变大。

经验告诉我们,在一般情况下(即谣言还没有过分普及,谣言密度还不是过大时),辟谣行动开始后,当密度 $C(t)$ 越大时,单位时间内被辟谣(即由信谣者变成不信谣者）的人数就越多。更具体地说，被辟谣者的密度变化量 $\dfrac{\mathrm{d}C(t)}{\mathrm{d}t}$ 与此时的密度 $C(t)$ 之比，为一个负常数 $-K$。这里的 K 称为辟谣速率。因此，有如下一级速率过程动力学微分方程：

$$\frac{\mathrm{d}C(t)}{\mathrm{d}t}=-KC(t)$$

该微分方程的解析解为 $C(t)=C_0\mathrm{e}^{-Kt}$，由此可见，对于固定辟谣速率 K 来说，谣言密度由初始密度 C_0 决定，而且随着时间的增加，谣言密度迅速变小，最终趋于 0。根据方程 $C(t)=C_{\min}$（危害密度值），即 $C_0\mathrm{e}^{-Kt}=C_{\min}$，可求得 t 的解值为

$$t_{\min}=-K\frac{\log\left(C_{\min}\right)}{\log\left(C_0\right)}$$

由此可知，在此常数速率 K 之下，经过 $t_{\min}$ 时间后，该谣言就已经被控制，其密度低于危害值了，于是，辟谣者就可收工了。注意到，在 $t_{\min}$ 的表达式中，当 C_0 越大时，谣言终被控制的时间 $t_{\min}$ 就越大（晚），可见，辟谣确实是应该越早越好，在谣言初始密度本身还较小时，就开始辟谣。

根据经验，若辟谣时间太晚，谣言密度已经很大，甚至接近顶峰值时，单位时间内谣言密度的减少，将会保持一个常量值，如 K，即有以下零级速率过程动力学微分方程：

$$\frac{\mathrm{d}C(t)}{\mathrm{d}t}=-K$$

该微分方程的解析解为

$$C(t)=C_0-Kt$$

它是一个线性方程。当然，随着谣言密度 $C(t)$ 的不断减少，上述"零级速率过程动力学微分方程"的失真度就会增大，这时，便可改用"一级速率过程动力学微分方程"来描述辟谣行为。

除了初始谣言密度已经很大（用零级速率过程）和初始谣言密度很小（用一级速率过程）之外，在一般情况下，可用微分方程（又称为 Michaelis-Menten 方程）

$$\frac{\mathrm{d}C(t)}{\mathrm{d}t} = \frac{aC(t)}{b+C(t)}$$

来描述。当谣言密度 $C(t)$ 较大时，便可用常数 a 来逼近 $\dfrac{aC(t)}{b+C(t)}$，此时便退化成零级速率过程动力学微分方程；当谣言密度 $C(t)$ 较小时，便可用常数 $\dfrac{aC(t)}{b}$ 来逼近 $\dfrac{aC(t)}{b+C(t)}$，此时便退化成一级速率过程动力学微分方程。但是，由于非线性 Michaelis-Menten 方程的解析解很难求出，所以，只好在数学上做一些让步，用线性微分方程来代替，生物和医学等领域的长期实践表明，这样的做法有较好的逼真度。

2. 运动式辟谣的效果分析

运动式执法，是常用的一种打击任何犯罪行为的方式，即当某种犯罪行为猖獗到一定程度后，就开始对它进行集中整治；待到其严重性降低到某个程度后，就再转向其他犯罪种类。针对谣言这件事，采用运动式辟谣，效果如何呢？为清晰起见，我们假设，辟谣很及时，即在初始谣言密度还较小时，便启动了辟谣行动，所以，可采用以下的一级速率过程动力学微分方程，来描述谣言密度 $C(t)$ 的动力学模型：

$$\frac{\mathrm{d}C(t)}{\mathrm{d}t} = -KC(t), \quad (n-1)T < t < nT, \quad n=1, 2, \cdots$$

$$C(nT^+) = C(nT^-) + \frac{D_n}{V}, \quad t=nT$$

$$C(t_0^+) = \frac{D}{V} = C_0$$

这里，T 表示每次辟谣运动的持续时间，为了使下角标简洁，假定每次运动式辟谣的持续时间都相同（若不同，后面的解析解也是类似的，只是公式繁杂一点而已，所以这种假设不造成任何实质影响）；K 表示辟谣速率；$C(t)$ 表示 t 时刻的谣言密度；V 表示机构的员工数；D 表示 0 时刻的信谣人数；C_0 表示 0 时刻的信谣密度；D_n 表示第 n 次运动开始时，新增的信谣人数（仍然为了数学上的简便，同时并不造成实质性的缺失，假定各个 D_n 也是相同的，都为 D）；

T^+表示比 T 大但逼近 T 的数；T^- 表示比 T 小但逼近 T 的数；t_0^+ 表示比 t_0 大但逼近 t_0 的数（为简捷计，此处假定 $t_0=0$）。关于上述三个方程，还需要说明一点：对每个给定的谣言，当某人被辟谣（即由信谣者变成不信谣者）后，他肯定不会再次相信同一个谣言了，但是，他可能又会相信另一个新谣言；所以，方程中的谣言密度并不仅仅限于某个固定的谣言，而是所有信谣者占员工总数的比例。

对上述方程，在区间 $(n-1)T<t<nT$ 内求解后，便得到

$$C(t)=C[(n-1)T^+]e^{-K[t-(n-1)T]}$$

故有

$$C(nT)=C[(n-1)T^+]e^{-KT}$$

由于在第 n 次辟谣运动开始时，又新增了 D 个信谣者，所以

$$C(nT^+)=C[(n-1)T^+]e^{-KT}+\frac{D}{V}$$

若记 $X_n=C(nT^+)$，则有下面的差分方程：

$$X_n=X_{n-1}e^{-KT}+\frac{D}{V}$$

最后，不难验证，运动式情形下，上述微分方程的全局稳定周期解是

$$C(t)=X^*e^{-K[t-(n-1)T]}, \quad (n-1)T<t\leqslant nT$$

这里

$$X^*=\frac{C_0}{1-e^{-KT}}=\frac{D}{V}\frac{1}{1-e^{-KT}}$$

分析一下该谣言密度 $C(t)$ 的解析式，我们可以发现若干很有意思的规律。比如，每次运动开始时，谣言密度都达到最大值 X^*（因为此时有 $t=(n-1)T$，所以，$C(t)=X^*e^{-K[t-(n-1)T]}=X^*e^0=X^*$，达到最大值）；每次运动结束时，若除去新的信谣者，那么，谣言密度就到了最小值 X^*e^{-KT}（因为此时有 $t=T$，所以，$C(t)=X^*e^{-KT}$ 达到最小值）。因此，只要把握好运动的节奏，那么，总可以将过去的谣

言密度控制在一定范围内。

如果再更进一步地分析这些数字结果，那么，还可以得到以下有价值的启发。

如果谣言密度的最大值 $X^* = \dfrac{C_0}{1-\mathrm{e}^{-KT}}$ 未超过危害值 $C_{\min}$，即

$$\frac{D}{V} \frac{1}{1-\mathrm{e}^{-KT}} \leqslant C_{\min}$$

那么该机构就始终不会遭受谣言之害。而要达到此目标，可以有以下几种情况。

（1）初始信谣人数 D 不超过 $V(1-\mathrm{e}^{-KT})C_{\min}$（假若此式中的参数都为常数的话）；

（2）机构员工数 $V > \dfrac{D}{C_{\min}} \dfrac{1}{1-\mathrm{e}^{-KT}}$（假若此式中的参数都为常数的话）；

（3）辟谣速率 $K > \dfrac{1}{T} \log \dfrac{D}{D-VC_{\min}}$（假若此式中的参数都为常数的话）；

（4）每次运动的持续时间 $T > \dfrac{1}{T} \log \dfrac{D}{D-VC_{\min}}$（假若此式中的参数都为常数的话）。

结果（4）很有趣，它告诉我们：在一定条件下（如其他参数固定）运动式辟谣不宜过于频繁，否则效果反而不好。这与我们的感觉相矛盾；但是，仔细思考后，又确实有道理，因为开始辟谣后，谣言密度会以曲线 $C(t)=C_0\mathrm{e}^{-Kt}$ 的方式而降低，t 越大（即持续时间越长），它密度降低的速度越快，所以频繁的运动式辟谣反而会事与愿违。

类似地，如果运动式辟谣中，谣言密度的最小值 $X^*\mathrm{e}^{-KT}$ 始终都大于危害值 $C_{\min}$，即

$$\frac{D}{V} \frac{1}{1-\mathrm{e}^{-KT}} \mathrm{e}^{-KT} \geqslant C_{\min}$$

那么，该机构将永远遭受谣言之害。上演该悲剧的情况，可以有如下几种：

（1）初始信谣人数 D 大于 $VC_{\min}\mathrm{e}^{-KT}(1-\mathrm{e}^{-KT})$（假若此式中的参数都为常数的

329

话），再一次说明辟谣不宜过迟；

（2）机构员工数 V 不大于 $\dfrac{D}{C_{min}}\dfrac{1}{1-e^{-KT}}e^{-KT}$（假若此式中的参数都为常数的话）；

（3）辟谣速率 K 小于 $\dfrac{1}{T}\log\left(1+\dfrac{D}{VC_{min}}\right)$（假若此式中的参数都为常数的话）。

由于简单封堵等懒惰式辟谣，将大幅度减小 K，甚至激发员工信谣、传谣；可见，辟谣其实还是很有讲究的，绝不可太任性；

（4）每次运动的持续时间 T 小于 $\dfrac{1}{K}\log\left(1+\dfrac{D}{VC_{min}}\right)$（假若此式中的参数都为常数的话）。

3. 常态式辟谣的效果分析

这里的"常态"与前面的"运动"是相对应的。此时，在一个辟谣时间段 T 之内，辟谣速率 K 保持恒定；而且，整个辟谣期间，总的谣言密度 $\dfrac{D}{V}$ 是以均匀的速度 $r=\dfrac{D}{VT}$ 释放出来的，即新的信谣人数是等速增加的，于是，此时谣言密度 $C(t)$ 的动力学模型就是

$$\frac{dC(t)}{dt}=r-KC(t)$$

这里 $C(0)=C_0$ 表示初始时刻的谣言密度。

该方程的解析解为

$$C(t)=\frac{r}{K}+(C_0-\frac{r}{K})e^{-Kt}$$

由此可见，在 r 保持恒定的前提下，当 $t\to\infty$ 时，谣言密度将从最大值 $\dfrac{r}{K}+(C_0-\dfrac{r}{K})$ 逐渐减小，并最终趋于常数 $\dfrac{r}{K}$。换句话说：

（1）如果 $\dfrac{r}{K}>C_{\min}$，那么，谣言密度永远超过危害值，此机构将始终遭受谣言之害，除非想办法增大辟谣速率 K，或降低信谣者增加的速度。

（2）如果 $\dfrac{r}{K}<C_{\min}$，那么，根据方程 $C(t)=C_{\min}$（危害密度值），即

$$\frac{r}{K}+(C_0-\frac{r}{K})e^{-Kt}=C_{\min}$$

可求得 t 的解值为

$$t_{\min}=\frac{1}{K}\log\frac{C_0-\dfrac{r}{K}}{C_{min}-\dfrac{r}{K}}$$

因此可知，在这种情况下，经过 $t_{\min}$ 时间后，该谣言就已经被控制，其密度低于危害值了，于是辟谣者就可收工了。

4. 干部带头式辟谣的效果分析

还有一种常用的辟谣方式，就是先选定一批特殊人群（如干部）对它们进行辟谣，再让他们去给余下的员工（如群众）辟谣。为了更加逼真，当然要假定有些干部也信谣、传谣，并且还是不接受辟谣的铁杆信谣者。

设 $G(t)$ 为 t 时刻干部的信谣密度；F 为干部的辟谣速率。于是，干部的谣言密度满足下述动力学模型：

$$\frac{\mathrm{d}G(t)}{\mathrm{d}t}=-FG(t)$$

它的解析解为 $G(t)=G(0)e^{-Ft}$。对干部辟谣后，再由干部去给群众辟谣。记群众的辟谣速率为 K；t 时刻，群众的谣言密度为 $C(t)$；因此，群众的谣言密度满足以下动力学模型：

$$\frac{\mathrm{d}C(t)}{\mathrm{d}t}=FG(t)-KC(t)=G(0)Fe^{-Ft}-KC(t)$$

它的解析解为

$$C(t)=(e^{-Kt}-e^{-Ft})G(0)\frac{F}{F-K}。$$

结合此处 $G(t)$ 和 $C(t)$ 的解析解，我们可以看出：

（1）首批辟谣的对象（干部人群）的选择很重要。比如，假若不幸刚好选到了铁杆信谣者，那么 $F=0$，于是，将导致没人给群众辟谣，所以也有 $K=0$，从而辟谣失败；假若幸运地选到了先进分子，即辟谣效果很好，故 F 很大，从而不但干部中的谣言密度 $G(t)$ 会迅速趋于 0，而且，许多被辟谣干部开始向群众辟谣后，群众的辟谣速率 K 也会较大（当然，一般来说，$F>K$），从而，群众的谣言密度

$$C(t)=(e^{-Kt}-e^{-Ft})G(0)\frac{F}{F-K}$$

也会很快趋于 0。

（2）如果单独考查群众的谣言密度

$$C(t)=(e^{-Kt}-e^{-Ft})G(0)\frac{F}{F-K}$$

不难发现，它有一个先上升至顶峰，然后，才开始迅速下降，直到逼近 0 的过程。其实，这一点并不难理解，因为刚开始时，只对干部进行辟谣，而群众的谣言密度当然会增加；直到干部辟谣完成，被辟谣干部转过来再向群众辟谣时，群众的谣言密度才达到高峰，并从此开始迅速下降。从谣言中觉悟过来的干部越多，向群众辟谣的力量就越大（即 K 就越大），群众谣言密度下降的速度就越快。

（3）一般来说，干部人数占总人数的比例不大，所以在考虑何时达到辟谣危害值以下时，可以粗略地将群众谣言密度看成是全员的谣言密度，于是，由方程

$$C(t)=(e^{-Kt}-e^{-Ft})G(0)\frac{F}{F-K}=C_{min}$$

可以求得关于 t 的两个解，其中一个解，位于谣言密度达到高峰之前（此时，

还忙于向干部辟谣呢，当然不会是我们需要的解）；另一个解，位于谣言密度达到高峰之后，这便是我们需要的解 t_{min}，即该时刻之后，谣言密度低于危害值 C_{min}，不再具有危害性了。

（4）以上的数值解还给我们另一个启示：平常掌握一些不易信谣或容易被辟谣的群体（如干部群体），有助于关键时刻增强辟谣的效果。当然，这种做法大家早就知道，此处只是给出了严格的理论依据而已。最理想的情况是：如果该机构的全体人员都是不易信谣者（或容易被辟谣者），即机构整体的谣言免疫力很强，那么辟谣效果将非常好！而这正是在未来信息战的"谣言对抗"中，应该努力争取达到的最佳状况。

5. 干部式与运动式相结合的辟谣效果分析

所谓干部式与运动式相结合的辟谣方式，就是不时地开展辟谣专项活动，而每次辟谣都采用干部带头式。因此，仿照前面的一些符号，我们令 $G(t)$ 表示干部的谣言密度，F 是干部的辟谣速率，T 是每次运动的持续时间，T^+ 表示大于 T 但趋于 T 的数，0^+ 表示大于 0 但趋于 0，T^- 表示小于 T 但趋于 T 的数，$C(t)$ 表示群众的谣言密度，K 表示群众的辟谣速率。于是，此时谣言密度的动力学模型为以下四个方程：

$$\frac{\mathrm{d}G(t)}{\mathrm{d}t} = -FG(t), \quad (n-1)T < t < nT$$

$$G(nT^+) = G(nT^-) + G(0^+), \quad t = nT$$

$$G(0^+) = G(0)$$

$$\frac{\mathrm{d}C(t)}{\mathrm{d}t} = FG(t) - KC(t)$$

其中，前三个方程的全局稳定解为

$$G(t) = X^* \mathrm{e}^{-F[t-(n-1)T]}, \quad (n-1)T < t \leqslant nT$$

这里，

$$X^* = \frac{G(0)}{1 - \mathrm{e}^{-FT}}$$

将此解代入上面的第四个方程可得

$$\frac{dC(t)}{dt}=FG(t)-KC(t)=FX^*e^{-F[t-(n-1)T]}-KC(t)$$

这是一个非齐次的周期方程，它的稳定性周期解及解析式也是现成的，为避免陷入过多的数学描述，此处略去。

第3节 多个机构内的谣言动力学

上一节我们考虑了单个机构内的谣言动力学，其实，谣言肯定不会只在某一个机构内传播，但是，对不同的机构来说，它们对不同谣言的敏感度是不一样的，从而在不同机构内，谣言的传播速度、危害值、辟谣难度等都各不相同，当然，相应的动力学模型也不相同。比如，对"某明星有外遇"这样的谣言，不同人群的反应就会完全不一样：对他的粉丝来说，这绝对是惊天动地的大事，必须澄清；对普通人来说，根本不算什么事。

本节就来研究多个机构内的谣言动力学问题，为简便计，我们只考虑两个机构的情况，并且假定其中一个机构是主要辟谣机构，另一个是次要辟谣机构。比如，仍然考虑前面那个"明星外遇"事件，其辟谣的重点显然应该是粉丝人群；对非粉丝来说，甚至可以不必刻意去辟谣，而是由粉丝中的觉悟者来自发辟谣。于是，粉丝中的信谣人数增加的渠道有两个：粉丝内部传谣和非粉丝把谣言传过去；粉丝中被辟谣人数增加（即信谣人数的减少）的渠道也有两个：粉丝内部的辟谣和在非粉丝帮助下的辟谣；非粉丝中的信谣人数只有一个增加渠道：来自粉丝传播的谣言，因为非粉丝根本就不关心是否存在外遇，所以可假定他们根本没兴趣去彼此传谣，但也许出于关心等原因，非粉丝可能会有兴趣把此谣言传给粉丝；非粉丝中被辟谣人数增加（即信谣人数减少）的渠道也只有一个：由觉悟了的粉丝来辟谣（非粉丝对彼此辟谣显然也不感兴趣）。

一般地说，设 t 时刻，主机构的谣言密度和信谣人数分别为 $C_1(t)$ 和 $D_1(t)$，次机构的谣言密度和信谣人数分别为 $C_2(t)$ 和 $D_2(t)$；主机构的总人数为 V_1，次机构的总人数为 V_2；主机构自己的辟谣速率为 K，由次机构帮助主机构辟谣的

速率为 K_{12}（当然，假定本身不信谣的人才会去辟谣），次机构向主机构传谣的速率为 K_{21}（同样，假定本身信谣的人才会去传谣），于是，主机构和次机构的信谣人数变化规律，可用以下两个动力学模型来表示：

$$\frac{\mathrm{d}D_1(t)}{\mathrm{d}t} = -(K_{12}+K)C_1(t)+K_{21}C_2(t)$$

$$\frac{\mathrm{d}D_2(t)}{\mathrm{d}t} = K_{12}C_1(t)-K_{21}C_2(t)$$

为了求解此方程，假定 $D_1(0)=D_0$ 和 $D_2(0)=0$，即刚开始辟谣时，共有 D_0 个信谣者，他们全都来自主机构。于是，上述两个动力学方程的解析解为

$$D_1(t)=D_0\frac{(K_{21}-\beta)\mathrm{e}^{-\beta t}-(K_{21}-\alpha)\mathrm{e}^{-\alpha t}}{\alpha-\beta}$$

$$D_2(t)=K_{12}D_0\frac{\mathrm{e}^{-\beta t}-\mathrm{e}^{-\alpha t}}{\alpha-\beta}$$

其中，常数 α 和 β 由下式给出：

$$\alpha=\frac{1}{2}\left\{(K_{12}+K_{21}+K)+\sqrt{(K_{12}+K_{21}+K)^2-4K_{21}K}\right\}$$

$$\beta=\frac{1}{2}\left\{(K_{12}+K_{21}+K)-\sqrt{(K_{12}+K_{21}+K)^2-4K_{21}K}\right\}$$

如果用谣言密度来表示，那么，主机构和次机构的谣言密度就分别为

$$C_1(t)=D_0\frac{(K_{21}-\beta)\mathrm{e}^{-\beta t}-(K_{21}-\alpha)\mathrm{e}^{-\alpha t}}{(\alpha-\beta)V_1}$$

$$C_2(t)=K_{12}D_0\frac{\mathrm{e}^{-\beta t}-\mathrm{e}^{-\alpha t}}{(\alpha-\beta)V_2}$$

仔细分析这些数学表达式，与前述一样，也可以获得若干有趣的启示。为节省篇幅，此处不再重复了。

不过，对于两个机构的运动式辟谣，我们还想做一简单介绍。假设，每次运动的持续时间为 T，于是仿照前面的做法，我们有以下四个方程：

$$\frac{\mathrm{d}D_1(t)}{\mathrm{d}t}=-(K_{12}+K)D_1(t)+K_{21}D_2(t), \quad t\neq nT$$

$$\frac{\mathrm{d}D_2(t)}{\mathrm{d}t}=K_{12}D_1(t)-K_{21}D_2(t), \quad t\neq nT$$

$$D_1(nT^+)=D_1(nT^-)+D_0, \quad t=nT$$

$$D_2(nT^+)=D_2(nT^-), \quad t=nT$$

当 $nT<t\leqslant(n+1)T$ 时，它们的解析解为

$$D_1(t)=\frac{\Delta_1(K_{21}-\beta)\mathrm{e}^{-\beta(t-nT)}-\Delta_2(K_{21}-\alpha)\mathrm{e}^{-\alpha(t-nT)}}{2(\alpha-\beta)K_{12}}$$

$$D_2(t)=\frac{\Delta_1\mathrm{e}^{-\beta(t-nT)}-\Delta_2\mathrm{e}^{-\alpha(t-nT)}}{2(\alpha-\beta)}$$

其中，α 和 β 与前面相同，而 Δ_1 和 Δ_2 由以下两式给出：

$$\Delta_1=K_{12}D_2(nT^+)+KD_2(nT^-)-K_{21}D_2(nT^+)+(\alpha-\beta)D_2(nT^+)+2K_{12}D_1(nT^+)$$

$$\Delta_2=K_{12}D_2(nT^+)+KD_2(nT^-)-K_{21}D_2(nT^+)-(\alpha-\beta)D_2(nT^+)+2K_{12}D_1(nT^+)$$

更细节一点，并且还有

$$D_1[(n+1)T^+]=\frac{\Delta_1(K_{21}-\beta)\mathrm{e}^{-\beta T}-\Delta_2(K_{21}-\alpha)\mathrm{e}^{-\alpha T}}{2(\alpha-\beta)K_{12}}+D_0$$

$$D_2[(n+1)T^+]=\frac{\Delta_1\mathrm{e}^{-\beta T}-\Delta_2\mathrm{e}^{-\alpha T}}{2(\alpha-\beta)}$$

于是，两个机构的运动式辟谣的效果分析就全部完成了。虽然，还可以对这些数学公式进行更深入的分析，以便获得一些更直观的启发；但是，相关结果已经在前面给出了，而且它们也大同小异，所以为节约篇幅，此处不再重复。

最后，再简要归纳一下两个机构的干部带头式辟谣。

设 $G(t)$ 为 t 时刻干部群体中的谣言密度，F 为干部的辟谣速率；其他参量的含义与上相同，于是，在两个机构的干部式辟谣中，相应的动力学模型为

$$\frac{\mathrm{d}G(t)}{\mathrm{d}t}=-FG(t)$$

$$\frac{\mathrm{d}C_1(t)}{\mathrm{d}t}=FG(t)+K_{21}C_2(t)-(K_{12}+K)C_1(t)$$

$$\frac{\mathrm{d}C_2(t)}{\mathrm{d}t}=K_{12}C_1(t)-K_{21}C_2(t)$$

求解此三个方程，得到主机构的谣言密度解析解为

$$C_1(t)=FD_0\frac{(K_{21}-F)\mathrm{e}^{-Ft}}{V_1(\alpha-F)(\beta-F)}+$$

$$FD_0\frac{(K_{21}-\alpha)\mathrm{e}^{-\alpha t}}{V_1(F-\alpha)(\beta-\alpha)}+$$

$$FD_0\frac{(K_{21}-\beta)\mathrm{e}^{-\beta t}}{V_1(F-\beta)(\alpha-\beta)}$$

第4节　小结与感想

本章的研究思路和方法，甚至许多结果，其实都可以直接应用于网络空间安全的其他领域。比如，在本书第 4 章中，我们已经指出，红客所有行动的唯一目标，就是促使系统不安全熵的减少（至少是不快速增加）。但是，到底如何来评价红客的业绩呢？如果将本章的"谣言密度"替换成"系统不安全熵"，那么，本章的许多结果，几乎都可以平移。但是，由于"不安全熵"比较抽象，我们便采用了"谣言动力学"。

从行为特征来看，病毒式恶意代码与谣言的传播方式几乎没什么区别，即信谣者（受害者）又可能会接着去当传谣者（害人者）。所以，本章的结果也可看成是病毒式恶意代码的查杀效果分析，而在第 14 章，我们已经对该类恶意代码杀伤力进行了动力学研究。这样结合本章和第 14 章，有关谣言和病毒的传播和消灭机理就完整了。

总之，本章的结果，绝不仅仅限于谣言控制，而是涉及网络空间的多个核心且具体的安全问题。

非常意外的是，本章灵感竟来自于较冷门的古老学科：药物动力学。看来，他山之石，真的可以攻玉。但愿本章能够把药物动力学方面的专家吸引到网络空间安全领域中来，也许他们还有更多我们不知道的法宝呢！

随着安全通论研究的逐渐深入，我们越来越惊奇地发现，建设安全通论的过程，很像是当年西部歌王王洛宾创作情歌的过程。只不过，王老先生是遍访各地，将散落在民间的精曲进行二次加工，创作、改编出一首首流芳百世的佳作；而我们则是遍历理、工、农、医等领域的许多经典学科，从中挖掘出一件件宝贝，并用它们来建立统一的基础理论，以解决网络空间中的各种安全问题。

只可惜，本书作者才疏学浅！不过，由此我们反倒看见了希望，因为今后各界专家共同关注安全通论之日，几乎便是安全通论成熟之时！

在网络战争中，突然出现了一种新武器，而且还是马上就能投入实战的武器，即通过网络影响民意，从而颠倒选举结果。随着自媒体的迅速发展，这种武器对某类政体的国家，将具有越来越大的杀伤力，因此，无论是从攻，还是从守的角度来看，都必须对它进行认真研究。幸好，若干年前，协同学领域的许多成果和方法可以得到充分借鉴；而且，这种突发事件没能打破安全通论的既有体系；否则，我们的安全通论就得另起炉灶了。本章探讨了选情民意变化的动力学规律，同时以数学公式和白话解释的形式，给出了相关的攻防要点。

第1节　一个传说的启发

最近，有这样一个传说：黑客通过网络手段影响美国选情民意，在关键时刻"黑"了希拉里一把，从而让川普成功当选美国总统，让希拉里欲哭无泪。如果此事属实，那么，"民意"就已成为网络战的现役武器了。特别是对那些民意决定一切的国家，该武器的杀伤力更大。即使这个故事是杜撰的，但从理论上说，借助社交媒体等现代手段来影响民意，也是可行的。毕竟"人心都是肉长的"，谁都有非理性决策的时候；毕竟每个人都有"辫子"可抓，都有"也许会掉粉"的不光彩隐私。因此，只要在合适的时机，爆出合适的"猛料"，那么，就完全可能在瞬间改变民意。哪怕这种"变态民意"仅能持续很短一段时期，但是，在关键时刻，它就已经足以影响包括总统选举、地区独立公决等重大事件的结果了。可见，"民意者，国之大事，生死之地，存亡之道，不可不察也"。

当然，本章所研究的民意至少有以下特点：

（1）针对某件事情，每个人都可以完全根据自己的意愿公开表达"同意"或"反对"的态度。

（2）无论是谁，他们的态度都有相同的重要性。因此，整体民意的情况，就可仅仅根据"同意"或"反对"的票数而定。

（3）在最后一刻之前，无论出于何种原因（通常都是受到他人意见影响或突然爆出新信息等），每个人都有权随时改变自己的态度，即在"同意"和"反对"之间反复"跳槽"。

（4）不会因为"同意"或"反对"的态度，而受到打击、奖励。

（5）每个人不能同时既"反对"又"同意"，即，只能二选一。

为简单计，本章暂不考虑"弃权"的情况，即，认为弃权者不包含在需要表态的人员之中。

第2节　民意结构的动力学方程

假设需要表态的人共有 N 个，由于每个人既可能"同意"，也可能"反对"。如果在某时刻 t，有 n_1 个人"同意"，n_2 个人"反对"，那么数组 $\{n_1, n_2\}$ 就决定了此刻的民意结构。其实，由于

$$n_1+n_2=N$$

所以，民意结构 $\{n_1, n_2\}$ 便可以由一个变量 $n=n_1-n_2$ 决定（记为 $\{n\}$，这里 $-N \leqslant n \leqslant N$），即

$$n_1=\frac{1}{2}(N+n)$$

和

$$n_2 = \frac{1}{2}(N-n)$$

由于 N 足够大，所以，此处除以 2 后，可只取整数，即小数点后面的数被舍去了，其对民意的影响，可以忽略不计。

假如有一个人由"反对"转变为"同意"，那么，相应的民意结构就可记为

$$\{n_1, n_2\} \rightarrow \{n_1+1, n_2-1\}$$

或者

$$\{n\} \rightarrow \{n+1\}$$

类似地，假如有一个人由"同意"转变为"反对"，那么，相应的民意结构就可记为

$$\{n_1, n_2\} \rightarrow \{n_1-1, n_2+2\}$$

或者

$$\{n\} \rightarrow \{n-2\}$$

由于每个人的态度都受到许多随机因素的影响，因此，在 t 时刻，N 人社会的民意结构为 $\{n_1, n_2\}$ 或 $\{n\}$ 的概率，便可记为 $P[n_1, n_2, t]$ 或 $P(n, t)$，当然，这里的概率分布满足以下归一化条件：

$$\sum_{n=-N}^{N} P(n, t) = 1$$

若记 $\omega(i \leftarrow j)$ 表示单位时间内，民意结构由 $\{j\}$ 转变为 $\{i\}$ 的转移概率；$P(i, t)$ 表示 t 时刻，民意结构为 $\{i\}$ 的概率，于是不难验证，成立以下微分方程（称为主方程）：

$$\frac{\mathrm{d}P(i,t)}{\mathrm{d}t} = \sum_{j} \omega(i \leftarrow j)P(j, t) - \sum_{j} \omega(j \leftarrow i)P(i, t) \tag{16.1}$$

其中，右边第一项是从其他民意结构 $\{j\}$ 转移到 $\{i\}$ 的概率，第二项则是从民意结

构{*i*}转移到{*j*}的概率。

若记 $P_{21}(n)$ 或 $P_{12}(n)$ 为民意结构{*n*}时，单个人的态度由"反对"变为"同意"，或者由"同意"变为"反对"的转移概率。若记 $\omega\uparrow(n)$ 为概率 $\omega[(n+1)\leftarrow n]$，那么就有

$$\omega\uparrow(n)=n_2P_{12}(n)=\left[\frac{N-n}{2}\right]P_{12}(n)$$

同理，若记 $\omega\downarrow(n)$ 为概率 $\omega[(n-1)\leftarrow n]$，那么就有

$$\omega\downarrow(n)=n_1P_{21}(n)=\left[\frac{N+n}{2}\right]P_{21}(n)$$

此外，还有 $\omega(n'\leftarrow n)=0$，只要 $n'\neq n+1$ 或 $n-1$。将这些等式直接代入式（16.1），便有

$$\frac{\mathrm{d}P(n,t)}{\mathrm{d}t}=[\omega\downarrow(n+1)P(n+1,\ t)-\omega\downarrow(n)P(n,\ t)]+[\omega\uparrow(n-1)P(n-1,\ t)-\omega\uparrow(n)P(n,\ t)]$$

若再记

$$J\uparrow(n,\ t)=\omega\uparrow(n)P(n,\ t)\ \text{和}\ J\downarrow(n,\ t)=\omega\downarrow(n)P(n,\ t)$$

以及

$$K(n,\ t)=J\uparrow(n,\ t)-J\downarrow(n+1,\ t)$$

那么，主方程式（16.1）又可以进一步写成

$$\frac{\mathrm{d}P(n,t)}{\mathrm{d}t}=K(n-1,\ t)-K(n,\ t)=-\Delta K(n,\ t) \tag{16.2}$$

显然，式（16.1）或式（16.2）完整且等价地描述了民意结构的变化规律，所以称它们为主方程，后面的主要任务将是努力求解此方程。

当 n_1 和 n_2 以及 N 都很大时，式（16.2）可看成关于 n 的连续形式的微分方程，其边界条件是

$$J\uparrow(N,\ t)=J\downarrow(-N,\ t)=0$$

和

$$K(N, t)=K(-N-1, t)=0 \tag{16.3}$$

下面就可以从连续变量 n 的角度，来考虑偏微分方程，有

$$
\begin{aligned}
\frac{\partial P(n,t)}{\partial t} =& [\omega\downarrow(n+\Delta n)P(n+\Delta n, t)-\omega\downarrow(n)P(n, t)]+ \\
& [\omega\uparrow(n-\Delta n)P(n-\Delta n, t)-\omega\uparrow(n)P(n, t)] \\
=& \left\{\omega\downarrow(n)P(n, t)+\Delta n\partial\frac{\omega\downarrow(n)P(n, t)}{\partial n}+\right. \\
& \left.\left[\frac{(\Delta n)^2}{2}\right]\partial^2\frac{\Delta n\omega\downarrow(n)P(n, t)-\omega\downarrow(n)P(n, t)}{\partial n^2}\right\}+ \\
& \left\{\omega\uparrow(n)P(n, t)+\Delta n\partial\frac{\omega\uparrow(n)P(n, t)}{\partial n}+\right. \\
& \left.\left[\frac{(\Delta n)^2}{2}\right]\partial^2\frac{\Delta n\omega\uparrow(n)P(n, t)-\omega\uparrow(n)P(n, t)}{\partial n^2}\right\}
\end{aligned} \tag{16.4}
$$

若令 $\Delta n=1$，那么由式（16.4）就有

$$
\begin{aligned}
\frac{\partial P(n,t)}{\partial t} =& -\partial\frac{\left[\omega\uparrow(n)-\omega\downarrow(n)\right]P(n,t)}{\partial n}+ \\
& \frac{\partial^2}{2}\frac{\left[\omega\uparrow(n)+\omega\downarrow(n)\right]P(n,t)}{\partial n^2}
\end{aligned} \tag{16.5}
$$

引入连续变量 x，将 $P(n, t)$ 连续化为 $P(x, t)$，并记 $x=\dfrac{n}{N}$ 和 $\Delta x=\dfrac{\Delta n}{N}=\dfrac{1}{N}\equiv\varepsilon$（当然 $-1\leqslant x\leqslant 1$），因此有，$P(x, t)=NP(n, t)=NP(Nx, t)$，并且，满足归一化条件 $\int_{-1}^{1}P(x, t)\,\mathrm{d}x=1$。又由于成立

$$\omega\uparrow(n)=(N-n)P_{12}(n)=N(1-x)P_{12}(Nx)=N\omega\uparrow(x)$$

和

$$\omega\downarrow(n)=(N+n)P_{21}(n)=N(1+x)P_{21}(Nx)=N\omega\downarrow(x)$$

所以，式（16.5）可以重新写为

$$\frac{\partial P(x,t)}{\partial t}=-\partial\frac{[\omega\uparrow(x)-\omega\downarrow(x)]P(x,t)}{\partial x}+$$
$$\left(\frac{\varepsilon}{2}\right)\partial^2\frac{[\omega\uparrow(x)+\omega\downarrow(x)]P(x,t)}{\partial x^2} \tag{16.6}$$

再引入两个变量：漂移因子 $K(x)\equiv\omega\uparrow(x)-\omega\downarrow(x)$ 和涨落因子 $Q(x)\equiv\omega\uparrow(x)+\omega\downarrow(x)$，于是，式（16.6）便可写为标准的福克-普朗克方程：

$$\frac{\partial P(x,t)}{\partial t}=-\partial\frac{K(x)P(x,t)}{\partial x}+\left(\frac{\varepsilon}{2}\right)\partial^2\frac{Q(x)P(x,t)}{\partial x^2} \tag{16.7}$$

福克-普朗克方程［即式（16.7）］与主方程一样，它们都完整地描述了民意结构的变化规律，只不过式（16.2）采用了更加直观的离散方式，而式（16.7）则是更加容易求解的连续方式而已。无论是离散方式还是连续的形式，只要能够求解出主方程或福克-普朗克方程，那么本章的目的就达到了。为此，先做一些预备工作。

如果记

$$I(x,t)\equiv K(x)P(x,t)-\left(\frac{\varepsilon}{2}\right)\frac{\partial[Q(x)P(x,t)]}{\partial x}$$

于是 $I(-1,t)=I(+1,t)=0$，并且式（16.7）便可简化为以下连续性方程

$$\frac{\partial P(x,t)}{\partial t}=\frac{-\partial I(x,t)}{\partial x} \tag{16.8}$$

如果在初始时刻 $t=0$ 时，在 x_0 处具有 δ 函数的分布形式，即

$$P(x,0)=\delta(x-x_0) \tag{16.9}$$

并将 $P(x,t)$ 在时间间隔 Δt 中的变化率，定义为 $P(x,t)$ 对时间（$t=0$ 时）的微商，即

$$\frac{\partial P(x,0)}{\partial t}=\lim_{\Delta t\to 0}\frac{P(x,\Delta t)-P(x,0)}{\Delta t}$$

于是有

引理 16.1：设 x_0 和 ε 等的含义如上，那么，关于漂移因子 $K(x)$ 和涨落因子 $Q(x)$，就成立如下式子：

$$K(x_0)= \lim_{\Delta t \to 0} \frac{< (x - x_0) >_{\Delta t}}{\Delta t}$$

和

$$\varepsilon Q(x_0)= \lim_{\Delta t \to 0} \frac{< (x - x_0)^2 >_{\Delta t}}{\Delta t} \qquad （16.10）$$

这里 <·> 表示平均值函数。

证明：对式（16.7）左右两边积分，便有

$$\int_{-1}^{1}\left[\frac{\partial P(x,0)}{\partial t}\right]x\mathrm{d}x = \int_{-1}^{1} x \left\{ -\frac{\partial[K(x)P(x,0)]}{\partial x} + \left(\frac{\varepsilon}{2}\right)\partial^2 \frac{\left[Q(x)P(x,t)\right]}{\partial x^2} \right\} \mathrm{d}x = K(x_0) \qquad （16.11）$$

根据 $\dfrac{\partial P(x, 0)}{\partial t}$ 的定义，有

$$\int_{-1}^{1}\left[\frac{\partial P(x,0)}{\partial t}\right]x\mathrm{d}x = \lim_{\Delta t \to 0} \frac{\int_{-1}^{1}P(x, \Delta t)x\mathrm{d}x - \int_{-1}^{1}P(x, 0)x\mathrm{d}x}{\Delta t}$$

$$= \lim_{\Delta t \to 0} \frac{<x>_{\Delta t} - <x>_0}{\Delta t}$$

又由于

$$<x>_0= \int \delta (x-x_0)x\mathrm{d}x = x_0 = \int P (x, \Delta t)x_0\mathrm{d}x = <x_0>_{\Delta t}$$

所以便有

$$\int_{-1}^{1}\left[\frac{\partial P(x,0)}{\partial t}\right]x\mathrm{d}x = \lim_{\Delta t \to 0} \frac{<x>_{\Delta t} - <x_0>_{\Delta t}}{\Delta t}$$

$$= \lim_{\Delta t \to 0} \frac{<(x-x_0)>_{\Delta t}}{\Delta t}$$

于是

$$K(x_0) = \lim_{\Delta t \to 0} \frac{<(x-x_0)>_{\Delta t}}{\Delta t}$$

同理，可证

$$\varepsilon Q(x_0) = \lim_{\Delta t \to 0} \frac{<(x-x_0)^2>_{\Delta t}}{\Delta t}$$

于是，引理 16.1 证毕。

由该引理 16.1 便知，福克-普朗克方程中的漂移因子 $K(x)$ 和涨落因子 $Q(x)$ 的含义可解释为：假如从具有 δ 函数[见式（16.9）]的初始分布开始运动，那么，$K(x_0)$ 和 $Q(x_0)$ 就分别是在时间间隔 Δt 中，x 的平均差和平方差除以 Δt。所以，漂移和涨落可看成某种意义上的"均值"和"方差"。

第 3 节　民意主方程的定态解

本节试图求解民意结构的主方程，即式（16.2）。但是，由于求出通解太难，所以为简便计，先固定时间 t，即不再将 t 看成变量。于是，主方程

$$\frac{\mathrm{d}P(n,t)}{\mathrm{d}t} = K(n-1, t) - K(n, t) = -\Delta K(n, t)$$

便可简化为

$$\frac{\mathrm{d}P_{st}(n)}{\mathrm{d}t} = K_{st}(n-1) - K_{st}(n) = 0 \qquad （16.12）$$

其中，$K_{st}(n)$ 称为恒稳的净概率流。

固定时间求出的解，在协同学中叫作定态解。从理论上看，定态解显然不够完美，但是，从网络攻防角度来看，知道定态解就足够了。因为只要在投票前的最后一刻，能够扭转乾坤就行了，过早"出招"没准还会吃力不讨好。关

于主方程的"非定态解"或叫"含时解"的计算问题，协同学中已经进行了大量的研究，本章就不再赘述了。

式（16.12）给出了一个简单的递推关系

$$K_{st}(n-1)=K_{st}(n)$$

再根据式（16.3）给出的边界条件，便可以从 $n=-N$ 开始，对递推关系式（16.12）求解，得知对所有 $-N \leqslant n \leqslant N$，成立 $K_{st}(n)=0$。将此代入本章第 2 节已有的关系式

$$K(n, t)=J{\uparrow}(n, t)-J{\downarrow}(n+1, t)$$

便知

$$J{\uparrow}(n, t)=J{\downarrow}(n+1, t)$$

于是，再由

$$J{\uparrow}(n, t)=\omega{\uparrow}(n)P(n, t) \text{ 和 } J{\downarrow}(n, t)=\omega{\downarrow}(n)P(n, t)$$

便有

$$\omega{\downarrow}(n+1)P_{st}(n+1) = \omega{\uparrow}(n)P_{st}(n) \tag{16.13}$$

由该递推关系式（16.13）不难求出主方程的定态解为

$$P_{st}(n)=P_{st}(-N) \prod_{v=-N+1}^{n} \frac{\omega{\uparrow}(v-1)}{\omega{\downarrow}(v)} , -N+1 \leqslant n \leqslant N \tag{16.14}$$

如果从 $n=0$ 开始，对式（16.13）进行递推，便有

当 $1 \leqslant n \leqslant N$ 时，有 $P_{st}(n)=P_{st}(0) \prod_{v=1}^{n} \frac{\omega{\uparrow}(v-1)}{\omega{\downarrow}(v)}$；

当 $-N \leqslant n \leqslant -1$ 时，有 $P_{st}(n)=P_{st}(0) \prod_{v=-1}^{n} \frac{\omega{\uparrow}(v-1)}{\omega{\downarrow}(v)}$。

这里及式（16.14）中的 $P_{st}(-N)$ 和 $P_{st}(0)$ 由概率的归一化条件

$$\sum_{v=-N}^{N} P_{st}(v)=1$$

确定。

到此，民意结构的定态解 $P_{st}(n)$ 其实还没最后求出，因为概率 $\omega{\uparrow}(v-1)$ 和 $\omega{\downarrow}(v)$ 还不知道。为此，回忆本章第 2 节的转移概率，我们有

$$\omega{\uparrow}(n)=\left(\frac{N-n}{2}\right)P_{12}(n)$$

和

$$\omega{\downarrow}(n)=\left(\frac{N+n}{2}\right)P_{21}(n)$$

回忆一下，此处 $P_{21}(n)$[或 $P_{12}(n)$]为民意结构{n}时，单个人的态度由"反对"变为"同意"，或者由"同意"变为"反对"的转移概率。

那么，如何确定转移概率 $P_{12}(n)$ 和 $P_{21}(n)$ 呢？当然，最直接的办法就是通过实地问卷来确定其值，但此法很困难，甚至在实践中根本就不可行，而且还难以从中挖掘出民意变化的内部依赖关系。因此，我们就套用协同学的通行办法，由 Ising 模型将转移概率写成以下形式：

$$P_{12}(n)=v\exp(\delta+an)=v\exp(\delta+bx)$$

和

$$P_{21}(n)=v\exp(-\delta-an)=v\exp(-\delta-bx) \tag{16.15}$$

在式（16.15）中，$b=aN$，δ 和 v 是三个待定参数，称为趋势参数，它们的含义分别是：

参数 δ 是偏好参数，它反映了某些人对"同意"或"反对"这两种态度的偏好。该偏好可能是由其固有的经验而形成的，比如，本党成员对本党候选人就更偏好于"同意"。当 δ 为正值时，态度从"反对"跳槽到"同意"的概率就增加，当然，从"同意"跳槽到"反对"的概率就减少。当 δ 为负时，情况刚好相反。

参数 b 为顺从参数。根据 n 和 x 的定义，当 b 为正时，增强了"跟风"，即

赞成多数人意见的转移概率，同时减少了"顶风"，即违背多数人的意见的转移概率，也就是说，正参数 b 反映了"跟风"或"顶风"的趋向。该趋向将使多数人的意见越来越占优势，这显然是一种顺应倾向，它由各人固有的性格决定，因为，有些人总喜欢跟风，有些人却相反。

参数 v 为灵活参数，它决定着民意反转（或颠倒）的频率。

于是，便有以下的转移概率等式：

$$\omega\uparrow(n)=v(N-n)\exp(\delta+an)$$

和

$$\omega\downarrow(n)=v(N+n)\exp(-\delta-an) \tag{16.16}$$

于是，$P_{st}(n)$ 的递推公式便成为，当 $1 \leqslant n \leqslant N$ 时，有

$$
\begin{aligned}
P_{st}(n) &= P_{st}(0)\prod_{v=1}^{n}\frac{\omega\uparrow(v-1)}{\omega\downarrow(v)} \\
&= P_{st}(0)\prod_{v=1}^{n}\frac{[N-(v-1)]\exp[\delta+a(v-1)]}{(N+v)\exp(-\delta-av)} \\
&= P_{st}(0)\left[\frac{(N!)^2}{(N+n)!(N-n)!}\right]\exp(2\delta n+an^2)
\end{aligned} \tag{16.17}
$$

同理，当 $-N \leqslant n \leqslant -1$ 时，也可以得到转移概率 $P_{st}(n)$ 的同型公式，所以不再赘述。于是，利用斯特灵公式，此处的式（16.17）便可写为

$$P_{st}(Nx)=P_{st}(0)\exp[NU(x)] \tag{16.18}$$

其中

$$U(x)=2\delta x+bx^2-\left[\frac{1+x}{\ln(1+x)}+\frac{1-x}{\ln(1-x)}\right]$$

此外，$P_{st}(n)$ 的极值 c 的分布由下面两个公式确定：

$$c=\text{th}(\delta+bc)$$

和

$$\frac{\partial U(x)}{\partial x}\bigg|_{x=c} = 2\delta + 2bc - [\ln(1+c) - \ln(1-c)] = 0$$

为什么要考虑 $P_{st}(n)$ 的极值呢？因为，根据 $P_{st}(n)$ 的定义，当 $P_{st}(n)$ 为极大值时，民意是稳定的，即民意结构处于状态 $\{n\}$ 的概率是极大的（大概率事件就容易发生，对应的状态当然也就更稳定）；当 $P_{st}(n)$ 为极小值时，民意不稳定。

为了求出 $P_{st}(n)$ 的极值点，就需要求解超越方程

$$x = \text{th}(\delta + x) \tag{16.19}$$

可惜式（16.19）无法直接求解，只能用图解法。幸好这个方程在协同学中经常出现，所以，根据前人已经计算出的结果（见参考文献[16]）可知，此时有以下三种可能情况：

情况 1，只有一个解，它对应于 $P_{st}(n)$ 的唯一极大值，此时民意最稳定。

情况 2，有三个不同的解，比如，依大小顺序记为 $x_{-1} < x_0 < x_1$，那么，$P_{st}(n)$ 将有两个极大值（分别对应于 x_{-1} 和 x_1），还有一个极小值（对应于 x_0）。

情况 3，有两个不同的解（分别形如 $\sqrt{\dfrac{k-1}{k}}$ 和 $-\sqrt{\dfrac{k-1}{k}}$），此时出现两个极值。

第4节　民意福克-普朗克方程的定态解

本节试图求解民意福克-普朗克方程，即式（16.7）。

仍然为简便计，先固定时间 t，即不再将 t 看成变量。于是，式（16.7）可转化为

$$\frac{\partial P_{st}(x)}{\partial x} = 0 = \frac{-\partial I_{st}(x)}{\partial x} \tag{16.19}$$

即 $I_{st}(x)$ 为常数，故

$$I_{st}(x) = I_{st}(1) = I_{st}(-1) = 0$$

所以，根据 $I(x,t)$ 的定义，便有

$$\left(\frac{\varepsilon}{2}\right)\partial\frac{Q(x)P_{st}(x)}{\partial x} = K(x)P_{st}(x)$$

所以

$$P_{st}(x)=P_{st}(x_0)\frac{Q(x_0)}{Q(x)}\exp[N\Phi(x)] \qquad (16.20)$$

又由于

$$N\eta(x)\equiv\left(\frac{2}{\varepsilon}\right)\int_{x_0}^{x}\frac{K(y)}{Q(y)}\mathrm{d}y$$

$$=\left(\frac{2}{\varepsilon}\right)\int_{x_0}^{x}\frac{\omega\uparrow(y)-\omega\downarrow(y)}{\omega\uparrow(y)+\omega\downarrow(y)}\mathrm{d}y$$

其中 $\varepsilon=\frac{1}{N}$。根据归一化条件

$$\sum_{v=-N}^{N}P_{st}(v)=1$$

结合式（16.20），便有

$$P_{st}(x_0)=\frac{1}{Q(x_0)\int_{-1}^{1}\dfrac{\exp\left[N\eta(y)\right]}{Q(y)}\mathrm{d}y} \qquad (16.21)$$

其概率分布的极值位置 c 由以下方程确定：

$$0=\frac{\partial P_{st}(x)}{\partial x}\Big|_{x=c} \qquad (16.22)$$

当 c 为极大值点时，$0>\dfrac{\partial^2 P_{st}(x)}{\partial x^2}\Big|_{x=c}$；

当 c 为极小值点时，$0<\dfrac{\partial^2 P_{st}(x)}{\partial x^2}\Big|_{x=c}$。

若 $\varepsilon\ll1$，则结合此式，由式（16.22）便有 $K(c)=0$ 和

当 c 为极大值点时，$0>\dfrac{\partial K(x)}{\partial x}\Big|_{x=c}$；

当 c 为极小值点时，$0<\dfrac{\partial K(x)}{\partial x}\Big|_{x=c}$。

于是，由式（16.16）便知民意福克-普朗克方程的定态解及极值方程为

$$\omega\uparrow(x)=\left(\frac{1}{N}\right)\omega\uparrow(n)=v(1-x)\exp(\delta+bx)$$

和

$$\omega\downarrow(x)=\left(\frac{1}{N}\right)\omega\downarrow(n)=v(1+x)\exp(-\delta-bx)$$

漂移因子为 $K(x)=\omega\uparrow(x)-\omega\downarrow(x)=2v[\text{sh}(\delta+bx)-x\text{ch}(\delta+bx)]$；势函数为 $V(x)=\left(\dfrac{2v}{b^2}\right)\cdot[bx\text{sh}(\delta+bx)-(1+b)\text{ch}(\delta+bx)]+e$，这里 e 是常数；涨落因子 $Q(x)=\omega\uparrow(x)+\omega\downarrow(x)=2v[\text{ch}(\delta+bx)-x\text{sh}(\delta+bx)]$。

由此得出定态概率分布为

$$P_{st}(x)=P_{st}(x_0)\frac{Q(x_0)}{Q(x)}\exp[N\eta(x)]$$

其中

$$\eta(x)=2\int_{x_0}^{x}\frac{\text{sh}(\delta+by)-y\text{ch}(\delta+by)}{\text{ch}(\delta+by)-y\text{sh}(\delta+by)}\mathrm{d}y$$

当 N 很大，即 $\varepsilon\ll 1$ 时，有

$$K(c)=2v[\text{sh}(\delta+bc)-c\text{ch}(\delta+bc)]=0$$

于是，又可获得以下极值方程：$K(c)=0$ 和

当 c 为极大值点时，$0>\dfrac{\partial K(x)}{\partial x}\Big|_{x=c}$；

当 c 为极小值点时，$0 < \frac{\partial K(x)}{\partial x}\Big|_{x=c}$。

到此，民意福克-普朗克方程的定态解就很清楚了。

第 5 节 几点说明

本章所指"民意"，其实可以更确切地说成"选票"或"选情"。

舆情、谣言与民意（特别是本章的"民意"）是三个既相互关联，又有所区别的概念。

对舆情应积极应对，并给予合理的澄清。

谣言是网络战的一种武器，在本书第 15 章中，已经对"谣言动力学"进行了探讨，此处不再赘述了。

最后，再来说说民意。

希望读者朋友们不要被本章的众多数学公式吓倒了，其实它们只是手段，不是目的。这些公式，在协同学专家眼中，只不过是照猫画虎的"小儿科"而已，所以，现在我们用白话，再对相关主要结果进行介绍。

无论你是否愿意承认，网络手段已能在紧要关头影响选举结果了，因此，当事各方必须认真考虑两个问题：

（1）如何影响对手的选举结果。

（2）如何防止自己的选举结果，被对手恶意影响。

其实，这两个问题只是一个问题的两个方面，解决了其中之一，另一个也就迎刃而解。因此，下面就重点从问题（1）的角度来展开。

首先探讨，何时才能成功影响选举结果？

（1）由于概率 $P(n, t)$ 是 t 时刻，意见相左人数为 n 的概率，所以，$n=0$（即"同意"与"反对"的人数相等）是最佳攻击点，特别是，如果 $P(0, t)$ 刚好达到了概率的极大值点时，而且 t 也刚好是投票时间点，那么，只要成功影响哪怕一票，整个攻击可能就算成功了！如果 $P(0, t)$ 是概率的极小值点，特别是 $P(0, t)=0$ 时，那么，此时选情已经"一边倒"，外力就很难影响选举结果了，除非此时 t 离最后的投票时间还很遥远，那么，这时攻击者还有机会翻盘。如果对某个远离 0 的正数或负数 E，使得概率 $P(E, t)$ 很大，那么，选举结果基本确定，外力只能望洋兴叹了，哪怕此时远离最后的投票时间点。

（2）记 $P_1(t) \equiv \sum_{n=1}^{N} P(n, t)$，即态度为"同意"的人数占上风的概率。

当 $P_1(t)=1/2$ 时，并且 t 刚好是投票时刻，那么此时也就是最佳攻击时刻。

当然，如果 $P_1(t)$ 远离 1/2（无论是靠近 0 或 1），那么民意也就很难被改变了。

（3）从本章第 3 节的最后一段，我们已知：在投票时刻，$P(n, t)$ 的极值只可能出现三种情况，即 1 个极值、2 个极值、3 个极值。因此，应该特别关注极值的出现情况。比如，若只有一个极大值，而且该值还很大，而且还远离 $n=0$，那攻击者基本上就无计可施了；如果有两个极大值和一个极小值，虽然极小值在 $n=0$ 附近，但两个极大值分别位于 n 的正负两端还很靠近 $n=0$，那么，此时攻击方还是有机可乘的；如果只有两个极值，那么它们必定分别出现在正负两端，如果刚好是一个极大值和一个极小值，那么，此时的选情就已经"一边倒"，就很难改变现状了。当然，关于极值的其他情况还有很多，还需要针对具体的情况，做进一步深入的具体研究，此处只给了一些极端特例。

再来看看，怎样才能成功影响选举结果？

（1）根据偏好参数 δ 的定义，我们可知，当 δ 远离 0（无论是正或负）时，选民的态度就已基本明了，即攻击者很难有所作为了。但是，若 $\delta=0$ 或很靠近 0，那么此时选民就基本上没有偏见，也是攻击者的最佳冲锋时机。因此，事先了解选民的偏好，以改变 δ 的正负走向为目标，是影响最终结果的有效途径之一。为此，可以做好相关的预备工作，比如，提前了解不同类别选民的偏好，以及公布什么"猛料"才能改变其偏好等。这些"战备"工作虽然很困难，但是，在关键时刻是非常有用的。

（2）提前了解选民的顺从参数 b，又是攻击者的另一个"可备战"的捷径。[提醒：可备战性其实非常重要，它有助于攻击者（或防御者）提前做好准备，以便在网络战中处于主动地位。当然，并非所有攻击手段都是"可备战"的，比如，刚刚介绍过的 $P(n, t)$ 就是不可备战的，至少是很难备战的。]有些人（如律师等理性人员）喜欢坚持己见，即他们的顺从参数 $b=0$，既不会"跟风"，也不会"顶风"，因此，他们显然不该是攻击者的重点目标。有些人（如有些文化水平较低的非理性人员）几乎没有自己的主见（即他们的顺从参数 b 为正且很大），甚至只需要一点"蝇头小利"或简单的激将等，就能改变他们的态度，从而影响最终选举结果；因此，他们是攻击者的重点目标。有些人（如处于叛逆阶段的年轻人）总喜欢特立独行，喜欢唱反调（即他们的顺从参数 b 为负且绝对值很大），如果攻击者面临着试图改变大多数人的态度时，此类人就该是首批瞄准的目标；当然，如果选情已经很有利于攻击者时，这些"程咬金"们很可能又会帮倒忙。

（3）灵活参数 v 是第三条"可备战"的有效攻击捷径，因为它决定着民意反转（或颠倒）的频率，即 v 越大，变数就越多。为了把握并利用好该参数，必须根据不同的人，在不同的时间段，有计划地发动攻击。比如，有些人（如年长者）比较沉稳，即相应的灵活参数 v 较小，甚至为 0，他们的意见一旦形成，就几乎不可更改，于是，此类人就应该作为最早一批的攻击目标，甚至可以在投票前很久，就改变或锁定他们的态度，反而在投票时刻，不必太关注他们了。另外一些人（如投票的事件与其利害关系不大的人）比较灵活（即 v 值较大），他们的意见可能随时变化，甚至多次反复变化，因此，在临近投票时刻，攻击者应该以这类人为重点争取对象。

如果网络不够发达，那么选情民意就很难被影响（如小范围的拉选票或政治献金等的影响就有限），从而就不会出现本文论述的新型网络空间安全攻防手段。由此可见，网络战争的对抗真是变化莫测，优势可能突然变为劣势，强者可能突然变成弱者，美国和朝鲜便是两个极端代表。

不过，令我们暗自高兴的是，虽然突然出现了一些新型网络攻击武器，但是，它好像仍然没能跳出既有的安全通论的手掌心。这也是我们专门为某种特定攻击手段写一章的原因。当然，另一个原因就是：这种攻击并非标准的网络攻击，它是从网内攻到网外了，而标准的网络攻防应该限于网络空间之中，所以，安全通论暂不讨论诸如电信诈骗等攻击，它将在我们随后的另一本专著《信息安全心理学》（又名《黑客心理学》）中详细研究。

跋

安全通论，最终"通"到哪里？

这是一个必须认真思考的严肃问题。一方面，安全学科显然不能像过去那样，被分割成数十个零散的分支；另一方面，也不可能靠一本书就把所有安全问题一网打尽，毕竟理、工、农、医、文、史、哲、经、管、法十大领域都与安全密切相关。而这十大领域的研究思路和方法互相之间又相差很大。因此，我们目前给安全通论确定的界线是不突破"理工"边界。

但是，理工之外的安全又怎么办？特别是信息安全心理学和信息安全管理学，是全球信息安全界必须尽快弥补的两大缺陷，是信息安全保障体系中不可或缺的关键。它们虽然不属于安全通论，但也急需有人来研究。可惜，如今既精通安全，又懂心理学（或管理学）的人非常少。安全专家很难进入心理学（或管理学）领域，心理学家（或管理学家）好像也难成为安全专家。为了促进这种跨学科的交叉，我们在《安全简史》（见参考文献[3]）中专门开辟了独立的两章，来分别论述安全心理学和安全管理学。下面再对它们进行精练、浓缩，目的是向尽可能多的读者抛出有价值的后续研究课题。

信息安全心理学（或黑客心理学）

网络空间的所有安全问题，几乎全都可归罪于人！

具体地说，归罪于三类人：破坏者（又称黑客）、建设者（含红客）和使用者（用户）。当然，他们相互交叉，甚至角色重叠，比如下面三种人。

首先，所有人，包括破坏者和建设者，肯定都是网络的使用者。

其次，承建信息系统的专家、保卫网络的红客，当然是建设者。此外，从某种程度上说，使用者其实也是建设者；比如群主建了一个群，难道他不算建设者？！黑客虽然是某个系统的破坏者，但在另一系统中，他很可能又是建设者。

最后，黑客肯定算破坏者，但是，粗心大意的用户，难道就不是"自杀式"破坏者吗？！安全保障措施不健全（甚至是裸网）的建设者，难道不算是"自毁长城式"的破坏者吗？！

不过，针对任何具体的安全事件，"三种人"（破坏者、建设者和使用者）之间的界限，还是相当清晰的！因此，只要把这"三种人"的安全行为搞清了，那么网络的安全威胁就明白了！而人的任何行为，包括安全行为，都取决于其"心理"。在心理学家眼里，"人"只不过是木偶，而人的"心理"才是拉动木偶的那根线；或者说，"人"只不过是"魄"，而"心理"才是"魂"。所以，网络空间安全的最核心根本就藏在人的心里，必须依靠安全心理学来揭示安全的人心奥秘！

在网络空间中，"三种人"的目标、地位和能力等，显然各不相同。这就决定了他们的心理因素，在安全过程中，也会不同。

其中，破坏者的"心理"，最具网络特色。因为，如果没有黑客，也许就没有安全问题。但遗憾的是，黑客过去存在，现在存在，今后也将永远存在，甚至还可能越来越多。所以，别指望黑客会自然消失，而应该了解他们为什么要发动攻击。在他们的破坏行为中，到底是什么心理因素在起作用。

黑客心理和犯罪心理既有区别，也有联系。作为"人精中的人精"的黑客当然知道其行为的法律含义，但为什么还是要那样做呢？从动机角度来看，这主要源于以下几种心理。

自我表现心理：许多黑客发动攻击，只是想显示自己"有高人一等的才能，可以攻入任何信息系统"。他们把"非法入侵"当作智力挑战，一旦成功，就倍感快乐和兴奋，认为这是自我实现的最高体现。

好奇探秘心理：因猎奇而侵入他人系统，试图发现相关漏洞，并分析原因，然后公开其发现的东西，与他人分享。

义愤抗议心理：这类黑客，好讲哥们义气，愿为朋友两肋插刀，以攻击网络的行为来替朋友出气或表示抗议。

戏谑心理：这种恶作剧型黑客，以进入别人信息系统、删除别人文件、篡改主页等恶作剧为乐。

非法占有心理：他们以获取别人的财富为目的，是一种犯罪行为。甚至，有的黑客受他人雇用，专门从事破坏活动。这种黑客的危害极大。

渴望认同心理：这类黑客追求归属感，想获得其他黑客的认可。

此外，还有诸如自我解嘲心理、发泄心理等，都是引发黑客行为的心理因素。特别是，还有少数心理变态型黑客，他们从小家庭变异，或遭受过来自社会的打击，由于心理受过严重创伤，所以长大后就想报复社会。

反过来，黑客发动攻击时，又利用了被害者的哪些心理呢？归纳起来，至少有以下四种。

恐惧心理：比如，网络电信诈骗犯，利用多种途径，营造恐惧感，要求受害者"赶紧汇款，以避免血光之灾"等。

服从心理：假借某些人或机构的权威，迫使受害者服从其命令。比如，假冒执法机构，要求受害者配合提供相关信息等。

贪婪心理：利用受害者对事物，特别是财富的强烈占有欲，来实施攻击。比如，以祝贺"中大奖"为由，诱骗受害者上当。

同情心理：声称自己有难，急需好人帮忙，诱发受害者的同情心，实施攻击行为。

那么，到底又是什么心理因素，引发了建设者和使用者的不安全行为呢？

归纳起来，至少有以下几种。

省能心理：希望以最小能量（或付出），获得最大效果。省能心理还表现为嫌麻烦、怕费劲、图方便、得过且过等惰性心理。省能心理在破坏者身上就几乎没影了，因为黑客攻你时肯定不遗余力。

侥幸心理：它主要发生在使用者身上，建设者身上虽有，但不多。至于黑客，他的侥幸心理则主要是"其犯罪行为不被发现"等。

逆反心理：某些情况下，在好胜心、好奇心、求知欲、偏见、对抗、情绪等心理状态下，人会产生"与常态心理相对抗"的心理状态。破坏者和使用者，都会受逆反心理的引诱，从事不安全行为。在建设者身上很少有逆反心理。

凑兴心理：俗话叫"凑热闹"，它容易导致不理智行为。比如，许多计算机病毒，就是在用户的凑兴心理帮助下，在网上迅速扩散的。对建设者来说，凑兴心理就少见了。

群体心理：它的显著特征就是共有性、界限性和动态性。网络作为桥梁，将所有人连接成规模各不相同的群体。而且，在一定程度上，这些成员之间将形成几乎相同的"认同意识、归属意识、排外意识和整体意识"。所有行为，包括安全行为，都会受到群体心理的影响，无论是正影响还是负影响。

注意与不注意：当人的心理活动，指向或集中于某一事物时，这就是"注意"，它具有明确的意识状态和选择特征。人在对客观事物注意时，就会抑制对其他事物的影响。"不注意"存在于"注意"状态之中，它们具有同时性。也就是说，你若对某事物注意，那么将同时对其他事物不注意。注意和不注意，总是频繁地交替着。无论是建设者还是使用者，他们的许多不安全行为，其实都源于"不注意"。实际上，如果大家都注意安全、小心谨慎，那么破坏者就无缝可钻了。

影响网络安全的心理因素，当然远远不止上述几种。下面，对"三种人"不再区分，而是统一介绍安全心理；当然，必要时也会指出相关差异。

人的心理，既同物质相联，又是人脑的机能，是人脑对客观现实的反应。当然，这种反应具有主观的个性特征，同一客观事物，不同的人，反应会大不相同。人的心理因素及其与安全的关系，主要有：

（1）性格与安全。性格既有先天性，也有可塑性。因此，从安全心理学角度看，就应该努力培养那些对安全有利的性格。比如，工作细致，责任心强，能自觉纠错，情绪稳定，处世冷静，讲究原则，遵守纪律，谦虚谨慎等。同时，也要克服那些不利于安全的性格，比如，下面的八种性格，就不利于安全。

第一，攻击型性格者。这类人妄自尊大，骄傲自满，喜欢冒险，喜欢挑衅，喜欢闹纠纷，争强好胜，不接纳别人意见。他们一般技术都较好，但也容易出大事。

第二，性情孤僻、固执、心胸狭窄、对人冷漠者。他们多属内向，不善处理同事关系。

第三，性情不稳定者。他们易受情绪感染支配，易于冲动，情绪起伏波动很大，受情绪影响长时间不易平静；因而，易受情绪影响，忽略安全。

第四，心境抑郁，浮躁不安者。他们由于长期闷闷不乐，大脑皮层无法建立良好的兴奋灶，对任何事情都不感兴趣，因此，容易失误。

第五，马虎、敷衍、粗心者。这是对安全的主要威胁。

第六，在危急条件下，惊慌失措、优柔寡断、鲁莽行事者。这类人常常坐失发现漏洞和灾难应急的良机，使本可避免的安全事件成为现实。

第七，感知、思维、运动迟钝、不爱活动、懒惰者。他们反应迟钝、无所用心，也常引发安全问题。

第八，懦弱、胆怯、没主见者。这类人遇事退缩，不敢坚持原则，人云亦云，不辨是非，不负责任，因此，在特定情况下，很容易出事。

（2）能力与安全。能力是安全的重要制约因素，比如，思维能力强的人，在面对重复的、一成不变的、不需动脑筋的简单操作时，就会感到单调乏味，从而埋下安全隐患；反之，能力较低的人，在面对力所不及的任务时，就会感受到无法胜任，甚至会过度紧张，从而也容易引发安全问题。只有当能力与任务难度匹配时，才不容易出现安全问题。

（3）动机与安全。动机是一种内部心理过程，它是由"需求"推动的、有目标的动力，或者说，它是为达到目的而付出的努力。动机的作用是激发、调节、维持和停止某种行为。动机也是一种激励，是由需要、愿望、兴趣和情感等内外刺激的作用，而引发的一种持续兴奋状态。动机还是促进行为的一种手段。不同的动机，将引发不同的行为，因此，在安全因素分析中，动机是重要因素。

（4）情绪、情感与安全。情绪既依赖于认知，又能反过来作用于认知；这种反应的影响，既可以是积极的，也可能是消极的。无论是积极的，还是消极的情绪，对安全态度和安全行为，都有明显影响。这是因为，情绪由动机作用所致。积极的情绪，可加深对安全重要性的认识，具有"增力作用"，能激发安全动机，采取积极态度。而消极的情绪，会使人带着厌恶的情感去看待安全，具有"减力作用"，采取消极的态度，从而容易引发不安全行为。

（5）意志与安全。意志对安全行为，起着重要的调节作用。其一，推进人们为达到既定的安全目标而行动；其二，阻止和改变与安全目标相矛盾的行动。在确定了安全目标后，就需要凭借意志力量，克服困难，努力完成目标任务。

（6）感知觉与安全。为了保证网络安全，首先要使大家感知风险，也就是要察觉危险的存在；在此基础上，通过大脑进行信息处理，识别风险，并判断其可能的后果，才能对安全隐患做出反应。因此，安全预防的水平，首先取决于对风险的认识水平，对风险认识越深刻，出现问题的可能性就越小。如何有效利用感知觉特性，与安全保障密切相关，这也是建设者们必须认真研究的问题。

（7）个性心理与安全。对待安全的态度，不同的人也会表现出不同的个性心理特征。有的认真负责，有的马虎敷衍；有的谨慎细心，有的粗心大意。对待前人的安全经验，有的不予盲从，实事求是；有的不敢抵制，违心屈从。在安全应急时，有的人镇定、果断、勇敢、顽强；有的人则惊慌失措、优柔寡断或垂头丧气。个性心理特征与安全关系很大，不良的个性心理特征，常是引发安全问题的直接原因。

（8）气质与安全。针对不同气质的人，应进行有区别的管理。例如，有些人理解能力强、反应快，但粗心大意，注意力不集中；对这种类型的人，就应从严要求，并明确指出其缺点。有些人理解能力较差，反应较慢，但工作细心、注意力集中；对这种类型的人，需加强督促，对他们提出速度指标，逐步养成他们高效的能力和习惯。有些人则较内向，工作不够大胆，缩手缩脚，怕出差错；对这种人，应多鼓励、少批评，增强其信心，提高其积极性。还有，在安全管理中，应适当搭配不同气质的人。

（9）个性对不安全行为的影响。一些个性有缺陷的人，如思想保守、容易激动、胆小怕事、大胆冒失、固执己见、自私自利、自由散漫、缺乏自信等，会对安全产生不利影响。因此，在关键岗位上，最好别单独安排这样的人。

（10）行为退化对安全的影响。人只有在理想环境下，才能达到最佳行为。人的行为具有灵敏灵活性；人易受许多因素的影响。人的行为，有时会出现缓慢而微妙的减退。比如，若劳动时间太长，就会产生疲劳；若生活节律被干扰，就不能有效发挥体能；若失去完成任务的动力，就会懒散懈怠；若缺乏鼓励，就会泄气；若面对突然危险，就会产生应激反应等。

网络空间中，建设者和使用者的许多安全问题，归根结底，其实都是某种失误。因此，下面就来介绍失误的本质。

失误是指行为的结果偏离了规定的目标，或超出了可接受的界限，并产生了不良的影响。失误的性质主要有：

第一，失误是不可避免的副产物，失误率可以测定。

第二，工作环境可以诱发失误，故可通过改善工作环境，来防止失误。

第三，下级的失误，也许能反映上级的职责缺陷。

第四，员工的行为，反映其上级的态度；如果仅凭直觉去解决安全问题，或仅靠侥幸来维护安全，那迟早会出问题。

第五，过时的惯例，可能促发失误。

第六，不安全行为，将促发甚至直接导致危害的失误，属于失误的特例。级别越高的人，其失误的后果就越严重。

失误的类型可以分为多种，它们对归纳失误原因、减少失误率、寻找应对措施都有帮助。所以，下面介绍几种有代表性的失误分类法。

第一种方法，按失误原因，可将失误分为随机失误、系统失误和偶发失误三类。（1）随机失误，是由行为的随机性引起的失误。软件 Bug 就是随机失误的典型。随机失误往往不可预测，不能重复。（2）系统失误，是由系统设计问题或人的不正常状态引起的失误。系统失误主要与工作环境有关，在类似的环境下，该失误可能再次发生。通过改善环境等，就能有效克服此类失误。（3）偶发失误，是一种偶然的过失，它是难以预料的意外行为。许多违反规程的不安全行为，都属于偶发失误。

第二种方法，按失误的表现形式，可将失误分为以下三类：（1）遗漏或遗忘；（2）做错，包括未按要求操作、无意识的动作等；（3）做了规定以外的动作。

最后，我们从心理学角度看看失误的原因。

为清晰计，只从用户角度来讲述。在网络空间中，从形式上看，用户的几乎所有失误，都源于"错敲了某几个键，或错点了鼠标"。可以考虑由"感觉（信息输入）、判断（信息加工处理）和行为（反应）"三者，构成的人体信息处理系统来进行分析。所谓"不安全行为"就是由信息输入失误，导致判断失误，而引起的操作失误。按照"感觉、判断、行为"的过程，可对不安全行为的典型因素作如下的分类。

第一类，感觉（信息输入）过程失误

由于没看见或看错、没听见或听错信号，产生失误的原因主要有以下几种。

一是屏幕上显示的信号，缺乏足够的诱引效应，即信号未引发操作员的"注意"转移。比如，误将数字 0 当成英文字母 o，没注意到字母大小写的区别，忽略了相关的提醒信息等。

二是认知的滞后效应。人对输入信息的认知能力，总有一个滞后时间。如在理想状况下，看清一个信号需 0.3s，听清一个声音约需 1s。屏幕信息呈现时间太短、速度太快，或信息不为用户所熟悉，均可能造成认知的滞后效应。因此，对建设者来说，若软件界面太复杂，那就需要设置预警信号，以补偿滞后效应，避免用户不必要的失误。

三是判别失误。判别是大脑将当前的感知表象信息和记忆中信息加以比较的过程。若屏幕信号显示不够鲜明，缺乏特色，则用户印象不深，再次呈现时就有可能出现判别失误。黑客钓鱼网站就常利用此种失误使用户上当。

四是知觉能力缺陷。由于用户的感觉缺陷，如近视、色盲、听力障碍等，不能全面感知对象的本质特征。因此，建设者在设计软件界面时，必须充分考虑各种用户，尽量克服该缺陷，以减少失误的概率。

五是信息歪曲和遗漏。若信息量过大，超过感觉通道的限定容量，则有可能产生遗漏、歪曲、过滤或不予接收等现象。输入信息显示不完整或混乱时，特别是有噪声干扰时，人对信息感知将以简单化、对称化和主观同化为原则，对信息进行自动修补，使得感知图像成为主观化和简单化后的假象。

六是错觉。是一种对客观事物错误的知觉，它不同于幻觉，它是在客观事物刺激作用下的主观歪曲知觉。

第二类，判断（信息加工处理）过程失误

正确的判断，来自全面的感知客观事物，以及在此基础上的积极思维。除感知过程失误外，判断过程产生失误的原因主要有以下几种。

一是遗忘和记忆错误。常表现为没想起来、暂时遗忘。比如，突然受外界干扰，使操作中断，等到继续操作时，就忘了应注意的安全问题。

二是联络、确认不充分。比如，联络信息的方式与判断的方法不完善、联络信息实施的不明确、联络信息表达的内容不全面、用户没有充分确认信息而错误领会了所表达的内容等。

三是分析推理失误。在紧张状态下，人的推理活动会受到抑制，理智成分减弱，本能反应增加。所以，需要加强危急状态下的安全操作技能训练。

四是决策失误。主要指决策滞后或缺乏灵活性。这主要取决于用户个体心理特征及意志品质。

第三类，行为（反应）过程失误

此类失误的常见原因有以下几种。

一是习惯动作与操作要求不符。习惯动作是长期形成的一种动力定型，它本质上是一种具有高度稳定性和自动化的行为模式，它很难被改变。尤其是在紧急情况下，用户会用习惯动作代替规定操作。

二是由于反射行为而忘了危险。反射，特别是无条件反射，是仅通过知觉，无须经过判断的瞬间行为。即使事先对安全因素有所认识，但在反射发出的瞬间，人脑中也会忘记了这件事。

三是操作和调整失误。其原因主要是，相关标示不清，或标示与人的习惯不一致；或由于操作不熟练或操作困难，特别是在意识水平低下或疲劳时，更容易出现这种失误。

四是疲劳状态下行为失误。人在疲劳时，由于对信息输入的方向性、选择性、过滤性的性能低下，所以会导致输出时的混乱，行为缺乏准确性。

五是异常状态下的行为失误。比如，由于过度紧张，导致错误行为。又比如，刚起床，处于朦胧状态，就容易出现错误动作。

信息安全心理学所涉及的内容还有很多，此处只是皮毛，不过，如何将心理学成果更加完美地融入网络空间安全，还是值得深入研究的课题。希望心理学家能够在此方面扮演重要角色。

虽然还没有信息安全心理学方面的专著出版，但是，也可以说，根据参考文献[20]和参考文献[11]可知，控制论来源于心理学，而本书又来源于控制论，因此，换句话说，本书《安全通论》来源于心理学！

这也就意味着，本书《安全通论》与未来的《信息安全心理学》（或《黑客心理学》）其实是同源而异出的，因此，它们的根是相通的，只不过前者是用数学来描述，后者是用语文来描述而已。

信息安全管理学

"三分技术，七分管理"是网络空间安全领域中，最响亮的口号之一。它意指，安全保障的效果，主要依靠管理，而不仅仅是技术。可是，在真正执行时，大家却全力以赴聚焦技术，却几乎把管理给忘了！甚至，许多高校的信息安全专业的培养方案中，压根儿就没"安全管理学"的影子，无论是针对博士、硕士，还是本科生。于是，便出现了一些怪事，比如：

（1）技术精英们，只是埋头研发新"武器"，而不关心它们是否方便管理。例如，从管理角度看，"用密码（口令）实现身份验证"这项技术，就是典型的败笔。仅凭记忆，面对自己的庞大密码库，任何人都不可能当好管理员，于是只好偷懒，要么使用同一个密码，要么使用"12345"这样简单易记的密码；或者干脆将所有密码记在一个本子上……总之，偷懒后，技术的"初心"便丧失殆尽了，用户的安全也就主要靠运气了。幸好，不借助密码（口令）的身份验证技术正在孕育之中，真希望它能早日诞生。又如，许多先进的安全设备，用户使用后，其初始配置竟然都没变过，从而使这些"卫兵"形同虚设。这虽然与用户的安全意识不强有关，但是设备配置太复杂、不易管理和使用也是不可否认的原因。

（2）"管理"被认为不够"高大上"，甚至被片面理解成：规章上墙、标准几行、几次评估、检查装样等，或者被误解成权力，甚至成为某些机构创收的工具。

总之，管理的科学性被忽略了，管理与技术的良性互动被切断了。其实，比较理想的情况是，技术精英们需要适当掌握一些管理精髓，并能将其应用于自己的研发中，充分发挥管理的四两拨千斤效能；管理精英们，也适当了解一些技术概念，以便向技术人员描述"安全管理"的需求，从而使得技术研发更加有的放矢。

理想的"安全管理学"，应该能从"学"的层面来研究"安全管理"，从而在网络空间安全领域中，搭建起"技术"与"管理"的桥梁，促进彼此发展，方便相互融合。

在网络空间中，安全是永恒的主题，也是各方关注的重点。安全风险始终存在，攻防对抗也绝不会消失。随着数字化的深入，安全问题将变得越来越复杂，越来越多样化，因此，安全保障的两大法宝（技术和管理）一个也不能丢，而且还必须"两手抓，两手都要硬"。安全管理就是要从技术上、组织上、管理上采取有效措施，解决和消除不安全因素，防止安全事件的发生，保障合法用户的权益。

"无危则安，无缺则全"，即安全意味着：没有危险且尽善尽美。当然，具体到网络空间中，安全至少有以下三层含义。

（1）安全事件的危害程度，能被用户承受。这表明了安全的相对性，以及安全与危险之间的辩证关系，即安全与危险互不相容。当网络的危险性降至某种程度后，就安全了。当然，这里的承受度，并非一成不变，而是由具体情况确定的。

（2）作为一种客观存在，网络空间本身未遭受破坏，无论是从物质、能量，还是从信息角度去看。这里的破坏，既包括硬件，也包括软件。

（3）合法用户的权益，未受损害。当然，这里的权益，涉及经济、政治、生理、心理等各方面。

从系统角度看，网络空间安全，还有更广泛的含义，即在全生命周期内，以使用效能、时间、成本为约束条件，运用技术和管理等手段，使总体安全性达到最优。这里的"全生命周期"包括设计、建设、运行、维护直到报废等各阶段，而不只是其中某些部分。这里的"约束条件"，也是综合的，既不能只顾安全，而忽略效益，更不能只顾效益，而忽略安全。这里的"总体"，意指不能只追求局部安全，而必须从全局考虑。

根据案例统计，大部分安全事件，都可归因于管理疏忽、失误，或管理系统有缺陷。因此，要想控制安全风险，就必须搞好安全管理。

那么，什么是"管理"呢？

先讲个故事吧。话说，小明临睡前才发现，自己的新裤子长了一寸，于是，他去找妈妈帮忙剪一寸，可妈妈正面对韩剧流泪，没理他；他又去找姥姥剪一寸，姥姥也正忙着搓麻将，还是没理他。小明生气了，回房后，就自己操起剪刀，把裤腿剪得恰到好处，然后安心睡觉去了。可第二天一早，小明却发现，自己的裤子竟然又短了二寸！原来，妈妈和姥姥忙过后，又想起了小明的请求，于是分别将裤腿剪去一寸。小明欲哭无泪，承受着缺乏管理的后果！

你看，若无管理的协调，集体成员的行动方向，就会混乱，甚至互相抵触；即使目标一致，由于没有整体配合，也不能如愿以偿。而网络用户的行为，就是典型的集体行为，当然更不能缺少管理。

管理是管理者为实现组织目标、个人发展和社会责任，运用管理职能，进行的协调过程；管理方法包括法律、行政、经济、教育和技术等。管理的概念包括以下内容。

管理的任务，是实现预期目标。因此，当这个"预期目标"是"安全"时，对应的"管理"便是"安全管理"了。在特定环境下，管理者通过实施计划、组织、领导、控制等职能，来协调他人活动，以充分利用资源，从而达到目标。管理的目的性很强：为实现其目的，任何管理活动和任何人员、技术等方面的安排，也都必须围绕目标来进行。总之，管理是一种有目的、有意识的活动过程。

管理的中心是人。与传统安全（如矿山安全）不同，网络空间安全的威胁，几乎全都来自于人，包括攻击者黑客、粗心大意的用户等，所以管理在这里就更重要了。

管理的本质，是协调。协调必定产生在社会组织当中。对应于网络空间，准确地说，协调对象主要是用户（包含安全保障人员等）。因为，显然无法去协调黑客，更不可能命令他们停止攻击。其实，管理正是为适应协调的需求而产生的。若协调水平不同，产生的管理效应也相异。安全保障活动，是人、网与环境等各要素的结合，不同的结合方式与状况会产生不同的结果。只有高效的安全管理，才能整合多方资源，实现安全资源的最佳组合。

管理的协调方法多种多样，既需要定性的经验，也需要定量的技术。因此，结合相关安全保障技术，安全管理将如虎添翼。当然，对协调行为本身，也要协调。离开了管理，就无法对各种管理行为进行分解、综合和协调；反过来，离开了组织或协调行为，管理也就不复存在了。

管理活动是在一定环境下进行的。随着环境的不断变化，能否适应新环境，审时度势，是决定管理成败的重要因素。而安全环境，特别是黑客情况，瞬息万变。因此，在安全管理中，因势利导、随机应变就显得更重要了。

其实，所谓"安全管理原理"，就是对安全管理工作的实质内容进行分析总结，而形成的基本真理。它们虽然会不断发展，但同时又是相对稳定的，有其确定性和巩固性特征，即不管外界如何变化，这种确定性都始终会相对稳定。概括地说，安全管理原理主要有以下几个方面。

1. 整体性原理

在信息系统中，各种安全要素之间的关系，要以整体为主，进行协调。局部要服从整体，使整体效果最优。实际上，就是"整体着眼、部分着手、统筹考虑、各方协调、达到综合最优化"。

从安全的整体性来说，局部与整体存在着复杂的联系和交叉效应。大多数情况下，局部与整体是一致的，对局部有利的事，对整体也有利。但有时，局部利益越大，整体风险会越多。因此，当局部安全和整体安全矛盾时，局部必须服从整体。

从风险的整体性来说，整体的风险不等于各部分风险的简单相加，而是往往要大于各部分风险的总和，即整体大于各个孤立部分的总和。这里的"大于"，不仅指数量上大，而且指在各部分组成一个系统后，产生了总体的风险，即系统的风险。这种总体风险的产生是一种质变，其风险大大超过了各个部分风险的总和。

2. 动态性原理

作为一个运动着的有机体，信息系统的稳定是相对的，运动则是绝对的。系统不仅作为一个功能实体而存在，而且也作为一种运动而存在。因此，必须研究安全动态规律，以便预见安全的发展趋势，树立超前观念，降低风险，掌握主动，使系统安全朝着预期目标逼近。

3. 开放性原理

任何信息系统都不可能与外界完全隔绝，都会与外界进行物质、能量或信息的交流。所以，对外开放是信息系统的生命。在安全管理工作中，任何试图把本系统封闭起来与外界隔绝的做法，都只会导致失败。因此，安全管理者应当从开放性原理出发，充分估计外部的安全影响，在确保安全的前提下，努力从外部吸入尽可能多的物质、能量和信息。

4. 环境适应性原理

信息系统不是孤立存在的，它要与周围环境发生各种联系。如果系统与环境进行物质、能量和信息的交流，并能保持最佳适应状态，那么就说明这是一个有活力的信息系统。系统对环境的适应，并不都是被动的，也有主动的，那就是改善环境，使其对系统的安全保障更加有利。环境可以施加作用和影响于系统，反过来，系统也可施加作用和影响于环境。

5. 综合性原理

所谓综合性，就是把系统各部分、各方面和各种因素联系起来，考察其中的共同性和规律性。任何一个系统，都可看作"由许多要素，为特定目的，而组成的"综合体。因此，"综合性原理"体现在三方面。其一，系统安全目标的综合性。如果安全目标优化得当，就能充分发挥系统效益；反之，如果忽略了某个安全因素，那么，有时就会产生严重后果。其二，实施方案选择的综合性，即同一安全问题，可有不同的处理方案；为达到同样的安全目标，也有多种途径与方法。可选方案越多，就越要认真综合研究，选出满意的安全解决方案。其三，充分利用综合来进行创新。如今，所有高精尖技术无不具有高度的综合性。量的综合会导致质的飞跃。综合对象越多，范围越广，创新空间就越大。所以，在安全管理过程中，也必须综合技术、管理、法律等多方面成果。

6. 人本原理

该原理主要包括以下四个要点。

第一，人是安全的主体。此条虽然简单明了，但却是核心。

第二，用户积极参与，是有效安全管理的关键。实现有效安全管理，有两条完全不同的途径。（1）高度集权，依靠严格的纪律，重奖重罚，使得安全目标统一，行动一致，从而实现较高的安全性。（2）适度分权，调动大家的积极性，使安全与个人利益紧密结合，使大家为了共同的安全目标，而自觉努力。

当然，这两条途径并非"二选一"，最好根据具体情况，适当融合。

第三，使人性得到最完美的发展。在安全管理中，在实施每项管理措施、制度、办法时，都必须引导和促进人性善的发展。如果以"人性之恶"去解决安全管理中的问题，也许在短期内会见奇效，但终究会失败。比如，在安全管理中，千万不要激发黑客们的攻击欲望，也不要引诱用户们的自私心。

第四，管理是为用户服务的。

总之，安全管理要"尊重人、依靠人、发展人、为了人"，这是人本原理的基本内容和特点。

7．动力原理

对安全管理来说，动力不仅是动因和源泉，而且，动力是否运用得当也制约着安全管理能否有序进行。安全管理的核心动力，就是发挥和调动人的创造性、积极性。因此，动力原理就是如何发挥和保持人的能动性，并合理地加以利用。安全管理有三种基本动力。其一，物质动力，如做好奖励、津贴等报酬方面的工作等。其二，精神动力，如充分发挥人生观、道德观的动力作用，激发大家对理想、信念的追求；重视思想工作，及时解决思想和顾虑等。其三，信息动力，如促进各方面信息交流等。由于信息具有超越物质和精神的相对独立性，所以信息动力对安全管理会起到直接的、整体的、全面的促进作用。

在运用上述三种动力时，应综合协调使用；虽然它们同时存在，但绝不是平均存在的。随着时间、环境、地点的变化，在安全管理中，这三种动力的比例也会发生变化。因此，应将这三种动力结合起来，使其产生协同作用：该奖物质时，奖物质；该奖精神时，奖精神；该奖信息时，奖信息。另外，还要处理好个体与集体、局部与全局动力的关系。当然，也要正确掌握刺激量，过多或过少都会影响激励效果，而且，正、负刺激都要用，但要把握好度。比如，过度批评，反而会引起逆反，产生"破罐子破摔"的负效应。

8．效益原理

"效益"是包括安全管理在内的，所有管理的主题。效益是有效产出与投入之比。当然，效益可从社会和经济两方面去考察。一般来说，"安全"以社会效益为主，以经济效益为辅。效益的评价虽无绝对标准，但是，有效的安全管理，首先要尽量使评价客观公正；因为，评价结果会直接影响安全目标的追求和获得。评价结果越客观公正，对效益追求的积极性就越高，动力也越大，效益也就越多。安全目标效益需要不断追求。在追求过程中，必须关注经济效益的表现（比如，不能为了安全而过多牺牲经济等）；必须采取科学的追求方法，采取正确的战略，既要"正确地做事"，也要"做正确的事"；必须协调好"局部效益"和"全局效益"的关系；还必须处理好"长期效益"和"短期效益"的平衡。最后，追求效益还必须学会运用客观规律。比如，随着情况的变化，制定灵活的安全方针，随时适应复杂多变的环境等。

9. 伦理原理

按该原理要求，在安全管理活动中，要充分重视伦理问题，否则会事与愿违。为此，必须了解伦理的一些基本特性。第一，伦理具有非强制性，它是靠社会舆论、传统习惯和内心信念起作用的。伦理虽非强制，但其作用绝不可低估，所谓"人言可畏""众口铄金""软刀子杀人"等就是其威力的见证。第二，伦理的非官方性，它是约定俗成的，不需要通过行政或法律程序来制定或修改。个人伦理也无须官方批准。第三，普适性，几乎所有人都要受到伦理的指导、调节和约束，只有违法的那一小部分人才受法律约束。一般来说，违法者也会严重违背伦理，但也有例外，即违法是符合伦理的。第四，扬善性，它既指出何为恶，也指出何为善。它谴责不符合伦理的行为，也褒奖符合伦理的行为，尤其是高尚的行为。

总之，真心希望某些管理专家能与安全专家联袂，早日深入研究"安全管理学"。

参考文献

[1] 罗云. 安全学[M]. 北京：科学出版社，2015.

[2] 金龙哲，杨继星. 安全学原理[M]. 北京：冶金工业出版社，2010.

[3] 杨义先，钮心忻. 安全简史——从隐私保护到量子密码[M]. 北京：电子工业出版社，2017.

[4] 张景林，安全学[M]. 北京：化学工业出版社，2009.

[5] Thomas M. Cover， Joy A. Thomas. 信息论基础[M]. 阮吉寿，张华，译. 北京：机械工业出版社，2007.

[6] 唐三一，肖燕妮. 单种群生物动力系统[M]. 北京：科学出版社，2008.

[7] 冯·贝塔朗菲. 一般系统论：基础、发展和应用[M]. 林康义，魏宏森，等译. 北京：清华大学出版社，1987.

[8] 李祥. 可计算性理论导引[M]. 贵阳：贵州人民出版社，1986.

[9] 哈肯（Haken H）. 信息与自组织复杂系统的宏观方法[M]. 郭治安，等译. 成都：四川教育出版社，1988.

[10] Drew Fudenberg, Jean Tirole. 博弈论[M]. 黄涛，等译. 北京：中国人民大学出版社，2016.

[11] N 维纳. 控制论[M]. 郝季仁，译. 北京：科学出版社，2015.

[12] N 维纳. 人有人的用处[M]. 陈步，译. 北京：北京大学出版社，2014.

[13] 亚当·斯密. 国民财富的性质和原因的研究[M]. 郭大力，王亚南，译. 北京：商务印书馆，1972.

[14] 罗斯·斯塔尔. 一般均衡理论[M]. 鲁昌，许永国，译. 上海：上海财经大学出版社，2003.

[15] 蔡绍洪. 耗散结构与非平衡相变原理及应用[M]. 贵州：科技出版社，1998.

[16] 吴大进. 协同学原理和应用[M]. 武汉：华中理工大学出版社，1990.

[17] 陈兰荪. 数学生态学模型与研究方法[M]. 北京：科学出版社，1988.

[18] 肖燕妮，周义仓，唐三一. 生物数学原理[M]. 西安：西安交通大学出版社，2012.

[19] 魏树礼，张强. 生物药剂学与药物动力学[M]. 北京：中国医科大学中国协和医科大学联合出版社，1997.

[20] 斯特凡·奥多布莱扎. 协调心理学与控制论[M]. 柳凤运，蒋本良，译. 北京：商务印书馆，1997.